ETHICS THROUGH HISTORY:
AN INTRODUCTION

TERENCE IRWIN

【英】特伦斯·埃尔文 著

刘玮 译

西方伦理学简史

北京大学出版社
PEKING UNIVERSITY PRESS

著作权合同登记号：图字 01-2022-5825

图书在版编目（CIP）数据

西方伦理学简史 /（英）特伦斯·埃尔文著；刘玮译. -- 北京：北京大学出版社，2025.5. -- ISBN 978-7-301-36135-1

Ⅰ. B82-095

中国国家版本馆CIP数据核字第2025K8C003号

Ethics Through History by Terence Irwin
© Terence Irwin
Ethics through History: An Introduction was originally published in English in 2020. This translation is published by arrangement with Oxford University Press. Peking University Press is solely responsible for this translation from the original work and Oxford University Press shall have no liability for any errors, omissions or inaccuracies or ambiguities in such translation or for any losses caused by reliance thereon.

《西方伦理学简史》英文版于 2020 年出版。此翻译版经牛津大学出版社授权出版。北京大学出版社负责原文的翻译，牛津大学出版社对于译文的任何错误、漏译或歧义不承担责任。

书　　　名	西方伦理学简史 XIFANG LUNLIXUE JIANSHI
著作责任者	〔英〕特伦斯·埃尔文（Terence Irwin） 著　刘　玮 译
责 任 编 辑	王晨玉
标 准 书 号	ISBN 978-7-301-36135-1
出 版 发 行	北京大学出版社
地　　　址	北京市海淀区成府路 205 号　100871
网　　　址	http://www.pup.cn　新浪微博 @ 北京大学出版社
电 子 邮 箱	编辑部 wsz@pup.cn　总编室 zpup@pup.cn
电　　　话	邮购部 010-62752015　发行部 010-62750672 编辑部 010-62752025
印 刷 者	大厂回族自治县彩虹印刷有限公司
经 销 者	新华书店
	880 毫米 ×1230 毫米　16 开本　31.5 印张　465 千字 2025 年 5 月第 1 版　2025 年 5 月第 1 次印刷
定　　　价	128.00 元

未经许可，不得以任何方式复制或抄袭本书之部分或全部内容。
版权所有，侵权必究
举报电话：010-62752024　电子邮箱：fd@pup.cn
图书如有印装质量问题，请与出版部联系，电话：010-62756370

前　言

本书意在有选择地介绍伦理学史上的一些论题。我希望它能帮助那些对伦理学有一定哲学好奇，但是并没有广泛的哲学或伦理学背景的读者。因此，我希望它能够帮助那些正在学习本书讨论到的某些哲学家的学生，或者了解一些伦理学并且见过这些名字的人。它可能也会帮助那些首要兴趣不在哲学但是想要了解道德哲学如何发展至今的人。

我产生写这本书的想法，部分原因是我写了《伦理学的发展》。[①] 但是我很快就意识到，仅仅是简单概括或者浓缩一本篇幅很大的书并不能直接得到一本篇幅短小的好书。本书更多强调那些一般读者容易读到的文本，特别是那些学生们很可能会读到的文本。亚里士多德、霍布斯、休谟、康德、密尔这些名字的频繁出现就体现了对这一点的强调。

本书的很多章节直接或者间接来自我在康奈尔大学、牛津大学和斯坦福大学的讲座、课程和讨论。很多年间学生和同事的问题和评论在很多方面改善了本书，很遗憾我无法在这里详细列举。

盖尔·法恩（Gail Fine）、罗杰·克里斯普（Roger Crisp）和大卫·布林克（David Brink）阅读了最后一版书稿。他们的评论和批评让修订工作变得有趣了很多，通常也改进了最终的版本（虽然很可能没有他们希望的那么多）。很多其他改进来自匿名评审人的意见。

[①] Terence Irwin, *The Development of Ethics*, 3 vols., Oxford University Press, 2007-2009.

任何撰写和阅读哲学著作的人都有理由感谢牛津大学出版社的代表和领导，特别是彼得·蒙奇洛夫（Peter Momtchiloff）的建议和鼓励使得本书大为受益。

特伦斯·埃尔文

2019 年于牛津

目　录

第一章　导　论 1

　1. 伦理学及其历史 / 1

　2. 哲学对话的可能性 / 3

　3. 伦理学关于什么？苏格拉底的问题 / 4

　4. 如何回答苏格拉底的问题 / 6

　5. 正当与好 / 7

　6. 关于好的各种观念 / 8

　7. 我的好与他人的好：义务与利益 / 9

　8. 理性与欲求 / 10

　9. 元伦理学问题 / 10

　10. 伦理学史的分期 / 13

　11. 本书的目标 / 14

第二章　苏格拉底：对不同生活的选择 16

　12. 和平与战争中的道德 / 16

　13. 我们应当如何生活 / 19

　14. 幸福与德性：一些初步的讨论 / 20

　15. 苏格拉底的探索：经过检审的生活 / 22

　16. 苏格拉底的信念 / 23

　17. 关于德性的预设 / 24

18. 德性是幸福的充分必要条件 / 25

19. 幸福是快乐的最大化 / 27

20. 知识为什么是德性的充分条件？ / 28

21. 反对快乐主义的论证 / 30

22. 适应性的幸福观念 / 31

23. 苏格拉底单方面的后继者 / 32

24. 居勒尼学派的快乐主义 / 33

25. 犬儒学派对苏格拉底的辩护 / 34

第三章 柏拉图 ... 36

26. 柏拉图与苏格拉底 / 36

27. 定义与道德形而上学：道德的客观性 / 37

28. 理性欲求与非理性欲求 / 40

29. 德性的理性与非理性方面 / 41

30. 一个未得到回答的问题：正义的难题 / 42

31. 正义为什么总是比不义更好 / 45

32. 一个反对：柏拉图的论证是否与问题无关？ / 46

33. 柏拉图的回答：对不义的诊断 / 47

34. 理性的观点要求他人指涉的正义 / 48

35. 道德、理性与自我利益 / 50

第四章 亚里士多德 ... 52

36. 亚里士多德与柏拉图：什么是幸福？ / 52

37. 正确的方法要求系统考察最初看来合理的信念 / 53

38. 既然幸福是最终目的，它必然是完整的好 / 54

39. 幸福一定要通过人的功能理解 / 56

40. 这个幸福观念比其他幸福观念更可取 / 58

41. 幸福部分而不是全部受制于外部环境 / 59

42. 幸福要求理性和非理性灵魂的德性 / 60

43. 品格德性是进行选择的状态 / 61

44. 德性在于行动和感觉的中道 / 63

45. 对恰当对象的快乐对德性来讲是必要的 / 65

46. 恶性与德性不同于不自制和自制 / 66

47. 品格德性要求实践理性和思虑 / 67

48. 伦理德性包括指向美好的"应当"/ 69

49. 亚里士多德的德性是道德德性吗？/ 71

50. 如果我们拥有德性是否生活得更好？/ 72

51. 友爱将一个人自己的好和他人的好联系起来 / 74

52. 两种幸福观念？/ 75

第五章 怀疑派 77

53. "希腊化"世界与古代晚期 / 77

54. 希腊化时期的系统性伦理学理论 / 78

55. 怀疑派描绘了通向悬置判断的道路 / 80

56. 亚里士多德认为差别并不支持怀疑论 / 81

57. 平静：怀疑论者实现幸福了吗？/ 83

58. 如果怀疑论者没有信念，他们能行动吗？/ 84

59. 没有信念怀疑论者可以过什么样的生活？/ 85

第六章 伊壁鸠鲁：作为快乐的幸福 87

60. 对快乐主义的新辩护 / 87

61. 快乐是终极目的 / 88

62. 平静使快乐最大化：回应卡里克勒斯 / 89

63. 伊壁鸠鲁主义者达到平静，克服对死亡的恐惧 / 90

64. 快乐主义者会如何选择？伊壁鸠鲁、阿里斯提普和
卡里克勒斯 / 91

65. 快乐是唯一非工具性的好吗？伊壁鸠鲁与亚里士多德 / 92

66. 开明的快乐主义者选择德性 / 93

67. 快乐主义对德性的辩护存在哪些困难 / 94

第七章 斯多亚学派：作为德性的幸福 96

68. 苏格拉底、犬儒学派和斯多亚学派 / 96

69. 德性的发展 / 97

70. 只有正当的才是好的 / 98

71. 对斯多亚幸福观的反对 / 100

72. 恰当的行动指向更可取的中性物 / 100

73. 中性物既不好也不坏，但是很重要 / 102

74. 激情是错误的认同 / 102

75. 将伦理学应用于社会理论 / 104

76. 宇宙展示了理智的设计与神意 / 106

77. 关于斯多亚学派决定论的问题：亚里士多德论责任的
条件 / 107

78. 伊壁鸠鲁：要捍卫责任，我们必须反对决定论 / 109

79. 斯多亚学派：决定论必然允许共同决定 / 111

80. 斯多亚学派：在决定论的宇宙中我们对于共同决定的
行动负责 / 112

第八章 基督教信仰与道德哲学：奥古斯丁 114

81. 基督教教义与道德理论的关系 / 114

82. 神圣命令与理性道德 / 115

83. 道德律的字句与精神：耶稣与保罗 / 116

84. 道德律与罪 / 117

85. 罪与自由意志 / 118

86. 恩典、证成与自由意志 / 119

87. 现世中的基督教道德 / 122

第九章 阿奎那 ... 124

88. 从古代到中世纪 / 124

89. 重新发现亚里士多德 / 126

90. 古代与中世纪：关于道德的问题 / 128

91. 伦理学在阿奎那哲学中的位置 / 130

92. 我们既有理性的意志又有非理性的激情 / 131

93. 如果我们拥有理性的意志，我们就会追求终极的好 / 132

94. 人的幸福在此生是不完满的，在来生是完满的 / 134

95. 理性的能动性就是自由的能动性 / 135

96. 伦理德性是对自由意志的正确使用 / 137

97. 实践理性关注手段和目的 / 139

98. 自然法如何是法？ / 140

99. 自然法就是理性的原则 / 141

100. 从自然法到德性 / 142

101. 自然法要求社会德性 / 144

102. 我的好为什么要求他人的好？ / 145

103. 罪与恩典 / 147

104. 人为获得的与上帝注入的德性 / 149

第十章 司各脱与奥卡姆 ... 151

105. 对阿奎那的批评 / 151

106. 意志自由因为它不被决定 / 152

107. 对幸福的欲求不可能是道德的基础 / 154

108. 对正义无偏的关切是道德的基础 / 155

109. 意志可以既是理性又是自由的吗？司各脱的困难 / 157

110. 反对阿奎那的神圣自由和自然法 / 157

111. 自然法依赖上帝的自由选择 / 158

112. 上帝的自由与上帝的正义：意志论的问题 / 160

第十一章　道德与社会性的人类自然 163

113. 宗教改革 / 163

114. 文艺复兴 / 164

115. 科学革命 / 165

116. 现代国家和哲学传统 / 165

117. 中世纪与现代哲学的连续性 / 167

118. 苏亚雷兹：以中间道路解决关于自然法的争论 / 168

119. 苏亚雷兹：中间道路对意志论的部分捍卫 / 169

120. 苏亚雷兹：中间道路提供了对自然主义的辩护 / 171

121. 苏亚雷兹：中间道路为什么是最好的？/ 172

122. 苏亚雷兹应当接受命令式的道德观念吗？/ 173

123. 自然是人类好的基础 / 174

124. 格劳修斯：自然法同时与战争、和平相关 / 176

125. 格劳修斯：自然法基于关于人类自然的事实 / 177

126. 格劳修斯：道德怀疑论是错误的 / 178

第十二章　霍布斯：没有社会性自然的自然法 180

127. 霍布斯与格劳修斯论自然法 / 180

128. 意志不是理性的欲求 / 182

129. 在自然状态下实践理性并不推荐道德 / 184

130. 实践理性向我们表明摆脱自然状态的途径 / 185

131. 一些而不是全部责任基于命令 / 187

132. 用后果辩护道德：间接后果主义与间接利己主义 / 188

133. 道德仅仅是通过维持和平得到证成的吗？ / 190

134. 愚人对间接利己主义提出质疑 / 191

第十三章　意志主义、自然主义与道德实在论：普芬多夫、沙夫茨伯里、卡德沃斯与克拉克..................195

135. 对霍布斯的反驳 / 195

136. 普芬多夫：反驳霍布斯的一个意志主义论证 / 196

137. 普芬多夫的意志主义论证（1）：道德属性不是自然的，而是施加到自然之上的 / 197

138. 普芬多夫的意志主义论证（2）：自然的好对道德来讲是不充分的 / 198

139. 普芬多夫的意志主义论证（3）：只有意志主义可以解释道德无涉利益的特征 / 199

140. 霍布斯的批评者与意志主义 / 201

141. 沙夫茨伯里：道德实在论反对利己主义和意志主义 / 202

142. 卡德沃斯：意志论不可能解释道德原则的稳定性 / 204

143. 霍布斯与普芬多夫：对意志主义的辩护？ / 205

144. 克拉克：霍布斯必须承认自然状态中的道德 / 206

145. 克拉克：道德事实关乎适合 / 207

146. 克拉克：基本的道德原则很容易认识 / 209

147. 克拉克：道德要求在正义规约下的仁爱 / 210

第十四章　情感主义与道德的非理性根据：哈奇森与休谟 / 212

148. 理性与情感：基本的二分..................212

149. 道德判断的基础 / 213

150. 霍布斯与哈奇森：实践理性从属于非理性欲求 / 214

151. 休谟：理性在行动中只发挥有限的作用 / 216

152. 休谟：我们倾向于混淆激情与理性 / 218

153. 哈奇森：既然我们拥有道德感官，霍布斯的利己主义就是错的 / 220

154. 哈奇森与沙夫茨伯里：对道德感官的主观主义与客观主义观念 / 221

155. 道德判断包括情感 / 223

156. 道德判断如何与动机联系？ / 224

157. 道德事实不是客观的 / 225

158. 我们不可能从"是"推论出"应当" / 226

159. 道德感官采取无偏观察者的视角 / 228

160. 正确的道德判断关乎功利 / 230

161. 休谟的立场前后一致吗？ / 231

162. 道德感解释正确与错误 / 232

163. 关于道德感的功利主义观念 / 233

164. 道德感视域是功利主义的吗？ / 234

165. 休谟：道德感肯定了自然和人为的德性 / 236

166. 正义并非建立在契约之上，而是互利的习俗 / 237

167. 我们的道德情感肯定正义 / 240

168. 道德情感肯定间接功利主义的规则 / 240

169. 聪明的无赖质疑道德的至高性 / 242

170. 休谟：情感主义可以为关心道德提出很好的理由 / 243

171. 对于休谟回应的质疑 / 245

第十五章　理性主义与道德的理性根据：巴特勒、普莱斯与里德……247

172. 巴特勒：自然是明智与道德的基础 / 247

173. 巴特勒："自然"与"自然的"有三种含义 / 248

174. 巴特勒：某些选择基于更高的原则 / 250

175. 巴特勒：合理的自爱是更高的原则 / 252

176. 里德：情感主义者低估了实践理性的作用 / 253

177. 普莱斯与里德：道德感给了我们客观道德属性的知识 / 254

178. 里德：反对休谟，道德正当是客观的 / 255

179. 普莱斯：情感主义者不理解道德属性 / 257

180. 普莱斯：反对休谟，我们可以从"是"推论出"应当" / 259

181. 伯尔盖：情感主义者无法解释道德判断的正确性 / 260

182. 普莱斯：情感主义、怀疑主义、虚无主义 / 263

183. 巴特勒：良知是至高的实践原则 / 264

184. 巴特勒：道德中的功利要素依赖仁爱的理性原则 / 267

185. 巴特勒：既然良知不同于仁爱，道德就不同于功利 / 268

186. 里德：行动者在道德上的好不同于行动在道德上的好 / 269

187. 里德：正义并不依赖功利 / 270

188. 普莱斯：间接功利主义并不比间接利己主义更合理 / 272

189. 普莱斯：功利主义的理由并不是全部的道德理由 / 273

190. 普莱斯：道德中没有唯一的至高原则 / 275

191. 理性主义如何质疑功利主义 / 276

192. 巴特勒：我们有很好的理由关心道德 / 277

193. 巴特勒：我们所有的行动并非都以自己的快乐为目标 / 278

194. 巴特勒：仁爱和良知与自我利益并不冲突 / 279

195. 巴特勒：自爱与良知一致 / 281

第十六章　康德与他的一些批评者 283

196. 批判、启蒙、卢梭 / 283

197. 从启蒙到道德 / 285

198. 对康德的回应 / 287

199. 关于道德的直觉看法 / 289

200. 道德建立在偏好之上吗？／ 291

201. 一些理由不依赖偏好 / 292

202. 道德理由不依赖偏好 / 294

203. 道德要求理性和非理性的动机 / 296

204. 定言命令要求普遍法则 / 298

205. 定言命令是否仅仅要求前后一致？／ 300

206. 前后一致和公平对于定言命令来说是不够的 / 301

207. 定言命令要求我们把理性的本质当作目的 / 303

208. 我们通过尊重自己和他人把理性的本质当作目的 / 304

209. 尊重人的原则支持理性主义反对功利主义 / 306

210. 对人的尊重是定言命令的基础 / 307

211. 自律与自由 / 308

212. 自由对道德的重要性 / 310

213. 责任的自由 / 311

214. 自律的自由 / 313

215. 道德揭示人格 / 314

216. 定言命令的另一个表达式：普遍的立法者 / 316

217. 道德与最高的好必然彼此联系 / 316

218. 道德与宗教 / 318

219. 定言命令的最终表述：目的共同体 / 319

第十七章　叔本华：康德的洞见与错误 322

220. 叔本华与康德 / 322

221. 自利与道德冲突 / 323

222. 纯粹的实践理性除了要求前后一致外别无其他 / 324

223. 利己主义的基础是没有认识到他人的平等实在 / 325

224. 同情的来源是认识到自我与他人区分的非实在性 / 326

225. 同情是道德的充分基础吗？ / 327

第十八章　黑格尔：超越康德式的道德 330

226. 道德哲学应当理解社会现实 / 330

227. 自由和理性的意志是道德的起点 / 331

228. 康德关于理性意志的洞见与错误 / 332

229. 伦理生活修正康德式的道德 / 333

230. 康德式的道德可以修正伦理生活吗？ / 335

第十九章　尼采：反对康德和道德 338

231. 反对道德 / 338

232. 通过考察道德的起源了解道德 / 340

233. 我们为什么要反对道德 / 342

234. 我们应当反对道德吗？ / 342

235. 主观主义与自我否定 / 344

第二十章　功利主义：密尔与西季威克 346

236. 早期与晚期功利主义者 / 346

237. 不同种类的功利主义：保守的、进步的与激进的 / 349

238. 道德理论与经验论证 / 351

239. 论证功利主义的不同策略 / 352

240. 功利主义需要次级原则 / 354

241. 功利原则将次级原则系统化 / 355

242. 一些次级规则似乎反对功利主义 / 356

243. 正义和其他次级原则可以在功利主义的基础上得到辩护 / 357

244. 对功利主义正义论述的质疑 / 359

245. 为快乐主义辩护 / 360

246. 西季威克：快乐主义给出了唯一合理的关于好的论述 / 362

247. 反对西季威克：快乐与信念的关系 / 363

248. 西季威克：基础主义认识论支持快乐主义 / 364

249. 密尔的定性快乐主义：高级的快乐与低级的快乐在性质上不同 / 365

250. 定性的快乐主义可以解释更高的快乐何以更高吗？ / 366

251. 密尔的整体主义：幸福包括一些自身就值得选择的部分 / 367

252. 整体主义与快乐主义一致吗？ / 368

253. 定量快乐主义的社会和政治后果 / 370

254. 公理论证对常识道德给出了替代方案 / 371

255. 密尔对功利主义的证明 / 372

256. 西季威克对功利主义的公理论证 / 373

257. 无偏性与最大化的关系 / 374

258. 从明智到功利主义的论证 / 375

259. 西季威克：实践理性的二元论 / 377

260. 道德与自利的问题 / 379

第二十一章　超越康德与功利主义道德
——观念论的替代方案：格林与布拉德利 382

261. 对功利主义的观念论回应 / 382

262. 自我实现 / 383

263. 功利主义道德错在哪里？ / 385

264. 康德主义伦理学中的错误和正确要素 / 386

265. 个人实现要求社会道德 / 387

266. 自我实现要求康德主义的道德 / 389

267. 实践意涵？ / 391

第二十二章　元伦理学：客观性及其反对者..................................395

268. 实证主义与元伦理学 / 395

269. 摩尔：并非所有伦理概念都有自然主义定义 / 397

270. 非自然主义如何允许道德知识 / 400

271. 对摩尔的实证主义回应：非认知主义 / 401

272. 事实与价值区分的重要意义 / 403

273. 情绪主义者是否误解了道德判断的含义？ / 405

274. 规定主义者是否也误解了道德判断的含义？ / 406

275. 非认知主义是否存在不一致？ / 408

276. 虚无主义论证：道德属性并不适合科学的世界观 / 408

277. 分歧和相对性是否排除了客观性？ / 410

278. 道德客观性为何重要？ / 412

279. 回到摩尔：道德概念可以定义吗？ / 414

280. 道德属性可以被定义吗？ / 416

第二十三章　功利主义及其批评者：一些进一步的问题........................418

281. 元伦理学与规范伦理学 / 418

282. 刘易斯：从无偏性角度辩护功利主义 / 419

283. 黑尔：功利主义可以从偏好中推论出来 / 420

284. 罗斯：功利不是正当性的根据 / 422

285. 罗斯：多元的直觉主义 / 425

286. 罗尔斯：经过思考的判断是道德理论的恰当起点 / 426

287. 社会契约背后的原初状态 / 427

288. 原初状态的特征 / 429

289. 在原初状态中两个正义原则会被选出 / 430

290. 功利主义可以接纳两个原则 / 431

291. 正义、道德与功利 / 432

292. 作为公平的正义的康德主义阐释 / 433

293. 康德主义的阐释表明了什么？ / 435

参考文献 / 437

索　引 / 455

译后记 / 482

第一章

导 论

1. 伦理学及其历史

本书关于伦理学的历史。我把"伦理学"和"道德哲学"当作同义词,① 也就是对道德的哲学研究。本书不是伦理学的全面历史,而是有选择地讨论一些哲学家和一些问题,它们都属于从公元前5世纪雅典的苏格拉底开始直到今天的道德哲学传统。②

本书的标题可以在两个意义上理解。本书既关于不同历史时期和历史情境中的伦理学,同时又试图表明我们如何通过历史更好地思考伦理学问题。*

---

① 对伦理学简短而清晰的导论,参见 W. K. Frankena, *Ethics*, 2nd ed., Englewood Cliffs: Prentice-Hall, 1973;更完整的导论,参见 R. Shafer-Landau, *The Fundamentals of Ethics*, 3rd ed., Oxford: Oxford University Press, 2015;一些论文集可以给我们提供当代伦理学的整体印象,比如 Peter Singer ed., *A Companion to Ethics*, Oxford: Blackwell, 1991;J. Skorupski, ed., *Routledge Companion to Ethics*, London: Routledge, 2010;D. Copp, ed., *The Oxford Handbook of Ethical Theory*, Oxford: Oxford University Press, 2006;两本部分通过历史文本来讨论伦理学的导论是 R. Norman, *The Moral Philosophers*, 2nd ed., Oxford: Oxford University Press, 1998 和 S. Darwall, *Philosophical Ethics*, Boulder: Westview, 1998。

② 伦理学史的导论著作可参见:H. Sidgwick, *Outlines of the History of Ethics*, 3rd ed., London: Macmillan, 1892;A. Macintyre, *A Short History of Ethics*, London: Routledge, 1966。篇幅更大的整体性历史可参见 S. Golob and J. Timmermann, eds., *Cambridge History of Moral Philosophy*, Cambridge: Cambridge University Press, 2017。R. Crisp, ed., *The Oxford Handbook of Ethical Theory*, Oxford: Oxford University Press, 2006 之中也有很多有益的论文。

* 本书英文书名是 *Ethics Through History*,既可理解为"穿越历史的伦理学",也可理解为"通过历史了解伦理学",因此有了作者在这里说的两个意义。中文译本采取了最直白的翻译"西方伦理学简史"。——译者注

让我们假设研究道德，特别是用哲学的方式研究道德，是有意义的。研究道德哲学的历史为什么也是有意义的呢？下面五个理由随着本书的展开会变得更加清晰。

第一，最简单的理由在于，伦理学史上的很多主要文本也是思想史上重要的和很有影响力的作品。阅读它们引人入胜、充满乐趣。如果本书可以激励读者开始阅读某些原著，那么它也就起到了作用。书中的注释提示了接下来如何继续探索。

第二，对道德问题的哲学反思影响了道德观念的发展，并因此影响了道德行为本身。我可以举出几个例子：首先，认为人本身具有权利，应当获得某些尊重和利益的保护，在 18 世纪的哲学家那里成了常见的观念。这个信念是追求更大的社会和政治平等的运动的思想资源，而这些运动始于法国大革命。这个观念也是 18 世纪和 19 世纪人们逐渐开始反对奴隶制的理由。[1] 其次，人们应当生活在促进公共利益的社会中，而不是以牺牲他人为代价满足某些人的利益。这个道德原则鼓励人们去寻求互利的法律、规则和制度，而不是将彼此仅仅当作稀缺资源的竞争者。同样的道德原则甚至鼓励人们去寻找可以指导战争的道德规则。[2] 最后，把促进最大的好作为一条道德原则，意味着我们要根据是否促进了最大的好来考察法律和其他社会制度。这个问题强烈地影响了立法和社会政策。[3] 在这些和其他例子中，道德反思不是对社会和政治改革的唯一解释，但是忽略道德反思的作用无疑是愚蠢的。

第三，道德哲学是现代心理学、经济学、社会学的来源。任何想要理解这些学科及其发展的人，都需要知道它们在哲学上的来源。[4] 比如，那些认为政府应该尽可能少地干预经济活动的人，和那些认为政

---

[1] 关于这些观点的有力证据来自尼采，他公开谴责这些观点。参见本书 §233。
[2] 关于战争，参见本书 §124 关于格劳修斯的讨论。
[3] 关于立法与最大的好，参见本书 §§236-237 关于边沁和密尔的讨论。
[4] 关于道德哲学与社会正义，参见本书 §168 关于亚当·斯密和 §238 关于密尔的讨论。

府应该广泛干预经济活动的人,根据的是相互竞争的哲学前提,一边来自亚当·斯密、密尔,另一边通过马克思来自黑格尔。

第四,要理解当代道德哲学以及普遍而言的当代哲学,我们需要理解它的历史。很多道德思想中的当代辩论延续了18世纪在理性主义者和经验主义者之间的论辩,以及19世纪在功利主义者及其反对者之间的论辩。但是18世纪的论辩也不是空穴来风,它们又需要借助之前的理论才能得到理解。历史研究在不同的方面会有所帮助。有时候,根据之前的问题,我们可以理解为什么需要回答某些问题。有时候,我们可以理解为什么本不该被忽略的问题被忽略掉了,以及为什么某些答案被不公正地抛弃了。比如,我们会注意到,18和19世纪的道德哲学家广泛地(不是全部)没有直面由亚里士多德本人和他的经院哲学继承者发展起来的那种亚里士多德主义的道德图景。

第五,反思过去的道德哲学家如何讨论那些问题,也是发现道德哲学中的真理的一个有效途径。

这五点中的前四个很难反驳,第五个或许会遭到反驳。但是我不会在这里尝试为它辩护。我会将它留给本书的读者去思考。

2. 哲学对话的可能性

哲学与化学、地理学、历史学相似,都努力发现真理。哲学的论证与法庭论证相似,它的方法不是实验性的,而是对抗性的(adversarial)。哲学论证包含着经过理性思考的案件,要被置于交叉问询和可能的反驳之下,这些可能会导致我们放弃或修改原来的案件。哲学家的一个任务是破坏性的,因为他们要努力找到对自己观点和他人观点的反驳。哲学家的另一个任务是建设性的,因为他们要尝试从这些反驳中学习,并且构造更好的论证。

哲学对话和论证会从更多的对话者中获益,特别是所有的对话者不是问着相同的问题，或者倾向于给出相同的答案。如果可以回答很多对话者的反驳，我们就可以对最终的观点怀有更合理的自信。来自不同历史时期的对话者有助于实现这个目的，因为他们的不同情境和经验会带来不同的问题。他们从那些一开始吸引我们的观察中提出了不同的论证，得出了不同的结论。

这是伦理学史为什么能帮助我们理解伦理学的一个理由。要和他人进行对话，我们需要理解他们说了什么，他们为什么这么说。因此，要理解过去的哲学家，我们需要历史性的论述。

然而，我们可能会怀疑，这样建设性的哲学对话是否可能。如果在不同时期的人们问不同的问题，并且有着不同的预设，他们是否可以进行有建设性的对话？[1]或许我们不能与荷马进行有关亚原子物理学的对话。我们用来解释这个理论的词汇依赖一些他无法理解的假设和理论，我们很可能不能说服他接受任何现代物理学的理论。伦理学史也是如此吗？不同时代是否会引入一些新的对话，而这些对话是此前对话的参与者无法理解的呢？

我们需要考察伦理学史中连续性和不连续性的程度。它是一个连续的对话，还是一系列有着相对截然区分的对话？我们可以概览一下道德哲学家在不同时期讨论的主要问题，以此来探索这个问题。

3. 伦理学关于什么？苏格拉底的问题

不管是伦理学的整个历史，还是本书讨论的部分，都不是在尝试回答一个人们达成共识的问题清单，它并不是不同候选人对相同问题的不同回答。不同哲学家的问题和答案都是不同的。但是如果因为（比

---

[1] 关于这些预设，参见 R. G. Collingwood, *An Essay on Metaphysics*, Oxford: Oxford University Press, 1940。

如）柏拉图和西季威克生活在不同的时代，属于不同的文化和社会，就认为他们没有真正讨论相同的主题则是错误的。本书的部分旨趣就在于指出，在这些问题共享的预设之内，通过反思之前的讨论，可以出现哪些不同的问题。

为了解释伦理学为什么至关重要，苏格拉底说他讨论的不是琐碎的问题，而是"一个人应当如何生活"的问题。表述这个问题的另一种方式是："我应当成为什么样的人？"苏格拉底的问题不是"我想要如何生活？"或者"做什么让我最快乐？"如果我们问应当如何生活，我们也就认为有更好或更差的生活方式，并且值得花时间去找到更好的方式，或者更好的方式之一。

提出苏格拉底的这个问题，不同于在没有人要求我学习乐器的时候问"我应当学习什么乐器？"我们的成长、教育、法律、非正式的社会制裁都告诉我们要如何生活。这个社会环境形成了我们的行动模式、信念、情感和品格。我们学习不同的社会角色，对这些角色来讲合适的行动，在这样行动的过程中，我们学会通过他人的正当预期和需要修正我们的欲求。① 以这些方式，社会告诉我们应当如何生活。

我们提出苏格拉底的问题，可能是因为我们想理解我们习以为常的生活方式有什么好，也可能是想要寻求不同的生活方式。即便社会影响了我们生活的很多方面，它还是给了我们一些选择。我们可以对自己的社会角色表现出或多或少的热情，可以努力逃避伴随这些社会角色的责任，也可以用最低限度的努力让人们认为我们在遵循社会的预期，但是依然努力按照我们更喜欢的方式生活。

---

① 关于社会环境，比如可参见本书 §265 关于布拉德利的讨论。

4. 如何回答苏格拉底的问题

反思我们应当如何生活将我们引向了不同的问题，这些问题大致界定了伦理学的范围。

第一，**关于正当（right）的理论**。我们可以问做什么是正当的，我们应当做什么，我们亏欠（owe）他人什么。法律和其他社会规范不仅告诉我们什么是人们通常会做的，如果不做会遭受惩罚，还会告诉我们合理预期的行动是什么。在通常做什么与我们可以被合理地预期做什么之间的差别，就是道德与单纯的习俗之间的差别。如果我们问社会预期是不是合理，也就是在问是不是真的应当去做社会要求我们做的事情。我们应当做的事情就是不同的德性（或者值得赞赏的品格状态）告诉我们要去做的事情。如果我们努力获得那些真正的德性，我们就会在做那些真正应当做的事情时表现这些品格。

第二，**关于好（good）的理论**。如果我们思考应当如何生活，我们就是在思考应当以什么为目标，应当努力在生活中实现什么。这将我们引向人生的终极目的（单数或复数），从而引向关于什么是好的问题。在以目标为指引的行动中，我们试图为目的找到恰当的手段，我们预设目的是值得追求的。如果这个为了目的追求手段的过程是值得的，必定有一些东西本身是值得追求的，而不仅仅是实现其他东西的手段。我们对于好的信念影响着我们对正当的看法；对某个行动或实践正当性的合理辩护就是论证它实现了某个值得追求的目的。

第三，**道德心理学（moral psychology）**。如果我们问应当如何生活，我们就要努力找到一些好的理由，说服自己以某种特定的方式生活，并且根据我们的结论行动。我们认为，我们可以根据实践理性指引生活，而实践理性关注一个人生活的整体。我们不仅关心今天发生什么，也关心明天和更远的未来会发生什么。我们关心我们的生活，而不仅仅是短暂的体验。考虑我们的生活就要考虑我们的长期偏好。

要根据这些偏好生活，我们就要考虑如何实现它们，并且根据如何实现它们的结论行动。然而，这并不总是很容易。有时候我们不知道如何获得我们想要的结果。有时候我们知道这个，但是发现做那些我们知道更好的行动非常困难。我们有非理性的欲求和偏好，也有理性的欲求。理性和欲求的这些特征，对我们是否能够按照应当如何生活的答案行动提出了问题。

第四，**元伦理学**（metaethics）。如果反思我们关于正当行动的判断、有德性的品格以及人生目的，我们可以问这些是什么样的判断，我们是否可以合理地认为它们是真的或假的。我们对这个客观世界做出了一些事实判断，换句话说，我们认为自己的判断对于某些不同于我们判断的现实来讲是正确的。仅仅相信月亮是绿奶酪做的，并不能让它是绿奶酪做的为真。我们还基于观察、经验、理论去认识这个世界；这个基础给了我们真的和得到证成的（justified）信念，而不仅仅是偏见或迷信。对于正当和好的道德判断，我们可以说同样的话吗？有什么东西是客观的正当或好（不同于我们认为如此）吗？我们可以对道德拥有可证成的信念和知识（不同于偏见和习俗）吗？这些是元伦理学的问题，因为它们不是伦理学中的问题，而是当我们从外部考察伦理学时，将我们认为的伦理学知识与对这个世界的其他知识进行比较时提出的问题。

5. 正当与好

上面提到的这四个不同领域大体上划定了伦理学的主题，在这个范围内不同的哲学家形成了不同的问题，给出了不同的答案。但是在不同哲学家那里，不同领域的突出程度不同，他们对不同领域之间关系的看法不同，对哪个问题具有优先性的看法也不同。

一个重要的争论是在好与正当之间的争论。一些道德理论认为好优先于正当。根据这些理论，我们不需要参考正当就可以界定好，接下来根据什么促进了好来界定正当。功利主义就是一个有这种结构的理论。这些理论通常被称为目的论（teleological）。与目的论不同，有些人主张正当可以独立于好得到界定。因为关于正当的理论给出了义务的内容，这些理论有时候被称为义务论（deontological）。[1] 这两种关于正当的理论开辟了第三种可能性，那就是好和正当都不是优先的，它们需要依据彼此得到理解。

在古代和中世纪伦理学中，有些人捍卫关于正当的目的论（比如伊壁鸠鲁），但是大多数人认为正当和好都不具有优先性（比如柏拉图、亚里士多德、斯多亚学派、阿奎那）。司各脱非常接近义务论。在之后的道德哲学家中，普莱斯、康德和罗斯最清晰地主张义务论。功利主义者则主张关于正当的目的论。

6. 关于好的各种观念

不管我们怎么看待正当与好的关系，我们都要形成某种关于好的论述，从而决定合理追求的目标是什么。有些关于好的观念是主观的，因为它们认为一个人的好在于某些主观的状态，比如快乐、平静或者欲求的满足。一些古代道德学家捍卫主观主义（比如居勒尼学派和伊壁鸠鲁学派）。柏拉图、亚里士多德和斯多亚学派捍卫客观主义，因为他们认为一个人的主观状态不能完全决定一个人是否幸福。除了主观状态之外，我们还需要满足某些进一步的标准；我们需要获得真正的德性（比如斯多亚学派），或者我们需要将这些德性在值得做的行动和成就中实现出来（比如亚里士多德和阿奎那）。在之后的道德哲学家中，大多数持快乐主义观点的功利主义者捍卫一种主观的幸福观

---

[1] 目的论与义务论之间的对立，参见 Frankena, *Ethics*, pp. 14-17。

念，但是密尔有时候朝着一种客观主义的方向对它做出了修正。[①]格林和布拉德利给出了对主观主义最完整的批判。

7. 我的好与他人的好：义务与利益

一类可以合理追求的好是一个人自己的好。如果一个人向我推荐整体上对我有害的行动，而另一个人推荐整体上对我有利的行动，同时在它们之间没有其他相关的差别，那么选择对我有害的行动就是愚蠢的。在这里，我自己的好就是终极的目的。然而，如果我们考虑其他人的好与我的好的关系，或者我做正当的行动是不是总是可以促进我的好，这个选择就不那么明显了。做正当的事情通常会对他人有利而对我自己有害，这一点看起来非常显然。我们或许会认为，道德原则和道德实践的全部要点就在于保证我要考虑他人的利益，即便当他们的利益与我的利益存在冲突时也是如此，这就是我们为什么认为道德要求或大或小的自我牺牲。

古代道德哲学家很清楚人们认为在道德与个人利益之间存在冲突，但是他们反对这一点。在他们看来，那些认为道德要求牺牲自己利益的人，错误地理解了自我利益和好的本质。柏拉图、亚里士多德、斯多亚学派、伊壁鸠鲁学派，给出了对道德和自我利益之间和谐关系的不同辩护。奥古斯丁和阿奎那也赞成他们的看法。司各脱反对这种和谐论的观点，捍卫道德与自我利益矛盾这种初看起来合理的观点。之后的道德哲学家里面，巴特勒捍卫和谐，西季威克最详细地论证了道德与自我利益之间的冲突，他称之为实践理性的"二元论"。

[①] 关于密尔论幸福，参见本书§§250-252。

8. 理性与欲求

反思我们应当如何生活预设了实践理性在指引我们的生活中扮演某些角色，但是想把这个角色描述清楚并不容易。关于实践理性力量的一个问题来自非理性欲求在决定我们的选择和行动时的显要位置。我们的某些非理性倾向可以通过无知、疏忽、缺少关注等来解释。我们有时候会根据突如其来的冲动、偏见或者情感行动，因为我们不知道更好的选择是什么，或者因为我们没有停下来思考我们知道什么。但是有时候我们即便完全知道要做什么，还是会非理性地行动。在这些情况下，我们就展现了意志的软弱（weakness of will，有时候被称为"不自制"，即 *akrasia* 或 incontinence）。古代道德哲学家认为，如果我们充分地意识到更好行动是什么，就不可能不自制地行动。阿奎那同意他们的看法，而司各脱反对这一点。

即便我们不考虑不自制的问题，还会有其他关于实践理性力量的问题。柏拉图、亚里士多德和阿奎那认为，实践理性会形成一些特殊的理性欲求，它们将我们引向理性本身的目的。然而，我们可以问，这个对理性欲求和目的的看法是不是可以得到证成。根据奥卡姆和司各脱的观点，指引我们行动的目的来自我们的意志，实践理性附属于它。休谟提出了一个更加极端的版本，他认为实践理性的唯一角色就是找到实现目的的手段，而目的是由非理性的欲求确定的。休谟认为，理性是并且应当是激情的奴隶。巴特勒、里德和康德都反对这种反理性主义的立场。

9. 元伦理学问题

在古代哲学中，主要的元伦理学争论是道德中的相对性和习俗。普罗泰戈拉认为，既然不同的社会在对错方面观点不同，就像它们在举止、习惯和法律上彼此不同，道德就是一个习俗问题。根据这种观点，正确与错误是相对于不同社会习俗的。在婚礼上穿黑色的衣服或者在葬礼上穿白色的衣服，既不是客观地正确也不是客观地错误，而是完全取决于某个社会的习俗。与此相似，欺骗、偷窃、谋杀也不是客观地正确或错误，而是完全取决于社会习俗。普罗泰戈拉的这种习俗主义态度得到了古代怀疑论者的发展，他们不仅攻击对客观道德的信念，而且从信念上的差异更普遍地否定了客观性本身。①

柏拉图和亚里士多德反对这种从差异到怀疑主义的论证。在他们看来，关于人类自然（本性）的事实和人类社会的需要是关于好与正当的客观事实的基础。如果我们把握了道德事实的客观基础，我们就可以看到这些差异有时候反映了人们的错误（比如，一些人过于看重复仇），有时候反映的是环境上的差别（比如，一些危险的情境需要更有攻击性的行为，而这些行为在不那么危险的情境下就不合适）。斯多亚学派和伊壁鸠鲁学派同意，要在关于人类自然（本性）的事实中找到道德事实的基础，阿奎那也这样看待道德事实的基础。如果道德事实是自然事实，我们就可以像获得关于自然事实的知识那样获得道德知识。

中世纪哲学中的意志主义传统（voluntarist tradition）对有关道德的元伦理学问题给出了不同的答案。如果我们像亚伯拉罕传统那样，认为上帝是道德立法者，他用命令和律法（比如十诫）表达了神圣的意志，我们可能会由此推论，道德就是神圣的律法，我们有理由遵守它，因为它表达了神圣的意志。柏拉图在《欧叙弗伦》中质疑了这种观点，但是这种观点得到了神的全能性的支持。我们可以问，如果道德上的对错独立于神的意志，它们是不是就限制了神的力量和自由？根据这种论证，如果我们承认神的自由和全能，就必须认为道德在本

---

① 关于怀疑论者如何看待客观性，参见本书§§55-56。

质上是一系列神圣的命令，而不是一系列关于人类自然的事实。

中世纪的意志主义者并不想要否认道德的客观性，如果道德事实是关于神圣命令的事实，它们就独立于个体道德行动者的信念和欲求。即便如此，道德依赖某种立法意志的观点可能会让我们进一步去问，道德是人的立法意志还是神的立法意志的产物。霍布斯提出了这个进一步的问题，他的回答是，道德是社会命令的产物，是对人类个体欲求做出集体回应的结果。① 霍布斯的情感主义后继者哈奇森和休谟，反对霍布斯关于道德的论述，但是他们同意霍布斯关于道德的本质在于指引行动的观点。霍布斯认为，命令实现了这个指引行动的功能。哈奇森和休谟将这个功能归于我们的情绪（emotion）或情感（sentiments）。在他们看来，道德判断、情感和行动之间的联系要求我们反对客观的道德事实，关于客观事实的判断不可能拥有道德判断所具有的那种指引行动的作用。

根据这条路径，道德依赖神圣命令的观点导致了道德依赖人类情感的观点。中世纪的神学意志论当然没有想到，自己会支持这样一种主观主义的道德观，但是霍布斯和情感主义者对他们观点的逐渐转化却得出了这样一个主观主义的结论。而在另一边，理性主义者和康德则反对这个结论。

这些争论引入了晚近和当代元伦理学的主要论题。那些受到休谟影响的人强调道德的实践性和指引行动的特征，并且论证这些特征排除了道德事实的客观性。另一方面，那些看重客观性的人则试图解释道德的这个特征如何与它指引行动的角色协调一致。

---

① 这是对霍布斯过于简化的观点，更详细的讨论参见本书 §131。

10. 伦理学史的分期

我们有时候会说到"古代""中世纪"和"现代"哲学家。这些划分对应着通常用来标识不同历史"阶段"或"时代"的分期。我们通常认为,"古代世界"持续到西罗马帝国覆灭(公元 5 世纪),"现代世界"始于 16 世纪的文艺复兴,或者 17 世纪的科学革命。

这些对"时代"或"世界"的划分也在哲学史上投下了它们的影子。"古代"或"古典"哲学至少延续到奥古斯丁的时代,他有时候也被算作中世纪哲学的第一人。"现代"哲学通常被认为始于 17 世纪的霍布斯和笛卡尔。

我们无需讨论这些大的划分是否言之有据(更可能是缺乏根据)。[①] 但是在研究伦理学的历史时,我们应当带着一些怀疑看待它们。比如,认为中世纪和现代的划分标志了历史上重要的变化,那么伦理思想上也必然存在重要的差异,这就是错误的。要看到在古代和中世纪,或者中世纪与现代之间是否存在根本性的差异,我们需要不带太多预设地去研究相关的文本。

前面关于道德哲学不同领域的概要,倾向于否认在伦理学史上有对应着大的历史时期的截然划分。我们已经看到,通常被认为是现代道德哲学特有的两类问题(关于正当与好的规范性问题),以及关于伦理学客观性的元伦理学问题,都来自中世纪哲学家,而他们的问题又是针对亚里士多德的伦理观念提出的。在我们讨论具体的哲学家时,会看到更多理由强调伦理学史上的连续性而非分离性。[②]

[①] 关于这些划分,比如可参见 A. Ryan, A., *On Politics*, 2 vols. New York: Liveright, 2012, pp. 403-408。

[②] 关于连续性,参见本书 §117。

11. 本书的目标

本书尝试介绍始于苏格拉底的道德反思传统中的一些主要问题。我想要表明，后来的哲学家有时候回答了前人提出的问题，有时候因为对前人的观点不满而提出了新的问题。

我没有从伦理学中的哪些问题最重要，或者应当如何回答它们的当代观点出发。我尝试追索这些问题在历史论辩中如何产生。但是我也尝试让那些不熟悉哲学史或者道德哲学的读者可以理解这些问题。为此，我在一些地方补充了历史和哲学的背景。注释补充了关于这些主题的一些进一步阅读材料。

索引包括了两类帮助：第一，为本书提到的人物提供了时间和简单的生平信息；第二，对一些哲学术语的简短解释。[①] 读者也可以通过每一章注释里面的相互指引了解更多。如果读者将这些相互指引与索引共同使用，就会更容易追索我讨论到的那些主要论题。

有些章节关于具体的哲学家，有些章节关于更大的论辩或主题。就后者而言，我认为在某一章里呈现某个具体对话中各方的声音会让我们最容易地看到不同哲学家的看法，特别是第 14 章和第 15 章关于 18 世纪英国道德哲学家中情感主义和理性主义立场的讨论。

每章注释的主要目的是选列我使用的资料。我希望本书可以说服一些读者，值得花时间去阅读伦理学史上的一些主要文本，因此我试图给出在读完本书之后他们应当如何前进的建议。很显然，阅读亚里士多德、休谟、康德等人的著作，要好于阅读我关于他们的讨论。

为了简明扼要，我只列出了相对较少的二手文献。这些文献没有充分反映我在多大程度上受惠于其他作者。它们只是告诉读者接下来

[①] 参见 R. Audi, ed., *Cambridge Dictionary of Philosophy*, 3rd ed., Cambridge: Cambridge University Press, 2015 对于哲学术语的更完整解释。

要去阅读什么，或者他们可以从哪里对那些我只是概要讨论的问题了解更多。

让这些文本易于理解和有趣，需要充满同情的解读，因此读者可以看到支持某个立场和反对对立立场的看法。与此相似，考虑一些反对意见也会表明为什么其他观点具有吸引力。当我进行解释和批判的时候，我会避免反复提到"亚里士多德认为"或者"在休谟看来"等等。读者应该记得，我是在解释某个观点，或者对它提出反对，而不是在给出自己的观点。但是关于什么是最好地为某人辩护的方式，什么又是最有力的反驳，不可避免地反映了我的哲学视域。

第二章

苏格拉底：对不同生活的选择

12. 和平与战争中的道德

苏格拉底公元前469年出生，公元前399年去世；柏拉图公元前428年出生，公元前347年去世。①苏格拉底生命的后一半和柏拉图生命的前一半都和雅典与斯巴达之间那场漫长的战争重合。关于这场战争主要的历史资料是修昔底德的历史，他称之为伯罗奔尼撒战争。这场战争从公元前431年到前404年，前后持续了27年（中间有一些间断），波及整个希腊世界，战争的两方是雅典和斯巴达以及它们各自的盟友。这也是一场两种政治制度之间的冲突，两方分别是民主制（雅典及其盟友支持的制度）和寡头制（斯巴达及其盟友支持的制度）。雅典最终被打败了，部分原因是城邦内部的革命。民主的反对者在斯巴达的支持下建立了一个寡头政体，废除了民主制的公民大会和法庭。之后三十人的寡头政体（被称为"三十僭主"）又在公元前403年被推翻，雅典恢复了民主制。②

---

① 关于古代伦理学（从苏格拉底到斯多亚学派）的论述，参见 Susan Sauvé Meyer, *Ancient Ethics*, London: Routledge, 2008。关于苏格拉底简洁和清晰的导论，参见 C. C. W. Taylor, *Socrates*, Oxford: Oxford University Press, 2000。关于苏格拉底伦理思想更完整的研究，以及关于历史上的苏格拉底各种观点的证据，参见 Gregory Vlastos, *Socrates: Ironist and Moral Philosopher*, Ithaca: Cornell University Press, 1991。关于苏格拉底伦理观的主要证据来自柏拉图的著作，除柏拉图以外的其他资料可参见 George Boys-Stones and Christopher Rowe eds., *The Circles of Socrates*, Indianapolis: Hackett, 2013。

② 关于伯罗奔尼撒战争及其影响，参见 Simon Hornblower, *The Greek World, 479-323 BC*, 4th ed., London: Routledge, 2011。

修昔底德的历史讨论并展示了这场漫长的战争（也包括内战）给道德带来的影响。他认为，一个相对稳定的城邦来自一些足够强大的力量，它们可以保证和平，同时保护不同群体；但是当某个群体看到机会可以占据支配地位，它就会这样做（《伯罗奔尼撒战争》III.82.2；V.89；V.105.2）。既然战争包括了愿意支持革命的外部力量，它必然会加剧城邦内的政治动荡。修昔底德描述了因为雅典支持民主制和斯巴达支持寡头制而导致的城邦内部的冲突。[①] 他意在指出普遍适用于希腊世界的模式，这种内战最终也发生在了雅典。在修昔底德看来，在这些情况下，人性中欲求自己安全和寻求支配他人的基本倾向不可避免地就会浮出水面。

修昔底德说，战争是"暴力的教师"，[②] 因为它迫使我们认识到，在城邦间和城邦内的冲突中，道德是无关的因素。如果可以确保违背了道德法则（比如禁止欺诈和暴力）就会受到惩罚，我们就有很好的理由去遵守规则，因为我们每个人都会从中获益。但是如果无法确保稳定的城邦可以支持这些规则，我们就有很好的理由利用欺诈和暴力，去胜过别人，促进我们自己的利益。道德在和平与战争状态下的巨大反差揭示了这样一个事实：道德只是保障我们安全的手段，一旦我们看到违反道德规则有利可图就会违反它们。

修昔底德认为，战争教会我们道德规则在和平的城邦之外没有位置。但是我们是否可以更进一步呢？有时候即便是在一个和平的城邦里，欺骗或欺诈也可能获利，我们为什么不利用这些手段去胜过他人呢？修昔底德对道德的分析没有明言，但是他的观点更鲜明地出现在那些认为道德的作用非常有限，只能作为维持和平的手段的人那里。这些观点又再次出现在柏拉图《理想国》中格劳孔和阿德曼图斯的论

---

① 关于科西拉（Corcyra）的内乱参见《伯罗奔尼撒战争》III.82-85。关于梅洛斯（Melos）参见《伯罗奔尼撒战争》V.84-116。

② 关于战争是一个暴力的（或"强力的"）教师，参见《伯罗奔尼撒战争》III.82.2。

证里，出现在怀疑论者卡内阿德斯对正义的质疑里，也出现在格劳修斯和普芬多夫（他们反对这些观点）和霍布斯（他大体上赞成它们）的论证中。

苏格拉底和柏拉图亲身经历了战争、内乱，以及他们提出的那些道德问题。苏格拉底参加了雅典的军队，亲身经历了战争。① 他还看到了战争对民主制的影响，以及雅典的法律统治。他提到了两个事件：② (1) 在公元前406年，雅典人在阿吉努塞（Arginusae）赢得了一场海战，但是将军们没有遵从人们认可的习俗，打捞死亡战士的尸体。雅典公民大会要对这些将军进行集体审判。苏格拉底表示反对，他认为集体审判是不义的。(2) 在公元前403年，在与斯巴达的战争结束后，三十僭主拥有权力，民主派的领袖离开了城邦。一些寡头和民主派的领袖是苏格拉底的朋友和柏拉图的亲戚。③ 三十僭主用恐吓来巩固自己的统治。他们逮捕无辜的公民，并且强迫其他无辜的公民参与非法逮捕。苏格拉底拒绝参与，因为那是不义的。

三十僭主倒台之后，雅典恢复了民主制，而苏格拉底以不虔诚和败坏青年的罪名被告上了法庭。在辩护演讲中，苏格拉底表示如果城邦要求他放弃哲学活动，他会拒绝服从城邦的命令。放弃哲学是不义的，因为那意味着违反神的命令。雅典的法官们以很小的票数差判苏格拉底有罪，并且判处死刑。他本有机会逃跑，但是却拒绝了。④

苏格拉底和柏拉图或许合理地认为，之所以发生这些，部分原因就是修昔底德描绘的人们在和平与战争时期对道德的态度。他们要论证，那不是对待道德的合理态度。

---

① 关于苏格拉底的军事服务，参见《会饮》219e；《拉克斯》181a-b。
② 对自我的关注，参见《申辩》29d-30b。
③ 卡尔米德和克里提阿斯是柏拉图的亲戚，他们是寡头派的成员，他们俩都出现在柏拉图的《卡尔米德》中。在民主派一边，凯瑞丰（Chaerephon）是苏格拉底的弟子，皮里兰普斯（Pyrilampes）是柏拉图的亲戚。
④ 关于苏格拉底的审判，参见《申辩》35e-38b；关于他拒绝越狱，参见《克里同》。

13. 我们应当如何生活

在苏格拉底看来，我们可以提出的最重要的问题就是"我们应当如何生活？"如果我们关注这个问题，就会看到我们对那些并不重要的事情投入了太多关注，比如财富和地位；而对那些更重要的事情关注不足，比如我们自己和我们灵魂的状态。① 苏格拉底说的"灵魂"是指我们的心灵状态、性情、态度、品格等等，其中最重要的就是决定我们要选择何种生活。

很多人对苏格拉底的问题毫不关心。有时候，他们根本想不起去问那个问题。他们想当然地接受了给他们安排好的生活，以及这种生活的目标。很多人认为他们对这些事没有选择，比如他们是奴隶，或者生活在受压迫的状态下。② 其他人可能认识到自己有选择的余地，但是那仅仅是个偏好问题，无所谓好坏。还有人认为苏格拉底的问题根本没有必要，因为他们已经知道了正确的答案。他们认为最好的生活就是获得财富、社会地位和享乐。

在苏格拉底看来，所有这些人都是错误的。我们可以选择如何生活，这些选择不仅仅是一个偏好问题，而是可对可错，做出正确的选择对我们来讲非常重要。那些认为他们已经知道了如何生活，更关心财富和权力而非自己灵魂的人，他们的优先级排序是错误的。如果他们正确地关心自己的灵魂，就会关心德性，因为我们应当过的生活就是有德性的生活（*aretê*）。苏格拉底是什么意思？他为什么这么认为呢？

---

① 关于灵魂的重要性，参见《申辩》30d-e。
② 关于爱比克泰德对奴隶制的讨论，参见本书§75。

14. 幸福与德性：一些初步的讨论

当苏格拉底问"我们应当如何生活？"时，他的意思是"什么样的生活是最幸福的，我们如何获得它？"对于这个苏格拉底问题的回答体现了我们对"好生活""福祉"或者"幸福"（*eudaimonia*）的观念，换句话说，体现了我们关于终极好的观念。古希腊和古罗马的不同道德哲学家和道德哲学的不同学派对于终极的好提出了不同的观念。[1] 苏格拉底、犬儒学派和斯多亚学派将最好的生活等同于有德性的生活；伊壁鸠鲁主义者和居勒尼学派将最好的生活等同于快乐的生活；柏拉图和亚里士多德将它等同于有德性的生活加上外在的成功。[2]

要理解"什么是最终极的好？"为什么是一个值得讨论的问题，为什么不同人会给出不同的答案，我们需要更好地理解这个问题。*eudaimonia* 是终极的好，通常的英文翻译是 happiness。因此我们可以说希腊道德思想家讨论的是如何达到幸福的问题。

这样说可能存在误导性，因为我们对"幸福"这个词很多通常的联想可能与 *eudaimonia* 不同。英语中的 happiness 可能意味着某种快乐或满足的感觉。*eudaimonia* 的意思没有那么确切。一些希腊道德思想家将 *eudaimonia* 等同于快乐，但是他们认为自己的这个看法需要得到辩护，因为至少不是显然如此。此外，"幸福"有时候被用来指转瞬即逝的感觉，随后可能就会有不幸福的感觉。而 *eudaimonia* 是一种长期的状态。就像我们不会说一个人过了五分钟美好的一生，希腊人也不

---

[1] 关于好的不同观念，参见西塞罗：《论道德目的》（*De Finibus Bonorum et Malorum* 或 *On Moral Ends*）V.16。

[2] 即便是怀疑论者也有一个关于好的观念，关于这一点参见本书 §75。

会说一个人只有五分钟的 *eudaimôn*。①如果在看到 *eudaimonia* 的时候，我们同时还想到也可以用"福利"（welfare）或"福祉"（well-being）来翻译 *eudaimonia*，或许就可以避免一些错误的联想。有了这些提示，把 *eudaimonia* 翻译成"幸福"还是比较恰当的。

苏格拉底与其他希腊道德哲学家会讨论 *eudaimonia* 和 *aretê* 之间的关系。*aretê* 这个词的意思是"好"或者"卓越"（英语里的 virtue 有时候有这个意思，比如我们说"这本书有很多优点"[this book has many virtues]）。*aretê* 与"德性"对应的点在于它指那些可以让一个人成为好人和值得赞赏的人的品质。苏格拉底的很多对话者同意，德性包括勇敢、节制、正义和智慧。②他们同意这些德性是很有价值的。他们认为，有些人比其他人更好，比如他们可以控制自己的欲望和恐惧，并且考虑他人和自己的利益。有这些特征的人拥有一些好品格的要素，这些要素包括了节制（控制欲望）、勇敢（控制恐惧）、正义（考虑他人的利益）。大多数人想要拥有这些德性，也希望其他人拥有它们。

但是有些人并不认为这些德性很重要。他们认为德性不过是获得其他好东西的手段，比如自己的财富、社会地位、享受以及其他构成幸福的东西。如果德性干扰了他们追求这些东西，德性就要退居次席。即便诚实通常是最好的策略，大多数人还是想要欺骗有时候可以带来的好处。因此德性通常是有用的，但并不能保证幸福。

苏格拉底的回应是，德性是幸福的充分必要条件。③我们应该比大多数人更严肃地看待德性，因为德性与幸福的联系比大多数人认为的更加紧密。

---

① 关于 *eudaimonia* 和幸福，参见西季威克：《伦理学方法》, pp. 92-93; J. L. Ackrill, "Aristotle on eudaimonia," in *Essays on Plato and Aristotle*, Oxford: Oxford University Press, 1997, ch. 11; Richard Kraut, "Two Conceptions of Happiness," *Philosophical Review*, vol. 88 (1979), pp. 167-197。

② 关于德性的清单，参见柏拉图：《美诺》71e;《欧叙德谟》279b;《普罗泰戈拉》329c。

③ 关于德性与幸福，参见《欧叙德谟》281d-e;《克里同》48b;《高尔吉亚》470e, 507b-c。

15. 苏格拉底的探索：经过检审的生活

要找到值得过的生活，苏格拉底的办法是考察他自己和其他人。在他看来，最好的生活就是每天讨论德性，因为那样我们就能发现德性有多重要。与苏格拉底讨论会让我们也去考察自己的生活。①

这些讨论使得他在雅典臭名昭著、不受欢迎。他被指控用他的论证败坏青年，让更差的论证可以击败更好的论证。他的那些讨论看起来破坏了习俗中的和人们广泛尊重的道德信念。最终他被指控不信城邦的神和败坏青年。法官们以很小的票数差判处他有罪和死刑。②

根据苏格拉底的看法，他对德性的探索表明，如果他是正义的，他的生活就会比追求身体上的安全、好名声和大多数人关心的其他好东西更好。③ 他怎么会被指控破坏了道德呢？

《拉克斯》中关于勇敢的讨论说明了苏格拉底式的检审具有什么样的结构。他的问题是"什么是勇敢？"拉克斯是一位非常成功的将军，有勇敢的名声。他带着自信回答苏格拉底的问题，试图给出一个普遍的定义。但是当苏格拉底提出进一步的问题时，拉克斯意识到，他尝试给出的定义与他关于勇敢的其他最初信念矛盾。在之后的几次尝试中，另一位将军尼西阿斯也加入了讨论，但是对话者陷入了困境并且不知所措。他们同意，他们并不知道勇敢到底是什么。同样的检审模式也出现在其他对话中。④

在这些对话中，苏格拉底的对话者包括尼西阿斯和拉克斯（他们被认为了解勇敢）、贵族青年卡尔米德和克里提阿斯（他们被认为了解

---

① 关于德性的日常讨论，参见《申辩》38a。关于苏格拉底引领对话者开始进行自我检审，参见《拉克斯》187e-188c。
② 关于对苏格拉底的指控，参见《申辩》23c-24c。关于法官的投票，参见《申辩》36a。
③ 关于正义的价值，参见《克里同》48b-d。
④ 关于苏格拉底探究的结构，参见《拉克斯》190b-c；《卡米德斯》159e；《欧叙弗伦》5c-d；《申辩》29d-30a。关于苏格拉底的问题，参见本书§27。关于疑难，参见本书§37。

节制)、①欧叙弗伦(他自诩是虔诚方面的专家),还有智者普罗泰戈拉(一个非常有名的德性方面的专家,宣称自己可以教授德性)。他们都无法回答苏格拉底针对他们的问题,而他们的名声或者宣称让他们本该知道这些问题的答案。他们在回答苏格拉底问题时的无能表现了他们对于德性的无知。

苏格拉底的探究令人尴尬,让那些对自己的生活方式和伦理观点感到满意的人非常不安。但是苏格拉底并不仅仅是要揭露他人无法回答他的问题,他也指出自己的无能。他说自己比其他人更加智慧,仅仅是因为他认识到自己的无知,而他们则错误地认为自己了解德性。②

如果苏格拉底和其他人对于回答关于德性的问题无能为力,我们是不是应该悬置正义还是不义、勇敢还是怯懦等等问题呢?这种悬置判断的态度是之后怀疑论者的态度。他们认为自己的态度是苏格拉底对道德的批判性探索不可避免的结果。③

如果这就是苏格拉底所能给出的全部,我们就可以理解为什么他的那些探究会给自己带来麻烦,为什么他被人指控败坏了青年。如果他说服青年相信,在他们做出道德判断的时候其实并不知道自己在说什么,同时他自己也对道德一无所知,那么在别人眼里他就已经破坏了习俗中的道德信念,并且没有提供任何替代物。

16. 苏格拉底的信念

苏格拉底反对这个怀疑主义的结论。他的道德信念引导他在具体的道德问题上采取了不同于大众的立场。他决意正义行事,宁可面对

---

① "节制"(*sôphrosunê*)是雅典寡头派的一个政治口号,参见《卡米德斯》171d-172a。
② 关于苏格拉底对自己无知的意识,参见《申辩》21d。
③ 关于悬置判断,参见本书 §55。

死亡也不做不义之事。①

　　苏格拉底在面对困难的选择时确认了他对正义的信念。在《克力同》里，他论证正义要求公民服从法律，而不管法律要给他们施加什么样的痛苦，只要不让他们做不义的事就行。他服从法律，拒绝了越狱的机会，并且接受死刑的判决，即便那是不义的。但是正义也要求不服从，如果服从意味着要做不义的事。不管是在阿吉努塞海战之后审判几位将军，还是在三十僭主统治的时候，苏格拉底都拒绝参与不义的行动。出于同样的原因，他在审判时告诉法官，如果他们命令他放弃哲学，他不会服从，因为追求哲学是神的命令，违背神的命令是不义的。

　　很多苏格拉底的同时代人很可能认为他的态度令人困惑。我们可能会问，如果正义伤害了他（比如将他置于危险之中）和其他人（比如让那些疏忽的将军无法成为可敬的榜样），他又为什么要那么在意正义呢？

　　苏格拉底的回答是，正义的行动是为了他自己的利益。做德性要求的事情不会伤害自己，因为好人不可能被伤害。苏格拉底只信赖通过反复论证和讨论得出的结论。②

17. 关于德性的预设

　　苏格拉底认为，他的探究可以取得进步，因为它们纠正了我们此前关于德性的看法，这些看法基于我们认为更可靠的预设。比如，拉克斯第一次将勇敢定义为坚守阵地，但是之后承认有时候战略撤退是勇敢的行动。这样他就拒绝了之前下的定义。之后，他将无畏和决

---

① 关于避免不义，参见《申辩》28。
② 关于好人不会被伤害，参见《申辩》41c-d。关于反复的论证，参见《克力同》48b，49a-b。

心等同于勇敢，但是又同意勇敢是一种德性，德性总是高贵的和有益的，而无所畏惧的决心有时候却是可耻的和有害的。他由此推论无畏的决心并不等于勇敢。① 苏格拉底和他的对话者最终同意，勇敢者的无畏来自智慧，也就是关乎好坏整体的知识。如果勇敢与智慧分离，它就不总是有益的。但是因为勇敢本质上是一种德性，它就总是有益的，因此它不可能有别于智慧。②

因为参与讨论的人共享一些关于德性的预设，并且反对与这些预设冲突的最初信念，因此讨论可以取得进展。但是我们应当接受这些预设吗？比如，我们可能同意，德性对某人有益，但是我的德性总是对我有益吗，还是说它有时候会牺牲我而有益于他人？每种德性都需要关于整体的好的知识吗？即便确实需要，德性又是否等同于关于好的知识呢？我们可能像拉克斯最开始认为的那样，也认为勇敢要求一些情感状态（自信、无畏），只有知识是不够的。苏格拉底为什么忽略除知识之外的其他东西？

在其他对话中，苏格拉底回答了这些问题。

18. 德性是幸福的充分必要条件

苏格拉底论证了每种德性不仅有益于他人，也有益于有德性的行动者。他从所有人都想要"做得好"（或者说"幸福"）这个普遍接受的预设出发。争议更大的是，他预设如果幸福之外的其他东西是值得选择的，那么它们就是幸福的手段。幸福的手段是各种好。但是在幸福的各种手段中，德性具有特殊的位置。只拥有像财富或者力量这样

---

① 关于高贵和有益，参见《拉克斯》191a-c，192d，193d。关于勇敢，参见《拉克斯》194c-197e。
② 关于好坏的知识，参见《拉克斯》196d，198d；《普罗泰戈拉》329c-d，349a-c，359a-360e。关于有益需要智慧，参见《美诺》88b1-c4；《欧叙德谟》281b4-e5。

的好并不能保证我们的幸福，因为我们可能会误用它们。因此我们需要如何使用这些好东西的知识。德性促进我们的幸福，因为它就是这个知识。①

然而，德性看起来并不总是有益于行动者。勇敢有时候会将我们暴露在更大的危险和伤害之中。苏格拉底拒绝违反法律、拒绝放弃他的哲学行动、拒绝越狱都是正义的行动。这些德性的行动看起来都是在伤害他自己。

苏格拉底的回答是，如果我们认为这些有德性的行动伤害了他，我们就没有把握到德性的要点。一个好人不可能被伤害，有德性的人是幸福的，生活得正义与生活得好（也就是生活得幸福）是相同的。②如果我们以幸福为目标，我们就应当以德性为目标，因此我们就应当像有德性的人那样做有德性的行动。唯一会伤害苏格拉底的行动，就是会让他变成更差的人的行动。

这些让人难以置信，因为它们看起来忽略了外在环境在幸福之中的角色。即便我们知道最好的事情是什么，也做了它，我们依然不可能确定那会让我们达到目的。我们对后果的计算可能会犯错，外在的环境并不总是像我们希望的那样。要实现幸福，我们看起来既需要德性又需要良好的外部环境。③

然而，在苏格拉底看来，外在的好（环境和资源）不可能剥夺我们的幸福，因为它们对我们来讲既不好也不坏。真正好或者坏的东西

---

① 关于德性有益于有德性的人，参见《卡尔米德》175d5-176a5。关于做得好（*eu prattein*）和幸福（*eudaimonia*），参见《欧叙德谟》278e3-6，280b6；另参见亚里士多德：《尼各马可伦理学》1095a17-20；《修辞学》1360b4-7。关于如何使用各种好东西的知识，参见《欧叙德谟》280d-281e。

② 关于生活得正义与生活得好，参见《克力同》48b。

③ 关于好运，参见《欧叙德谟》279c4-d9；另参见本书§41。

是我们对外在好的使用。不管我们拥有的东西是多是少，我们的幸福都在于对它们的良好使用。不管我们是穷是富，是强是弱，是健康是疾病，是拥有荣誉还是被羞辱，只要最好地使用这些好东西，我们就是幸福的。

苏格拉底坚持外在的好与幸福无关，这个论证表明，一个有德性的人为什么不会被伤害。德性就是我们的幸福所需要的全部，伤害就是被剥夺了幸福。德性就是我们想要生活得好所需要的全部，我们没有理由为了其他人关心的结果而牺牲德性。

但是幸福完全就在于如何使用外在的好吗？拥有正义、健康、舒适、好名声，或许并不比拥有正义而没有其他更值得赞赏。但是我们是不是应该既正义又拥有这些好，而不是只正义而缺少这些好的？苏格拉底似乎依赖一个奇怪的关于幸福或福祉的观念。

19. 幸福是快乐的最大化

在《普罗泰戈拉》中，苏格拉底提出了一个更完整的关于幸福的论述，并且解释了它为什么是理性行动的最终目的。

如果我们回答苏格拉底的问题"我们应当如何生活？"并且努力将我们的回答变成行动，我们在一定程度上就是理性的行动者。我们超越了当下，询问明天、明年或者更远的将来会怎样？或许一个行动风险更大，但是会比选择更安全的行动带来更好的未来。一个行动可以给我们带来财富，但代价是让我们陷入重复和筋疲力尽的工作之中，另一个行动可以带来更令人满意的工作，但是挣的钱比较少。当我们考虑不同行动的优点和缺点，并且努力决定哪个行动整体而言更好的时候，我们就是在进行实践推理。如果我们在这方面做得好，就是对自己的利益做出了理性和明智的判断。

在《普罗泰戈拉》中，苏格拉底利用快乐主义的论述来分析实践推理。① 根据快乐主义者的看法，好的东西之所以好，是因为它们带来快乐而非痛苦；因此幸福这个终极的好就在于快乐主导的生活。短期的痛苦有时候带来长期的快乐。我们拒绝再喝一杯这个短期的快乐，是为了避免未来更大的痛苦（宿醉或者交通事故）。

有些人注意到勇敢、节制、正义经常要求人们放弃快乐，由此推论说快乐最大化的生活就是放纵的生活。这个在德性和快乐之间过于简单的对立忽略了时间和安全。如果我们为了短期的快乐根据当下的欲求行动，我们就形成了更紧迫的欲望。我们的欲望越是坚决和过分，反对它们就显得越痛苦，同时满足它们也就变得越困难。

如果我们是明智的，就不应该形成那些会导致未来的缺乏、挫败、焦虑的欲求。苏格拉底说，我们需要"量度的技艺"，它准确地评估快乐和痛苦。如果我们评估得准确，我们就不会误认为今天遭受的较少的痛苦大于明天会遭受到的更大痛苦。这个量度的技艺纠正了我们的短视。②

德性就是这个量度快乐的技艺的某些方面。③ 勇敢的人认为面对危险的短期痛苦少于（比如说）赢得战争的快乐。节制的人认为喝光这瓶酒带来的快乐，不如明天宿醉的痛苦大。正义的人认为拿着他承诺要还的钱去享受的快乐，没有他人的不信任带来的痛苦大。④

20. 知识为什么是德性的充分条件？

如果实践反思找到了我们最好的人生计划，我们也知道如何将计划付诸实施，但是依然可能无法将它们付诸实施，因为我们并不总是

---

① 《普罗泰戈拉》的研究者们争论快乐主义是不是苏格拉底自己的观点。
② 关于量度的技艺，参见《普罗泰戈拉》356c4-357b4。
③ 关于亚里士多德论不同德性之间的关系，参见本书 §47。
④ 关于正义中的快乐与痛苦，参见本书 §66。

全心全意地回应实践反思得出的结论。虽然我们是理性的行动者和思虑者，我们也会被偏见、信念、欲求和情感推动，而这些并不总是能够直接回应理性思虑得出的结论。

苏格拉底认为，我们难以按照实践理性的结论行动是因为我们倾向于考虑短期利益。在他看来，我们只是需要清楚地根据知识思考什么是对我们的完整一生来讲最快乐的事情。这种知识让我们可以摆脱毁掉我们生活的短期思考。

我们很难接受苏格拉底的这个观点，即知识可以保证我们根据应当如何生活的观点行动。意志软弱（或不自制）[1]的经验看起来足以反驳苏格拉底。我们经常知道 x 比 y 更好，但是依然选择做 y，因为我们臣服于做 y 这个错误的欲求。虽然我们知道不该再喝一杯，但是依然想要再喝一杯，然后就喝了。

苏格拉底的回答是，这个关于选择的分析是自相矛盾的。如果我们意志软弱，就是选择了我们认为更差的选项，也就是说这个选项会带来更少的快乐。但是因为我们总是为了最大的快乐行动，我们做出选择是因为我们认为它比其他选项带来更多快乐。因此，所谓意志软弱的人就是选择了他们认为产生更少快乐的选项，但是选择它却是因为他认为这个选项可以产生更多快乐。但是没有人会如此明显地前后矛盾，因此也就不存在意志软弱。[2]

如果我们认为我们意志软弱，那是因为我们暂时受到欺骗，认为现在再喝一杯带来的快乐会超过之后的痛苦。如果我们按照这个信念行动，我们就是按照我们认为最好的欲求行动。意志软弱的现象不过就是在什么是最好的之间摇摆不定。对这种摇摆的治疗就是苏格拉底说的量度的技艺。

---

[1] 希腊语 *akrasia* 的意思是"缺少控制"。
[2] 关于不存在意志软弱，参见《普罗泰戈拉》353c-355e。

21. 反对快乐主义的论证

苏格拉底似乎并不满足于这个对德性与幸福关系的快乐主义辩护。在《高尔吉亚》里，他论证说，快乐主义没有确证德性，因为它忽视了理性行动者的一些核心特征。

这个对话中的主要论证是讨论卡里克勒斯攻击苏格拉底认为正义的人都很幸福的观点。卡里克勒斯依赖关于幸福的快乐主义观念。① 在他看来，我们通过快乐的最大化来实现幸福，而增加快乐的方式就是形成更强、更急迫的欲望，因此我们实现幸福的方式就是培养最强的欲望，并且确保满足它们的资源。正义妨碍幸福，因为我们经常需要做不义的行动去满足我们不断扩大的欲望。正义是一种怯懦的态度，使我们在无畏和勇敢的人敢于满足他们欲望的地方退缩。

这些对正义的反驳预设了勇敢是一种德性。苏格拉底论证说，这个预设与卡里克勒斯的快乐主义存在矛盾。在卡里克勒斯看来，快乐来自欲求的满足，如果我们让欲求更强并满足它们，我们的快乐就会增加。怯懦的人比勇敢的人更害怕危险，因此他形成了避免危险的更强欲求。因为他拥有这个更强的欲求，在他满足了避免危险的欲求时就获得了更大的快乐。因此，根据卡里克勒斯的观点，怯懦的人比勇敢的人生活得更好。② 如果好在于最大化幸福，那么卡里克勒斯没有理由选择勇敢而非怯懦。我们越少考虑未来的补偿，更强烈地感受当下的危险，我们就可以从短期的解脱中得到更大的快乐。快乐的最大化并不来自对长期快乐的关注。

苏格拉底由此推论，快乐主义者不得不反对人生的理性计划。如果我们拥有怯懦者的观点，为了未来制定计划就毫无意义，我们就不

---

① 关于快乐主义，参见《高尔吉亚》494b-495e。
② 关于勇敢和快乐，参见《高尔吉亚》497d-499b。

该努力在障碍面前实现这些计划。但是，假如我们不把自己看作有未来的持续存在的自我，这又是一种什么样的生活呢？快乐主义者从一些看来有吸引力的东西出发讨论什么是生活中有价值的东西，但是他们推荐的生活毫无吸引力，因此我们有理由质疑快乐主义。

22. 适应性的幸福观念

在《普罗泰戈拉》中，苏格拉底主张，包括正义在内的各种德性都是获得快乐的手段。但是在《高尔吉亚》里，他主张幸福并非快乐的最大化，而是满足，因此我获得的东西与我想要的东西相匹配。根据卡里克勒斯的看法，我的欲求越强满足它的幸福就越大。然而，在苏格拉底看来，满足或强或弱的欲求是同样幸福的。如果幸福在于满足，我就有理由去培养那些容易满足的欲求，而不是那些要求很高的、难以满足的欲求。根据这种"适应性"的幸福观念，我们调整自己的欲求，让它们与满足它们的手段相适应，从而实现幸福。我们的欲求是可塑的，我们可以通过反思满足它们的难度调整它们。我们都想要欲求的满足，因此我们有很好的理由把它们调整到适合于满足它们的手段的程度。①

在此基础上，苏格拉底论证有德性的人是幸福的。有德性的人形成他们可以满足的欲求，因此他们可以实现幸福。不同的德性是一个人灵魂中理性秩序的不同方面。这个理性的秩序教会我们不去对外在世界提出愚蠢的要求，也向我们表明，我们成为正义、节制的人不会有任何损失。我们受到诱惑去做不义的事情，因为我们认为自己可以获得一些东西。并且只有当我们需要最大化地满足自己的欲求以及从满足它们而来的快乐时，我们才有所收获。然而因为更容易满足的欲

---

① 关于欲求与满足，参见《高尔吉亚》492d3。

求会让我们生活更好，欺骗、偷窃这些事情就不会让我们生活更好。这样看来，有德性的人就没有失去任何东西。因此，这个适应性的幸福观念支持了苏格拉底关于有德性的人是幸福的信念。

我们可能会提出反驳，指出用这种方式回应卡里克勒斯在相反的方向上走得太远了。即便苏格拉底表明卡里克勒斯那个从欲求到欲求的满足再到更难实现的欲求的序列，不能带来幸福的生活，我们依然会怀疑，仅仅让欲求适应环境，是否就是我们可以期待的最好的生活。亚里士多德强调幸福在于行动而非无所行动，就表达了这样的怀疑。①

23. 苏格拉底单方面的后继者

《普罗泰戈拉》和《高尔吉亚》的读者可能会对苏格拉底关于幸福的说法感到困惑。《普罗泰戈拉》为贯穿整个一生的快乐主义幸福观做了辩护，而《高尔吉亚》则主张快乐主义与对整个一生的关切是不相容的。苏格拉底的一些追随者，那些"单方面的"苏格拉底主义者，发展了苏格拉底的这两个倾向。《普罗泰戈拉》中的快乐主义是居勒尼的阿里斯提普观点的基础；而《高尔吉亚》中的反快乐主义成为安提斯梯尼和犬儒主义者第欧根尼那种严苛学说的基础，他们捍卫苏格拉底的主张，认为德性是幸福的充分条件。②

柏拉图（在《理想国》）和亚里士多德反对居勒尼学派和犬儒学派对苏格拉底的阐释。伊壁鸠鲁主义者和斯多亚学派反对柏拉图和亚

---

① 关于亚里士多德论行动，参见本书 §40。
② 关于居勒尼学派和犬儒学派的资料，参见 G. Giannantoni ed., *Socratis et Socraticorum Reliquiae*, 4 vols. Naples: Bibliopolis, 1990（只有希腊文和拉丁文）；Boys-Stones and Rowe, eds., *The Circle of Socrates*. 对这个问题的讨论，参见 A. A. Long, "The Socratic Legacy," in Algra et al., eds., *Cambridge History of Hellenistic Philosophy*, Cambridge: Cambridge University Press, 1999, ch. 19。阿里斯提普来自居勒尼（利比亚的一个希腊殖民地），他的追随者被称为居勒尼学派。

里士多德的立场，回归了单方面的苏格拉底立场。伊壁鸠鲁的快乐主义是对居勒尼学派的修正，斯多亚学派关于德性是幸福充分条件的观点则是对犬儒学派的修正。

24. 居勒尼学派的快乐主义

阿里斯提普采纳了快乐主义，但是他反对苏格拉底主张的长期快乐比短期快乐更重要。他认为，我们应该只关心当下可以享受的快乐。终极目的不是幸福（即整个一生的好），而是此时此地的快乐。如果我们只关心此时此地带给我们最大快乐的东西，对未来结果和未来偏好的关注就是毫无意义的。阿里斯提普表达了对长期满足的不屑，他认为幸福值得追求仅仅是因为构成它的那些具体的快乐。他否认对快乐的回忆或展望有什么价值。①

这种快乐主义挑战了苏格拉底在《普罗泰戈拉》中的一些预设：（1）好与坏在于快乐与痛苦；（2）具体的快乐是为了幸福这个终极目的而被选择的；（3）幸福是在整个一生中快乐超过痛苦。阿里斯提普的回应是，如果快乐主义者接受了（1），那么他就没有理由接受（2）。

为了反驳（2），阿里斯提普主张，我们知道快乐是好的，不是通过论证、学习或者任何理性的过程，而是通过感觉（或者情感、激情；它们都是对 pathê 的翻译）。我们最初的感觉是关于好坏信念的基础，因为我们在接受教育或者理性信念之前就体验到了这些感觉。因此，苏格拉底主张快乐是终极目的是正确的。但是幸福作为整个一生的状

---

① 关于阿里斯提普的快乐主义，参见第欧根尼·拉尔修（Diogenes Laertius）：《明哲言行录》（Lives of Eminent Philosophers）II.88；另参见柏拉图：《普罗泰戈拉》351b7-e7。关于未来，参见《明哲言行录》II.91。关于幸福，参见《明哲言行录》II.87-88，克莱门（Clement）：《杂记》（Stromateis）II.21, 130.7-8；阿特奈乌斯（Athenaeus）：《智者的晚宴》（Deipnosophistai）XII.544a-b。

况，并不是我们的终极目的，我们的感觉推动我们去追求快乐，而不是追求幸福。①

这个版本的快乐主义接受了苏格拉底在《高尔吉亚》里对卡里克勒斯的反驳。苏格拉底论证快乐主义不可能证成人们去关注长期的好，因此不可能证成勇敢或者其他德性。阿里斯提普同意这一点，但是他依然坚持快乐主义。如果我们基于自己的感觉认为，终极的好就是快乐，我们就不应该试图捍卫苏格拉底式的德性，而应该做一个只关注当下的快乐主义者。②

25. 犬儒学派对苏格拉底的辩护

犬儒学派的苏格拉底追随者反对用这种快乐主义的方式回应苏格拉底对卡里克勒斯的批判。因为我们认为自己是在时间中延伸的拥有人生的存在，而不仅仅是一系列的体验，这样我们就有很好的理由反对忽视了这种特点的论述。因此，犬儒学派接受了适应性的幸福观念，并且认为德性是幸福的充分条件。③

第欧根尼解释了这种立场的意义。苏格拉底说好人不可能被伤害，只有当有德性的人完全不会受到外在环境的影响时，这一点才成立。要想完全不受影响，我们就需要保证我们的欲求即便在最不利的外部环境中也可以得到满足。如果我们可以达到这个条件，其他东西就都不重要了。虽然其他人认为苏格拉底选择正义对他自己来讲代价

---

① 关于情感与快乐，参见《明哲言行录》II.88；亚里士多德：《尼各马可伦理学》1172b9-25；柏拉图：《斐莱布》11b4-6, 60a7-b1；另参见本书§61关于伊壁鸠鲁论快乐与幸福的讨论。

② 关于西季威克如何看待对于当下的偏好，参见本书§256；D. Parfit, *Reasons and Persons*, Oxford: Oxford University Press, 1984, pp. 117-120。

③ 关于安提斯梯尼，参见色诺芬（Xenophon）：《回忆苏格拉底》（*Memorabilia*）III.11.17,《会饮》IV.61-64；迪奥·克里索斯托姆（Dio Chrysostom）：《论说集》（*Discourses*）8.1-2。

巨大,但是犬儒学派却认为这么做其实没有任何代价,因为正义只是剥夺了苏格拉底并不需要的那些所谓好东西。

犬儒学派认为,如果我们用这种方式理解幸福,我们就应当拒绝快乐主义。安提斯梯尼否认快乐是工具性的好或者内在的好,主张自己宁可疯掉也不想感受快乐。快乐本质上是对灵魂的搅扰,不可避免地把我们吸引到我们无法保证的外在对象上。因此,快乐妨碍了我们将欲求调整到适合环境的程度。如果我们免于快乐和痛苦,生活就会更好。①

(根据关于他的故事)第欧根尼将这些苏格拉底式的信念付诸实施,过着一种非常招摇、反习俗的生活。他生活在一个木桶里,只穿很少的衣服,通过自慰满足性欲,因为把自己看作世界公民而拒绝公民的通常义务。他这样做并不必然是希望其他人的效仿。通过这种夸张的行为,他想要让人们意识到,他们在努力获得那些并不重要的东西。身体上的舒适和通常的社会生活并不重要,因为德性是唯一重要的东西。②

苏格拉底并没有过一种犬儒学派的生活,也没有退出通常的社会和政治生活。但是犬儒学派对苏格拉底的阐释引发了一个针对苏格拉底的问题。如果他认为有德性的人是幸福的,他又怎么能够反对犬儒学派的结论呢?据说柏拉图曾说第欧根尼是"发疯的苏格拉底"。但是第欧根尼可能会回答说,他只是把苏格拉底的论证推进到了它的逻辑结论。③

---

① 关于安提斯梯尼论快乐,参见奥鲁斯·盖留斯(Aulus Gellius):阿提卡之夜(*Noctes Atticae*)IX.5.3;《明哲言行录》VI.3;另参见柏拉图:《斐莱布》43a-50e。
② 对夸张的使用,参见《明哲言行录》VI.35。
③ 关于第欧根尼和苏格拉底,参见《明哲言行录》VI.54。

第三章
柏拉图

26. 柏拉图与苏格拉底

当苏格拉底在公元前 399 年被处死时，柏拉图 28 岁。他写下的那些哲学对话解释、辩护和修正了苏格拉底的观点。根据柏拉图的看法，对于苏格拉底观点最可辩护的版本既不是居勒尼学派也不是犬儒学派。但是他同意这些单面的苏格拉底主义者，如果要为苏格拉底的核心观点辩护，需要放弃他的一些其他观点。[1]

苏格拉底问我们应当如何生活。为了回答这个问题，他尝试定义德性，并且理解它们与幸福之间的关系。在他看来，实践德性比牺牲德性获得其他更加幸福。柏拉图在这一点上同意苏格拉底。但是苏格拉底还坚持另外两个看法：(1) 知识是德性的充分条件，正如《普罗泰戈拉》论证的；(2) 德性是幸福的充分条件，正如《高尔吉亚》论证的。柏拉图反对这两个观点。为了捍卫苏格拉底的核心观点——德性的生活比其他生活更加幸福，他考察了这两个关于知识和德性的看法。

---

[1] 柏拉图的著作参见 Cooper ed., *Complete Works of Plato*, Indianapolis: Hackett, 1997；关于柏拉图伦理学的整体性讨论，参见 White, "Plato's Ethics," in Roger Crisp ed., *The Oxford Handbook of the History of Ethics*, Oxford: Oxford University Press, 2013, ch. 2。

27. 定义与道德形而上学：道德的客观性

柏拉图认为，苏格拉底寻求德性的定义是正确的。但是定义的目标是什么呢？我们尝试定义的 F 或者 F 本身是什么样的东西呢？柏拉图对于这个问题的考察将他引入了后来称为"元伦理学"的领域，而不再是规范伦理学了。规范伦理学的问题就是苏格拉底所问的德性是什么，什么行动是正确的，它们为什么是正确的，以及普遍而言，我们应当做什么；规范伦理学寻求指引我们行动的规范和标准。元伦理学问的是，我们讨论的道德属性是什么意思（伦理语义学），我们如何知道道德真理（伦理认识论），以及道德属性是什么东西（伦理形而上学）。①

在柏拉图看来，苏格拉底的问题"什么是勇敢？"关乎属性或"形式"（"理念"），也就是所有勇敢的人和勇敢的行动本身共同的东西。"本身"说明，苏格拉底寻求的不是它们共有的所有属性。他不是在问"勇敢"这个词的含义，或者在问对一个词或概念的定义。他要的是"真正的定义"，一个单一的论述，可以用在并且只能用在所有勇敢的人和勇敢的行动上，并且表明它们勇敢在哪儿。这个论述给了我们一个"标准"或"模式"，去判断一个人的行动是否展示了勇敢，而不是勇敢行动的清单。在《欧叙弗伦》中，苏格拉底不想要"很多虔诚的东西"，而是它们共有的单一的"形式"或"特征"。②

既然形式是某种模式，我们可以根据它去决定某个东西虔诚与否，那么如果我们只能提出某个属于不虔诚事物的性质，或者不属于所有虔诚事物的特征，那么我们就还没有找到它。苏格拉底的对话者给出的很多回答都犯了这两个错误中的一个或两个。

---

① 关于元伦理学和规范伦理学，参见本书 §§ 163, 268。
② 关于苏格拉底的定义，参见本书 §15。关于单一的论述、单一的形式、单一的模式，参见《拉克斯》191c-192b；《欧叙弗伦》5d-e, 6d-e；《美诺》72a-e。

但是还有一些没有犯这些错误的答案也没有描绘形式。它们描绘了和形式共外延的属性（也就是说，它属于且仅仅属于所有相同的东西），但是这也不是苏格拉底想要的。这就是为什么在《欧叙弗伦》中，他否认虔诚本身是所有神喜爱的东西。即便"虔诚"和"神喜爱"这两个谓述外延相同，虔诚也不同于神喜爱的东西，因为一个事物是虔诚的并不是因为神喜欢它。我们的定义需要表明，神喜爱虔诚的东西是因为它是虔诚的。①

苏格拉底回答（没有太多论证）了一个神学伦理学中的问题，也就是神的意志与道德上的对错之间的关系。他反对意志论的观点，不认为神的意志创造了道德属性，他肯定自然主义的观点，神的意志跟随神的知识，而这个知识关乎已然正确和错误的东西。之后我们会详细讨论自然主义与意志主义。

这个论证说明了苏格拉底的一个普遍性的原理。在他看来，"F是G"是F的一个充分的定义，当且仅当因为G，F成为F。形式是解释性的，因为对它们的一个正确论述解释了事物的相关特征。美的东西不同于亮色，因为亮色并非使得事物美的东西。"爱看和爱听的人"，也就是那些仅仅关注可感特征的人，不能发现道德的形式。②

可感属性不能给出定义。归还借来的东西有时候是正义的，有时候是不义的，因此这个特征就从使得一个行动正义变成了使得一个行动不义。因为正义出现在一个行动中总是让这个行动正义，正义不可能从使得一个行动正义变成使得它不义。因为归还借来的东西会导致这样的变化，所以正义不可能是归还借来的东西，也不可能是其他会从正义变成不义的可感属性。③

但是即便某些可感属性与相应的形式有着相同的外延，它也依然

---

① 关于虔诚与神喜爱的东西，参见《欧叙弗伦》10d-e。
② 关于形式与可感特征的对照，参见《斐多》100b-103a；《理想国》475d-480a。
③ 关于归还借来的东西，参见《理想国》331c-332a。

不是定义，因为它没有给出解释（正如《欧叙弗伦》表明的）。我们想知道是什么导致在一些情况下归还东西是正义的，而在另一些情况下是不义的。柏拉图将可感属性与正义、美、好、恰当（*prepon*）、应当（*deon*）对照。他有时候称这些为"有争议的"属性。当他论证这些不是可感属性时，他确定评价性的属性不能被还原为非评价性属性，因为后者无法解释前者解释的东西。①

如果道德属性不是可感属性，回答一个怀疑论的论证就很容易了。怀疑论者注意到，归还我们借的东西有时候是正义的，有时候是不义的；有时候坚守阵地是勇敢的，有时候则是愚蠢的。②从这些差异性的事实，他们推论说，没有客观的正义或勇敢，关于正义或勇敢的信念不过是社会习俗，没有客观基础。当不同社会有着不同的法律和习俗时，我们会看到更多这类冲突。

这就是（比如说）普罗泰戈拉的思路，他由此得出了道德属性完全是习俗的结论，而不是现实中的客观特征。我们可能会认为，苏格拉底的探究也会导致这个习俗主义的结论，因为它们似乎反驳了所有说明道德属性到底是什么的尝试。③

然而，在柏拉图看来，这个对习俗主义的论证，依赖一个错误的预设，即一个正确的定义一定要将道德属性还原为可感属性。如果我们放弃了这个预设，我们就可以将道德属性等同于客观属性。柏拉图从不可还原性到客观性的论证，勾勒了一个关于各种道德属性的观念。17世纪和18世纪的柏拉图主义者继承了这个观念，特别是卡德沃斯和普莱斯。

---

① 关于评价性属性，参见《克力同》48b；《欧叙弗伦》6d-e；《理想国》336c-d。
② 关于坚守岗位，参见《拉克斯》191a-192b。
③ 关于普罗泰戈拉，参见《泰阿泰德》166-168, 177c-179b。关于来自差异的论证，参见本书§§55-56, 277。关于苏格拉底对此的反驳，参见《理想国》537e-539d。

28. 理性欲求与非理性欲求

根据苏格拉底的看法，在论述德性时我们不需要提到正确的欲求。我的所有欲求最终都指向自己的好，因此，如果我知道一个行动对我来讲是美的和好的，我就会想要做它。德性就是对我来讲什么好的知识，恶性则是缺少这个知识。①

在柏拉图看来，苏格拉底认为我们有理性欲求是正确的，因为我们的一些欲求确实是在回应整体而言更好或更差的信念。如果我们的所有欲求都是理性的，苏格拉底说关于什么更好的知识保证了我们的行动就是正确的。但是他认为我们所有的欲求都是理性的却是错误的。

根据苏格拉底的看法，如果一个人知道或相信 x 比 y 更好，他就不会选择 y。如果我们相信 x 更好，却选择了 y，我们就是根据一个在此时错误的信念（y 比 x 更好）行动。柏拉图回应说，有一些欲求（比如喝东西）即便在我们认为最好不要满足它们时（比如喝这个饮品不健康，或者存在危险）依然存在。如果我们对 y 的欲求的强度没有匹配 x 比 y 更好这个评价性的判断，我们就有了一些非理性欲求，它们没有对关于什么是好的理性欲求做出回应。②

这些非理性的欲求属于灵魂的两个非理性部分，"意气"和"欲望"。非理性部分有时候会彼此冲突，有时候会与理性部分冲突。欲望部分拥有一些欲求（比如饥饿、口渴、性欲），它们会推动我们行动，而不管我们认为它们的对象是好是坏。意气部分包括了愤怒、愤恨、骄傲、羞耻、对荣誉的爱。这些情感的对象会显得或好或坏，我们会因为自认为的一些好东西而感到骄傲，也会因为自认为的一些坏东西而感到羞耻。但是这些情感有时候与理性欲求冲突，后者告诉我们考

---

① 关于苏格拉底对知识和的行动讨论，参见本书 §§19-20。
② 关于非理性欲求，参见《理想国》438a-439d；本书 §47（亚里士多德）；§92（阿奎那）；§§174-175（巴特勒）。

虑了所有情况之后什么才是最好的。因此我可能会因为你获得了一份你想要的工作而感到愤怒，即便我同时认识到不该指责你，也没有理由对你生气。①

将灵魂划分成拥有潜在冲突欲求的部分，帮助我们解释了不自制为什么是可能的。我们并不总是按照理性部分的欲求行动，因为另外两部分的欲求会反对它，有时候会征服它。与苏格拉底相反，我们强烈的欲求不去直接回应关于好的推理，这些欲求有时候还是会推动我们的行动。

29. 德性的理性与非理性方面

非理性欲求的这个特点解释了在柏拉图看来，苏格拉底认为德性仅仅是知识是错误的。因为非理性的欲求可能会干扰建立在关于好的真信念之上的欲求，因此德性不仅要求真信念，而且还要求我们的非理性欲求要被调整到这个真信念上。我们需要从小在非理性部分培养起恰当的快乐和痛苦，这样当我们获得理性判断时，我们就可以欢迎和接受它。②

"四主德"（智慧、勇敢、节制和正义）都要求个体灵魂中的三个部分有恰当的功能和结构。勇敢包括忍耐，这是意气部分防止我们被非理性的恐惧征服。节制是欲望部分的正确秩序，因此我们拥有受到控制和有序的欲望。智慧要求理性部分的恰当知识，并得到另外两部分经过恰当训练的欲求的支持。③

---

① 关于和意气部分有关的冲突，参见《理想国》439c-441b。
② 关于为理性做准备，参见《理想国》401e-402a。亚里士多德对道德教育的论述，参见本书§42。
③ 关于三分灵魂中的德性，参见《理想国》427e-435c，441d-443b。关于"四主德"，另参见阿奎那：《神学大全》1-2q6a1 以下。

虽然柏拉图认识到德性之间的这些差别，但是他赞成苏格拉底的观点，即德性之间的互惠性，当且仅当我们拥有了所有的德性，我们才能拥有一种德性。如果我们在理性部分拥有智慧，我们就知道在不同的场景下应该做什么。如果我们的非理性欲求不听从智慧，我们就不会做应该做的事情；但是如果我们是节制的，这些非理性欲求就得到了恰当的控制，因此我们就能够跟随理性。与此相似，如果我们克制自己的恐惧和关于自信的鲁莽感觉，我们就以恰当的方式面对危险，并且勇敢地行动。这样看来，在有德性的人那里，灵魂的每个部分都在理性部分智慧的指引下履行它的恰当角色。既然智慧把握了对整个灵魂而言什么是好的，只有当我智慧地行动时，我才是为了我的好在行动，是按照所有的德性行动。根据这个论证，柏拉图捍卫了苏格拉底的信念，即那些以德性方式行动的人拥有最好的人生，因为一个人的德性促进他自己的幸福。[1]

30. 一个未得到回答的问题：正义的难题

这个对于苏格拉底的捍卫提到了三种德性，而苏格拉底和柏拉图认为有四种主要的德性。第四种德性就是正义，对于另外三种德性的辩护很难应用在正义上。勇敢和节制可能被看作是自我指涉（self-regarding）的德性，控制着我们的非理性欲求，因此我们可以达到我们自己的好。我们可以将智慧理解成关于什么对自己好以及如何实现它的智慧。但是如果我们用这种方式看待德性，那么正义看起来并不适用。它在本质上看起来是他人指涉的（other-regarding），正义的行动之所以是正义的，并不是因为它们对正义的行动者有好处，而是因为它

---

[1] 关于德性的互惠性，参见《普罗泰戈拉》329e；本书 §§19, 47。关于理性部分的指引，参见《理想国》441d-442b。

们表现了对于他人利益和权利的尊重。

尽管如此,苏格拉底还是认为正义让他活得更好。在他看来,正义的生活让我们更幸福,正义的人不可能被伤害。但是他并没有对这个坚定的信念给出辩护。柏拉图将苏格拉底看作最正义的人,但是他并不认为苏格拉底对正义给出了充分的辩护。在《理想国》中,他试图对正义给出更好的辩护。①

正义的反对者论证,我的正义对我来讲是坏的,恰恰是因为那是"他人的好"。它对他人有利,但是对我有害。②如果我归还债务,信守承诺,我会造福别人而牺牲自己。因为正义的规则维持了一个稳定的社会,而我可以从中受益,因此我有理由想要让他人遵守规则,而我可以不义行事并逍遥法外。③修昔底德认为,这就是人们在战争和内乱中对于道德的态度。正义的反对者对于正义在社会中的位置持一种与此相似的看法。

在《理想国》中,格劳孔用一个思想实验阐明了这个观点。吕底亚人古格斯拥有一只指环可以让他在想要的时候隐身,从而可以让他不被发现地去做不义之事。④格劳孔认为,假如我们也拥有一只这样的指环,几乎所有人都会使用它,我们按照正义行事完全是因为怕被人发现的恐惧所迫。

根据这种观点,正义最多是一种纯粹工具性的好,仅仅因为它能够带来好的结果。如果我论证说,我应当是正义的,因为其他人会信任我,而我将会从他们的信任中获益,那么我诉诸的是显得正义带来

---

① 关于苏格拉底是最正义的人,参见《斐多》118a。关于《理想国》中的论证,参见 Julia Annas, *An Introduction to Plato's Republic*, Oxford: Oxford University Press, 1981。
② 反对者是特拉叙马库斯、格劳孔和阿德曼图斯(格劳孔和阿德曼图斯不同意特拉叙马库斯的观点,但是加强了他的论题,让苏格拉底做出回应)。他们呈现了卡里克勒斯在《高尔吉亚》482c-484c 中提出的一些反驳;参见本书 §21。
③ 关于对正义的反对,参见《理想国》357a-367e。
④ 关于古格斯的指环,参见《理想国》359b-360d。

的结果。但是这样的话，我只要显得正义就够了，而实际上则是不义的（只要有机会就使用古格斯的指环，或者类似的情况）。我只有一个正义的"表面"。因此我没有理由正义，但是如果我原本不义却保持了正义的表象就会对我更加有利。①

格劳孔用另一个思想实验支持了这个观点。假设有一个正义之人，他除了正义之外在其他方面都过得很惨；还有一个不义之人，他除了不义之外在所有其他方面都过得很好。这时，难道不是很清楚，那个不义之人比正义之人过得好吗？因此正义不可能让正义之人比所有其他人都过得更好。②

这个对人生的比较并不仅仅是个想象。苏格拉底就因为致力于正义和道德而遭受了痛苦。或许他正义行事是做了正确的事，但他是不是活得不如那些有权力、财富和自由去随心所欲地做事的人，即便他们用不义的手段维持他们的地位？③

在柏拉图看来，正义的人总是在人生的比较中胜出。正义是幸福的组成部分，是因为它自身之故而被选择的，而不仅仅是为了实现其他好的工具性手段。④此外，它还是幸福中最主要的组成部分，换句话说，正义比不义好，而不论我们还能如何描述正义和不义之人。正义比幸福的其他组成部分加在一起都更值得选择。

我们可以考虑我是不义之人的所有可能情况（或者说所有"可能世界"），以此来表达这个看法。在一些情况下，我很富裕，在另一些情况下我很贫穷，以及其他不同于正义与不义的好和坏。与此相似，我也可以考虑我是正义之人的所有可能世界，我可能在一些其他方面

---

① 关于正义的表面，参见《理想国》365c；《斐多》69b。
② 关于不义的好处，参见《理想国》343c，360e-361d。关于正义的问题，参见《理想国》367e。关于对这个论证的讨论，参见本书§66（伊壁鸠鲁）；§124（格劳修斯）；§134（霍布斯的愚人）。
③ 正义有利吗？关于这个问题，参见《高尔吉亚》470c-471d。
④ 关于正义是因其自身之故而被选择的，参见《理想国》367b-d。

或好或坏。柏拉图主张，如果我们比较我在其中正义的最差的情况和我在其中不义的最好的情况，我在前者之中还是比在后者之中生活得更好。

这些说法并没有确证苏格拉底的信念——有德性的人是幸福的。要确证苏格拉底的观点，犬儒主义者主张，德性及其必然结果就是幸福所需的全部。在《理想国》中，柏拉图没有接受这个犬儒学派的看法。在他看来，正义的人如果遭受贫穷、坏名声、折磨和过早的死亡，就会损失幸福的一些要素，但是正义的权重非常之大，这些伤害都不足以胜过正义。虽然正义之人并不必然幸福，但是他比其他人更加幸福，也就是离幸福更近。

这些有关幸福本质，以及正义和幸福关系的说法，需要比柏拉图这里给出的更加完整的讨论。我们会在亚里士多德那里看到更加完整的讨论。①

31. 正义为什么总是比不义更好

在柏拉图看来，那些否认我们因为正义而活得更好的人是被一个关于他们自己的错误观点误导了。我们是理性的行动者，但是我们还拥有非理性欲求，这些非理性欲求并不必然回应我们关于好的信念。因此我们需要德性来组织灵魂的不同部分。智慧、勇敢和节制这三种主要德性都是一个组织良好的灵魂的要素，因此我们的真正利益需要这些德性。

要表明正义也是一个组织良好的灵魂的必要要素，因此也是一种主要的德性，柏拉图描绘了城邦中的正义。正义在于不同部分（个人、

---

① 亚里士多德关于幸福的部分与工具性手段之间差别的讨论，参见本书 §47。关于正义与幸福，参见本书 §22（苏格拉底），§41（亚里士多德），§70（斯多亚学派）。

群体和阶级）之间的正确关系，让他们都服务于整个城邦的好。因为灵魂也拥有部分，需要像城邦那样被组织起来，因此它需要可以与城邦类比的德性。这个德性就是灵魂中的正义。一个正义灵魂的不同要素组织良好，每个部分都可以服务于整个灵魂的好。[1]

因此，如果缺少了正义，我们灵魂中理性部分的目标和欲求（也就是整体的好）就不能可靠地指引我们。如果我们不是由理性部分控制，就完全是在回应非理性欲求。正义的灵魂适合我们作为理性行动者的自然本性。如果幸福要求满足我们的自然本性，正义的灵魂对于幸福来讲就是必要的。[2]

这个关于正义和幸福的说法，预设了一个人的好依赖他的自然（本性），就像一把刀的好或一棵树的好依赖刀或树的本质属性。因为我们本质上是理性的行动者，我们的好就要求理性的表达，特别是实践理性的表达。如果我们是非理性动物，那么被非理性欲求支配对我们来讲就不是坏事。但是既然我们是理性的动物，我们的好就要求理性的指引。[3] 既然正义的灵魂是由实践理性统治的，拥有正义灵魂的行动者就过着理性行动者的生活。那些缺少正义灵魂的人过着动物一般的生活，总是与他们的理性灵魂发生冲突。

这个关于人的好的预设需要更多辩护。亚里士多德更全面地捍卫了柏拉图的预设。

32. 一个反对：柏拉图的论证是否与问题无关？

柏拉图论证了拥有灵魂正义的人比其他人活得更好。但是他回答

---

[1] 正义与一个人的恰当工作，参见《理想国》432d-435d。
[2] 关于正义对灵魂的益处，参见《理想国》443c-445b。关于正义满足我们的自然本性，参见《理想国》352d-353e，443c-444b。关于亚里士多德论自然与理性，参见本书§39。
[3] 理性行动者的好，参见《斐莱布》20d-21d。

了之前那个关于正义和不义生活的问题吗?

当格劳孔和阿德曼图斯问正义对于正义之人是不是好时,他们依赖这样一个直觉性的预设,即正义的人遵守法律,不欺骗,不追求不公平带来的好处,这个预设也有一定的道理。因为他们认为正义是一种他人指涉的德性,他们推论说,正义会造福他人而伤害正义之人。①

柏拉图论证了灵魂的正义是由理性控制的。但是这个灵魂的正义是不是他人指涉的呢?显然,我可以由理性控制,但是依然缺少他人指涉的正义。我可能可以训练自己不去按照非理性冲动行动,从而为了我自己的利益控制脾气和欲望。但是假设我做这些都是以牺牲他人为代价促进我的利益,那么这个灵魂的正义是否结合了他人指涉的不义呢?

表面看来,柏拉图没有回答他准备回答的关于正义的问题。那个问题关于作为一种他人指涉的德性的正义。一个有说服力的答案需要表明,灵魂的正义和他人指涉的正义不是两种不同的德性,因为被理性控制包括对他人的恰当关切。

33. 柏拉图的回答:对不义的诊断

柏拉图考察了人们心目中不义的吸引力。我们可能会认为不义的行动经常显然有利于我们,而正义的行动经常对我们有害,因为不义的行动帮助我们获得想要的东西,而正义的行动经常妨碍我们获得想要的东西。这个论证建立在两个预设之上:(1)我们的幸福仅仅在于满足我们的欲求;(2)不义满足的欲求比其他欲求更加强烈。

柏拉图质疑这两个预设。如果我们拥有正义灵魂中没有的不节制和失控的欲求,不义的行动看起来就是有吸引力的。不义的行动以牺

---

① 关于正义指向他人的特征,参见《理想国》343c-e,349b-c,358e-359b,362b-c,367c。

牲他人为代价给我带来不义的收益。但是这些收益只有在我被非理性的冲动误导时才有吸引力：我可能会想要奢华的、昂贵的食物，不加控制的性快感（通过谄媚、暴力和欺骗获得），或者想要因为我的财富而受到人们的敬仰，因为贫穷被人鄙视而感到羞耻。我拥有这些强烈的欲求并且按照它们行动，因为我的非理性部分不受控制。如果我是一个受到理性控制的人，我就不会有这些非理性的欲求。①

这是对正义的一个负面的辩护。如果理性控制我们，不义的行动就不会吸引我们。因此，拥有正义灵魂的行动者就会避免不义的行动，遵从他人指涉的正义。

34. 理性的观点要求他人指涉的正义

然而我们还是可以问，柏拉图是否对他人指涉的正义给出了正面的辩护。如果我拥有正义的灵魂，我会积极地关心他人的好吗？

在《理想国》中，柏拉图用哲学家统治理想城邦这个特殊案例回答了这个问题。这个城邦按照城邦应该的方式组织，保证所有公民的公共利益（common good），而不是以牺牲某个阶层为代价造福另一个阶层。② 追求公共利益使得这个城邦是正义的，由理性的部分统治，也就是理解人类之好的哲学家－统治者。在这方面，这个城邦可以类比有着良好统治的灵魂，在其中理性为了整个灵魂的利益进行统治。

完美的城邦既不是民主制也不是寡头制。柏拉图认为这些统治形式最终都是一个阶级压迫另一个阶级，在寡头制中是富人压迫穷人，而在民主制中是穷人压迫富人。逃出阶级斗争、动荡、暴力的唯一办法就是一个政治系统，它可靠地由公共利益指引。这就是使得一个社

---

① 关于不义的行动和无序的灵魂，参见《理想国》442d-443b。
② 关于整个城邦的好，参见《理想国》419e-421c。

会正义的政治系统，它要求哲学去进行统治。

但是哲学家为什么想要统治这个正义的城邦呢？我们可以指望他们正义地统治吗？既然哲学家的灵魂是正义的，他的灵魂必然由理性部分为了整个灵魂的利益统治。但是哲学家为什么不决定放弃统治这个辛苦的工作，干一些更有趣的事情呢？柏拉图认为，当哲学家完全沉浸在沉思形式（比如正义、好、美，以及苏格拉底尝试定义的其他东西）的时候，就像生活在至福之岛上。他的意思似乎是，对于那些能够沉思形式的人而言，除了纯粹理智的生活之外其他生活都是琐屑的。①

然而，这并不是柏拉图的结论。哲学家是被"强迫"承担起统治的任务的，因为这是理性的要求，对他们来讲是强制性的。他们关心正义的社会，因为它体现了他们想要在灵魂中维持的理性的秩序。如果关心在自己之中维持理性的秩序，而对其他地方的理性秩序毫不关心，那就是半心半意和前后不一的。虽然统治可能是件烦人的工作，哲学家还是想要进行统治，因为它延伸了理性在这个世界中的统治。在哲学家那里，一个由理性组织的灵魂转向对哲学的研究，但这并不是唯一一种形式的理性秩序。一个组织良好的城邦也体现了理性的秩序，因此也是哲学家的恰当目标。②

在世界中追求理性秩序，并不是哲学家独有的，政治统治也不是这种追求的唯一目标。哲学家的社会和政治目标表达了我们基本的理性欲求。柏拉图把这个基本的欲求称为"爱"（erôs），这是对我们未来福祉的关切。因为我们欲求未来的福祉，而不仅仅是未来的存在，我们想要在存在中拥有那些我们正确地看重的特征，特别是灵魂的理性秩序。假如我们可以不朽，永远拥有这些特征，那么我们就可以实现

---

① 关于沉思，参见《理想国》519b-c；《泰阿泰德》172d-177a。
② 关于强迫与理性的统治，参见《理想国》500d，519c-521a。

这一点。但是既然我们不可能以这种方式不朽，我们还可以实现次优的状况，也就是在他人身上再造我们在自己身上看重的理性秩序。这种再造并不要求我们生出一个新人，而只能在一个已经存在的人那里实现，在他身上实现理性秩序的特征。这种再造是关心他人幸福的基础，不管这个他人是个体还是社会。因此我们有理由像关心自己一样关心他人。拥有正义灵魂的人试图通过在他人之中制造正义的灵魂而造福他人。①

柏拉图对关心自我和他人的论述是他对于正义反对者最完整的回应。他解释了那些认为他人指涉的正义对正义之人有害的人，其实对于好处和伤害有着错误的观念。关心自我的理性基础也要求关心他人。

因此柏拉图捍卫了苏格拉底的一个核心道德主张。与苏格拉底不同的是，柏拉图认为，我们的欲求并不都是理性欲求，都指向好。我们需要在欲求中发展理性的统治，从而指向我们当下和未来的好，而不会被关心短期满足的非理性欲求带偏。但是关心一个人自己未来好的理性欲求不可能被限制在自己之中，因为对自己好的正确理解要求把关心自己的欲求发展成关心他人的欲求。因此苏格拉底认为正义的人总是比不义的人生活得更好是对的。

35. 道德、理性与自我利益

在《理想国》的始终，柏拉图都预设了除非我们可以表明正义对我们来讲比不义更好，我们才有很好的理由去关心正义。②他分享了苏格拉底的这个预设，他们的历史环境似乎也支持这一点。他们经历了

---

① 关于在自己和他人那里生育，参见《会饮》206b-208b。"以这种方式"避免了在《会饮》和柏拉图关于不朽的学说之间的任何冲突。关于对他人的关心，参见《会饮》208c-212a；《斐德罗》250e-253c。

② 对这个阐释的反对，参见 White, "Plato's Ethics," pp. 37-40。

希腊城邦发生的暴力冲突，不同的人、群体和阶级都认为做不义的事情可能获利。

所有这些人都看到财富、权力、压迫以牺牲他人的方式给他们自己和他们的党派带来的好处。在柏拉图看来，一个被这些相互冲突的利益分裂的城邦就不再是一个真正的城邦了，而成了一群相互争斗的党派和阶级。① 对于这种状况的唯一治疗方式就是认识到一个人真正的利益所在。那些认为道德必然与自我利益冲突的人将他们的利益混同于对财富、权力、支配他人这些欲望的满足，以及由此可能带来的各种满足。但是当我们思考我们作为理性行动者的自然本性时，我们看到了这个纯粹占有性的和竞争性的利益观念是错误的。如果我们尝试在我们自己的生活中、在社会共同的生活中表达理性的能动性，我们就会看到我们和他人分享这个利益。我们不需要解释为什么遵从道德反对自己的利益是理性的。那些认为这个问题需要得到回答的人，并没有理解他们自己的利益，因为他们并没有理解他们自己的自然。②

---

① 关于城邦的分裂，参见《理想国》422e-423a。
② 关于自我利益和道德的进一步讨论，参见本书§§50-51（亚里士多德），§102（阿奎那），§§192-195（巴特勒），§§265-266（格林和布拉德利）。

第四章
亚里士多德

36. 亚里士多德与柏拉图：什么是幸福？

亚里士多德同意柏拉图对于两个苏格拉底论题的反驳，这两个论题分别是（1）德性是幸福的充分条件，（2）知识是德性的充分条件。亚里士多德同意柏拉图，德性要求灵魂理性和非理性部分的合作，有德性的人总是比没有德性的人活得好，即便德性本身并不是幸福的充分条件。[1]

亚里士多德还同意柏拉图的这个信念：如果我们想要把握政治社会的恰当目的，就需要伦理理论。伦理理论应当对于立法者有用，特别是那些致力于道德教育的立法者。人类的好过于复杂，不能把它交给个人处理；人类社会也没有实现它，因为它们错误地看待了人类幸福的本质和来源。

亚里士多德在这些基本原则上同意柏拉图的看法，但是他也提出了新的问题。苏格拉底和柏拉图对于幸福在于什么，以及我们应该如何、不应该如何追求幸福都有自己的观点。但是他们并没有问"幸福是什么？"这样一个苏格拉底式的问题。[2] 而亚里士多德认为，如果我

---

[1] 对《尼各马可伦理学》的整体指南，参见 W. F. R. Hardie, *Aristotle's Ethical Theory*, Oxford: Oxford University Press, 1968; Sarah Broadie, *Ethics with Aristotle*, Oxford: Oxford University Press, 1991。关于亚里士多德与晚期希腊伦理学，参见 Julia Annas, *Morality of Happiness*, Oxford: Oxford University Press, 1994。

[2] 亚里士多德追求普遍定义，这一点和苏格拉底、柏拉图一样。

们问出并且回答这个问题，就可以看到关于幸福的不同看法为什么是对的或者错的。

37. 正确的方法要求系统考察最初看来合理的信念

亚里士多德关于伦理学的主要著作，并不是柏拉图式的对话，但是它们将苏格拉底和柏拉图式的论证方法应用到了更加系统的探究之中。亚里士多德考察了关于幸福最流行和最合理的看法。我们从直觉性的判断入手（这些判断乍看起来合理，但是并非明确建立在得到阐释的理论基础上），然后在相互之间的关系中考察它们。① 有时候这些最初看来合理的直觉判断将我们引向看起来自相矛盾的结论。就像作为苏格拉底的对话者，我们也感到困惑，不知道应该如何前进。②

我们可以从这些疑难中发现一条前进的道路，那就是分析我们最初的信念和它们带来的表面后果。有时候，我们发现最初的信念只是看起来导致了自相矛盾的结果，因为至少有一个论证存在缺陷，或者因为结论并不是真的自相矛盾。然而有时候，我们有很好的理由否定最初信念中的某一个而去接受另一个。比如我们可以设想，如果否定p，我们也要去否定一些最基本的伦理信念，而如果否定q，我们可以保持伦理观中的其他部分基本不受影响。这个时候，我们就有很好的理由否定q而保留p，从而解决我们最初信念之间的矛盾。

这个程序并不是仅仅对道德信念有效。如果我们认为，一根直的棍子插到水里之后变弯了，拿出来之后又变直了，那么我们关于这个对象进入和离开水时的不同表现就有了一些奇怪的主张，这些主张与任何合理的物理学理论都不一致。这样，我们就可以得出结论，认为

---

① 关于直觉性的判断与直觉的差别，参见本书§190(普莱斯)，§§239, 248, 254(西季威克)。
② 关于始点，参见《尼各马可伦理学》1095a28-b8, 1145a2-7。关于疑难（*aporiai*），参见本书§15（苏格拉底），§55（怀疑论者）。

我们最初的信念是错误的。亚里士多德邀请我们把同样的推理应用在道德信念上。

亚里士多德将这种方法说成是"辩证法"。这是把苏格拉底的论证应用在一开始看来合理的信念上。和苏格拉底一样，亚里士多德认为道德哲学对那些诚实的、坚持考察他们基本信念以及这些信念之间联系的人是可以通达的。西季威克和罗尔斯，此外还有很多其他人，都进一步展开了对这种道德探究进路的支持，还有很多人虽然没有明说但其实也在追随这种方法。①

38. 既然幸福是最终目的，它必然是完整的好

亚里士多德将辩证法应用在熟悉的幸福观念上。他论证有些表面看来合理的观点似乎会有冲突，但是即便如此，他依然给出了一个更令人满意的看法。

在《高尔吉亚》里，那些同意波鲁斯（Polus）观点的人，认为马其顿国王阿基劳斯（Archelaus）是幸福的，因为他富有、大权在握，拥有满足他欲望想要的所有资源。另一方面，梭伦警告克洛伊索斯（Croesus）任何人在死之前都不能被称为幸福的。克洛伊索斯的所有财富和权力，都不能保证他在死之前不会遭遇灾难。那些过着寂寂无名的生活但是没有经历灾难的人比克洛伊索斯更加幸福。②

根据亚里士多德的看法，关于幸福的争论表现了人们对终极的好持有不同看法。这个目的是我们仅仅因为它自身之故而想要的，因为它我们想要其他东西（1094a18-19）。为什么要相信这个东西存在呢？

---

① 关于辩证法，参见亚里士多德：《论题篇》100a18-21；本书§239（功利主义），§286（罗尔斯）。

② 关于阿基劳斯，参见《高尔吉亚》470d5-471d2。关于克洛伊索斯，参见希罗多德《历史》I.29-33。

理性行动是以目标为导向的。椅子的观念引导着做椅子的木匠，一个高尔夫球运动员开球是为了让球离洞口更近。这些当下的目标又是进一步目标的手段：木匠做椅子或许是为了挣钱，而挣钱又是为了进一步的目的，高尔夫运动员想要赢得比赛，或许这又是为了进一步的目的。在寻找终极目的的过程中，亚里士多德寻找的是所有理性行动的目的。

我们或许会反对说，并没有这样的东西，因为我们每个人都有很多终极目的。我们可能想要拥有有趣的职业、成为好的运动员、享受吃喝的快乐、演奏乐器、等等。它们每一个都是一个终极目的，为了它们自身之故值得选择，而不仅仅是某个进一步目的的手段，但是它们其实都不是终极目的。

亚里士多德的回应是：我们选择这些目的还可能是为了幸福之故。我们对于幸福的观念表达了我们对于我们为了它们自身之故选择的不同目的相对重要性的看法。它不仅仅是一个终极的好，而是唯一终极的好。①

既然幸福以这种方式规范选择和行动，它就是完整的好（complete good）。因为如果我们为了幸福选择所有其他东西是理性的，并且幸福是最终目的，不是为了其他东西而被选择，我们就必然有理由认为，没有其他真正的非工具性的好会在幸福之外。如果我们还可以确定某种非工具性的好在幸福的论述之外，那么我们就还没有找到关于幸福的正确观念。流行的幸福观念就没有通过这个测试。②

---

① 对于终极好的进一步讨论，参见本书§93。
② 幸福是完整的（complete，希腊文 *teleion* 也可以翻译成"完美的"[perfect]或"最终的"[final]），参见《尼各马可伦理学》1097a15-b2；另参见本书§93-94。

39. 幸福一定要通过人的功能理解

这些普遍性的条件没有告诉我们哪种生活可以实现幸福。亚里士多德将幸福与人的"功能"联系起来去寻求对幸福更确切的论述。①一个技艺方面的专家的功能，或者一个人造物的功能，或者一个动物器官的功能，是某种目标导向的行动，使它们成为它们所是的那类事物，也就是对于那些种类的事物而言本质性的活动。某个东西是斧子，因为它拥有砍的功能，它的材料是木头和铁，它的形式适合砍的功能。在人造物中，功能决定了形式。自然有机体像人造物一样有形式和功能，并不是因为它们是被设计出来的，而是因为它们在本质上是被特定的以目标为导向的活动组织起来的。不同种类的有机体的活动标志着不同种类的生命和不同的功能。②

在亚里士多德看来，人的功能是某种特定类型的生活，不同于植物和动物的生活。这个功能是表现理性的灵魂活动。在《论灵魂》中，亚里士多德论证，灵魂是活的身体的形式，一个东西有灵魂就是它的质料（肢体、器官、组织等等）以恰当的方式组织起来，去完成生命活动。灵魂就是使得一个身体成为活物的东西。不同种类的生命（植物的、动物的、人的）对应着不同种类的灵魂。人类的好是由人类特有（与其他事物不同）的生命和活动确定的。特有的活动对人类来说是本质性的，就像单纯营养的生活对于植物来讲是本质性的，由感觉和欲求引领的生活对动物来讲是本质性的。既然人类本质上是理性的行动者，那么人类的本质活动就是由实践理性指引的生活。③

因此，对人来讲，好的生活就是由实践理性指引的根据德性（aretê，也就是好、卓越）的生活，而"德性"的意思就是让它的拥

---

① "功能"（ergon）也可以翻译成"工作"（work）。关于柏拉图论功能，参见本书§31。
② 比较黑格尔论"现实性"，参见本书§226。
③ 关于不同的生活类型，参见《尼各马可伦理学》1097b32-1098a18。

者可以活得好的状态。人类的好是灵魂在完整的一生中合乎最好、最完全德性的活动。不是由理性指引的生活可能对某些别的生物来讲是好的，但对人来讲不是。①

亚里士多德是否没有根据地预设了理性是人类的独特性质？我们为什么要聚焦在理性而不是其他可以将人与其他动物区分开来的特征上？为什么要认为，独特的东西必然尤其重要？为什么我们因为思考的能力而不同于其他动物（假设确实如此），就能够表明我们应当花尽可能多的时间在思考上呢？

提出这些问题是因为对亚里士多德的误解。在他看来，理性不仅碰巧是人类独特的东西。它对人类来讲是本质性的，与其他动物不同，人类是靠理性引导行动的。他的意思不是人的好首先在于思考或推理，他的意思是人的好在于理性控制和引导的生活。②亚里士多德并不否认理性以外的其他人类活动的重要性，但是他强调理性反思在人类行动和生活中的本质作用。

当亚里士多德肯定幸福在于活得好，在于根据理性生活，在于完整的一生，他说的"活着"或者"生活"并不是简单的生存，而是按照某种生活方式生活（就像我们说"农民的生活"或者"美国的生活方式"等等）。理性行动者的生活包括理性的计划，我们决定对我们来讲什么是最重要的，什么是我们因它们自身之故关心的，我们想要成就什么。③作为理性行动者，我们想要自己的生活有某种结构，这个结构反映了理性反思和计划的作用，我们因其自身之故关心实践理性的这个作用。

人类的好不仅仅包括实践理性的运用，因为我们可以用一种坏的或者反常的方式运用它，这样的方式会伤害我们。那个好在于理性的

---

① 关于最好的人类好的定义，参见《尼各马可伦理学》1098a16-20。
② 然而理论理性在幸福中占据重要位置，关于这一点参见本书§52。
③ 参见《欧德谟伦理学》I.2。

良好运用，因此幸福在于以良好的方式运用实践理性的行动。既然德性是使得我们生活好的状态，使得我们可以良好地运用实践理性，幸福也就是合乎德性的活动。

亚里士多德没有解释为什么从人的自然可以论证出人的好。之后的哲学家对于这种论证是否合法做了很多讨论。① 如果我们考虑亚里士多德如何利用关于自然和功能的观点支持和反对不同的幸福观念，我们就可以理解这个观点至少是有一定合理性的。

40. 这个幸福观念比其他幸福观念更可取

虽然亚里士多德只是给出了幸福的纲要，但他认为它非常确定，足以指引我们进一步的思虑。② 适合理性行动者的生活不是单纯致力于快乐。我可能非常高兴，对我的生活没有任何不满，完全确定我得到了我想要的一切，但依然没有实现幸福。如果我做了一个脑部手术，或者发生了意外，将我变成了一个满足的孩子的状态，即便我享受着巨大的快乐，没有痛苦，我的生活也会变得更差，而不是更好。这样的例子表明，追求快乐的生活可以变得更好，而不仅仅是增加快乐的量，快乐并不是完整的好，因此它也不是终极的好。③

此外，如果我们关注理性计划，我们就不会同意人类的好仅仅是累积快乐或满足。如果理性计划是重要的，那么一个人的生活和行动的结构本身就是重要的。因此，亚里士多德反对苏格拉底和居勒尼学派主张的快乐主义的幸福观。之后快乐主义的辩护者，包括伊壁鸠

---

① 关于自然，参见本书§98（阿奎那），§123（苏亚雷兹），§172（巴特勒）。
② 关于"纲要"，参见《尼各马可伦理学》1098a20-22。
③ 关于快乐的生活，参见《尼各马可伦理学》1095b19-20；本书§249。关于幼稚的快乐，参见《尼各马可伦理学》1174a1-4。关于快乐不是完整的，参见《尼各马可伦理学》1172b28-32，比较1097b16-20（本书§38）。关于德性，参见1095b31-1096a2，比较1153b19-21。比较柏拉图：《理想国》361b-d。关于快乐，参见《尼各马可伦理学》1174a1-4。

鲁、密尔、西季威克，会用不同的方式回应亚里士多德。①

出于相似的原因，亚里士多德反对主观主义的幸福观，这种观点把幸福当作我们欲求的满足，或者是某些欲求的满足（这些欲求是假如我们知道了满足它们的结果就会去形成的欲求）。如果我最初的欲求愚蠢而顽固，我还是想要满足它们，但是满足它们会让我活得更差。比如说，我非理性地喜欢那些我还是孩子时的玩具，我可能想要一直玩它们，而不管我了解到了什么其他的可能性，但是这样不会让我生活得更好。人的福祉要求客观和主观的状况，不可能被还原为满足一个人的欲求。②

虽然亚里士多德反对快乐主义的幸福观，但他认为快乐对于幸福是本质性的要素。他对快乐的论述意在解释两点，一方面为什么看起来将快乐等同于幸福是合理的，另一方面，为什么快乐不等于幸福。这些对于快乐的观点与亚里士多德关于有德性的人的独特快乐的论述有关，也和伊壁鸠鲁提出的对立的快乐主义有关。③

41. 幸福部分而不是全部受制于外部环境

看到了理性能动性是人类好的核心要素，我们就可以评估外在环境对于幸福的效果了。亚里士多德面对着希腊伦理思想中的一个古老的问题。当希罗多德讲述梭伦对克洛伊索斯的建议——在一个人死前不要说任何人是幸福的，他的意思是人类幸福很容易因为不幸而丧失，比如发生在克洛伊索斯身上的不幸。④而苏格拉底否认好运或厄运

---

① 关于定量的快乐主义，参见本书§19（苏格拉底），§24（居勒尼学派），§§61-63（伊壁鸠鲁），§§245-250（密尔与西季威克），§263（布拉德利）。
② 关于好的主观主义与客观主义观点，参见本书§123关于苏亚雷兹的讨论。
③ 关于德性与快乐，参见本书§45。关于亚里士多德与伊壁鸠鲁，参见本书§65。
④ 希罗多德:《历史》(本书§38)。

会对幸福产生任何影响，因为他认为德性是幸福的充分条件，而不管什么事情发生在有德性的人身上。

在这个问题上，亚里士多德更接近苏格拉底而非通常的观点。因为幸福在于运用理性能动性，它更多依赖我们做了什么，而不是什么发生在我们身上。因此柏拉图正确地认为德性是幸福的主导性要素，因此有德性的人，不管他们在其他方面经历了多少不幸，依然比恶人更加幸福，而不管恶人在其他方面过得多好。①

然而理性能动性不仅仅以它自己的运用为目标，而不考虑任何进一步的结果。它同时也以成功为目标，如果它没有成功，我们的生活在那个意义上就是不完整的。外在的不幸妨碍了理性行动，剥夺了幸福。因此（在《高尔吉亚》里）苏格拉底和犬儒学派认为德性是幸福中唯一重要的东西就是错误的。②

42. 幸福要求理性和非理性灵魂的德性

幸福是良好地运用实践理性的活动，从而也就是符合完整的德性，因为德性是正确运用实践理性的状态。这个在幸福和德性之间的联系，并没有告诉我们具体的德性是什么。希腊人认可一系列品格状态被称为"德性"，包括在苏格拉底对话和《理想国》里讨论的四主德。亚里士多德认为幸福在于在完整的一生里运用这些德性。

要为这种观点辩护，他需要表明，这些人们认可的德性正确地运用了实践理性。他在关于品格德性（伦理德性）的讨论中为这种看法

---

① 关于德性的主导性，参见本书 §30 关于柏拉图的讨论。
② 关于不幸，参见《尼各马可伦理学》1100a5-9, b29-30；本书 §18（苏格拉底），§25（犬儒学派），§70（斯多亚学派）。

做了辩护。① 正如柏拉图论证的，人类有理性和非理性的欲求，灵魂卓越和德性的状态要求这两种欲求的合作。② 我们越是被非理性欲求主宰，生活中就会越少理性的行动。而对于某个拥有关于幸福的正确看法并且据此行动的人，理性欲求控制和组织非理性欲求，非理性欲求与理性欲求合作。这是德性之人的状态。

因为德性要求对非理性欲求的恰当修正而不是去除，因为非理性欲求是通过实践和习惯形成和修正的，道德教育就要求习惯。在我们理解了为什么按照愤怒或贪婪的冲动行动不好之前，我们需要习惯于限制它们，从而不在错误的场合感受到它们。如果这种训练被推迟，直到我们理解了为什么不要对很小的挑衅发怒，对我们来说改变可能为时已晚，可能很难再说服我们应当做出改变。这就是为什么道德教育是城邦、父母和老师的任务。因为我们的习惯是由我们生长在其中的社会塑造的，一个良好的社会就需要从一开始监管道德教育，正如柏拉图认为的那样。①

43. 品格德性是进行选择的状态

亚里士多德将品格德性定义为（1）一种状态，（2）关乎选择（election），（3）在于相对于我们的中道（mean），（4）由理性定义，就像明智者会定义的那样。④ 这个定义中的不同要素引入了亚里士多德的一些理论术语（状态、选择、中道、明智）。要理解这个定义，我们需要解释这些术语。

---

① 亚里士多德对品格德性（êthikê aretê，参见《尼各马可伦理学》I.13）的表述是拉丁文 virtus moralis 的源头，从这个词产生了"道德德性"（moral virtue）。参见本书§49。
② 关于理性和非理性欲求，参见本书§§28-29（柏拉图），§92（阿奎那），§175（巴特勒）。
① 亚里士多德不同意柏拉图的地方在于，什么样的社会是最好的德性教育所需要的；参见《政治学》II, VII。
④ 关于品格德性的定义，参见《尼各马可伦理学》1106b36-1107a2。

德性是一种状态，而不仅仅是一种能力或感觉，虽然它也关乎能力和感觉。① 我可能拥有一种能力，而没有在恰当的场合运用它；我可能拥有医学技能，即便我完全没有使用它，或者用它来毒害病人。但是我不会仅仅因为知道如何在正确的场合下给出金钱而是一个慷慨的人。与此相似，我可能拥有慷慨的感觉或冲动，但是如果它们被完全误导，它们就不会构成慷慨。德性是一种状态，它包括了正确的欲求和性情，去规范能力和感觉。

此外，一种产生了正确行为的能力或感觉可能并不是德性。行动可能是有德性的（正义的、诚实的、节制的等），即便它们并不是出于有德性的人的理由，但是除非行动者出于正确的品格状态行动，否则这些行动者依然不是有德性的。当我们赞赏有德性的人，我们看重的不仅是他们能够可靠地做出有德性的行动，还有他们在行动中展现出的品格状态。②

恰当的品格状态包括正确地选择有德性的行动，并且是为了它们自身之故。"选择"来自灵魂理性部分的想望（*boulêsis*）和思虑（deliberation）。想望是理性的欲求，以终极的好为目标，但是我们对于终极好的欲求过于宽泛，不能直接推动我们此时此地的具体行动。我们的想望只有通过思虑的具体化才能确定我们的行动。当具体化进行到某个具体行动时，我就会选择那个行动。③

比如，如果我考虑周末是放个假还是继续加班，我就需要记住，我关心有一些休息的时间，也关心有足够的钱。经过反思，我认识到

---

① 关于状态（*hexis*），参见《尼各马可伦理学》II.5。
② 关于有德性的行动与有德性的行动者之间的对照，参见《尼各马可伦理学》1105a26-b9，1144a11-20；本书 §186（里德），§§202-203（康德）。
③ 关于选择（*prohairesis*），参见《尼各马可伦理学》III.2-3。我使用了阿奎那的拉丁翻译 *electio*。其他翻译包括"决定"（decision）和"选择"（choice）。关于想望（或"意志"[will]），参见《尼各马可伦理学》III.2, III.4。关于奥古斯丁论罪与意志，参见本书 §85。关于阿奎那论意志，参见本书 §92。

我有足够的钱,但过去六个月都没有休息,因此我的结论是最好给自己放个假。我的选择促使我根据我认为最好的情况行动。①

在这个简单的思虑的例子中,很容易确定对我来讲重要的目的(闲暇,还是我想要钱去实现的目的),以及某个行动如何促进目的。但是有时候,我可能不确定什么对我来讲更重要。这个时候我就需要思虑什么是整个一生中最重要的东西。我对自己的幸福有一个整体性的理性欲求,但是在我将它转换成恰当的行动之前,我需要理解(比如说)我的幸福要求节制的德性,节制要求我避免此时此地的一种有害的快乐。在这个思虑中,我不仅问了是什么满足了我的欲求,我还问什么是最好的,因此我被不同行动的好处指引,而不仅仅是我对各种选项的欲求的强度。正如巴特勒后来说的,我是被我的选择的理性权威指引,而不仅仅是被欲求的强度指引。因为德性指向最好的东西,它就包括了正确的理性想望和思虑,并得出正确的选择。因为有德性的人做出了正确的选择,他们出于正确的原因选择正确的行动。②

44. 德性在于行动和感觉的中道

虽然道德教育以形成正确的想望、思虑和选择为目标,但是它也并不仅仅关乎灵魂的理性部分。因为幸福是完整的,满足非理性欲求,比如对食物、饮品、性、荣誉和名声的欲求,也在人生中占据合法的地位。在这个意义上,包括这些满足的生活,就比缺少它们的生活更好。因此完整的幸福就应该包括它们。有德性的人会给这些非理性欲求恰当的位置,让它们与理性计划处于和谐而非冲突的状态。

德性之人的这种状态就是感觉和欲望的"中道",也就是在完全

---

① 关于明智与思虑,参见本书 §47。
② 关于理性与欲求,参见本书 §92(阿奎那),§128(霍布斯),§150(休谟),§§175-176(巴特勒与里德)。

的压制和完全的放纵之间。亚里士多德没有说或者暗示，如果我们相对于（比如说）恐惧或愤怒达到了中道，我们就会节制地发怒或节制地恐惧。相反，当需要极端愤怒的时候，有德性的人就会极端愤怒（虽然不是无法控制地愤怒）。德性是中道状态，因为它既不是接受所有的非理性态度也不是否定它们，而是将它们调整到与正确的理性欲求一致。①

有德性的人反对懒惰的态度，不会让非理性冲动完全不受到关于好的信念的控制和改变。他们不仅仅着眼于理性部分控制非理性部分，因为控制意味着两部分之间的冲突而不是和谐。他们允许对于欲望的理性满足，不会压制所有的恐惧，不会抛弃所有的骄傲或愤恨之情，或者对于他人赞美的欲求。②

因此勇敢的人不会因为过度的恐惧影响追求他们的理性计划；然而他们也不会过于鲁莽从而什么都不怕，或者对他们的生命持完全无所谓的态度，完全不在乎被杀。他们对严肃的危险持有恰当的恐惧，如果他们追求的东西配不上那个危险，他们就放弃。但是如果有一些原因可以证成坚守，他们也无需与自己的恐惧斗争。勇敢并没有完全清除恐惧，而是将恐惧引导到值得恐惧的东西上。③

与此相似，节制控制和塑造了对于食物、饮品和性欲的生物性欲望。它没有清除它们，也没有阻止我们享受那些欲望的对象，但是它调整我们的享受和享受它们的情境。节制的人不会因为对某些欲望或享受的过分执着而偏离他们的理性计划，而是在正确的情况下满足这些欲望。理性行动者从理性与非理性欲求的和谐中受益。

如果我们能够达到情感和冲动的中道，我们也可以实现行动中的中道。比如对勇敢的恰当冲动，就是促使我们去做在恰当的情况下理

---

① 关于中道，参见《尼各马可伦理学》1106a14-b28。
② 关于有缺陷的情感，比如可参见《尼各马可伦理学》1126a3-8。
③ 关于勇敢和恐惧，参见《尼各马可伦理学》1115b10-20。

性要求我们去做的事情的冲动。亚里士多德说，如果我们做我们应当做的，在应当的时间，对应当的人，等等，我们就实现了行动中的中道。①

45. 对恰当对象的快乐对德性来讲是必要的

我们的快乐是我们是否拥有德性的标志，因为它们表示了在我们非理性与理性欲求之间的和谐还是不和谐。有德性人享受很多其他人享受的快乐，但是要在恰当的场合，享受恰当的程度。在这方面，品格德性规范了我们的快乐。但是有德性的人也有独特的快乐，指向有德性的对象。勇敢的人在面对他们必须面对的危险时感到快乐。节制的人在避免误导性的快乐时感到快乐。在这方面，德性塑造了我们的快乐。②

这个关于有德之人独特快乐的说法依赖亚里士多德关于快乐本质的看法。我们会因为很多不同的对象感到快乐（躺在沙滩上、解决一个填字游戏、听音乐、散步）。这不像从不同的水龙头接水。对于这些不同的来源，我们并没有统一的快乐感觉；我们有不同种类的快乐，它们因为对象的不同而有差别。解决填字游戏的快乐不同于躺在沙滩上的躺椅上的快乐，我们不能简单地量度它们。相反，我们从某个行动中获得快乐依赖于我们为了那个活动本身而追求它。快乐是一种"随附性的目的"（supervenient end），它是主要目的的结果，而主要目的就是我们为了它自身之故追求的活动。③

有德之人体现了这种模式。因为他们由于德性行动自身之故而选择它，他们在德性行动本身中找到了一种独特的快乐。他们将快乐看

---

① 关于这个"应当"的内容，参见本书 §48。
② 关于快乐与德性，参见《尼各马可伦理学》II.3。
③ 关于快乐及其对象，参见本书 §193（巴特勒），§247（西季威克）。关于快乐作为随附性目的，参见《尼各马可伦理学》1174b31-33。

作一种非工具性的好，但并不是唯一的好。因为快乐是一种随附性的目的，我们只有通过最好的目的才能获得随附在这些目的之上的最好的快乐。这些就是有德之人为了它们自身之故追求的目的。①

46. 恶性与德性不同于不自制和自制

亚里士多德关于德性是中道的观念，区别出了四种状态，我们可以用节制为例加以说明。

（1）恶性（即放纵）：我们的理性和非理性欲求都以感官享乐为目标；

（2）不自制：我们的理性欲求是正确的，但是我们的非理性欲求以感官享乐为目标，并且在我们不应该这样的时候推动我们去追求感官享乐；

（3）自制：我们的理性欲求是正确的，并且推动我们去避免不恰当的感官享乐，虽然我们的非理性欲求依然以感官享乐为目标；

（4）德性：我们的理性和非理性欲求都是正确的，我们的非理性欲求只追求恰当的感官享乐。

在德性和恶性之人那里，理性选择和非理性欲求是一致的。在自制和不自制之人那里，它们是不一致的。②

恶性之人比其他几种都差。虽然他的理性和非理性欲求一致，但是他的非理性欲求并不追随理性。他的选择是为了非理性欲求，而不是独立的理性反思。其他三种比恶性更好，因为它们都形成了正确的选择。不自制的行动反对正确的选择，因为误导性的非理性欲求过于强大。自制之人追随正确的选择，但是错误的非理性欲求与它斗争。

---

① 关于有德之人的快乐，参见《尼各马可伦理学》1099a7-21，1104b3-11。
② 这四种状态在（比如）《尼各马可伦理学》I.13 中得到了暗示。

在德性之人那里，选择是正确的，并且非理性部分与它一致。

亚里士多德对不自制的描述意在解释苏格拉底一个观点的正确和错误之处，苏格拉底认为，我们不可能选择一个我们认为更差的行动，也就是说他否认不自制的可能性。柏拉图的灵魂划分就是要解释真正的不自制如何可能。① 亚里士多德在这一点上赞成柏拉图。苏格拉底认为，所谓的不自制之人的错误是对于好与坏的无知，因此根本不是真的不自制。然而根据亚里士多德的看法，不自制来自无序的非理性欲求，这些欲求诱使不自制之人抛弃他们正确的选择。② 我可能认为我不应该在开车前喝威士忌，同时我也知道面前这杯饮品是威士忌。但是由于我也很喜欢威士忌，我看到面前的威士忌让我强烈地意识到它会带给我的快乐，从而没有关注我之前那个不应该喝它的认识。因为我并没有关注我之前认识到的东西，我在不自制行动的时候也就没有清楚地意识到这是我不应该做的。在亚里士多德看来，最后这一点就是苏格拉底的立场正确的地方。苏格拉底正确地认为，不自制包括了某种无知，但是他没有看到，是错误的欲求，而不是无知，才是根本性的解释。③

47. 品格德性要求实践理性和思虑

根据亚里士多德的定义，品格德性是一种由理性定义的中道，像明智者那样定义。④ 明智⑤是一种理智德性，它保证了正确的思虑和选择。明智者对于"整体性的好生活"思虑得好，而好的思虑带来好的

---

① 关于不自制，参见《尼各马可伦理学》VII.2-3。关于苏格拉底与柏拉图的观点，参见本书§§20, 28。
② 关于正确的选择，参见《尼各马可伦理学》1148a13-17, 1151a5-7, 1152a17。
③ 关于不自制之人的无知，参见《尼各马可伦理学》1147b9-17。
④ 关于德性的定义，参见本书§43。
⑤ 亚里士多德的术语 phronêsis 拉丁文翻译是 prudentia，也可以翻译成 intelligence（理智）。

选择。①因此品格德性（它们既包括理性又包括非理性欲求）要求明智这种理智德性。

明智的这个思虑性的作用解释了正确的选择对于德性来讲为什么是必要的。乍看起来，亚里士多德似乎接受了一些前后不一致的说法：(1) 所有的思虑都关于实现目的的手段，而不关乎目的本身；(2) 每个选择都是思虑的产物；(3) 有德之人为了德性自身之故选择德性的行动。(4) 为了某个事物自身之故选择它就是将它当作目的来选择。亚里士多德看起来排除了那种德性之人典型的选择。

要把这四个说法协调起来，我们需要区分两种意义上的"手段"。

x 是 y 的工具性手段：x 在原因的意义上对 y 有所贡献，但并不是 y 的一部分。比如买食物对吃晚饭的贡献。

x 是 y 的一部分或者构成要素，因此 x 部分构成了 y。比如发球部分构成了打网球，喝汤部分构成了吃一顿饭。②

明智思虑实现幸福的手段，并不是工具性的手段，而是思虑那些作为幸福生活一部分的行动，也就是这个意义上的手段，因此这些行动可以是为了它们自身之故而追求的。因此，有德之人为了有德性的行动自身之故选择它。它们的思虑所确定的行动，是以非工具性的方式构成幸福的行动。③

因为明智包括思虑，它就需要把握有关德性本质及其对幸福贡献的普遍原则。我们在之前关于德性的讨论中已经勾勒了这些原则中的一些。

但是普遍原则对于正确的选择来讲是不够的。如果思虑产生了关于此时此地应该做什么的正确选择，而明智之人也需要把握某个具体情境的相关特征。正确的道德选择就要求对具体情境有所经验，因为

---

① 关于整体性的活得好，参见《尼各马可伦理学》1140a25-28。
② 关于为了幸福之故选择非工具性的好，参见《尼各马可伦理学》1097b1-6。休谟只承认实践理性有工具性的作用，参见本书 §151。
③ 关于明智和思虑，参见《尼各马可伦理学》1140b4-7。关于为了它们自身之故选择各个部分，参见本书 §30（柏拉图）和 §97（阿奎那）。

不假思索地应用普遍规则并不能导致正确的选择。因此，明智的一个侧面就是关于具体情境的某种感觉或直觉性的判断。

比如，如果我们拥有规范愤怒的德性，我们就知道我们不应该太快发怒，也不该发怒时间太长，另一方面，我们也不应该太无所谓，对什么事都不发怒。在一些情境下，表达愤怒是对抗不义的恰当反应，但是在另一些情境下，愤怒的反应会让所有人情况变糟。要确定不同情境的相关特征，我们需要训练有素的感觉，这些感觉来自评价不同问题的经验。①

因为不同的非理性欲求需要得到训练，所以德性是独特的。但是它们都需要明智，因为每种德性都以实现最好的结果为目标。要知道我为朋友做什么是最好的，我需要把握正义的要求，因为友爱不会让我违背正义（从一个乞丐那里偷东西，从而给我的富人朋友一份他并不需要的礼物，这并不是真正友爱的行动）。要找到某个德性领域内的恰当行动，我们需要其他德性的合作，因此需要明智。②

48. 伦理德性包括指向美好的"应当"

我们已经看到，明智之人思虑"整体性的好生活"，并且找到德性特有的中道。实现中道就是做我们应当做的，面对我们做这件事时应当面对的人，在应当做这件事的情境中，等等。我们如何理解所有这些语境中的"应当"呢？③

在希腊语里就像在英文里，"应当"可以是单纯假言的（hypothetical，

---

① 关于愤怒的恰当德性，参见《尼各马可伦理学》IV.5（温和）。关于普遍规则的不精确性，参见 1103b34-1104a11。关于感觉，参见 1109b22-23，1143a32-b5；比较本书 §285 关于罗斯的讨论。
② 关于德性要求明智，参见《尼各马可伦理学》1144b1-1145a2。关于德性之间的关系，参见本书 §§19, 29。
③ 关于明智与"整体性的好生活"，参见《尼各马可伦理学》1140a25-28。

或者"假设的")用法,对某个欲求的目的而言,某件事是需要的或恰当的。"你应当控制脾气"可以理解为"如果你不想说出以后会后悔的话,那么控制你的脾气就是恰当的。"在亚里士多德的德性那里,"应当"或许可以被理解成假言的,因为德性指向行动者自己的好(比如节制、豪迈)。

一个单纯假言的"应当"指向行动者的自我利益,很难被应用在关乎他人利益的德性上。亚里士多德赞成柏拉图《理想国》中一些人物的看法,他们认为正义是"他人的好",因为正义指向他人的利益。亚里士多德那里的其他德性,包括勇敢、温和(对愤怒的规范)、慷慨都是既指向他人又指向行动者的好。指引勇敢、节制、正义行动者的原则告诉他们为了他人的利益应当做些什么。①

在这种情况下,亚里士多德认为,有德性的人选择有德性的行动(比如节制、勇敢、正义等等)是"为了美好(fine)之故"或者说"因为它们是美好的"。关注美好并不完全是关注一个人自己的利益。相反,当每个人都关注美好的行动,他们的行动就会促进公共利益。美好的行动展现了很大的德性,因为它们特别造福他人。在做美好的行动时,我们就找到了中道,也就做了我们应当做的事情。②

德性指向一个共同体的公共利益,德性的首要目标并不是个体行动者的好处。这就是有德之人如何达到中道,并且做他们应当做的。因此,定义了德性的"应当"并不是一个单纯假言的应当,依赖行动者的欲求。他是一个定言的应当(用康德话说),因为它断言的是对理性行动者而言好的理由,而不管他们的欲求如何。

---

① 关于正义与他人的好,参见《尼各马可伦理学》1129b25-1130a5;比较柏拉图对此的讨论(本书§30)。
② 美好(*kalon*,有时候翻译为"美"[beautiful]或者"高贵"[noble],在本书§70翻译成"正当"[right]),参见《尼各马可伦理学》1104b31, 1120a11, 1121a27-30, 1123a31-32。拉丁语中的对应是 honestum。比较§120关于苏亚雷兹的讨论。关于德性与美好,参见《尼各马可伦理学》1169a6-11, 1122b6-7。

49. 亚里士多德的德性是道德德性吗？

当我们讨论"德性"和我们"应当"做什么时，可能预设了我们在讨论道德德性和道德责任。但是我们可以质疑这个预设。当我们讨论一个人的德性或恶性，我们可能想的是他的道德品质，德性包括诚实、友善、可信等等。包括亚里士多德在内的希腊作家，使用"德性"（aretê）时经常是指我们需要它从而活得好和实现幸福的品质。

理解了"德性"的广阔范围，我们就可以看到，为什么我们前面提到的那些道德德性可能是德性的候选项，但并不是全部。事实上，《理想国》开篇苏格拉底的对手特拉叙马库斯就论证不义虽然通常被当作恶性，实际上是一种德性，正义通常被当作一种德性，但实际上并不是德性。他这么说的意思是，如果我们不义，就可以过一种在特拉叙马库斯看来更好的生活（比坚持正义的生活更好），这样看来，只要能够逍遥法外我们就会愿意欺骗他人。特拉叙马库斯并不看重道德德性，但是他依然问出了苏格拉底的问题："我们应当如何生活？"按照苏格拉底和他对手的理解，这个问题意味着"对我们来讲，最好的生活是什么？"换句话说，"什么样的生活是最幸福的生活，我们如何获得它？"因为希腊伦理学从这个什么对我们来讲是好的问题开始，它并不是从一个关于道德的问题开始的。

这一点在亚里士多德这里很明显。他的伦理学理论关于一个人自己的幸福。[①] 我们可能认为，道德关乎一组更窄的问题，不是关乎自己利益的，而是无偏的（impartial），因为道德的视角表达了对每个人利益无偏的关切。我们通常认为，当一个行动影响了每个人的利益，特别是不同于行动者的他人的利益，才对我们提出了一个道德问题。对我来讲，把一个又一个晚上浪费在电视前或者在网上冲浪非常愚蠢，

---

① 关于黑格尔对亚里士多德的反对，参见本书 §229。

但是（我们或许会说），这在道德上并没有错误，除非它干扰了我应当给他人的东西。包括亚里士多德在内的希腊作家讨论更大范围的德性。他们并不明确区分道德问题和关于行动者自己幸福的问题，也不明确区分道德的"应当"和单纯假言的"应当"。①

尽管如此，希腊作家还是承认道德的考量和要求，即便他们并不明确提示它们。即便他们在幸福的性质上存在差别，大多数人都同意，要实现幸福我们需要勇敢、节制、智慧和正义。这些德性的意义在于保证一个人自己的好和他人的好。正义特别关乎他人的利益，而其他三种德性都既是自我指涉又是他人指涉的。所有主要的希腊哲学家都把友爱（philia）当作好生活中的一个核心要素。更确切地说，他们心目中的友爱比英文中的 friendship 通常所指的范围要更大（包括了同盟、家庭成员和其他公民）。在这里一个常用的翻译可能会误导我们。

对亚里士多德来讲，这些观点格外清楚。我们刚刚讨论了德性与为了美好行动之间的必然联系。就一个行动可以促进公共利益，而不仅仅局限于行动者的自我利益而言，它就是美好的。在这个意义上，亚里士多德的德性展现了道德特有的那种非自私和无偏的视角。②属于德性的"应当"不是来自行动者自身利益（而非他人利益）的那种纯粹假言的"应当"。它是定言的"应当"，规定了为了共同利益的无偏性的关切。因此，我们可以讨论亚里士多德关于道德和道德德性的观念。

50. 如果我们拥有德性是否生活得更好？

如果亚里士多德承认道德德性和道德义务，那么有关他在《尼各

---

① 关于假言与定言的"应当"，参见本书 §§200-201 关于康德的讨论。
② 关于德性与公共利益，参见《修辞学》1366a33-b22 对德性的刻画。

马可伦理学》中的论证我们就会提出一个问题。他捍卫了两个观点：

（1）幸福是符合完整德性的行动；

（2）完整的德性是道德德性（它指向美好和公共利益）。

那么他可以合理地推论出，幸福要求道德德性吗？

我们可能会反对说，这个推论利用了"完整德性"的歧义。亚里士多德对第一个观点的论证并没有预设（比如说）四主德是属于幸福的德性，在这个阶段，他仅仅是将德性理解成对理性行动者来讲好的品格状态。但是我们可能会怀疑他事实上描述的德性对理性行动者来讲是不是真的好。因此我们可能会问，在这两个说法里"完整的德性"是不是指两种不同类型的德性。

为了回答这个问题，我们需要看到，德性对理性的行动来讲是好的。它们协调了理性和非理性欲求，将它们置于实践理性的引领之下，从而得出了正确的选择。如果德性实现了这个和谐和正确的选择，它们就属于幸福。

但是如果亚里士多德描述的德性指向公共利益，而不是个体行动者的利益，那么它们怎么会属于行动者的幸福呢？这个问题将我们带回到特拉叙马库斯、格劳孔和阿德曼图斯对于他人指涉的德性的攻击。[1]

亚里士多德回答说，人类的福祉依赖人的功能和人的自然本性。人是政治性的动物，因为人的能力和目标只有在共同体里才能完成，这个共同体实现了其成员的好。因此，个人的幸福包括共同体里其他成员的好。如果我们缺少对其他人的利益的有效关切，我们就缺少了满足我们人性的完整生活，因为我们自绝于合作、相互性和信任的关系，而这些对于实现我们的人类能力来讲是必要的。[2]

---

[1] 关于指向他人的德性，参见本书 §30 关于柏拉图的讨论。

[2] 关于自足与共同体，参见《尼各马可伦理学》1097b7-15。关于人的社会本性（自然），参见本书 §§101-102（阿奎那），§126（格劳修斯）。

51. 友爱将一个人自己的好和他人的好联系起来

亚里士多德关于友爱的讨论解释了他人的好部分构成了一个人自己的好。这种类型的友爱包括了因为他人自身之故对他人的关切，而不仅仅把他人当作满足自己利益或快乐的方式。朋友是"另一个自我"，因此如果 A 和 B 是朋友，A 对 B 的态度也和 A 对自己的态度一样。①

在一种完整和自足的生活中，这种对他人的关切促进了一个人自己的利益。友爱关乎共同生活（分享一个人尤其认为重要的活动），特别是分享推理和思考。朋友在思虑、选择和行动中合作，一个人的思想和行动给了另一个人理由去按照某种特定的方式思考和行动。如果 A 把 B 看作另一个自我，A 关心 B 的目标和计划，A 为 B 的成功而高兴，丝毫不逊于为 A 自己的成功而高兴。基于这种关切的行动是我们可以实现我们原本无法实现的目标、成就以及合作性的行动。②

这些扩展了的目标和能力与我们的福祉相关，因为我们在拥有了更大范围的目标和关切的意义上生活得更好了。那些只关心很少事情的人，很难沉浸在他们的兴趣中，也会降低他们获得幸福的前景。对他人的关切让我们对那些本来没有兴趣的东西产生兴趣，从而让我们能够实现本来在自己能力之外的行动。如果我们没有对成功实现某些合作性行动的关切，我们甚至无法在一支球队里比赛，或者一个乐团里演奏。合作扩展了我们可以参与的行动的范围，从而让我们可以更完整地实现自己的好。因为幸福要求完整和自足的一生，因为那些仅仅关注自己状态的人无法实现这样的一生，幸福的人生需要友爱。

亚里士多德将这个在个体之间的友爱扩展到了构成政治共同体的

---

① 亚里士多德说的 *philia*（友爱）通常翻译成 friendship（友谊），但是 *philia* 事实上包括了比我们通常所说的 friendship 多得多的合作性关系（比如在商业同盟之间、家庭成员之间）。亚里士多德的分类承认了多种不同的友爱。他区分了三种友爱，分别关乎利益、快乐和好。
② 关于"另一个自我"，参见《尼各马可伦理学》1170b5-19。

友爱中，政治共同体就是实现了构成幸福的完整生活的"完整的共同体"。他捍卫正义，不是因为他认为我们应当为了正义的要求牺牲自己的利益，而是因为如果我们忽略正义的要求就会伤害我们自己。特拉叙马库斯反对正义的理由是它有时候要求我们为了共同体的利益牺牲自己的利益。亚里士多德同意，正义有时候要求牺牲一些利益，但是他认为正义实际上促进了我的利益。他的整体策略与柏拉图的相似，但是他关于友爱和共同体好处的论述支持他关于正义的独特辩护。①

52. 两种幸福观念？

亚里士多德的论证一面强调幸福指涉他人的、社会性的方面；另一方面似乎指向了不同的方向。学者们有时候认为他将幸福排他性地等同于纯粹理智性的活动，也就是对科学和哲学真理的沉思，不同于任何在实践中的应用。柏拉图有时候似乎认为哲学家应该完全被沉思理念吸引。即便这不是柏拉图的最终观点，我们也可以理解为什么在思考完柏拉图之后，有人会持这种观点。亚里士多德似乎分享了柏拉图关于沉思的理想，而没有分享柏拉图的理念。②

沉思生活是幸福生活的候选项有两个理由：（1）在人的功能和人的幸福之间的联系支持沉思。因为沉思是我们作为理性存在者自然本性的最高实现。这是我们与神分享的理性活动，神是理性的存在，他们无须将理性应用于实践。（2）沉思的生活是最自足的。它不需要很多外在的资源，而那些妨碍幸福实现的外在的不幸和失败则会伤害德性的行动。

---

① 关于政治共同体，参见《政治学》1252a1-7, b27-30。关于友爱与正义，参见本书§101关于阿奎那的讨论。

② 关于理智活动（theôria），参见《尼各马可伦理学》X.6-8。关于柏拉图论沉思理念，参见本书§34。

出于这两个原因，就我们分有神的理智而言，沉思生活是我们能够过的最幸福的生活。用这个标准衡量，德性行动的生活是次优的幸福。①

但是亚里士多德并没有说沉思完全满足了幸福的标准，因此他并没由此推出只要沉思就可以实现幸福。限定语"就我们分有神的理智而言"意味着幸福不只是沉思。假如我们是纯粹的理智，没有其他的欲求和身体，沉思就是我们全部的好（这也是对于死后不朽的灵魂而言的好，就像柏拉图在《斐多》中认为的那样）。但是既然我们不是纯粹的理智，我们的好就是整个人的好。②

因此，在亚里士多德看来，沉思是我们的好之中最高的和最好的部分，但并不是全部。因为幸福是完整的，只有德性或者只有快乐都不是幸福。沉思也不是全部的好，因为其他好（比如德性和荣誉）可以被加到其上带来比单纯的沉思更大的好。③

亚里士多德没有解释我们如何决定在某个特定的情况下，是应该追求沉思还是构成幸福的其他要素。但是他并不认为我们应当持续问自己，某个情境是否让我们要以某种错误行动为代价去享受更多的沉思。（比如，很容易从一个亿万富豪那里骗到几千英镑，从而让我享受一年没有干扰的沉思。）按照亚里士多德对道德德性的看法，它们构成了我们发展沉思能力的框架，因此只有当道德的行动要求得到了满足，沉思才是恰当的。亚里士多德对沉思的看重并不会妨碍他将幸福理解成很多理性行动的复合物，这些理性行动给道德德性赋予了核心的和主导性的位置。④

---

① 关于沉思与幸福，参见《尼各马可伦理学》1177a18-1178a10。
② 关于理智与人，参见《尼各马可伦理学》1178b3-7。
③ 关于完整性，参见《尼各马可伦理学》1097b16-20 以及本书 §38。
④ 为了沉思做坏事可以类比于直接功利主义的考虑。参见本书 §132(霍布斯)，§167(休谟)，§243(密尔)。

第五章
怀疑派

53. "希腊化"世界与古代晚期

从亚里士多德去世（前322）到晚期柏拉图主义和基督教神学与哲学的发展（从公元2世纪开始），对伦理学最重要的贡献来自伊壁鸠鲁和芝诺创立的学派。在亚里士多德之后一代人的时间里，他们俩都在雅典教学，他们的伦理学建立在我们前面几章里讨论到的争论基础上。

伊壁鸠鲁和斯多亚学派出现于"希腊化时代"（从公元前323年亚历山大去世，到公元前31年奥古斯都成为元首之前）。[1] 这些学派的成员并不都是希腊人，有些人来自亚历山大去世后留下的几个希腊化王国的不同地区。在这个时代，希腊社会生活、文化和思想的一些要素从希腊、西西里和西亚的希腊城邦，传播到了中亚和北非的一些部分。之后那些希腊化时期的国王统治的区域又被罗马人征服了，从公元前1世纪中期到公元5世纪，欧洲大部分（直到不列颠）、西亚、北非都属于罗马帝国。

罗马人将希腊的文学和思想吸收进了他们的高等教育。从公元前1世纪开始，希腊哲学（也就是最初用希腊语表达的哲学）也是罗马文化的一部分。一些主要的哲学作家，包括卢克莱修、西塞罗和塞涅卡

---

[1] "希腊化的"（Hellenistic，区别于"希腊"[Hellenic]）是19世纪发明的概念，用来暗示这个时期的希腊文化相比完全的希腊不够希腊。关于希腊化时期的历史和文化，参见 F. W. Walbank, *The Hellenistic World*, rev. ed., London: Collins, 1992。

用拉丁文写作。希腊语在东罗马帝国和受过良好教育的罗马阶层依然是一种活着的语言。马可·奥勒留是一位罗马皇帝,也是一位斯多亚学派的哲学家,用希腊文撰写哲学著作。亚历山大里亚的犹太作家也用希腊文写作。新约圣经也是用希腊文写作的,全部或大部分作者都出生在西亚。

希腊文化中一些要素的传播帮助解释了希腊化世界中哲学的传播。不同学派围绕苏格拉底和他的后继者们讨论过的问题展开争论。最终,他们将自己的理论应用在共和国晚期或帝国时期的罗马人遇到的问题上。西塞罗和塞涅卡讨论了这些问题。

54. 希腊化时期的系统性伦理学理论

在两个主要的希腊化学派的理论资源中,包括了苏格拉底"单面的"继承者,即居勒尼学派和犬儒学派。伊壁鸠鲁将幸福等同于快乐,但是努力避免居勒尼学派的极端化。斯多亚学派将幸福等同于德性,但是努力避免犬儒学派的极端化。这两个学派都捍卫了某种可以合理地归于苏格拉底的立场。[①]根据我们现有的材料,在公元前1世纪以前,柏拉图和亚里士多德并不是讨论的明显主题。

希腊化时期的伦理学理论在整体视野上是苏格拉底式的,但是在哲学结构上并非如此。与苏格拉底不同,伊壁鸠鲁学派和斯多亚学派都将伦理学置于整体性的知识和自然理论之中,因此他们的伦理学理论也是更宽泛的哲学系统的一部分。伊壁鸠鲁主义者是原子论者,他们认为人类就像世界的所有其他部分一样,不过是不断聚合、分散的原子的偶然合成物。因此他们反对灵魂的不朽,否认自然目的论和世界中的神意。而斯多亚学派则反对原子论,接受自然目的论和神意。

---

① 关于苏格拉底,参见西塞罗:《斯多亚学派的悖论》(*Paradoxa Stoicorum*)。

我们会看到，这些普遍性的哲学观点影响了伊壁鸠鲁主义和斯多亚学派的伦理学。但是伊壁鸠鲁学派和斯多亚学派都不认为伦理学是形而上学的结果。就像他们的前辈一样，他们也从那些对反思伦理学问题的人来讲合理的前提出发进行论证，而非首先回答更广泛的哲学问题。

在希腊化时代的理论中，伦理学、形而上学和神学被结合起来，这一点也解释了为什么这些理论在希腊化时代被犹太教和基督教吸收进去。犹太教和基督教神学的视野，不管在内容上还是在知识论基础上，都和希腊化时代的哲学系统相当不同。它们主张，从一个民族的历史中揭示的历史性的启示给了我们理由相信一个超越的上帝。基督徒走得更远，他们将对于上帝的信仰部分建立在一个人身上，这个人既是神又是人。这个超越的上帝化身为人的信念(用圣保罗 [St. Paul] 的话说)"在希腊人看来显得愚蠢"。① 然而，基督徒要对那些严肃对待古代伦理学的人讲话，要努力表明这些人也有理由关注基督教的伦理观。这就是为什么对基督教伦理观的一些讨论是希腊化学派的自然延伸。

希腊化时代的怀疑派试图质疑关于伦理学的哲学主张，这些论证同时意在从整体上破坏哲学理论的可信性。在这方面，希腊化哲学的系统特征也适用于怀疑派。因为怀疑派试图系统地瓦解信念，他们的认识论预设不仅适用于伦理学；系统破坏是伊壁鸠鲁学派和斯多亚学派的系统建构的反面。怀疑论者并不是唯一一批人想要从整体认识论的角度表明，伦理学在哲学上不值得尊敬。② 对于伊壁鸠鲁学派和斯多亚学派的系统而言，他们的论证是很好的初步准备，因为这两个系统都试图回应怀疑论的攻击。在我们考虑了怀疑派的反对之后，就可以问伊壁鸠鲁学派和斯多亚学派如何回应他们了。

---

① 关于希腊人认为这很愚蠢，参见《哥林多前书》I.23。
② 关于怀疑派对伦理学的看法，参见本书 §276。

55. 怀疑派描绘了通向悬置判断的道路

现代术语"怀疑论的"(skeptical)或者"怀疑论"(skepticism)指的是这样一些论证，它们怀疑关于知识和有保证的信念（Warranted belief）的主张。这些术语来自古代的 *skeptikoi*（探究者）的观点。[①] 这些探究者注意到了不同人观点的差异，不仅有伦理学观点还有其他方面的观点。普罗泰戈拉讨论了不同社会中伦理信念的差异，并且得出结论说道德不过就是一些相对于具体社会的习俗。[②] 苏格拉底也研究了相互冲突的伦理观点，但是没有得出明确的结论。他宣称自己并不知道问题的答案，他的那些探究以疑难（aporia）告终。[③] 一些柏拉图的继承者强调苏格拉底探究中这个否定性的侧面。在公元前3世纪，阿凯西劳斯（Arcesilaus）成为柏拉图学园的领袖，他引领学园转向了怀疑论的方向，这种趋势一直保持到了公元1世纪。[④]

怀疑派的起点是为他们应该接受哪种观点而感到困扰和迷惑。他们询问哪些观点是真的，哪些是假的，认为决定了这一点就可以让他们获得平静（tranquility，也就是免于困扰）。探究关于伦理学的冲突观点将他们引向平静，但是并非因为他们解决了这些冲突。他们发现根本无法解决这些冲突，因为相互冲突的表象看起来同样可信（"力量

[①] 关于古代怀疑论的主要证据都来自塞克斯都·恩比里科（Sextus Empiricus）。关于怀疑论与伦理学，参见 Annas, *Morality of Happiness*（前引）；Richard Bett, "Ancient Skepticism," in Crisp, ed., *The Oxford Handbook of the History of Ethics*, ch. 6。

[②] 关于普罗泰戈拉，参见本书 §27。

[③] 关于疑难（aporiai），参见本书 §15（苏格拉底）和 §37（亚里士多德）；比较伪柏拉图：《克莱托丰》410b-d。

[④] 关于皮浪主义和学园派，参见 Bett, "Ancient Skepticism," pp. 114-119。关于阿凯西劳斯，参见西塞罗《论道德目的》II.2（= Long and Sedley［缩写为 LS］, eds, *The Hellenistic Philosophers*, Cambridge: Cambridge University Press, 1987, 68J）；塞克斯都：《皮浪主义纲要》（*Pyrrhoneae Hypotyposes*, *Outlines of Skepticism*）I.232-234（= LS 68I）。关于卡内阿德斯的怀疑主义论证，参见 LS 70；西塞罗：《论命运》（*De Fato*）23（= LS 20E）；《论共和国》（*De Republica*）III.9；另参见本书 §75（斯多亚学派）和 §124（格劳修斯）。

均等"，equipollent），因此他们索性对这些相互冲突的表象哪个为真悬置判断。正是悬置判断将他们引向平静。①

怀疑派攻击"教条主义"，指出在不同领域相互冲突的表象。② 他们反对那些认为有些行动正确有些行动错误的人，指出在行动中有很多相互冲突的表象。③ 这些相反的信念其实是力量均等的，在一组力量均等的观点中，我们无法坚持我们的信念。

表象之间的冲突是否必然意味着力量均等呢？在塞克斯都的一些例子中，我们或许可以说，相反观点中的一方是错的；比如，即便有些人认为可以把人献祭给神，这也是错误的。在另外一些情况下，冲突的双方都是习俗允许的，因此看起来具有同等的可接受性。比如希腊人和印度人用不同的方式表达对死者的敬意，他们用习俗中的方式表达敬意可能都是正确的。④

56. 亚里士多德认为差别并不支持怀疑论

这些怀疑派的论证对道德属性的特征，以及我们应当如何认识它们提出了元伦理学的问题。亚里士多德对冲突表象的一些看法质疑了关于"力量均等"的说法，从而质疑了从相互冲突的表象这个认识论问题推论出道德属性是习俗性的，而非客观的这个形而上学结论。亚里士多德看到了在美好、正义的事物上人们的观点存在差别，而这些

---

① 关于扰乱与平静，参见《皮浪主义纲要》I.12；本书 §62 关于伊壁鸠鲁的讨论。关于悬置判断，参见《皮浪主义纲要》I.8-10。
② "教条主义者"（dogmatists）就是那些坚持某些具体信念（dogmata）的人。关于教条主义的不同形式，参见本书 §§235，277。
③ 关于相互冲突的表象，参见《皮浪主义纲要》I.145（= LS 72K）。
④ 关于用人献祭，参见《皮浪主义纲要》I.149（= LS 72K）。关于如何对待死者，参见《皮浪主义纲要》I.157；希罗多德：《历史》III.38。

差别让一些人认为没有依据自然的美好和正义。① 但是他回应说，好东西也是有差异的，在一些情况下好的东西，比如勇敢和财富，在另一些场合就可能是有害的。这些差异并不表明没有依据自然的好，所有的好都仅仅是个习俗问题。

这个简短的回应依赖亚里士多德的一个常用策略，他将这个策略用在关于好的讨论上。真正对我们好的东西，是因为我们的自然而好的，这就是为什么我们需要找到人类的功能，从而确定人类的好。所有真正的好都是"依据自然"的好，因为它们的自然使得它们对我们来讲是好的——就我们所拥有的自然而言。

但是他提到的好并不是在所有情况下对所有人来讲都好。药物对一些人好而对另一些坏；即便德性也是造福某些人而伤害另一些人。那么它们的自然和我们的自然怎么让它们成为好的呢？

亚里士多德的回应是，自然的好只是对正确的人在正确的情境下好。如果我们看到财富在一些情况下伤害了一些人，这并不说明财富不是好的，而是这些人不知道该如何运用财富。与此相似，良好的饮食对健康的人是好的，而对病人则不好。② 好并不是不论什么人、在什么环境、在任何方面都好。德性是最无条件的好，因为它对于任何人在任何情况下考虑到所有情况都是好的。但是它并不是在任何方面都好，如果一个僭主迫害正义的人，那么正义就会给一些人带来伤害，虽然正义整体而言对他们依然是好的。

这个关于好的各种差异的讨论，帮助亚里士多德解释了自然正义。正义的一些要求是基于法律或习俗的。不同的城邦在重量或量度上，或者献祭的形式上，通过了不同的法律，正义要求遵守这些不同的法律，因此在不同的地方要求不同的东西。但是并非正义的所有要

---

① 关于习俗与自然的差别，参见柏拉图：《泰阿泰德》166d-167d；本书 §§27, 141-142。
② 关于亚里士多德论自然与习俗，参见《尼各马可伦理学》1094b14-19, 1129b1-6, 1173b22-25；《论题篇》115b11-35。

求都以这种方式依赖法律。① 唯一正义的政治秩序适合良好情况下的好人,但是它并不一定适合所有情况下的所有社会。

57. 平静:怀疑论者实现幸福了吗?

即便我们质疑怀疑论者的论证,怀疑论吸引我们的一个地方可能是它承诺了平静,从而将我们从搅扰和焦虑中解放出来。什么是真的,或者什么是(伦理学中的)好与坏、对与错,是焦虑的来源。如果我们想要做正确的事,但是并不认为我们知道什么是好的,我们就会担心应该去做什么,以及我们正在做的是不是正确。怀疑论者实现平静的方法是悬置判断。一旦他们实现了信念上的平静,他们似乎就实现了"最完整的幸福"。②

其他人应该努力实现这种平静吗?怀疑论的探究对我们有吸引力,当且仅当我们自信地认为,平静比我们放弃怀疑论所能实现的任何其他状态都更值得欲求。然而,只有当我们自信地认为终极的好,也就是幸福,仅仅是平静时,才会对这一点自信。但是柏拉图和亚里士多德都反对这种幸福观。

关于幸福是不是平静的这些不同意见,可能会让我们认为相反的立场是力量均等的,对于它们是不是为真悬置判断。这样,我们就无法决定是否要进行怀疑论的探究。表面看来,我们没有理由认为怀疑论者实现了平静和节制的激情就能够达到幸福。此外,怀疑论者相信可以通过达到平静实现幸福,看起来也是没有保证的。如果他一定要在这个问题上悬置判断,他是不是也必然要承认,他并没有实现幸福呢?承认这一点不是会破坏他的平静吗?

---

① 关于习俗正义与自然正义,参见《尼各马可伦理学》1134b18-1135a5。
② 关于平静与幸福,参见塞克斯都:《驳学问家》(*Adversus Mathematicos*) XI.141-161;《皮浪主义纲要》III.235-238。

58. 如果怀疑论者没有信念，他们能行动吗？

关于怀疑论者信念的这个问题引入了一个更大的问题，这个问题就是他们到底可以坚持什么，以及他们坚持的东西是否足以支持行动。斯多亚学派论证，既然怀疑论者拒绝认同（assent）任何表象，而行动如果没有认同就是不可能的，那么怀疑论者就不可能有所行动。[①] 斯多亚学派的这个论证依赖我们可以区别表象（比如我举起一只手，或者一根插在水里的棍子是弯的）与对于表象的认同（比如我认同我举起一只手的表象；但是并不认同棍子弯了的表象，因为我认为它依然是直的）。如果某个东西看起来是某个样子，但是我并不认同这个表象，那么我就没有据此行动。比如，如果在果盘里看起来有一个橙子，而我怀疑它是一个塑料橙子，我就没有认同它是一个橙子，我也就不会试图剥开它。从这些情况出发进行普遍化，我们可以推论出，行动预设了认同，也就预设了信念。因此如果没有信念，怀疑论者就无法行动。

像斯多亚学派那样看待信念，它就是建立在认同之上，而认同来自对某个表象是否为真的证据的认识，以及这些证据是否支持表象为真或为假的结论的认识（这些认识并不必然是明确的）。我认同棍子是直的，从而相信它虽然看起来是弯的但实际上是直的，因为我认识到直的棍子插入水中就会看起来是弯的，而我看到这根棍子插到了水里，在插到水里之前它看起来是直的。

怀疑派回答说，他们并非无法行动。他们并未认同，但是他们对某些事物是某种方式的表象做出"让步"（yield）。[②] 如果我有一只恶犬

[①] 关于表象与认同，参见本书§74关于斯多亚学派的讨论。
[②] 关于认同与让步的差别，参见普鲁塔克：《驳科罗特斯》（*Adversus Colotem*）1122a-d（= LS 69A）；西塞罗：《学园派》II.37-39（= LS 40O）；《皮浪主义纲要》I.20, I.193。关于表象与信念，参见 M. Burnyeat and M. Frede, eds., *The Original Sceptics: A Controversy*, Indianapolis: Hackett, 1997。

的表象，而我相信它并不真的凶恶，而只是在闹着玩，我的反应可能依然是它好像很凶恶。在这种情况下，斯多亚学派会说我对这只狗很凶恶的表象让步，而不管我是否相信它。因为我们可以根据我们的让步行动，缺少认同和信念就不会导致我们无法行动。一旦我把手放在了热炉子上，我就无需别人再教育我不要这样，我手旁边有个热炉子的表象（不管我是不是相信它）导致了后续的痛苦的表象，而后者导致我移开自己的手。与此相似，训练我不要去偷窃会产生对偷窃的反感。训练使得一个木匠用正确的方式使用锯，而不管他是否相信这是拿锯的正确方式。人们可以被训练得对于他们想做某个事情的想法感到羞耻，从而不去做这件事。

这个在表象与信念之间的区分可能对于前面那个关于平静与幸福的问题给出了部分回答。怀疑论者并不认为他们需要相信平静是幸福。在他们看来，如果我们有强烈的表象——平静是幸福——就够了，就可以根据这个表象行动了。他们可能会说，这样的表象足够稳定，足以支撑一种生活方式。根据表象生活而没有信念的怀疑论者认为自己可以过日常生活。在他们看来，他们在遵循自然、激情、习俗的法律和实践，以及不同的技艺。①

59. 没有信念怀疑论者可以过什么样的生活？

批评者反对说，如果没有对证据和理由做出回应的信念，怀疑论者并不能真正生活。如果一个僭主用死亡威胁他，要求他做伪证陷害一个无辜的人，他是否要根据哪个行动更好的信念行动呢？② 如果是，他就不能在没有信念的情况下生活。

---

① 关于日常生活，参见《皮浪主义纲要》I.23-24；II.102，II.246；《驳学问家》IX.49；另参见本书§42关于亚里士多德对习惯化的讨论。
② 关于怀疑派与僭主，参见《驳学问家》XI.164。

怀疑论者的回答是，如果他的反感足够强烈，他就会拒绝执行僭主的命令。他可以拒绝以错误的方式行动，而无须认为这个令他反感的行动是真的错误。

　　然而，在一些情况下，我们欲求的强度取决于我们对于某个行动有什么好处的观点。如果进一步的反思说服我们按照僭主迫使我们的方式行动没有什么错，我们可能就会决定照做，即便我们依然认为那是令人反感的。我们关于行动好处的观点影响了我们多么强烈地想要去做它，也影响了怎样才能让我们改变看法去做它。①

　　因此，日常生活中包括了一些资源，让我们可以用理性的方式改变我们表象和冲动的强度。如果怀疑论者缺少这些资源，那么他就没有办法过一种日常的生活。如果没有这些资源去决定我们冲动和欲求的强度，那么这种生活就不是人类的生活。如果怀疑论者缺少这些资源，那么使他们得出要悬置判断这个结论的论证中有些东西就是错误的。

---

① 关于理性与力量，参见本书 §174 关于巴特勒的讨论。

第六章

伊壁鸠鲁：作为快乐的幸福

60. 对快乐主义的新辩护

在柏拉图的《普罗泰戈拉》中，苏格拉底将幸福等同于快乐。这个回答没有让柏拉图和亚里士多德满意。在他们看来，如果认为幸福就是快乐，我们就无法坚持苏格拉底对德性的坚守；他们认为，快乐在最好的生活里有一席之地，但并不是唯一的构成要素。

苏格拉底更极端的继承者同意对于幸福的快乐主义立场破坏了对德性的辩护。居勒尼学派偏爱快乐而非德性；犬儒学派偏爱德性反对快乐。

然而，伊壁鸠鲁却论证快乐主义可以支持苏格拉底对德性的坚守。在他看来，任何人如果在没有德性的情况下想要追求快乐，肯定不知道如何将快乐最大化。[1]

快乐主义像幸福主义一样，可能是一个关于心理学的学说（我们总是将快乐当作我们的终极目的追求），或者一个关于实践理性的学说（正因为它是快乐的，将快乐当作我们的终极目的追求是理性的）。伊

---

[1] 与伊壁鸠鲁相关的文本，参见 Long and Sedley eds., *The Hellenistic Philosophers*（缩写为 LS）；B. Inwood and L. Gerson eds., *Hellenistic Philosophy: Introductory Readings*, 2nd ed., Indianapolis: Hackett, 1997。关于伊壁鸠鲁主义伦理学，参见 M. Erler and M. Schofield, "Epicurean Ethics," in K. Algra, et. al., eds., *The Cambridge History of Hellenistic Philosophy*, Cambridge: Cambridge University Press, 2000, ch. 20。与关于怀疑派和斯多亚学派的讨论不同（在那两个学派里，很难区别不同人的贡献，参见本书§68），这一章的标题是"伊壁鸠鲁"，因为之后的伊壁鸠鲁学派与他观点差别相对较小（至少就本书的目的而言）。

壁鸠鲁依靠第一个学说来捍卫第二个学说。

61. 快乐是终极目的

要表明幸福就是快乐，伊壁鸠鲁指出幸福是终极目的，因此是为了它自身之故而被追求的，而非因为任何进一步的目的。在此基础上，快乐看起来是终极目的，如果我问"你为什么做那件事？"你回答"我高兴"。我就不需要再问"你为什么要做让你高兴的事？"追求快乐看起来足以自我解释和自我证成。①

我们可以从快乐在我们精神成长过程中的角色看到快乐的这个特征。所有的动物都立刻认识到快乐是好的，追求快乐是它们的目的。孩子在有意识地对快乐和好持有某种信念之前，自发地追求快乐。他们直觉性地追求快乐表明我们情感的自然目标就是快乐。快乐是首要的好，因为它是我们所有关于好的自然观念的基础。它是终极的好，因为我们的所有行动都以它为目标。我们对快乐的态度表现了普遍而言我们对感觉经验的依赖。如果我们拒绝依赖感官，我们就会落入怀疑派的质疑和混乱。如果我们忽略快乐，我们就没有指引行动的可靠基础。到这里居勒尼学派都是正确的。②

但是伊壁鸠鲁批评居勒尼学派忽视了我们对感官的成熟态度。我们开始的时候和其他动物一样，仅仅是追随感官，但是我们逐渐学会了做出区分。如果我们将棍子插入水中，它看起来是弯的，但是如果我们问把它从水里拿出来它看起来怎么样，我们就会依靠它看起来是直的回忆。我们并不排斥感官的证据，但是我们有选择地依赖它。与

---

① 关于终极目的，参见本书 §38 关于亚里士多德的讨论。关于快乐作为终极目的，参见《尼各马可伦理学》1171b8-15 中讨论的欧多克苏斯（Eudoxus）的观点。

② 快乐是我们的自然目标，参见第欧根尼·拉尔修（Diogenes Laertius）:《明哲言行录》(*Vitae Philosophorum*) X.128-129（= LS 21B）；关于居勒尼学派，参见本书 §24。

此相似，我们在不同的快乐之间做出区分。虽然每种快乐都是好的，每个东西之所以是好的，都因为它是令人快乐的，或者是快乐的来源，但是我们并不选择所有的快乐。我们学习一些行动，从而可以在不同的时间可靠地获得快乐，因此我们需要《普罗泰戈拉》里面说的"量度的技艺"。关于现在和未来的考量告诉我们，何时应当避免当下的快乐，从而获得更大的整体快乐。①

这个对于时间和选择的强调，与居勒尼学派强调当下不同，并且支持了《普罗泰戈拉》中的幸福主义。伊壁鸠鲁主张在一个人完整的一生中将快乐最大化，包括回忆和展望的快乐。如果我关心我的整个一生，我就享受着回忆过去生活的快乐，也享受着展望可预见的未来的快乐。

62. 平静使快乐最大化：回应卡里克勒斯

伊壁鸠鲁认为，量度的技艺纠正了如何将快乐最大化中的错误。这些错误之一是卡里克勒斯在柏拉图的《高尔吉亚》中的观点，快乐的最大化要求扩大欲求，而这要求不断扩大资源。② 要找到这些资源，我们必须要违反正义的规则。正义要求我们尊重他人不被伤害的权利，尊重他们不受妨碍地使用自己财产的权利，但是如果我们想要为我们的快乐找到资源，就可能需要违反他人的权利。

这样一门心思地寻求快乐的最大化，与苏格拉底对节制和正义这些德性的坚守发生了冲突。在《高尔吉亚》中反对卡里克勒斯的论证预设了追求快乐会导致与德性发生冲突。

伊壁鸠鲁的回应是，当他将快乐等同于至高的好，他的意思并不

---

① 关于不同时间的快乐，《明哲言行录》X.129-130（= LS 21B）。关于量度的技艺，参见本书 §19 关于苏格拉底的讨论。

② 关于卡里克勒斯，参见本书 §21。

是我们应当追求卡里克勒斯宣称的那种铺张的、难以满足的快乐。我们应当追求的不是当下的快乐，而是让我们一生的快乐最大化。如果考虑整个一生，我们就会看到，充满恐惧和焦虑的一生肯定比不带任何恐惧地面对未来糟糕很多。但是追求感官快乐的生活加剧了我们的焦虑，因为只有当我们遭受更巨大的痛苦、恐惧和需求，才会实现更剧烈的快乐，才有外部的资源去满足这些需要。依赖不由我们掌控的外部资源是焦虑的源头之一。如果我们拥有很容易满足的欲求，我们就会生活得更好。①

因此开明的快乐主义者（enlightened hedonist），会选择欲望满足的"静态"快乐和免于搅扰。他们会避免转瞬即逝的"动态"快乐，这些快乐会在满足强烈的欲求和消除强烈的痛苦中获得。因此他们不会选择巨大的感官快乐，也会避免为这些快乐寻求资源的恶行。伊壁鸠鲁主义者追随诸神的模式，他们的快乐都可以满足，并且免于导致恐惧和忧虑的外来波动。他们可以获得怀疑论者通过悬置判断徒劳无功地追求的平静。②

63. 伊壁鸠鲁主义者达到平静，克服对死亡的恐惧

伊壁鸠鲁对于焦虑和恐惧的有害效果的看法解释了他对于死亡恐惧的态度和如何克服死亡恐惧的建议。他认为对死亡的恐惧剥夺了我们的幸福，因为我们害怕死后还会遭受的痛苦。我们努力将自己从这种恐惧中转移出来，寻找能够转移注意力的活动和快乐。这些就是来自强烈欲望和剧烈痛苦的快乐。因为这些快乐导致更多的恐惧和焦

---

① 关于我们不应该追求铺张的快乐，参见《明哲言行录》X.136（= LS 21R）。

② 动态与静态的（katastematic）快乐，参见《明哲言行录》X.136（= LS 21R）。关于感官快乐，参见《明哲言行录》X.142（= LS 21D）。关于平静，参见《物性论》III.18-24。关于怀疑论，参见本书§55。

虑，我们试图通过放纵的快乐避免焦虑，但是在寻找这些快乐的来源时，我们只会感到更多焦虑。

伊壁鸠鲁承诺能让人们脱离这个恐惧的循环。他的自然哲学保证我们在死后不会继续存在，因此在死后就不会经验到任何东西。因为对我们来讲，除了精神上的搅扰之外，没有任何别的坏事，那么在我们死后就不会经历任何精神上的搅扰，也就不会感到焦虑。因为伊壁鸠鲁主义者不惧怕死亡，他们也就不需要通过放纵的快乐从死亡的恐惧中转移注意力。因为死亡不会导致死后的痛苦，死亡的前景也就不需要对我们产生搅扰了。①

一旦我们认识到这些事实，就不会执着于生命。我们不会认为如果两个生命同样平静，更长的生命一定比更短的生命好，我们也不会认为生命的结束对我们来讲是坏事。

64. 快乐主义者会如何选择？伊壁鸠鲁、阿里斯提普和卡里克勒斯

伊壁鸠鲁以通往平静的道路反对居勒尼学派，他认为我们应当考虑一定长度内的人生和利益。居勒尼学派可能会问，我们为什么要持这种态度。伊壁鸠鲁不会回答说这对于感官来讲很显然。相反，他认为我们应当超越感官和当下的快乐，从而对我们整个一生保持理性的关切。

但是只要我们持有这样的关切，就可以证成对平静的偏好了吗？快乐主义的理由会面对快乐主义的反驳。卡里克勒斯可能会承认他偏爱的那种"动态"快乐会比拥有更节制的快乐产生更多痛苦和焦虑。但是如果这些快乐给了他更大的享受，之后的狂喜难道不会胜过之前的痛苦吗？单纯定量的量度技艺似乎并不能解决这个争论。

---

① 关于对死亡的恐惧，参见《物性论》III.830 至该卷结束。

65. 快乐是唯一非工具性的好吗？伊壁鸠鲁与亚里士多德

即便伊壁鸠鲁正确地偏爱灵魂免于搅扰，而非卡里克勒斯式的快乐，他找到正确的幸福观了吗？亚里士多德对快乐主义的一些反驳与这个问题相关。[①]

首先，如果我们通过愚蠢和恶行确保了平静，或者某些实现了平静的生活缺少其他的好，在亚里士多德看来，这些生活都不可能是幸福的。如果我们只有动物的和儿童的快乐，不管我们感到多么平静，也不会实现属于理性行动者的完整的好。人类的好要求属于理性意识的快乐。

其次，亚里士多德给了我们一些理由怀疑只有平静是不是等同于幸福整体。伊壁鸠鲁的观念看起来太接近苏格拉底的适应性观念了。我们可以反驳说，这种观点低估了亚里士多德所说的幸福要求行动，而不仅仅是满足的状态。[②]

再次，如果我们同意，构成幸福的快乐必然是某种行动，而不仅仅是某种状态，我们就需要问，这是什么行动，什么使得它成为一个有价值的行动。在亚里士多德看来，快乐的价值依赖我们享受的对象的价值。如果快乐的本性依赖对象的本性，如果有些快乐只能因为对象本身而享受到，那么快乐主义的观点就是自我否定的。如果我们认为快乐是唯一非工具的好，我们就必须要放弃另一些快乐，那些快乐依赖于我们认识到一些不同于快乐的非工具的好。伊壁鸠鲁认为，静态快乐比动态快乐更好，也更令人快乐。如果静态快乐的对象比动态快乐的对象更好，那么伊壁鸠鲁就是对的。但是为了表明这一点，他需要承认快乐的对象，也就是某种不同于快乐本身的东西，是非工具的好。

[①] 关于亚里士多德论快乐和幸福，参见本书§§40, 45。
[②] 关于苏格拉底的适应性观念，参见本书§22。

如果亚里士多德对于快乐的看法是对的，那么伊壁鸠鲁的立场就是不稳固的。虽然伊壁鸠鲁坚持认为卡里克勒斯式的动态快乐低于静态快乐，他依然认为只有快乐是好的。他并不认可一些快乐的对象本身是非工具的好。但是如果我们只关心快乐和满足，而不关心不同快乐的对象，（根据亚里士多德的观点）我们就不可能实现终极的好。只有当我们追求好的而非坏的快乐，我们才是在追求真的会对我们的好做出贡献的快乐。这些快乐之所以是好的必然要根据不同于快乐的标准衡量。这些标准是由德性确定的。如果我们想要最快乐的生活，我们就应当选择德性的生活，而不是投身于快乐的生活。

66. 开明的快乐主义者选择德性

柏拉图和亚里士多德主张德性是幸福的组成部分，值得为了它们自身之故而选择。像格劳孔在《理想国》里说的，任何纯粹为了结果选择正义的人，只是看起来正义，而并非真的正义。然而伊壁鸠鲁否认德性和美好的行动除了导致快乐之外本身有价值。对于德性的非工具性价值的无谓争论为怀疑论和悬置判断打开了大门，但是快乐主义不会打开这样的门。因为快乐是好的，所以德性是好的，因为它们是实现快乐的手段。①

如果通过平静来让快乐最大化，我们就需要规范我们的欲求，从而让它们不那么依赖外在环境。因为我们不需要很多外在的资源，我们也没有理由害怕有什么重大的损失。因此怯懦对我们就没有什么吸引力。伊壁鸠鲁主义者不会贪恋权力，因为它导致焦虑和危险。他们

---

① 关于选择正义，参见本书 §30。关于美好的东西除了快乐之外没有别的价值，参见普鲁塔克：《论按照伊壁鸠鲁的学说不可能快乐地生活》(*Non Posse*) 1091b；西塞罗：《论道德目的》II.69（= LS 21O）。

明白，自己可以从相互帮助和身体上的安全中受益，因此他们遵循正义的规则。因为他们看重免于焦虑，他们会厌恶风险，并且因为惩罚的风险而避免不义。

人类社会是通过对不安全和危险的回应产生的。产生城邦的需要也告诉伊壁鸠鲁主义的快乐主义者去遵守正义。① 如果我们最关心财富、权力和感官满足的资源，我们就会在能够避免通常的惩罚时违反正义的规则。然而，如果这些好处导致了我们不希望的焦虑，我们就不会那么看重它们了。②

伊壁鸠鲁主义者不仅看重依赖暴力制止不义的大规模社会，而且也看重通过友爱结成的小规模的自愿社会。伊壁鸠鲁反对亚里士多德的观点，不认为最好的友爱是为了朋友自身之故而不是为了自己的好处。他因为工具性的原因看重友爱，因为它使我们在对抗危险时更加安全，也给我们机会去分享快乐，这些快乐是分享的回忆和展望的基础。因为伊壁鸠鲁主义者在朋友的陪伴中找到了相互帮助和快乐，他们会培养友爱。③

伊壁鸠鲁的结论是，对快乐的追求，如果恰当理解，要求我们培养道德德性。

67. 快乐主义对德性的辩护存在哪些困难

这个论证在勇敢那里会遇到一些反驳。勇敢的人面对着一些对他们来讲表面上的伤害，或许是死亡、监禁或者奴役，而这样做为了一

---

① 关于正义，参见《明哲言行录》X.141, X.150-151（= LS 22A-B）。关于社会的演化，参见《物性论》V.925-961（= LS 22J），V.988-1027（= LS 22K）。
② 关于躲避风险，参见本书 §134（霍布斯），§169（休谟），§288（罗尔斯）。
③ 关于德性，参见《明哲言行录》X.132（= LS 21B），X.148（= LS 22E）。关于友爱，参见西塞罗：《论道德目的》I.66-70（= LS 22O）。

些能够胜过伤害的表面上的好，比如同胞公民的安全。既然伊壁鸠鲁主义者并不认为德性行动的表面代价是严格的伤害，恐惧并不会阻止他们去做勇敢者会做的行动。然而，他们似乎也没有理由去关心勇敢者关心的原因。虽然伊壁鸠鲁主义者没有理由害怕危险，他们似乎也没有理由去面对危险。他们对外在情况的无所谓态度使得他们对那些勇敢之人看重的好也持无所谓的态度。

由于相似的原因，我们可能会质疑伊壁鸠鲁主义者对正义和友爱的坚守。即便惩罚的威胁会让伊壁鸠鲁主义者远离所有或大多数不义的行动，他们似乎也没有理由去为了他人自身之故而关心他们的好。如果他们为了这些自身之故关心它们，他们就承认了那些是非工具性的好，但是他们把快乐看作唯一非工具性的好。如果一个伊壁鸠鲁主义者对于他人的利益持无所谓的态度，那么他似乎没有理由为了他们的好做任何事情，除非这么做能够促进他自己的快乐。此外，友爱看起来还会带来伊壁鸠鲁主义者会反对的恐惧和焦虑，因为友爱会导致我去关心朋友的福祉。如果我们没有这样的恐惧和焦虑，我们看起来就没有朋友应有的态度。

因此，如果伊壁鸠鲁保持他的快乐主义，他似乎就难以维持对于德性的坚守。

第七章

斯多亚学派：作为德性的幸福

68. 苏格拉底、犬儒学派和斯多亚学派

伊壁鸠鲁尝试为居勒尼学派对苏格拉底回应的某些部分辩护，而不去接受居勒尼式快乐主义的一些极端后果。斯多亚学派针对犬儒学派对苏格拉底的反应持有类似的态度。①

犬儒学派主张，德性可以确保幸福，因为德性是唯一好的东西，没有任何其他东西值得给予理性的关切。柏拉图和亚里士多德避免极端的犬儒主义立场，他们否认德性保证了幸福。在他们看来，有德之人总是比恶人活得好，不管其他情况如何。有德之人总是更幸福（即更接近幸福），因为德性是幸福的主导性要素，但是他们并不必然幸福，因为幸福还有除了德性之外的其他构成要素。②

斯多亚学派的立场有两部分：(1) 德性是幸福的充分条件，因为它就是幸福的全部。③ 因此柏拉图和亚里士多德是错误的。(2) 除了德

---

① 斯多亚学派三位建立者（芝诺、克里安特斯 [Cleanthes] 和克吕西普 [Chrysippus]）的作品没有保存下来，只有后世作家对他们的少量引用。对斯多亚学派伦理学的论述只能通过不同的资料加以重构，参见 Long and Sedley eds, *The Hellenistic Philosophers*, Cambridge: Cambridge University Press, 1987; Inwood and Gerson eds., *Hellenistic Philosophy: Introductory Readings*, 2nd ed., Indianapolis: Hackett, 1997。关于斯多亚学派的伦理学，参见 B. Inwood and Donini, "Ethics," in K. Algra et. al. eds., *Cambridge History of Hellenistic Philosophy*, Cambridge: Cambridge University Press, 1999; Tad Brennan, *Stoic Life*, Oxford: Oxford University Press, 2005。
② 关于幸福的构成要素，参见本书 §§30, 38, 47。
③ 德性是幸福的充分条件，参见本书 §§18, 25。

性之外的好，健康、财富、好运，值得我们理性的关切，虽然它们并不是严格意义上的好，并且对幸福毫无贡献。因此犬儒学派是错误的。

斯多亚学派承认，这两个看法表面看来都很奇怪，甚至似乎彼此冲突。我们需要理解，这些说法是什么意思，斯多亚学派如何为它们辩护，根据斯多亚学派的论证它们为什么是前后一致和彼此支持的。

69. 德性的发展

在斯多亚学派看来，对人而言的好生活是依据自然的生活。因为有德性的人依据自然生活，所以他们的生活是好的和幸福的。①

我们通过自然的发展和对自然优势（natural advantages，比如健康、身体的安全、社会关系、家庭生活，等等）的追求学习什么样的行动是与自然一致的。这个发展是由自爱引导的，自爱维持着我们的自然和构成。这个行动者与他们所处环境之间的适应（adaptation，斯多亚学派称之为"协调"[conciliation]）是系统的和前后一致的。②

所有的动物都有自爱，但是理性的行动者是独特的，因为他们逐渐形成了什么对他们来讲是好的信念。当我们将这些理性的信念应用在行动中时，我们就实现了一种更加融贯的生活。③为了保证获得各种好，我们运用实践理性，寻求我们的自然和构成。

我们首先工具性地使用实践理性，将它作为保证获得更多自然优势的手段。但是之后，对实践理性的工具性运用引领我们在行动中更喜欢"自然与协调"，而不是我们最初追求的自然优势。自然冲动将我

---

① 依据自然生活，参见西塞罗：《论道德义务》（*De officii*）III.21-28；《明哲言行录》VII.89。关于巴特勒与斯多亚学派，参见本书§173。
② 关于"协调"（*oikeiôsis*），参见《明哲言行录》VII.85（= LS 85A）；西塞罗：《论道德目的》III.16-20（LS 59D 的一部分）；塞涅卡：《书简》121.17, 121.24；本书§125 关于格劳修斯的讨论。
③ 关于"融贯"（*homologia*），参见《明哲言行录》VII.85-89（LS 57A 的一部分）。

们引向理性并且将我们托付给理性，但是我们一旦认识到它，就会更加看重它而不是我们最开始追求的自然优势。因为我们宁可通过理性的计划实现我们的目的，而不是通过其他同样有效的手段，因此我们以非工具的方式看重实践理性。①

不同的德性规范不同的行动，这些行动都认可实践理性非工具的价值。在斯多亚学派看来，如果我们没有将德性看作非工具性的好，那我们就不可能拥有德性。如果我们将终极的好与德性分离，我们会根据我们个人的优势，而不是根据正确性来衡量终极的好，我们也就无法前后一致地培养友爱、正义、慷慨或勇敢。②有德性的人选择有德性的行动是因为不管结果如何，这些行动本身就是正确的。③有德性的人就是斯多亚式的圣人（Stoic sage），他理性地行动，从而按照一个理性行动者的自然生活。没有人完全实现了这种状态，但是我们可以努力获得德性从而接近它。④

70. 只有正当的才是好的

至此，斯多亚学派支持柏拉图和亚里士多德的看法，德性是幸福主导性的构成要素。但是他们的观点还不止于此。他们认为，我们的自然发展表明，那些自然的优势并不是真正的好，德性才是唯一的好。有德性的人依据自然生活，因为他们按照理性的自然本性生活，由此实现幸福。如果我们把其他事物看作好的，我们就必然要把它们看作幸福的一部分。那样一来，必须要问我们是否应当更喜欢把这些

---

① 关于自然冲动与理性，参见西塞罗：《论道德目的》III.21-23（LS 59D, 64F）。
② 关于德性与终极的好，参见西塞罗：《论道德目的》II，《论道德义务》I.5。
③ "正确"是对 kalon 的翻译（拉丁语是 honestum），也可以翻译成"美好"（像在亚里士多德那里一样，参见本书§48），参见塞涅卡：《书简》76.9；西塞罗：《论道德目的》III.27；《明哲言行录》VII.100。
④ 关于德性，参见《明哲言行录》VII.85-89。

好加到德性之上。如果问出这个问题，我们就没有像有德性的人那样完全按照理性生活。如果我们不是按照理性生活，就不可能实现幸福。因此除了德性之外没有别的东西是好的。①

斯多亚学派的古代批评者反对这个结论，理由是非道德的好（也就是不同于德性的好），比如荣誉、财富等等，明显是好的。斯多亚学派的回应是，这些人们心目中非道德的好并不是完全好的，因为如果它们被误用的话对我们来讲就可能是坏的。②唯一无条件的好就是德性。因为幸福是完整的、无条件的好，所以德性就等同于幸福。

斯多亚学派利用亚里士多德的看法来支持他们的这个幸福观。亚里士多德说幸福是稳定的，尽可能在我们的掌控之中。如果幸福拥有这些特征，那么它必然是按照德性行动的一生。有德性的行动者掌控他们的人生，用理性的选择指引他们；他们对于生活持有正确的态度，在行动中展示他们有德性的品格。满足这个目标在他们的掌控之中，因为不管外在环境如何他们都可以满足它。而确定无疑地获得非道德的好就不在我们的掌控之中。技巧最高的弓箭手也可能会射偏，但是他们可以尽可能地做到最好。与此相似，幸福也是某些在我们掌控之中的东西，在于做出像有德之人一样的尝试，去获得非道德的好。③

然而亚里士多德并不认为只有德性可以满足他对于稳定性的要求。因为（在斯多亚学派看来）亚里士多德没有认识到自己的要求意味着什么，所以才会认为幸福也受制于运气，并且在那个意义上并不稳定。与亚里士多德相反，苏格拉底说好人不会被伤害才是正确的。④

---

① 关于有德性的人是幸福的，参见西塞罗：《论道德目的》III.25（= LS 64H），III.27（LS 60N）。关于人们会因为失去非道德的好而感到恐惧，参见爱比克泰德：《论说集》I.22.13-14；西塞罗：《论道德目的》III.29；《图斯库伦论辩集》V.41-42（= LS 63L）。

② 关于非道德的好，参见西塞罗：《论道德目的》IV.48-49。关于误用，参见《明哲言行录》VII.1-3（= LS 58A）。比较柏拉图：《欧叙德谟》281b-e。

③ 关于弓箭手，参见西塞罗：《论道德目的》III.22。

④ 关于幸福与运气，参见本书§18（苏格拉底），§25（犬儒学派），§41（亚里士多德）。

71. 对斯多亚幸福观的反对

如果德性是幸福的充分条件，那么我们认为好的所有其他东西就是"中性的"（indifferent），既不好也不坏，因为这些东西并不会影响幸福。既然健康不是好的，疾病也就不是坏的，它们都是中性的，健康并不比疾病更好，财富并不比贫穷更好。

这些说法看起来让斯多亚学派成了犬儒主义者的同道。这样看来，保护人们免受身体上的暴力，或者信守诺言就变得毫无意义了，因为财富、健康和从信守承诺中获得好处都不会真的给他们带来好处。

但是如果斯多亚学派的德性并不关乎痛苦、健康、安全以及他人，它们还是真正的德性吗？如果一个人不认为他人的福祉有什么好（就像我们通常认为的那样），我们又怎么能说他是正义的、勇敢的或者同情他人的呢？[1]

72. 恰当的行动指向更可取的中性物

斯多亚学派对这个问题的回应是区分更可取的（preferred）和更不可取的（non-preferred）中性物。虽然更可取的中性物既不好也不坏，它们也并不是相对于任何合理的人类关切都是无所谓的。更可取的中性物有价值是因为它们更符合自然。

斯多亚学派的伦理学包括对中性物的恰当态度。幸福和德性是"在选择符合自然的东西时合理地行动"，以及"完成所有恰当的行动"。[2]既然斯多亚学派对于协调的论述给了我们理由去追求自然的优势，既

---

[1] 关于中性物，参见塞克斯都：《驳学问家》XI.59-64（LS 58F 的一部分）。
[2] 关于恰当的行动（*kathêkon*，拉丁文的 *officium*，或"义务"）与正当的行动（*katorthôma*，拉丁文的 *recte factum*），参见《明哲言行录》VII.107（= LS 59C）；西塞罗：《论道德目的》III.58-59（= LS 59F）。

然德性本身是运用理性去做我们所能做的一切从而保证自然的优势，斯多亚学派的圣人就会尽他们所能去确保自然的优势。①

因此我们有很好的理由在德性允许的范围内追求更可取的中性物，避免不可取的中性物。有德之人通常选择健康而非疾病，安全而非危险，等等，既是为了他们自己，也是为了其他人。如果他们遭受痛苦的疾病、贫穷、折磨，他们就失去了某些他们有理由去偏爱的东西。但是他们并没有失去幸福，因此没有被伤害，因为他们依然是有德性的。

这就是为什么斯多亚学派主张他们调和了下面这些看似存在冲突的关于幸福和成功的合理观点：（1）幸福是稳定的，在我们的掌控之中；（2）幸福在于适合人类自然的行动；（3）在这些行动中以成功为目标是合理的；（4）但是在一些行动中成功并不完全在我们的掌控之中。

斯多亚学派接受所有四个说法。（3）和（4）关于更可取的中性物，它们与（1）和（2）这两个关于好的命题一致。

我们可能还是会质疑斯多亚学派的立场。在他们看来，适合人类自然的行动，是有德性的行动，因为它们适合我们的理性自然。但是在这些行动中以外在的成功为目标为什么是合理的呢？斯多亚学派的回答是，这些行动确保了自然的优势，而它们适合我们人类的自然。如果确实如此，斯多亚学派可以说理性的行动是满足人类自然所需要的一切吗？

斯多亚学派的回答是，只有无条件的好才可能是幸福的部分。自然的优势并不是幸福的一部分，因为它们不是无条件的好，而是需要受到德性的规范。

---

① 关于合乎理性地行动，参见《明哲言行录》VII.88；塞涅卡：《书简》92.11（= LS 64J）。

73. 中性物既不好也不坏，但是很重要

在斯多亚伦理学中，中性物的重要性可以通过一个极端的案例得到说明。斯多亚主义者认为，极端不利的外部环境可以证成一个圣人自杀。既然圣人是有德性的，他们就是幸福的，因此他们不会因为幸福受到了威胁而自杀。然而，他们会因为实际失去或者可能失去对他们自己来说可取的中性物而自杀，或者失去对他们关心的人来说可取的中性物。监禁、饥饿、疾病、不名誉、羞辱都可能会给一个人理由，让他认为活下去的代价过于高昂。因此斯多亚学派认为，在一些情况下自杀是"理性地离开生命"。

说幸福之人会因为并不会威胁到他们幸福的外在环境而自杀，这个学说对于斯多亚学派的反对者来讲非常怪异。但是中性物所处的状态让斯多亚学派的学说变得可以理解。在恰当的环境下，圣人带着恰当的严肃态度看待可取的中性物。①

74. 激情是错误的认同

在好与中性物之间的区分支持了斯多亚学派的著名主张：智慧之人和有德之人没有激情。在斯多亚学派看来，激情（或情感，*pathê*）来自一些错误的观念，误把外在的"好"与"坏"当成了真正的好与坏，而没有把它们看作可取的和不可取的中性物。②

我通过拥有某个表象（appearance）并且认同（assenting）它而形成某个意见。③比如，我似乎是举起了一只手，我没有理由去质疑这个表

---

① 关于自杀，参见《明哲言行录》VII.130（= LS 66F）；西塞罗：《论道德目的》III.60-61（= LS 66G）。

② 关于激情，参见西塞罗：《图斯库伦论辩集》IV（= LS 65）。

③ 关于表象与认同，参见本书 §58 关于怀疑派的讨论。

象，那么我就认同它，相信我正举着一只手。就激情而言，我拥有某个东西是坏的表象（比如蛇看起来是危险的，因此是坏的），我认同它，因此我认为，如果不采取躲避行动，就会有坏事发生。直接认同它是坏的，就是恐惧的激情。如果我思考片刻，可能就会记起这种蛇一点都不危险，因此我就不会产生坏事会接踵而来的意见，我也就不会害怕了。

这样看来，激情是直接的和非反思的认同关于好与坏的表象。如果我不假思索地认同监禁或折磨这些非常糟糕的表象，或者对某个冒犯施加报复是真正好的，我的认同就会带来恐惧或愤怒。① 既然激情是不假思索的认同，柏拉图和亚里士多德说根据激情行动在某种意义上就是反对根据理性行动，就是正确的。他们的错误在于，由此推论出激情属于灵魂的非理性部分，还有认为德性要求经过良好训练的激情。② 既然激情将中性物当作好的和坏的，那么有德之人就没有激情。

这个结论似乎让斯多亚学派的观点变得难以置信。我们通常会预期有德之人对他人遭受的不幸表达关切和同情。像悲伤、悔恨、快乐这样的激情是对这种关切的通常表达。如果斯多亚学派的德性排除掉了激情，他们似乎就剥夺了我们的某种关切，而这种关切正是我们期待有德之人会表达出来的东西。

斯多亚学派对此的回应是，虽然有德之人缺少来自不假思索的认同而产生的错误信念，他们还是拥有那些将其他人引向激情的表象。如果勇敢的人看到他们的安全受到了直接的威胁，他们会有避免伤害的生动表象。他们不需要认同这个表象，但是他们会认同某些不可取的中性物的表象，这样的认同促使他们避免近在眼前的威胁，除非有更好的理由面对它。

有德性的人会追随关于中性物真正价值的理性判断。因此，他们会

---

① 关于激情与好，参见盖伦（Galen）：《论希波克拉底与柏拉图学说》(*De placitis Hippocratis et Platonis*) IV.2.1-6（= LS 65D）。

② 关于德性与激情，参见本书 §§42, 44（亚里士多德）；§§92, 96（阿奎那）。

关心自己的家庭、朋友、共同体，也会关心不同人对于可取的中性物的需要。他们有时候会面对失去某些可取的中性物的可能性，他们并不喜欢这样的可能性，但是这样的损失不会导致夸张的和不合理的悲哀。①

75. 将伦理学应用于社会理论

斯多亚学派社会理论的不同方面反映了他们道德学说的不同侧面。德性的至高性支持了他们极端的和乌托邦式的观点，与柏拉图的《理想国》和早期犬儒学派的批评者属于同一个传统。芝诺论证，很多人认为对于正义城邦和得体生活方式具有本质意义的制度其实都是中性物，需要加以考察从而确定它们是否在具体的环境下达到了恰当的结果。一个由完美的有德之人组成的城邦不需要实际城邦中看到的那些制度。

斯多亚学派对于友爱的讨论支持了有德之人组成共同体的看法。他们同意亚里士多德的观点，最高的友爱是有德之人之间的友爱。但是不同于亚里士多德，他们由此推论出，有德之人会成为彼此的朋友，因为他们都分享着由德性指引的共同的生活方式，不管他们是不是生活在同一片土地上的城邦之中。这个有德之人的共同体并不局限于人类，因为斯多亚学派认为神也是理性的存在者，为了整个宇宙的好运用神意。既然有德之人的意志与神的意志和谐一致，他们就属于同一个共同体，它可以扩展到整个宇宙。

这个统一的共同体也会有统一的法律。指引神和智慧之人的理性原则构成了自然法。这些原则是法律，因为它们是指引个人和社会生活的规范。它们是自然法，因为建立在人类自然的特征之上，特别是建立在

---

① 关于斯多亚学派对激情的替代物，参见西塞罗：《图斯库伦论辩集》IV.28-32（LS 61O 的一部分）；《论道德目的》III.35；爱比克泰德：《手册》(*Enchiridion*) 5 (= LS 65U)。

理性的自然之上。斯多亚学派反对怀疑论者的尝试,特别是卡内阿德斯要恢复格劳孔和阿德曼图斯的论证,将正义仅仅当作人们欲求安全的产物。① 在他们看来,由正义规范的社会符合人类的需要,因此符合自然法。实际的城邦根据它们满足或违背自然法的程度而有好坏之分。②

智慧之人和有德之人的共同体超越了,但是并没有取代他们生活的其他共同体。人类依据自然寻求和他人结成社会,因此他们组成家庭、友爱和更大的共同体。因为这些表达了人类的自然欲求,满足了人类的自然,斯多亚学派就会看重它们。因为正义、诚实和勇敢维持了一个建立在相互信任基础上的稳定共同体,斯多亚学派会培养这些德性。因为共同体需要有人统治,如果共同体的利益对斯多亚学派的成员提出了要求,他们也会愿意参与统治。公民生活提供了以可取的中性物为目标的恰当行动的范围,斯多亚学派的作家写作了"论恰当行动",其中就包括了对于公民生活的指引。③

因为斯多亚学派相信人类共同体的价值,他们想要成为可靠的公共服务者。在罗马共和国晚期和罗马帝国早期,斯多亚学派被看作在政治生活中正直、勇敢和坚定的代表。在奥古斯都担任元首的时期,斯多亚学派被当作国家接受的公共哲学。贺拉斯的一些晚期《颂歌》就是赞颂斯多亚德性的,维吉尔的《埃涅阿斯纪》中的英雄埃涅阿斯,逐渐学会了斯多亚学派的勇敢、忠诚、坚定、正义和虔诚。④ 下一个世

---

① 关于卡内阿德斯,参见西塞罗:《论共和国》9-11, 27-32。
② 关于社会的基础,参见西塞罗:《论道德目的》III.62-70(= LS 57F);《论义务》I.11-23;《论法律》I.28-34, II.11。关于早期斯多亚学派,参见《明哲言行录》VII.32-34(LS 67B);塞克斯都:《皮浪主义纲要》III.200。较晚的观点,参见西塞罗:《论义务》I.21-22, I.114, II.73(= LS 67V)。斯多亚学派之后关于自然法的发展,参见本书§§82, 98-99, 123-124。
③ 西塞罗使用帕奈提乌斯(Panaetius)的一部作品作为《论义务》的基础。这部作品的拉丁文标题可以翻译成"论正当的行动",或者"论义务",因为它从斯多亚学派的观点出发讨论了公民的义务。
④ 关于贺拉斯作品中的斯多亚学派观点,参见《颂诗》I.23.1-10, III.3.1-8。维吉尔:《埃涅阿斯纪》VI.724-732。

纪，罗马皇帝马可·奥勒留既是一个斯多亚学派的哲学家，又是一位全心投入的公共服务者。

斯多亚学派参与公共生活依赖的是这样的原则：人类社会及其优势是可取的中性物，而不是好。爱比克泰德呈现了这条斯多亚原则的另一个方面。他曾经是一个奴隶，不能充分参与社会和政治生活，但是他依然可以实现自己的好。因为对他来讲奴役和自由是中性物，虽然自由更可取。他告诉我们要爱我们的家庭和朋友，但是不要将他们的死看作对我们的真正伤害，因为那与我们的幸福无关。他重申了苏格拉底的学说：一个好人不会被伤害。①

76. 宇宙展示了理智的设计与神意

斯多亚学派同意柏拉图的看法，也认为宇宙是理智设计的产物，但是他们同意亚里士多德对柏拉图的批评，目的论（即朝向一个目标安排各种进程）并不需要一个外在的设计者。②世界展示出自我规范，为了有益的目的选择适当的手段，并且有证据表明宇宙中的设计超出了任何人类所能达到的高度。斯多亚学派由此推论，宇宙中存在超出人类理智的理智，宇宙本身就是一个理性的动物。③在宇宙系统中，各种理性的和非理性的动物是一些亚系统（sub-system）。这些亚系统的自然和恰当目标由它们在更大系统里的角色决定，就像器官的自然和恰当目标由它们在所属的更大的生物体中的位置决定。

根据这种宇宙的有机论观点，神并不存在于世界之外。追随柏拉

---

① 参见爱比克泰德：《论说集》III.24.84-94；《手册》7, 15；关于苏格拉底，参见《论说集》III.23.32, IV.159-169。
② 在《蒂迈欧》里，柏拉图给出了一个关于创世的论述。关于亚里士多德对自然目的论的论述，参见《物理学》II.8-9。
③ 关于宇宙理性，参见西塞罗：《论神性》(*Nature of Divinity*) II.16-17（= LS 54E）。

图的《蒂迈欧》，斯多亚学派认为宇宙整体是有灵魂的，但是与柏拉图不同，他们将神等同于使得宇宙有机体拥有生命的宇宙灵魂。这是世界秩序中内在的理性。宇宙中的各种进程要求一个仁慈的行动者，他的目标是整体和部分的好。

世界上明显的不完美看起来让神意和神的仁慈变得可疑，因此让斯多亚学派对自然的论述变得可疑。[①] 斯多亚学派对此的回应是，宇宙中的一些特征是我们不喜欢的，但是属于一个更大的秩序，它在某些更广的意义上是好的。因此这些表面看来的不完美从属于神心灵中的神意秩序。我们的理解能力虽然有限，但是可以清楚地认识到宇宙秩序的好，从而相信内在于自然的神意。

斯多亚学派的神学、自然哲学和伦理学是紧密联系的。这个世界是为了整体的好而被设计的，理性行动者可以在成就宇宙理性的设计方面有意识地发挥作用。我们个体的理性参与宇宙理性，这给我们提供了伦理目标去指引我们的生活。根据自然的生活既是根据我们作为人的自然，也是根据整体的宇宙自然生活。我们不理解神意秩序的细节，但是我们可以自信地认为，当德性要求我们放弃一些可取的中性物，这并不是一种无谓的损失，而是在自然中拥有它的恰当位置。促进整体的好就是在促进我们个人的好。[②]

77. 关于斯多亚学派决定论的问题：亚里士多德论责任的条件

既然斯多亚学派认为宇宙内部存在进行设计的理智，他们就认同宇宙展示了一个秩序，而不仅仅是一系列事件，因为它以规律和可预测的方式遵循不变的法则。河流向下流，而不是向上，苹果树上结的

[①] 关于宇宙中的不完美，参见卢克莱修：《物性论》V.195-199。
[②] 爱比克泰德：《论说集》II.6.9-10（= LS 58J）；II.5.24-26。

是苹果而不是石头，前面的事件根据法则决定后面的事件。斯多亚学派持决定论的看法，认为每个事件都是由之前的事件根据决定后续事件的法则决定的。① 否定决定论就是承认无原因的和随机的事件，它们在宇宙的神意之外。

从伊壁鸠鲁开始，很多批评者都认为，决定论威胁了我们要对自己的行动和品格负责的信念。对于责任的信念支持了我们应当因为做得好和做得不好而被正当地赞美和指责，我们有种方式可以掌控自己是有德之人还是恶性之人。如果决定论破坏了对责任的信念，它似乎就威胁了伦理学的基础，特别是斯多亚伦理学的基础。

如果我们回到亚里士多德，就可以理解这些问题为什么会产生。他认为他对于德性的论述支持我们因为德性和恶性的行动而被正当地赞美和指责的通常信念。赞美和指责的恰当对象是我们要为之负责的东西，而不是命运带来的必然性。② 我们对于自愿的行动负责，这些行动既不是因为强力又不是因为无知，它们的"起点在我们之中"，我们知道关于行动的具体情况。③ 这些行动是赞扬和指责的恰当对象。

亚里士多德将这些行动从德性与恶性的行动扩展到德性与恶性本身。不仅对我们的行动，而且对我们的信念、感觉、品格和整体视域也都可以进行合理的和有效的批评，因为我们对这些东西如何发展起来，以及它们是发展成德性、恶性还是都不是负有责任。④ 因为我们对品格的发展有一些掌控，我们对最终的品格状态就有一些责任。后来的哲学家会说，我们对自己的行动和品格拥有自由意志。⑤

根据亚里士多德的看法，我的自愿行动是"取决于我的"，我有自

---

① 关于宇宙中的原因和命运，参见塞克斯都：《驳学问家》IX.200-203；阿弗洛狄西阿斯的亚历山大：《论命运》22。
② 关于我们的责任，参见亚里士多德：《欧德谟伦理学》1223a9-15。
③ 关于自愿行动，参见亚里士多德：《尼各马可伦理学》1111a22-24。
④ 关于对品格的责任，参见亚里士多德：《尼各马可伦理学》1114a4-9。
⑤ 关于自由意志，参见本书§§85, 95, 106。

由去做或者不做它,这些行动的"起点在我之中",也就是说我就是原因。这些条件是紧密联系的。如果我没有自由做或者不做一个行动,那么原因可能就不是我,而是某些外在于我的事件或条件,因此这样的行动就不取决于我。我偷或者不偷钱包的起点在我之中,就是说我选择偷或者不偷解释了这个钱包是否要归还给它的所有者。如果你在我不知情的情况下把钱包塞进了我的兜里,或者把我绑起来之后把它放到我的兜里,我就不负有任何责任。但是(我们可以问亚里士多德)我们如何知道是我的选择,而不是某些别的东西是原因呢?如果我的选择有某些原因,那么导致我做出选择的原因是不是也是我偷钱包的原因呢?如果这个原因的链条可以一直追溯到某个我甚至还没有出生的时间,我的选择看起来就不是我行动的真实原因。

78. 伊壁鸠鲁:要捍卫责任,我们必须反对决定论

伊壁鸠鲁认为,如果考虑这些来自亚里士多德的问题,我们会看到决定论和责任是不兼容的。如果超出我掌控的世界过去的状况决定了我的行动,那么我所有的行动就都是由过去决定的。因此决定论排除了责任。[1]

这个对于(责任与决定论之间)不兼容论的论证给伊壁鸠鲁提出了一个难题。如果我们是不兼容论者,并且肯定责任,我们就必须要反对决定论。但是伊壁鸠鲁的自然哲学看起来让他坚持决定论。他复兴了德谟克利特的原子论,而在伊壁鸠鲁看来德谟克利特是一个决定论者。[2] 在德谟克利特看来,所有的自然过程都是原子运动的必然结果,没有来自诸神的外部干预;主导这些过程的全部法则就是原子的

---

[1] 参见亚里士多德:《尼各马可伦理学》1111a22-24。关于命运,参见《明哲言行录》X.134。关于伊壁鸠鲁反对决定论,参见伊壁鸠鲁:《论自然》34(= LS 20C)。

[2] 关于德谟克利特,参见 LS 20C 以及本书 §13。

运动。同样的模式也在自然中重复，因为相同的原子力量必然导致相同的结果。根据这种原子论式的决定论，我们所有的行动不过是原子运动的必然结果，一直追溯到无限久远的过去。

伊壁鸠鲁肯定自由和责任的真实性。他的伦理建议预设了决定如何生活取决于我们，因此我们可以自由地接受或拒绝不同的生活方式。如果是这样，我们的品格和行动就不是被独立于我们的选择决定的。责任与原子论是兼容的，因为原子论并没有要求决定论。有时候原子会从它们通常的运动中发生随机的和不可感觉的偏转（swerve）。这个偏转导致了不被决定的运动。我们的选择行动包括原子的偏转，因此它们是不被决定的。原子论的这个非决定论的版本保证了我们用自由意志去面对我们关于这个世界和信念的经验。[1]

这个非决定论的解决方案是可质疑的。如果一个选择包括了原子的偏转，它就是不被导致的，因此不是被我过去的选择和品格状态导致的。但是与我的过去和品格没有联系的行动看起来就是我们不该负责的异常情况（aberrations）。伊壁鸠鲁的观点意味着，我对于"自由"行动所负的责任，并不比偏离我品格的责任更大。这样看来，伊壁鸠鲁就破坏了关于责任的说法，而不是确证了它们。

但是即便原子的偏转不是对非决定论的最好辩护，伊壁鸠鲁的论证还是值得关注。如果我们相信自由，同时认为决定论和自由是不相容的，我们就需要捍卫某种形式的非决定论。[2]另一种情况就是，如果我们相信自由，但是不认为非决定论支持了它，我们就需要问决定论是否真的排斥了自由。

---

[1] 关于原子偏转，参见卢克莱修：《物性论》II.251-293（= LS 20F）。
[2] 关于非决定论，参见西塞罗：《论命运》23（= LS 20E）。

79. 斯多亚学派：决定论必然允许共同决定

斯多亚学派认为，他们由神意赋予秩序和决定论的宇宙，允许我们为自己的行动负责。在他们看来，有德性和恶性取决于我们，因此幸福取决于我们。为了回应伊壁鸠鲁，他们捍卫一种在责任和决定论之间的兼容论观点。

伊壁鸠鲁论证，斯多亚学派的观点从我们的行动中排除了责任。由于斯多亚学派认为在遥远过去的事件使得我们的行动变得不可避免，他们必然承认（在伊壁鸠鲁看来）这些事件导致了我的行动，而我的选择和决定没有导致它。因此，他们必然要承认，我对自己的行动并不负责。

斯多亚学派的回应是，这个伊壁鸠鲁主义的论证建立在某种歧义性之上。说 A 使得 B 不可避免意味着：(1) A 仅凭自己就导致了 B，而不管还有什么其他要素（这就是"完全不可避免"）；或者 (2) A 开始了一系列事件，每一个后续的事件都是由之前的事件决定，这个序列导致了 B（原因上的不可避免）。

要理解我们为什么需要区分这两种不可避免性，可以考虑一下"懒惰论证"（Lazy Argument）：

（1）现在不可避免的是，我明天或者能够通过考试或者不能通过考试；

（2）现在如果我会通过考试（或者通不过考试）是不可避免的，那么不管我是不是学习我都会通过（或者不通过）；

（3）因此我学习是毫无意义的，因为不会带来任何差别。

第一个前提，只有指原因上的不可避免性时才是真的；而第二个前提，只有指完全的不可避免性时才是真的。而结论要求这两个前提指的都是完全的不可避免性。对两个前提的任何阐释都不能给出可靠的论证。

　　这个在两类不可避免性之间的区分也可以应用在自然法上。根据斯多亚学派的观点，有些事件是被"共同决定的"（co-determined）。[①] 给定自然法和过去的事件，如果结果被决定了，有些具体的手段也是被决定的。比如，如果你明天会开车从伦敦到格拉斯哥是被决定的，这并不意味着不管你的油箱里是不是有油这一点都是被决定的。如果你开车是被决定的，那么明天油箱里是否有油就是起共同决定作用的因素。

　　一旦看到了懒惰论证中的问题，我们就可以理解，根据斯多亚学派的观点，从我们的行动是被决定的前提推论出我们缺少自由是有问题的。如果我选择学习影响了我是否通过考试，那么如果我是否通过考试是被决定的，那么我是否选择学习，以及我是否通过考试作为是否选择学习的结果，就是共同被决定的。因此，我的选择会对我是否通过考试带来差别。

80. 斯多亚学派：在决定论的宇宙中我们对于共同决定的行动负责

　　对懒惰论证的反驳表明责任是如何可能的。但是要理解我们如何实际上对某些行动负有责任，就需要将斯多亚学派关于选择和行动的论述加以应用。我的行动依赖表象和认同（或者拒绝认同）。表象不取决于我，比如我是否有一个西红柿的表象，取决于我所处的环境中有没有一个西红柿的对象。但是我是否认同这个表象，是否判断一个西

[①] 他们说，对于决定论的因果秩序而言，这些事件是"共同命定的"（co-fated）。他们对命运的看法并不是通常所说的"命定论"（fatalism，这意味着完全不可避免）。

红柿在我面前,取决于我,因为它依赖我对表象的理性判断。如果我想不到环境中有任何不正常的东西,我就会认同那是一个西红柿,但是如果我怀疑周围有塑料西红柿,我就不会认同。我认同与否,以及我是否咬一口,都取决于我的评估。①

由我的认同导致的行动是取决于我的,因为我的理性能力决定了我如何认同,而我的理性能力对我来讲是本质性的,因为我在本质上是一个理性的行动者。赞扬和指责是可以得到证成的,因为它们影响我的认同和理性判断,而这些决定了我的行动。如果赞扬和指责是对理性认同的恰当回应,它们对于我的认同导致的行动来讲就是恰当的。如果赞赏和指责对于这些行动来讲是恰当的,那么我们就对这些行动负责。②

对于理性行动者的自由来讲认同很重要,因为它体现了理性。它取决于我们对情境的认同,取决于我们认为有好的理由相信什么和做什么。斯多亚学派认为,我们对环境的评估导致我们选择如何去回应它。赞扬和指责的意义在于引领理性行动者用不同的方式去看待事物,或者确认他们看待事物的方式。因为我的不同评估会带来差异,因为我做得好的事情给我赞扬,因为我做得不好的事情批评我,就是正当的。因此斯多亚学派认为自己表明了我们对于自己的行动是负有责任的。③

---

① 关于表象、认同和行动,参见本书 §74;西塞罗:《论命运》28-30(= LS 70G),39-43(LS 70C);阿弗洛狄西阿斯的亚历山大:《论命运》13。
② 关于赞扬和指责,参见阿弗洛狄西阿斯的亚历山大:《论命运》35, 37。
③ 关于责任,参见爱比克泰德:《手册》53(= LS 62B)。

第八章
基督教信仰与道德哲学：奥古斯丁

81. 基督教教义与道德理论的关系

苏格拉底询问我们应当如何生活。他的回答是，我们应当努力获得德性，应当让我们的灵魂尽可能变好，而不是关心其他的成功。基督教的教导也问了一个类似的问题，并且给出了类似的答案。耶稣问："如果人获得了整个世界却失去或者放弃了自我，有什么益处呢？"① 当人们问他"我要做什么才能继承永恒的生命？"他告诉他们，他们已经知道了答案：要爱上帝和你的邻人。②

耶稣从犹太《圣经》上，而不是从道德哲学里得到了这个答案。但是有些试图理解他这个答案的人，也身处希腊和罗马哲学的传统之中，并且给出了他们关于属于最好生活的德性的论述。基督教文献从《旧约》的神学视角出发讨论了古代伦理学的主要论题。对古代伦理学的这个反思的结果可以通过奥古斯丁进行研究。他讨论了关于德性、幸福、情感、理性、自由意志的问题。在他的道德、神学和布道作品中，奥古斯丁使用了主要来自斯多亚学派的道德理论和行动理论，去理解圣保罗的神学和道德。

---

① 《路加福音》9:25："人若赚得全世界，却丧了自己，赔上自己，有什么益处呢？"【在本书正文里，我给出根据埃尔文所引用《圣经》文本的翻译，以适合上下文，在注释中，我给出中文和合本的译文。——译注】

② 关于永恒的生命，参见《路加福音》10:25-28："又一个律法师起来试探耶稣说：'夫子，我该作什么才可以承受永生？'耶稣对他说：'律法上写的是什么？你念的是怎样呢？'他回答说；'你要尽心、尽性、尽力、尽意爱主你的神，又要爱邻舍如同自己。'耶稣说：'你回答的是。你这样行，就必得永生。'"

82. 神圣命令与理性道德

保罗对基督教福音书的论述从犹太律法开始。上帝给摩西的律法包括了生活的所有方面，既有对上帝的侍奉又有社会生活。① 它给出了神圣的命令，它的规则承诺了服从的好处和不服从的惩罚。但是一些具体的律法并不仅仅是神圣的命令。它们也因为内在的智慧而值得人们遵守，每个人都可以看到这一点。对奴隶制的记忆和对解放的感恩鼓励人们同情和慷慨。② 我们应该对自己的行为采取一种不偏不倚的视角。当我们用不偏不倚的视角看待别人时就会拒斥他人自私和残忍的行为，因此我们也就应该学着在我们自己身上反对和避免这样的行为。③

对道德理由的诉求支持了律法的道德和仪式这两个方面。如果律法仅仅因为上帝的命令而应当遵守，那么反对谋杀的律法和关于恰当献祭的律法就应该有着相同的效力，并且因为相同的理由。但是不同的《旧约》作者都主张，不义产生的社会效果表明，即便不是因为上帝的禁止我们也应当避免不义。不义、欺诈、偷窃都是严重的罪行，绝不仅仅是违反了关于仪式的律法。④

根据《旧约》的这个方面，自然理性是可以认识道德原则的。希腊化时代的犹太哲学家斐洛（Philo）同意斯多亚学派的观点，认为神圣的道德律就是自然法，因为它的原则适合人类的自然（本性）。他注意到，亚伯拉罕是虔诚的和正义的，虽然他并没有摩西律法或其他实定法的指引。与此相似，保罗注意到，犹太人和异教徒有同样的能力

---

① 《申命记》4:2。
② 关于神圣律法的智慧，参见《申命记》4:6-8, 5:6, 10:19, 26:5-10。
③ 关于不偏不倚的视角，参见《撒母耳记下》11:2-12:23。
④ 关于道德与礼仪的律法，参见《弥迦书》6:6-8；《耶利米书》7:22-23；《以赛亚书》1:11-15；《阿摩司书》2:6-8。

把握道德律，因此道德律是"对他们自己的法律"。他们把握道德的要求，而没有外在的立法，因为良知指引着他们。奥古斯丁同意，自然法允许每个人用自然的方式理解道德。①

在这些方面，基督教并没有给道德律增加任何东西。他们认可爱上帝和爱邻人是对完整道德律的充分概括，他们认为这两条重要的戒律表明了律法不同条款的相对重要性。这两条重要的戒律既是摩西的律法也是自然法。

83. 道德律的字句与精神：耶稣与保罗

耶稣认为，他的到来并不是毁掉律法和先知，而是成全它们。②他接受了自然理性可以认识的道德律，但是他主张我们虽然可以知道律法要求什么，但是并不容易实现这个要求。律法要求我们爱邻人，因为他们和我们有相同的需要和权利。好撒玛利亚人对邻人所做的事情也同样适用于受伤的人。他认识到律法并不局限于离我们很近的邻人，或者和我们相关的人，它也适用于需要这类帮助的其他人——我们在相似的情况下也会需要这样的帮助。

我们为什么不能按照这个要求去做呢？耶稣认为，我们对自己和他人的要求不够高，因为我们看到自己和他人不大可能满足律法的要求。但这是我们的错误，因为"我们心僵硬了"，而不是因为律法内部的局限。③ 道德律要求我们"完美"。我们应当不仅做大多数人认为满

---

① 关于自然法，参见斐洛：《亚伯拉罕》(*Abraham*) 275-276；本书 §75 关于斯多亚学派的讨论。关于对自己的律法，参见《罗马书》2:14-15；拉克唐修（Lactantius）：《神圣原理》(*Div. Inst.*) VI.8.6-12 = 西塞罗：《论共和国》III.33；奥古斯丁：《书信》(*Ep.*) 106.15。另参见本书 §98（阿奎那）；§98（格劳修斯）；§173（巴特勒）。

② 关于律法与先知，参见《马太福音》5:17。

③ 关于爱邻人，参见《利未记》18:9；《路加福音》10:36-37。关于心的僵硬，参见《马太福音》19:9；《罗马书》7:12。

足他们道德责任的事，而且要"对正义如饥似渴"。① 就像耶稣对自然法的理解，它规定了要爱人如己，人类的局限性并没有降低对这种态度的要求。

与此相似，保罗认为，律法的关键不仅在于禁止错误的行为，还要禁止错误的欲求。对律法的成全包括对他人普遍的爱。② 如果我们认为律法要求的比这个更低，我们就低估了律法的要求来适应我们自己。③

84. 道德律与罪

一旦理解了道德律，我们就理解了为什么不能完全遵守它。耶稣命令认识到自己没有遵守律法的人诚实地忏悔。他批评那些自以为遵守律法的人的傲慢。④ 保罗肯定了异教徒和犹太人都偏离了关于上帝和道德律的自然知识，转向了欲望、贪婪和冲突。⑤ 虽然我们可以通过自然理性理解道德律，但是我们不可能通过自己的努力遵守它。

奥古斯丁认为，异教世界忽视了道德错误的普遍性。亚当和夏娃想要自己高兴，而不是遵守让他们承认依赖上帝的道德律。他们表现出来的傲慢是所有罪性（sin）的起点。⑥ 傲慢的自爱是冲突的来源，因为它拒绝接受他人和自己是平等的。⑦

希腊和罗马哲学家都因为傲慢而受苦，因为他们认为我们可以通过自己的努力实现德性，通过训练和学习，而不需要上帝帮助。奥古

---

① 《马太福音》5:6, 19:8-10。
② 关于律法的范围，参见《申命记》5:21；《罗马书》13:8-10。
③ 关于字句与精神（精义），参见《哥林多后书》3:6。
④ 关于诚实与傲慢，参见《路加福音》18:9-14。
⑤ 关于背离道德律，参见《罗马书》1:18-32, 3:9-20, 4:15, 5:13。
⑥ 关于夏娃和亚当的罪，参见奥古斯丁：《上帝之城》XIV.13。"罪"（sin, *hamartia*, *peccatum*）普遍而言指错误，并不局限于对抗上帝的错误。
⑦ 关于傲慢，参见《上帝之城》XV.5，XIX.12。

斯丁回答说，如果我们理解了人类罪性和傲慢的程度，就可以看到，我们不可能像亚里士多德和斯多亚学派认为的那样，在此生实现德性和幸福。① 在他们看来，幸福要求稳定的德性品格，但是既然我们不能在此生获得这样的品格，我们也就不可能在此生实现幸福。

85. 罪与自由意志

如果我们承认自己无法遵守道德律，那么我们如何解释它呢？基督教对此的解释似乎并不能够前后一致。罪是应当指责的行动，因此我们必然要对此负责；但是如果我们无法避免罪，它不就超出了我们的控制，因此我们不可能为之负责，或者因为罪而被正当地指责吗？② 虽然奥古斯丁痛斥任何宣称自己可以避免罪的人的傲慢，他还是认可上帝惩罚罪是正义的，我们因此受到指责是正确的。

罪预设了自由意志。③ 但是我们的意志必然追求我们认为能够促进幸福的东西。我们的激情解释了为什么错误的东西会吸引我们，但是只有意志解释了我们为什么会在做吸引我们去做的事情时犯罪（也就是做某些应该指责的事情）。④ 我们可以拒绝屈从于罪性的激情，但是我们不可能总是在应当的时候拒绝屈从。这就是我们为什么不能避免罪。⑤

在奥古斯丁看来，这些说法是前后一致的，因为我们的意志自由地遵循我们认为最好的事情，但是我们的理解非常薄弱，经常做出

---

① 关于幸福，参见《上帝之城》XIX.4。
② 关于自由与责任，参见本书 §77。
③ 关于罪、幸福和自由，参见奥古斯丁：《论自由意志》(*Lib. Arb.*) I.21, III.2;《上帝之城》XIV.3-4;《罗马书注释》13-18, 44;《驳朱利安》(*Iul*) II.13; III.62。关于意志（voluntas），参见本书 §§43, 92。
④ 关于认可与罪，参见《上帝之城》XIV.11, XIII.14b, XII.8a; XIX.12;《罗马书注释》13-18, 60。
⑤ 关于罪的不可避免，参见《上帝之城》XIV.9; XXII.23;《书信》98.1。

错误的判断。亚当和夏娃有一些似是而非的理由去吃禁果。夏娃看到它看起来很好吃,花言巧语的蛇向她保证吃完不会死,她鼓励亚当也吃,他们因为违反了上帝的指令而感到快乐。

进一步的反思本该向他们表明,这些理由并不好。他们不该相信蛇而反对上帝,他们本不该那么看重苹果富有诱惑力的外表,等等。夏娃和亚当当时做了在他们看来最好的事情,但是假如他们多思考一下,而不是关心当下显得有吸引力的东西,他们本不该偷食禁果。虽然我们有可能避免每个罪行,但是现实地说,我们不可能期望自己每次都考虑到应该考虑的一切。

奥古斯丁认为,神的创世和预知(foreknowledge)并没有妨碍我们按照自己的意志行动。神的预知允许我们"用意志做我们认为和知道的事情,除非通过意志否则都不会去做"。既然神创造了全部的原因,并且预知所有的原因,他就创造了我们并且预知我们会出于意志行动。[①]

86. 恩典、证成与自由意志

在我们试图遵守道德律的时候面对的这些困难,从神学角度看可能很奇怪。基督徒信仰全能和仁慈的上帝,它自由地创造了这个世界和人类。如果上帝让我们可以意识到自己无法遵守的道德律,却指责我们没有遵守它,把我们置于这样的情境之中意义何在呢?如果上帝爱创世,并且没有什么东西阻止上帝做创世之爱所要求的,把人造成现在这个样子的意义何在呢?如果自然的道德律也是神圣的律法,上帝为什么让我们无法依据它生活呢?

奥古斯丁的回答是,上帝把我们制造成可以按照神圣律法生活的样子。我们因为自己的力量犯罪,但是我们不可能在没有上帝恩典的

---

① 关于上帝的预知,参见《上帝之城》V.9-10。

情况下实现德性。根据奥古斯丁反对的佩拉纠（Pelagius）的观点，只有上帝的行动才能让我们转向上帝，因此我们知道我们生活在罪的支配下，并且在此生充满矛盾。我们乞求上帝的帮助，去降低错误欲望和目标的力量。上帝通过基督给了我们解药，让我们可以摆脱通过反思认识道德律却无法做到的情况。①

在奥古斯丁看来，神圣恩典的首要作用把握了保罗所说的我们通过对基督的信仰，由上帝的恩典拯救，从而去做那些好事，满足道德律的目标。②神的行动是恩典，因为它是"无偿的"（gratuitous），而不是对任何人优点的回馈。神的恩典通过基督得到了证成，他通过代人受难将人从他们的罪中"救赎"出来。人类被证成是"一份免费的礼物，通过上帝的恩典，通过在耶稣基督那里的救赎，上帝预先决定了一些人会因为信仰他的血而得到救赎"。耶稣的死和复活是确保信仰之证成的手段，因为它们表达了上帝对罪人的恩典。③

这些关于基督救赎的说法部分是指他作为范例的角色。他展现了一个道德上的完人的正直，他对抗这世上的恶，而不被恶败坏："他像我们一样在各个方面受到试炼（tested），但是没有犯罪"，"因为他也经受了这些试炼，他可以帮助那些正在经受试炼的人。"基督表明，道德的理想要求是可能达到的。④

但是基督不仅仅给了我们一个范例。他也给了我们能力去模仿范例。神的恩典给了我们欲求和能力去追随基督，把我们从干扰我们实现爱人如己的动机中解放出来。这就是为什么保罗号召基督徒通过恰当的生活分享基督从死亡中的复活。我们可以依靠上帝，合理地以遵

---

① 关于罪与恩典，参见《上帝之城》XV.21; XV.6; XXII.23；对比《罗马书》7:24-25。
② 关于保罗如何理解恩典，参见《以弗所书》2:8-10。
③ 关于证成，参见《罗马书》5:18, 8:3-4。关于救赎，参见《罗马书》3:24-25。
④ 关于试炼（传统的翻译是"诱惑"[temptation]），参见《希伯来书》4:15, 2:18；比较《路加福音》4:1-13。

守道德律为目标。一旦我们不在律法之下而在恩典之下，神的恩典和由此而来的信仰产生了正义，因为罪在我们身上丧失了主宰的力量。在这种情况下，我们依然可能会犯罪，但是因为我们已经被从罪的主宰之下解放出来，我们就不应该臣服于它。①

信仰是对上帝赐予我们的不劳而获的好意的回应。信仰是神圣的礼物，但是它通过我们的认可发挥作用，这个认可是通过意志实现的，因此是取决于我们的。恩典通过信仰将我们从罪的支配下解放出来。它"证成"了恩典，因为它带来一种展现正义的生活方式。②我们变得可以根据道德律的字句和精神生活。

道德指向对上帝和邻人的爱，将我们从那些与对自己和邻人的恰当关心矛盾的人类目标和冲动中解放出来。耶稣的一生向我们展示了，一个人如何以爱邻人为指导，而不受使道德律的明确规定与其精神分离的限制。③我们可以依赖希望，它不会让我们失望，因为它在耶稣的范例中有坚实的基础。耶稣的范例不仅在一个值得赞赏的人"激励"我们这种日常的意义上发挥作用，而且在上帝的圣灵实际推动我们按照基督的范例行动的意义上发挥作用。④

如果我们对信仰基督的范例拥有现实的希望，我们就可以对抗导致我们反对道德律精神的倾向。认识和接受上帝的爱，使得那些在通常情况下会被斥为一厢情愿的目标变得具有现实性。基督徒可以由圣灵指引，这样他们会对律法的规定产生新的态度。他们现在可以把握律法中体现的对完美性的要求，他们也可以为实现它而努力。⑤

---

① 关于在恩典之下生活，参见《马太福音》5:48, 19:21；《约翰福音》1:12；《罗马书》6:11-14, 8:1-14；《哥林多前书》9:24-27；《腓立比书》4:12-16；《路加福音》17:7-10；《以弗所书》2:12。关于爱与律法，参见《罗马书》13:8-10；奥古斯丁：《罗马书注释》13-18。

② 关于恩典、信仰与认可，参见《罗马书》3:20, 5：17-21。

③ 关于道德律的精神，参见《以弗所书》5:1-2。

④ 关于启发，参见《罗马书》5:5-8；《以弗所书》2:12-15; 4:22-24。

⑤ 关于对道德的态度，参见《歌罗西书》3:1-2；《罗马书》12:2。

因此，根据基督教的分析，道德律指向超出道德律本身的维度。道德要求一种生活方式，它转化了我们对于个体和社会生活的目标和渴望。我们追求爱人如己，不仅仅是想要防止对邻人的各种伤害。一旦我们以此为目标，我们就去寻求资源来满足它。只要我们同意我们的自然资源无法满足它，基督教教义就要来解释我们如何能够实现道德的目标。

87. 现世中的基督教道德

基督教观点中的一些方面看起来可能和道德的其他方面冲突。奥古斯丁甚至宣称，基督徒和异教徒组成了两个"城邦"，两个不同的社会。他将一个民族定义成"一群理性的存在者，通过共同的爱的对象结合在一起"。① 某个社会的特征反映了它爱的对象。这两个城邦是分开的，因为基督徒的公民权在天上而不在地上。在上帝之城里，对上帝的爱是主导性的，而在地上之城里，对自己的爱是主导性的。基督徒的共同体与异教世界的差别在于不同的目标。②

因为目标上的差别尖锐到可以区分两个不同的社会，这两个社会的伦理视野也就是截然相反的。因为一个人的幸福观决定了他爱的方向，只有当我们形成了正确的幸福观才能正确地引导我们的爱。天上城邦的视域揭示了地上城邦幸福观的错误。现在我们只能通过希望实现幸福，认识到我们只能在来生才能完全实现幸福。③ 如果我们强调奥古斯丁思想中的这个方面，他看起来对于地上社会及其成员（按照日常理解）的福祉就持一种无所谓的态度。

但这只是奥古斯丁道德态度的一个方面。虽然地上城邦的福祉不

---

① 关于共同的爱，参见《上帝之城》XIX.24。
② 关于两座城，参见《腓立比书》3:20;《上帝之城》XIV.13, 28。
③ 关于幸福，参见《上帝之城》XIX.4;§94（阿奎那）。

如永恒的福祉重要，它也并非一无是处。与上帝之城追求的"天上的和平"相比，人类社会的好是"地上的和平"，它是不完全的和不稳定的。但是一个基督徒并不会因为天上的和平失去对地上和平的兴趣。属于地上和平的好也属于人类的好。因此基督教信仰不仅鼓励那些能够帮助我们转向上帝之城的德性的增长，也鼓励我们发展支持人类共同体的德性。① 地上之城的和平对于有死的人生来讲是必需的，也是实现天上和平的一种方式。地上的和平帮助我们实现属人的好，就它是在当前的情况下能够实现的而言。②

基督教作家同意，对地上和平的追求需要法律和统治，因此基督徒会服从统治者，按照他们社会中的法律和制度行事，比如，拥有奴隶的基督徒和作为奴隶的基督徒，就应该自愿履行属于他们各自角色的责任。但是基督徒对统治者和政府的态度并非完全不加批判。在390年，安布罗斯（Ambrose）利用他作为米兰主教的权威责罚特奥多西乌斯（Theodosius）皇帝。他要求特奥多西乌斯做公开的悔罪，不是因为他违背宗教的任何具体行为，而是因为他在一场（镇压叛乱的）屠杀中杀害了无辜者。③

因此，基督教道德思想就包括了超越（transcendent）和在世的（immanent）伦理学。超越的伦理学意在实现道德精神，那是被神的恩典证成的人的道德视野，他们希望在来世完全实现他们的伦理目标。在世的伦理学与那些并不分享超越伦理目标的人合作，追求人类社会的和谐。基督教道德思想的这两个方面都影响了后来的伦理观。④

---

① 关于德性，参见奥古斯丁：《书信》128.17；§104（阿奎那）。
② 关于和平，参见《上帝之城》XIX.17, 27。
③ 安布罗斯：《书信》3（390年致特奥多西）；Lunn-Rockliffe, "Early Christian Political Philosophy," in G. Klosko ed., *Oxford Handbook of the History of Political Philosophy*, Oxford: Oxford University Press, 2011, ch. 9, pp. 146-147。
④ 参见 P. F. Strawson, "Social Morality and Individual Ideal," *Philosophy*, vol. 36 (1961), pp. 1-17。

第九章
阿奎那

88. 从古代到中世纪

在奥古斯丁去世的时候（430年），北非的罗马帝国也随着汪达尔人（Vandals）的迁入而分崩离析。东欧和西亚部落的类似迁移最终也结束了罗马帝国在西欧的统治。盎格鲁人、萨克逊人、伦巴底人、法兰克人，以及其他的部落控制了从不列颠到意大利北部的区域。罗马人被压缩到了意大利中部和地中海东部。

罗马帝国"覆灭"的传统日期是476年。[1]但是这个日期在两个方面有具有误导性。第一，罗马帝国并没有结束，它依然在"新罗马"君士坦丁堡（过去的拜占庭，今天的伊斯坦布尔）和它控制的领土存在着。东罗马（拜占庭）帝国一直延续到1453年君士坦丁堡被土耳其人攻破。第二，在西罗马帝国的统治和管理崩溃之后，罗马的制度、实践、思想生活没有完全崩溃。随后兴起的国家（states）依然在不同程度上保持了罗马帝国的语言（在不同的罗曼语系中有所变化）、法律和文化。在西亚、北非、西班牙南部，穆斯林的入侵代替了罗马帝国。穆斯林和基督徒有时候会发生战争，有时候会和平共处。北欧和

---

[1] 在476年，所谓的"最后的西罗马帝国皇帝"（其实是一个僭越者）罗穆洛斯·奥古斯图鲁斯（Romulus Augustulus）被赶下王位。关于最后的帝国，参见 R. A. Markus, "Introduction: The West," in J. H. Burns, ed., *Cambridge History of Mediaeval Political Thought*, Cambridge: Cambridge University Press, 1988, ch. 5; A. M. Cameron, *The Mediterranean World in Late Antiquity*, 2nd ed., London: Routledge, 2012。

西欧的大部分地区都改宗或者再次改宗了基督教，并且承认罗马主教的至高地位。

接替罗马帝国的那些国家组织程度和稳定程度都不如罗马。不同的部落族群逐渐形成了更大的单元。英格兰在西欧与众不同，自从 927 年以后就处于大体上的统一状态。[①] 法兰克人在如今法国的领土上逐渐成为了主导力量。在 12 世纪，卡佩王朝的国王们（Capetian kings）在巴黎确立了他们统治的核心。相比之下，日耳曼和意大利要等到 19 世纪才实现了这个程度的统一。这些现代国家的领土被划分为很多更小的政治单元。意大利包括一系列的城市国家（city states），与古希腊的城邦有些相似，但是意大利的一部分是由教廷掌控的，意大利南部的一部分一度在诺曼王朝的统治下统一于西西里。即便是形成了更大的政治单元，最有权力的人物依然是各地的贵族，他们拥有土地，统帅由自己的追随者组成的军队。比如，法国、英格兰和苏格兰的国王只能通过与贵族的结盟进行统治，这些贵族非常强势，足以推翻国王。

如果我们拿公元 500 年至 1500 年的欧洲与罗马帝国比较，或者与现代世界比较，最惊人的特征是它缺少相对稳定的和有效的统治。在罗马帝国，统治和管理系统扩展到地中海沿岸和更远的地区。在现代世界（1500 年以后）相对稳定的国家统治较小的领土成为了常态。[②]

虽然中世纪欧洲在政治上和管理上都不那么稳定，有些地区还是有着共同的文化。教会让拉丁语成为礼拜、管理、律法和思想的语言。教堂开办学校，教授拉丁语和拉丁文学。拉丁语在政府、法律、外交领域广泛运用。因为教会是一个巨大的跨国组织，它与各个王国

---

① 关于英格兰，参见 R. van Caenegem, "Government, Law, and Society," in *Cambridge History of Mediaeval Political Thought*, ch. 9。927 年埃特尔斯坦（Aethelstan）成为英格兰国王。

② 关于中世纪的政府与社会，参见 Van Caenegem, "Government, Law, and Society"。

建立了外交关系，教会的官员经常在政府和管理机构任职。[1]

教会官员如果从苏格兰到挪威再到罗马，他会穿过很多不同的国家，这些国家经常处于战争状态，他们有不同的语言，不同的法律系统和习俗。但是他可以和这些国家中数量有限的懂拉丁文的人交流，这些人接受了和他相似的教育。在教会，欧洲不同地区的礼拜仪式有所不同，但是拉丁语和拉丁文的圣经是共同的。

89. 重新发现亚里士多德

奥古斯丁对古代哲学的反思集中在柏拉图和之后的柏拉图主义者、斯多亚学派和怀疑派上，他通过拉丁文的资料（特别是西塞罗）了解他们。在他去世后的西欧，关于古代的知识进一步萎缩。在拜占庭帝国以外，关于希腊人的知识几乎丧失殆尽，只有意大利南部和西西里是少有的例外。此外，亚里士多德的著作在欧洲大部分地区几乎完全读不到，奥古斯丁对柏拉图的兴趣胜过亚里士多德，这体现了在拜占庭帝国以外古代晚期人们对亚里士多德逐渐丧失了兴趣。更让人吃惊的是，柏拉图的作品里，除了《蒂迈欧》之外，几乎也都无人阅读，即便是通过拉丁译文。

中世纪哲学的一个刺激要素是在西欧重新发现了亚里士多德。这个变化部分来自与阿拉伯人的接触（比如在西班牙南部），他们一直在研究亚里士多德，并将他的著作翻译成阿拉伯文；同时也来自与拜占庭的接触。在英格兰，罗伯特·格罗塞特斯特（Robert Grosseteste）从他家里讲希腊语的人那里学习了希腊文，将亚里士多德的一些作品连同希腊文的注疏翻译成拉丁文。一些希腊的基督教作家的作品也被翻

---

[1] 关于哲学的发展和制度环境，参见 J. Marenbon, "The Emergence of Mediaeval Latin Philosophy," in R. Pasnau, and C. van Dyke, eds., *Cambridge History of Mediaeval Philosophy*, 2 vols., 2nd ed., Cambridge: Cambridge University Press, 2014, ch. 2。

译成拉丁文，于是西欧的拉丁文读者也可以阅读它们。

托马斯·阿奎那的生活体现了前面提到的中世纪文化中的一些统一要素。他出生在阿奎诺（Aquino，在罗马以南，是西西里王国的一部分）的一个当地贵族家庭。父母希望他继承父亲在当地的公职，但是他拒绝了。违背家庭的意愿，他加入了多明我会（Dominicans，又译多米尼克会）这个托钵僧团。这个四处游走传教的僧团是由西班牙人多明哥·古兹曼（Domingo Guzman）创立的，目的是在更大范围、更有效地传播基督教，特别是在穆斯林中间传播基督教。阿奎那在那不勒斯接受教育，特别是皮特鲁斯·希博努斯（Petrus Hibernus，很可能是一个来自爱尔兰的诺曼人）。在巴黎他遇到了日耳曼的多明我会成员大阿尔伯特（Albertus Magnus），跟随后者到了科隆。阿奎那还在罗马、奥尔维托（Orvieto）、那不勒斯以及巴黎教授神学。1274年，他根据教皇的指令从那不勒斯前往里昂参加里昂公会（Council of Lyon），结果在路上去世。[①]

这样看来，阿奎那在如今的法国、德国和意大利的大学里工作。但是他并没有在三种不同的高等教育系统里工作，他并不属于法国、德国或者意大利文化和社会，因为当时根本就没有这些。他所工作的那些机构都有共同的对神学和哲学的兴趣。

阿奎那在多明我会之中学习和教授神学和哲学。另一个同样重要也同样国际化的流动僧团是小修士会（Order of Friar Minor），也叫方济各会（Franciscans，也译为弗朗西斯会），这个修会是由阿西西的方济各（Francis of Assisi）创立的。方济各会发展出了一种独特的神学和哲学观，经常与多明我会的观点相对。苏格兰的方济各会修士邓斯的约翰（Johns of Duns，也被称为邓斯·司各脱 [Duns Scotus]）在牛津、

[①] 关于阿奎那的生平和著作，参见 J. M. Finnis, *Aquinas: Moral, Political, and Legal Theory*, Oxford: Oxford University Press, 1998; C. McCluskey, "Thomism," in Crisp, ed., *Oxford Handbook of the History of Ethics*, ch. 8。

巴黎和科隆学习和任教。英格兰的方济各修士奥卡姆的威廉（William of Ockham）在牛津、阿维尼翁（Avignon）和慕尼黑学习和任教。司各脱和奥卡姆是两个著名的方济各会修士，也是阿奎那的主要批判者。

多明我会与方济各会追随早期基督教作家的写作方式，那些早期作家既与异教的希腊和拉丁哲学家辩论，也使用他们的资源构造自己的哲学和神学观点。亚里士多德的拉丁版本是多明我会与方济各会主要的哲学权威。阿尔伯特和阿奎那撰写了对亚里士多德著作的注疏，也在亚里士多德的影响下写作哲学和神学著作。司各脱和奥卡姆在提出自己的哲学观点时也解释和讨论亚里士多德。但是对这些中世纪作家来讲，亚里士多德并不是唯一的权威。在伦理学中，他们还使用和讨论其他资源：(1)《圣经》；(2) 包括奥古斯丁在内的早期基督教作家；(3) 在这些基督教作家著作中出现的柏拉图主义和斯多亚学派观点。他们有一个共同的目标，那就是找到一种对这些资源的哲学解释，它需要同时是基督教的和亚里士多德主义的。

90. 古代与中世纪：关于道德的问题

阿奎那和他的后继者会讨论一些古代哲学家没有完全回答的问题。他们的问题包括如下这些：

什么是人类行动者？阿奎那试图将亚里士多德关于人的理性与非理性方面结合成一个彼此联系的对人类精神能力的描述。他论述了理性、意志、激情以及它们之间的互动。

什么是自由，我们是否自由？古代哲学家认为，德性是幸福的一个要素，而幸福在我们的掌控之中。在一定程度上，选择是否形成我们认为最好的品格至少部分取决于我们自己，而决定我们何时出生，或者我们的人生是否以一场海难告终则不取决于我们自己。但是什么使得一个事情取决于我们呢？亚里士多德对这个问题的简短回答得到了伊壁鸠鲁、斯多亚学派、基督教作家更加详细的讨论。阿奎那利用了这些资源中的一些，从而重新肯定了他理解的亚里士多德学说。他认为，在我们的意志（也就是理性的欲求）控制的行动中可以找到自由。他对自由的论述并没有说服司各脱和奥卡姆，他们主张，除非我们的意志不是由此前的原因决定的，否则我们就不是自由的。他们复兴了伊壁鸠鲁和阿弗洛狄西阿斯的亚历山大（Alexander of Aphrodisias）捍卫的观点。

什么使得关于德性的论述正确？亚里士多德认为，他关于德性和幸福的论述不仅仅表达了他同时代人的观点和习俗，而是建立在人类的功能和自然之上的。阿奎那将亚里士多德的观点吸收进了他的自然法学说，也利用了斯多亚学派的资源。这个学说支持一种对道德事实的自然主义和客观主义论述。它是自然主义的，因为我们可以通过对人类自然的正确理解发现道德事实。它是客观主义的，因为相关的事实并不是由我们想要或偏好什么，或者我们的社会同意什么构成，而是由独立于我们认为、相信或偏好的人类特征构成的。阿奎那自然主义的客观主义引发了司各脱和奥卡姆的批判性讨论。他们认可自然法，但是认为阿奎那的学说与上帝进行选择的自由相冲突。

阿奎那的自然法学说支持他捍卫亚里士多德关于人类德性包括友爱和正义的主张。亚里士多德认为，这些德性适合人类作为社会性和政治性动物的自然，阿奎那发展了这个主张，表明自然法要求维持有利于其成员公共利益的人类社会。我们不需要说服人们牺牲自己的利益追求他人的利益；相反，如果不着眼于他人的利益，我们就不可能实现我们作为社会性动物的自利。阿奎那想要结合幸福、道德与自然法的尝试也没有说服司各脱。在司各脱看来，实践理性是无偏的（impartial），并不必然关注个人的好。道德的规定是无偏地关心他人的好；它并不必然与开明的关于自我利益的推理相一致。

91. 伦理学在阿奎那哲学中的位置

阿奎那在他的主要著作《神学大全》（*Summa Theologiae*）的第二部分阐发了亚里士多德主义伦理学。这部作品遵循论辩的模式，从理性和权威的角度呈现一个问题的正反两方，随后是作者给出自己的立场和他对相反观点的回应。①

《神学大全》带领我们从上帝本身，到上帝进行创世，到包括人在内被造的秩序，再到人回归上帝这个终极目的。②回归上帝的第一阶段，就是培养道德哲学研究的那些德性，第二阶段是依赖神恩的生活（也就是不取决于我们的价值或功劳的上帝的礼物），依赖来自神恩的德性，依赖教会中的生活。

因此，道德哲学是阿奎那神学论证的一部分。但是他认为，我们可以通过自然理性把握道德哲学的原则。神学超越了道德哲学，但是依赖道德哲学。在阿奎那看来，包括自然理性在内的自然，是上帝创世的一部分。我们通过上帝创造的自然和通过神恩获得的启示这两个途径获得关于上帝的知识。因为同一个上帝既是被造的自然也是神恩的源头，我们有理由相信自然和神恩彼此一致。因此，我们有理由考察自然理性的论证和结论。阿奎那在亚里士多德那里看到这些论证和结论。因此，他期待对亚里士多德的研究可以告诉我们关于上帝、世界、适合我们自然的行动的知识。自然理性的这些结论是我们通过神恩和启示所能获得的进一步知识的基础。

阿奎那阐发了一种亚里士多德式的道德观念。他在哲学上捍卫这种观点，认为它也能满足基督教教义的神学和道德要求。他的说法会引发一些问题：他是否正确理解了亚里士多德？如果是这样，亚里

---

① 关于《神学大全》的结构，参见它的"前言"。
② 关于上帝作为终极目的，参见《神学大全》1-2 q1 a8（即《神学大学》第二部分的第一部分，问题1，条目8，对《神学大全》的其他引用依此惯例）。

士多德的理论是否建立在坚实的基础上？如果他错误理解了亚里士多德，我们是否可以给出对亚里士多德更好的论述？

阿奎那还从亚里士多德的视角考察了基督教教义。如果这些教义建立在自由、责任、价值的基础上，而这些概念又是从道德哲学的角度无法理解或令人憎恶的，那么这些教义就可能会面临批评。但是如果这些教义可以理解并且在道德上合理，那么它们就可以免于批评。

92. 我们既有理性的意志又有非理性的激情

在阿奎那看来，伦理学关于按照上帝的形象被造的人，他们通过意志和对自己行动的掌控引发行动。人类的这些特征回答了苏格拉底关于我们应当如何生活的问题。意志的自然，以及意志与理智、激情的关系，揭示了自由的来源、伦理的基础以及德性的基础。①

阿奎那同意亚里士多德的观点，认为如果没有欲求，"思想本身无法推动"。在理性的行动者之中，阿奎那把理性欲求称为"意志"（*voluntas*），它必然追求某个终极目的。理性行动者思虑什么能够促进或者构成这个目的，他们根据思虑的结果决定（elect）看起来最好的行动，并且根据自己的决定行动。意志、思考和决定解释了理性行动者为什么是自由的和负责任的，他们为什么必然追求自己的幸福，为了实现幸福为什么需要伦理和理智德性。②

人类并不是完全理性的行动者。不像上帝和天使，人们与植物、非理性动物共享一些自然。与植物相似，人需要营养和繁衍。像非理性动物一样，人类有感觉、非理性欲求——阿奎那称之为"激情"。这

---

① "意志"（will）是对拉丁文 *voluntas* 的翻译，而这个拉丁文又是对亚里士多德的 *boulêsis*（想望）的翻译；参见本书 §43。关于掌控行动的意志和力量，参见《神学大全》1-2 导言。

② 关于思想和欲求，参见本书 §§43, 128, 150。election（*electio*，决定）是对 *prohairesis*（决定）的翻译。参见本书 §43。

些激情包括柏拉图和亚里士多德归于灵魂两个非理性部分的状态。①

激情不同于意志，因为每个激情都仅仅关注它特有的好。如果我生气或者害怕，我会倾向于对冒犯或者危险做出反应，而不管这种回应从整体上讲是好是坏。激情和感官欲求以这些具体的好为目标，但是意志以理性把握的普遍的好为目标。激情追随感觉当下的判断，但是意志依靠比较和探究。②我需要比较实施报复的好坏（它后续可能会让情况变得更糟）与不实施报复保持现状的好坏。我可以通过探究和思虑比较这些事情。对比较性的判断做出回应的欲求就是我的意志。与激情不同，意志欲求某个目标是因为那个目标整体而言是好的，意志不是被决定了去选择某个具体的好。③

阿奎那对意志和理性之间关系的论述导致了一些争议。司各脱和奥卡姆同意意志是理性的，但是他们认为阿奎那对其理性的论述几乎没有给它的自由留下空间。之后的哲学家，特别是霍布斯、哈奇森和休谟，走得更远，他们否认意志本质上的理性特征。巴特勒和里德捍卫阿奎那的观点。要理解这些争论，我们需要探索阿奎那的意志观念如何影响了他伦理理论的其他部分。④

93. 如果我们拥有理性的意志，我们就会追求终极的好

阿奎那论证，如果我们拥有意志，并且意志对于好做出比较性的判断，那么我们必然以亚里士多德所说的幸福作为终极的好。终极的

---

① 关于斯多亚学派对激情的论述，参见本书§74。关于意志与理性的能动性，参见《神学大全》1-2 q6 a2 ad1, 1a q80 a2；《论真理》(*De Veritate*) q22 a6 sc1-2。
② 关于具体的好与普遍的好之间的差别，参见《神学大全》1a q80 a2 ad2, 1a q82 a5, 1-2 q1 a2 ad3。关于当下的判断与比较之间的差别，参见《神学大全》1-2 q17 a7c ad1, q45 a4。
③ 关于思虑、比较性的判断和意志，参见《神学大全》1-2 q13 a1 ad1。关于意志的理性欲求，参见《神学大全》1a q80 a2 ad2, q82 a2 ad1, 1-2 q10 a2。
④ 关于理性与行动，参见本书§§150, 176。

好是我们在选择具体的好时所追求的那个好,这个终极的好通过对好的比较性判断得出。①

我们试图将不同的理性目标结合到一起从而形成终极好的观念。如果我们只是有一个列表,上面有各种我们为了它们自身之故而关心的事物,但是并没有它们对我们相对重要性的观念,那么我们就无法对将它们实现到什么程度形成合理的决定,也不知道如果它们不能同时实现我们应该怎么办。如果我决定不去买一辆新车,因为买车花的钱会让我们没钱付房租,那么就说明我认为有个住处比有辆新车更重要。如果我因为想到不诈骗朋友就没钱买新车从而没有买车,那么就说明我认为对朋友诚实比新车更重要。在阿奎那看来,我们的决定表明,我们并未言明地认为,友爱在我们终极好的观念中占据着更重要的位置。

与此相似,在我协调不同目的的过程中,我也展示了我并未言明的关于各种好的观念。如果我既想当一个画家又想当一个举重运动员,然而举重会让我的手发抖因而妨碍作画,那么在我画画之前不去练举重就是明智的。要实现我想要的总体结果,我需要根据一些理性原则,把我有理由追求的不同行动组合到一起。

我们都有一个终极好的观念,因为我们认为在某些方面,我们的目的应该可以彼此协调。如果可以说明我们的人生在终极意义上追求什么目标,以及理解为什么值得去追求一些不那么终极的目标,我们就阐明了关于终极好的观念。不同人会争论享受自己的生活、致力于他人的好,或者追求理智或艺术上的发展是不是让我们生活得更好。这些是关于终极好的特征和构成要素的争论。

终极的好是幸福,它是"理性或理智自然的终极完善"。② 它由一

---

① 亚里士多德论幸福,参见本书§39。关于阿奎那论终极的好,参见《神学大全》1-2 q1 a5-6。

② 关于完善,参见《神学大全》1a q62 a1。

些彼此有关的，可以由理性赋予秩序的目的构成。因为它包括了所有这些目的，它就是一个完善的、完整的、包容性的好。①

94. 人的幸福在此生是不完满的，在来生是完满的

既然理性的意志必然会在它的所有行动中追求单一的、完全的目的，这个目的就应当是稳定的。如果它可以被完全外在于我们掌控的环境毁掉，它就不是我们所有行动的合理目标。基于这些理由，阿奎那论证，终极好的首要构成要素不可能是财富、荣誉或者其他外在的好（亚里士多德这样称呼它们）。②

虽然人的幸福并不完全受制于外在环境，它也不像斯多亚学派认为的那样稳定；因为人们可以由于不幸失去幸福，就像亚里士多德认为的那样。我们可以在人类所能允许的范围内获得幸福，但是想要逃离一切人生的变幻则是不理性的。幸福要求外在的好和展现人类社会性自然的行动。我们在此生所能实现的幸福可能会失去，虽然其中的一部分与德性保持完整的时间一样长。③

我们虽然应当以此生可能实现的幸福为目标，我们也应当着眼于一种不受人类局限的幸福。亚里士多德认为理论沉思的幸福是最稳定、最独立于外在条件的幸福要素。阿奎那比这走得更远，他认为我们只能通过对上帝的知识实现完全稳定的幸福。我们此生的幸福满足了人想要在社会中生活的自然倾向，而完美的幸福满足了我们想要获得关于上帝的真理的自然欲求。我们只能在来生对上帝的观看中实现这种幸福。我们想要实现完全幸福的未被满足的欲求以一种并非明确

---

① 关于完整的好，参见《神学大全》1-2 q3 a2 ad2，a3 ad2。

② 关于外在的好，参见《神学大全》1-2 q2 a3 ad3；亚里士多德：《尼各马可伦理学》1101a19。

③ 关于此生的幸福，参见《神学大全》1-2 q4 a7-8，q5 a4。

的方式指向上帝，因为我们在不同的好中想要实现的所有好都在对上帝的知识中得以实现。①

阿奎那关于幸福的观点解释了伦理德性为什么部分构成了幸福，而不仅仅是幸福原因性的或工具性的手段。在来生，对上帝的观看仅仅属于灵魂，或者说属于和灵性而非动物性的身体联系在一起的灵魂。②我们应当看重伦理德性，因为我们的幸福依赖我们作为人类的自然，只要还是人类我们就拥有身体和激情。反思这种人的自然会帮助我们发现幸福的来源和实现幸福需要的德性。

95. 理性的能动性就是自由的能动性

亚里士多德主张，我们是理性的行动者，我们追求终极的好，我们对自己的行动负责。阿奎那认为，亚里士多德的第二个说法来自第一个，因为理性的能动性意味着追求终极的好。他还认为，亚里士多德的第三个说法也来自第一个，因为理性的能动性意味着自由和责任；"从人是理性的这一点就能推论出人拥有自由。"③

理性的行动者将他们自己引向他们的目的，因为他们根据意志行动。他们是自我推动者，因为他们通过自由意志（liberum arbitrium）控制自己的行动，自由意志是意志和理性的能力。严格意义上的"人类行动"属于人类本身，他们因为可以通过意志和理性控制自己的行

---

① 关于上帝的真理，参见《神学大全》1-2 q94 a2。关于对上帝的指涉，参见《神学大全》1-2 q3 a8，q5 a3，1a q12 a1。
② 关于构成要素与手段的差别，参见本书§47的讨论。关于上帝的知识，参见《神学大全》1-2 q4 a7。
③ 关于自由意志，参见《神学大全》1a q83 a1，1-2 q1 a2。阿奎那用来指意志的词（voluntas）并不是我们通常翻译成"自由意志"（liberum arbitrium）的词组的一部分。说 liberum arbitrium 属于 voluntas 并不是同义反复（不像我们今天说"自由意志属于意志"看起来所指的那样）。

动而区别于非理性生物。意志和思虑带来决定，由此而来的行动就是严格意义上的人的行动。

这些来自意志和思虑的行动就是自由的行动。我们变老、被人推倒都不是自由的行动，因为我们不能控制这些事情。但是如果我们想着是否要站起来，并且认为站起来更好，接下来出于这个理由站了起来，这时我们就是在自由地行动。因为思虑的理性可以指向两个方向，意志也就可以指向两个方向。① 因此自由之"根"在于意志，但是自由的原因是理性。因为理性可以形成关于好的不同观念，意志就可以被自由地推动朝向不同的事物。

根据这样的理解，意志和自由使得我们可以为自己的行动负责，从而需要被置于合理的赞赏和指责之下。② 我们对自己可以控制的行动负责，因为它们来自我们的意志和思虑。如果我们被赞赏，我们就受到鼓励用相同的方式思考未来的行动，如果我们受到了指责，就会有动机改变想法。但是假如我们不能通过思虑控制我们的行动，这些对我们的回应就是没有意义的。

有时候，我们按照激情行动，而不是思虑和意志；但是我们也经常认为自己对这些行动负有责任。在阿奎那看来，我们这么想是正确的，因为我们的激情通常"在理性和意志的指挥之下"。③ 当我感到愤怒并且有冲动反击的时候，我可以更好地考虑这件事，并且根据这个想法行动。因此我如果愚蠢地反击，就应该受到指责。我的责任依赖意志和思虑。

据此，阿奎那解释了在不自制现象中激情和意志的作用。不自制者错误的激情误导了理性和意志，因此没有看到自己行动整体上是坏的。虽然他受到了激情的推动，但是并没有超出意志的控制，因为他

---

① 关于理性与意志，参见《神学大全》1–2 q6 a2 ad2，q17 a1 ad2。
② 在这方面阿奎那是一个相容论者，参见本书§§78-79。
③ 关于激情服从意志，参见《神学大全》1-2 q24 a1。

的意志认同了他受到误导的激情。① 因为他的意志扮演这样的角色,他自由地行动,并且对自己的行动负责。不自制者允许自己被说服,认为在此时此地服从激情就是最好的选择,因为他更多关注激情的对象,而不是关于好的经过认真考虑的观点。

阿奎那关于自由和责任的观点与亚里士多德和斯多亚学派的观点接近,他们也不要求我们的行动或心灵状态不被此前的事件决定。他反对伊壁鸠鲁主义的观点,而认为自由不要求完全没有因果决定。②行动的自由要求我们的行动取决于我们,也就是取决于我们的理性意志,但是并不要求我们意志的特征是不被决定的。我们的意志可以(用阿奎那的话说)在不同选项之间进行选择,但是那些误解这种能力的人坚持自由排斥决定。③

如果我们理解自由意志,我们就可以理解德性和幸福。德性关乎人类特有的行动,因此关乎自由的行动。因为幸福是严格意义的人的好,④ 它包括了自由的人类行动,德性特有的行动就与幸福格外相关。德性属于自由的行动者,因为德性是对自由意志的使用。⑤

96. 伦理德性是对自由意志的正确使用

阿奎那不仅论证,对意志和激情的正确观念证成了亚里士多德关于幸福和自由的说法,而且也支持了亚里士多德对伦理德性的论述。在亚里士多德看来,这些德性是一些品格状态,我们通过训练让灵魂的非理性部分服从理性,从而获得这种品格状态。在阿奎那看来,只

---

① 关于认同,参见《神学大全》1-2 q6 a7-8, q77 a2;《论恶》(*De Malo*) q3 a12 ad11。
② 关于伊壁鸠鲁主义,参见本书 §78。
③ 关于司各脱和奥卡姆在这一点上对阿奎那的批评,参见本书 §106。
④ 关于人类行动者严格意义上的好,参见《神学大全》1-2 q6 intro。
⑤ 关于对自由意志的良好使用,参见《神学大全》1-2 q55 a1 ad2。

要我们考虑自己如果拥有意志和激情需要什么样的德性,就可以看到亚里士多德是正确的。

我们需要德性,因为在如何追求幸福这一点上我们拥有自由意志。我们必然追求幸福,因为我们必然追求某种我们认为完整的目的,不漏掉任何好。但是要形成幸福是什么的正确观念,并且把这个观念落实在行动中,我们就需要伦理德性,因为"德性的恰当目的是指向幸福的,也就是指向终极目的的"。①

伦理德性让灵魂的非理性部分与理性部分相互和谐。影响德性和幸福的行动不仅包括直接来自意志和决定的行动,也包括其他在我们掌控之下的行动,包括来自激情的行动。因为激情可以在具体的行动中妨碍或者支持理性,它们需要被训练得支持理性。有了这些训练良好的激情的支持,有德性的人就会比仅有实践理性的指引生活得更好。②

恰当的激情来自正确的决定(也就是理性选择)。激情吸收了我们的一些关注,让我们带着更正面的眼光去看待一些对象。这种对关注的吸收使得我们做好准备避免坏的东西,追求好的东西,也就是让我们更容易去做有德性的行动。乐于助人者的情感会关注有人需要帮助,而不是觉得提供他人需要的帮助是件麻烦事。因此他们的情感就标识出了这个场景中的恰当特征。我们需要预先准备好(predisposed)有恰当的反应,因此我们并不是在每个场合之下都需要思虑来给出正确的答案。③

激情与决定的不同角色也解释了为什么会有不同种类的恶(也就

---

① 关于德性和终极目的,参见《神学大全》1-2 q13 a3 ad1。
② 关于非理性部分是这些德性的"臣民"(subjects),参见《神学大全》1-2 q56 a4。关于德性中的激情,参见《神学大全》1-2 q56 a4, q58 a2。
③ 关于德性中的意志与激情,参见《神学大全》1-2 a30 a1 ad1, q77 a6 ad2。关于激情与正确的目标,参见《神学大全》1-2 q58 a4, q59 a3。

是偏离正确的理性)。如果我们的激情受到误导,它们可能会让我们不去关注理性的信念或决定,而不一定实际上败坏它们。这些是激情带来的恶。但是如果被误导的关注成为了习惯,它就会模糊我们的理性信念,我们就会根据错误的信念行动,误认为自己在做最好的事情,这时我们的意志就偏离了关于好的正确观念。在阿奎那看来,恶的不同来源可以部分通过恰当的道德教育清除掉,而更彻底的清除则需要依赖神恩。[①]

97. 实践理性关注手段和目的

根据阿奎那的理解,就激情服从理性和好的意志(good will)而言,德性从属于激情。德性是对自由意志的良好使用,而自由意志依赖意志和进行思虑的理性。因此德性就不仅在于训练良好的激情,而且在于得到正确结论和决定的思虑。

这种思虑发现恰当的品格状态。在这里阿奎那讨论了"普遍的明智"(universal prudence),因为它始于普遍的目的,也就是作为意志必然对象的终极的好。我们需要更具体的关于完整目的观念,它包括了所有经过恰当排序的非工具性的好。因此明智指导着所有的伦理德性,将我们从自然理性把握的普遍目的引向德性的切近目的。[②]

明智的第二个任务定义了"具体的明智"(particular prudence),它思虑我们在具体的情况下应当做什么。具体的明智不是单独地考察每种德性。明智关乎整个人生,它把握的目的是"全部人生的共同目

---

① 关于恶,参见《神学大全》1-2 q71 a1,a6 ad5。关于罪的来源,参见《神学大全》1-2 q78 a1,a4;《驳异教大全》(Summa contra Gentiles) III.10 §1950。关于罪与恩典,参见本书 §103。

② 关于目的的观念,参见《神学大全》2-2 q47 a7。关于明智与决定,参见《神学大全》1-2 q13 ad1,2-2 q123 a7。

的"。① 因为我们需要把握这个共同目的，从而指引我们的实践推理，具体的明智依赖普遍的明智。有德性的人把握这个决定中的共同目的，由此把具体的明智付诸实施。

亚里士多德并没有讨论到阿奎那在普遍明智和特殊明智之间的区分。然而，亚里士多德也不会对此感到过于陌生。阿奎那认为，亚里士多德给明智赋予了不同的思虑任务，亚里士多德所说的关于"整体的好生活"的思虑②包括了两个阶段，阿奎那就称之为普遍的和具体的明智。

98. 自然法如何是法？

普遍的明智如何达到属于有德性之人的终极目的的正确观念呢？阿奎那的回答依赖保罗、拉克唐修、奥古斯丁和其他基督教作家，他们将斯多亚学派的自然法与神圣的道德法则联系在一起。③阿奎那将自然法的观念吸收进了他对实践理性和明智的亚里士多德主义论述。自然法是那些不依赖具体社会的规则和实践的原则的基础，自然法建立在关于人的自然的事实之上。这些自然事实是规范性的，换句话说，它们给出了一些理由去证成我们应当以某种特定的方式行动。④

我们可能会反对自然法的观念，如果我们认为法律是（1）形式上强制的；（2）是立法这种经过思虑的行动的产物；（3）立法者得到授

---

① 关于共同目的，参见《〈尼各马可伦理学〉注疏》(*in Decem Libros Ethicorum Aristotelis ad Nicomachum Expositio*) §§1163, 1233。关于亚里士多德论明智，参见《尼各马可伦理学》1140a25, 1144a31-36；另参见阿奎那：《〈尼各马可伦理学〉注疏》§§1273-1274, 1288。
② 亚里士多德：《尼各马可伦理学》1140a25-28；参见本书§47。
③ 关于自然和神圣的法律，参见本书§82。
④ 关于证成性理由（justifying reasons）和动机性理由（motivating reasons），参见本书§150。

权为某个具体的社会或者某个具体的区域立法。① 这些特征表明，如果缺少了强制性的特征，或者不是任何思虑行动的产物，或者不是社会认可的人的行动，那么某个所谓的"法律"就不是真正的法律。根据这三个条件，自然事实不可能是法律。②

99. 自然法就是理性的原则

阿奎那肯定了法律是涉及命令的规则，推动行动者行动，给行动者施加义务，并且要求公开性。③ 这些特征表明，法律本质上包括了立法和立法者。如果是这样，自然法既需要自然事实也需要立法者去规定遵守相关的法律条目。因为给具体社会制定规则的立法者并不制定独立于具体社会的可以达成一致的道德原则，因此自然法的立法者就是神圣的立法者。因此阿奎那看起来就是将道德在本质上看作神圣立法者的立法产品。

但是他的观点并非如此。他并不依赖立法的行动来解释法律的相关特征，因此他反对前面提到的法律的第二个条件。命令和禁止本质上属于实践理性，因为法律命令和禁止，因此法律属于理性。因为法律是人类行动的规则和量度，实践理性的应用就引入了法律。自然法体现了自然正义。人类的自然"就他可以根据理性发现对错"而言，是自然正义和自然法的基础。④

道德说明了自然法的要求。自然法规定了合乎自然的行动，也

---

① 关于法律的必要条件，参见 H. L. A. Hart, *The Concept of Law*, Oxford: Oxford University Press, 1961; J. M. Finnis, *Natural Law and Natural Rights*, Oxford: Oxford University Press, 1980。
② 关于自然主义和意志主义，参见本书 §§117-119 关于苏亚雷兹的讨论。
③ 关于法律的条件，参见《神学大全》1-2 q90 a1-4；关于阿奎那论自然法，参见 Finnis, *Aquinas*, chs. 3-5。
④ 关于实践理性与法律，参见《神学大全》1-2 q90 a1, q91 a2;《〈尼各马可伦理学〉注疏》§1019。

就规定了所有德性的行动。阿奎那相信神圣立法者，但是他并不认为神的立法对自然法的存在具有本质重要性。自然法本质上包括了理性自然的事实。如果我们承认自然法，我们就看到了德性给了我们具有权威的原则去指导我们的行动，因为它们发现了适合人类自然的法律。①

100. 从自然法到德性

因为自然法属于理性的自然，它就符合实践理性的第一原则，这个原则就是让我们去追求终极的好。这个第一原则就是，要做和追求好的东西，避免坏的东西。我们对自然法第一原则的把握是不可能错误的，也是不可能消除的。不接受这个原则的人就不会让行动与终极的好联系起来，因此也就不会是一个理性的行动者。接受自然法的第一原则并不能将有德性的人和其他理性的行动者区分开来。②

如果我们想要从普遍目的前进到有德之人对目的的观念，我们就需要做出一些理性的推进。第一步就是达到这样的原则："我们应当控制激情，从而符合理性地行动。"要找到更具体的原则，我们就需要理性的探究。普遍的明智就是进行正确探究的德性。普遍明智发现的原则告诉我们自然法的内容。③

自然法的这些原则告诉我们对人类来讲自然的行动是什么，因为它们符合我们作为理性存在者的自然。我们的自然判断给了我们对于这些行动的自然倾向。有些原则关乎自我保存，另一些原则关乎满足

---

① 关于自然法与德性，参见《神学大全》1-2 q94 a3；《论真理》q16 a1。
② 关于自然法的第一原则，参见《神学大全》1-2 q90 a2，q94 a2。阿奎那称对这个第一原则的把握为 synderesis（也就是希腊文的 sunterêsis，"服从"）。这是良知的普遍方面；参见本书 §183 关于巴特勒的讨论。
③ 关于普遍的明智，参见《神学大全》1-2 q94 a3，2-2 q47 a7，q56 a1。

和控制身体的欲望，还有一些原则关乎社会生活。这些原则要求我们用符合理性的方式生活，但是我们需要进一步的探究才能决定符合理性的行动是什么。①

更具体的准则（precepts）来自对人类自然的社会特征的反思。这些准则就包括了十诫。比如反对杀人的准则就来自更普遍的反对伤害的准则。人类共同体的需要解释了不同人类社会里面不同形式的关于财产、交换等等方面的规定（provisions）。因此万民法（law of nations），也就是不同民族普遍的法律和制度，就来自自然法，是接近自然法原则的结论。②

对人类共同体需要的反思告诉我们，（比如）每个共同体都需要获得保护、安全，支持人们的社会生活，但是它并没有告诉我们如何在不同的环境里满足这些目标。自然法的一些原则是最普遍原则的明显结果，而另一些原则只能通过进一步的反思达成。人类社会需要一些方式去惩罚错误的行动，但是并不需要这个或那个惩罚。关于惩罚的具体法律规定了具体的方式去实现自然法的普遍要求，而这些具体的方式并不是自然法的要求。③

在这些情况下，自然法并不做出规定，而是具体国家的法律（阿奎那称之为"实定法"[positive law]）的基础。④自然法要求某些实定法，因为人类社会的需要要求有一些具体的法律规范（比如）财产或惩罚。虽然自然法规定了这些领域的一些规则，但是并不要求任何具体的规则，因此实定法不同于自然法。有的实定法可能会和自然法冲突，在这些情况下，服从实定法就不能通过自然法得到证成。因此自然法允

---

① 关于自然倾向，参见《驳异教大全》III.129。关于各种原则的内容，参见《神学大全》1-2 q94 a2, a4, q95 a4, 2-2 q47 a7。
② 关于社会性的人类自然，参见《神学大全》1-2 q95 a4。关于十诫，参见 1-2 q100 a1。关于准则的推演，参见《神学大全》1-2 q95 a2-4。
③ 关于反思与具体的法律，参见《神学大全》1-2 q95 a2, a4 ad1, q100 a1, a3。
④ 说它是"实定的"，是因为它是由具体的人类立法行为"订立的"（posita）。

许我们证成、规定和批判实定法的不同方面。

阿奎那关于自然法的学说符合亚里士多德关于德性的观念。在亚里士多德看来，德性满足了人的功能，因此它们适合人的自然。阿奎那关于自然法的看法阐发了亚里士多德观点中关于道德与人类自然之间关系的隐含意义。[1]

101. 自然法要求社会德性

阿奎那论证，不同德性的内容是被人类自然的不同方面决定的。因为我们既有意志又有激情，我们需要德性去控制那些可能会扭曲我们判断从而误导我们意志的恐惧和欲望。我们也需要德性去关心他人的好，因为这些德性符合人是社会性生物的事实。维持人类共同体的的形式正义，它有两种形式（就像亚里士多德说的那样）。普遍正义将所有德性的行动指向公共利益。具体正义指引个人与他人相关的行动，因此我们尊重彼此的权利。[2]

要解释为什么人类倾向于组成社会，阿奎那提到了友爱。他同意亚里士多德的观点，属于友爱的那种爱是为了他人自身之故而爱他。这来自认识到自己和他人之间的相似性，这是一种对"统一性的认识"，也就是一个人把另一个人看作"另一个自己"（*secundum se*）。把他人看作另一个自己产生了"亲近"（*inhaesio*），就像认识自己一样认识他人。[3]

阿奎那称这种关切为"理智的爱"，与单纯"欲望的爱"相反，因为它建立在特定类型的关切之上。有时候我们认为我们的关切是得到保证的，因为我们对这种关切的理由建立在我们关切对象的价值上，

---

[1] 关于亚里士多德论人类自然，参见本书§39。
[2] 关于社会自然与正义，参见《神学大全》1-2 q94 a2, 2-2 q58 a6-7。
[3] 关于友爱，参见《神学大全》1-2 q26 a1, q27 a3, q28 a1。关于亚里士多德，参见本书§51。

而不仅仅建立在我们之前的喜好上。这种以价值为指引的关切就是我们对待自己的典型态度，我们在有价值的东西中追求我们自己的好，而不仅仅是在令我们快乐的东西中追求我们的好。因为我们把他人看作是和我们自己相似的，我们把他们也看作以价值为指引的关切的恰当对象，也就是当作理智之爱的恰当对象。当我们根据这种对他人的理性关切行动时，我们就把他们看作是平等的。我们接受了正义，它建立在某种平等之上，因为它认为所有人都平等享有权利。以这种方式，正义为了公益指引和协调我们的行动。①

阿奎那从我们对自己终极的好的欲求得到了这种对公共的好的关切。以我的终极目的为目标，不是关心我的利益胜过他人的利益。我有理由关心我的理性关切的恰当对象，也就是那些满足了我作为理性行动者自然的对象。当我发现，作为理性行动者，我有理由为了他人自身之故关心他人的好，我也就发现了一些关于我自己的好的东西。

102. 我的好为什么要求他人的好？

阿奎那追随亚里士多德和斯多亚学派，认为一个人自己的好在本质上依赖他人的好。他的观点支持一种自然法的社会性观点，这种观点认为对公益的关切来自对一个人自己的好的关切。这个观念影响了一些他的后继者，包括苏亚雷兹、格劳修斯和巴特勒。但是其他自然法理论家反对这个观点。比如，霍布斯和普芬多夫认为，个人的好仅限于个体的状态，并不能够扩展到他人的状态上。我们更应当接受这种局限在自我之上的关于好的观念吗？

有人可能认为，这种局限在自我之上的观念澄清了有关道德的一

---

① 关于不同种类的关切，参见康德关于义务和倾向的讨论（本书§200）。关于平等与权利，参见《神学大全》2-2 q57 a1-2, a11。关于公共的好，参见《神学大全》2-2 q58 a8。

些主要问题，但是阿奎那扩展性的观念模糊了这些问题。道德看起来是为了"他人的好"，就像柏拉图说的那样。[①] 当我们被教育不要欺骗和偷盗时，我们不是被教育关心自己的利益，而是考虑他人的利益。我们为什么应当模糊道德的这个要求，假装那些并不是符合我们利益的东西其实以一种不那么明显的方式符合我们的利益呢？

这种扩展的自我利益的观念可以用两种方式得到辩护。首先，即便我们认为，一个人的好是由理性欲求的内容决定的，我们依然很难排除他人的好。我们很多人为了他人自身之故关心他人，如果他们受到了伤害，对我们来讲同样是坏的。很多人认为，如果他们的孩子或者好友死去或者非常痛苦，他们的生活也会变得很糟。如果一个僭主杀了你的孩子和朋友，而你对此一无所知，你的无知并不会改变他伤害了你并且让你的生活变坏这个事实。如果是这样，那么你的福祉就和他人的福祉不可分割。

第二种为扩展的观念辩护的方式是否认一个人的好是由他的理性欲求决定的。这种观点主张，我的好是由我的自然能力决定的，那些拥有很有限的欲求，忽略了自己大多数能力的人不会实现他们的好。[②] 人类可以进行沟通、合作，与他人分享生活，如果有人选择无视所有这些能力，那么他也不会实现作为人的好。考虑到一个人的自然与好之间的联系，个人的好就必然包括与他分享合作与相互关切的他人的好。

这些论证支持阿奎那扩展了的关于个人好的观念。他关于人类社会性自然和个人好的社会面相的说法，建立在我们都很熟悉的关于个人与他们的好的观念之上。如果他是正确的，那么限定在自我之上的观念就建立在对一个人的好任意的、不合理的限制之上。如果我们反

---

① 关于正义是他人的好，参见本书§30。
② 关于好与自然，参见本书§120关于苏亚雷兹的讨论。

对这个限制，我们就有了一些理由赞同他关于友爱和正义的看法。[1]

103. 罪与恩典

阿奎那的伦理理论是他关于人类如何回到创造者上帝那里的论述的一部分。我们是对自己行动负责的自由行动者。因此我们从内在的源泉获得德性，也就是从决定我们选择和行动的目标和动机那里获得德性。但是这些内在的源泉并不是我们回归上帝的唯一手段。上帝是一个外在的源泉。我们的内在源泉依赖作为创造者的上帝。它们使我们可以"做一些适合人类自然的事情"。我们无需神恩通过自然的能力获得一些德性，这是我们可以通过自己获得的德性（acquired virtue），以此实现"合乎比例的"好。这个合乎比例的好将我们引向适合人类自然的好，但是我们不能依靠自然能力达到完整的人类的好。在人生中，我们总是受制于罪的影响。要克服它们，我们需要上帝恩典的帮助。[2]

罪包括了我们无法按照德性行动的各种方式，或者是恶，或者是其他不那么严重的对德性的偏离，比如不自制、故意的忽略、拒绝有德性的行动。因为我们是自由的行动者，我们不可能避免在具体情况下的罪。因为我们拥有激情，因为我们的意志很容易被误导，我们不可能完全避免罪。我们被误导的激情和理智，会给我们提供错误的建议，而我们有时候会接受这样的建议。我们可以不犯罪，当我们犯罪时，我们是因为自己的错误而犯罪的。但是我们不可能期待通过不受外在帮助的资源避免罪。因此如果我们仅仅依赖自己，就不可能期望

---

[1] 黑格尔关于伦理生活的讨论，参见本书 §229。关于公共利益，参见本书 §§264-265。
[2] 关于上帝作为外在的源泉，参见《神学大全》1-2 q90。关于自然的好，参见《神学大全》1-2 q109 a5, 2-2 q136 a3 ad2。关于自然能力，参见《〈哥林多后书〉注疏》III.1。

实现完全满足我们自然的好。①

上帝通过恩典帮助我们，因为我们不可能挣得（earn）这个帮助，恩典不是对任何东西的奖赏。阿奎那反对佩拉纠主义的观点，坚持认为只有当我们已经获得了上帝的帮助，我们自己才能准备好接受神恩。"恩典的礼物超越了所有人类德性的准备。"这个准备就包括了凭借自己的意志转向上帝，只有当上帝让意志转向时自由意志才能转向上帝。当上帝给人注入（infuse）了恩典，上帝也就同时推动自由意志接受恩典。②

阿奎那可以前后一致地主张下面两点吗？一个是上帝在我们身上行动，另一个是上帝推动我们自由地行动。我们或许会认为，如果上帝在我们身上行动，结果就是不可避免的，我们的自由意志如何可能导致这个结果呢？阿奎那的回答是，我们的自由并不需要独立于所有其他原因。③如果我们的行动是由外部决定的，而我们根据我们对好与坏的判断行动，那么我们就是自由地行动。如果你让我在一百万美元和一个缓慢的、痛苦的死亡之间做选择（除此之外没有其他），你可以很确定地知道，我会选择一百万美元，但是我做出这个选择时依然是自由的。上帝决定了我会面对什么选择，因此也决定了给定我的其他信念和欲求，什么是对我来讲更好的选择，但是我依然可以根据我关于好与坏的信念和欲求行动。

上帝的恩典宽恕了我们的罪，给我们注入恩典，以此推动我朝向正义。这并不仅仅是上帝的行动，而且也改变我们，使我们配得上永生。我们依赖上帝的恩典获得圣灵的启示，圣灵的干预非常有效，这些都没有排除自由意志。如果圣灵开启了我们之中正确的思虑和决

---

① 关于避免罪，参见本书§84。关于罪与自然的好，参见《神学大全》q109 a2，a8。
② 关于恩典与准备，参见《神学大全》1-2 q109 a6, q112 a2-3。关于恩典与自由意志，参见《神学大全》1-2 q110 a4 ad1, q113 a3-4。关于佩拉纠主义，参见本书§86。
③ 关于因果上的独立性，参见本书§79关于斯多亚学派的讨论。

定，我们的行动就是自由意志的产物，并且可以称为功绩（merit）。①

在阿奎那看来，用来解释这些基督教观点的意志和自由观念同时也帮助我们理解理性能动性的观念。如果我们理解了意志相对于激情如何是自由的，我们如何可以自由和负责任地选择和拒绝有德性的行动，我们就可以理解罪和恩典。阿奎那从基督教的角度捍卫了他的道德心理学和伦理学，也从哲学的角度捍卫了他的基督教教义。

104. 人为获得的与上帝注入的德性

神恩产生了由圣灵注入的德性，它们不是由我们自己的努力和训练获得的。因为幸福的本质我们需要这些由上帝注入的德性。一种幸福是符合人类自然的，人类可以通过那些属于他们自然的原则得到它；另一种幸福超过了人的自然，我们只能通过神的力量才能达到。指向这种幸福的德性也超出了我们的能力，因此是由上帝的恩典注入的。由上帝注入的主要德性就是信、望、爱这三种神学德性，它们将我们引向上帝，由此引向超自然的幸福。虽然我们缺少自然的力量去获得完全的幸福，我们拥有自由意志，"通过它我们可以被转向上帝，而上帝使我们幸福"。②

在将我们转向上帝的这些德性中，爱（caritas）是首要的。这是对上帝的爱，也是对他人的爱——因为他们"在上帝之中"，或者说上帝的一些特征在他们之中。③阿奎那同意，我们在获得了自然德性之后，可以为了他人自身之故而爱他们。但是我们需要由上帝注入的爱才能看到上帝的本质，这也向我们表明在人身上有什么真正值得爱的

---

① 关于恩典与功绩，参见《神学大全》q113a2，q114 a4。
② 关于恩典与注入，参见《神学大全》1-2 q62 a1。关于转向上帝，参见《神学大全》1-2 q5 a5 ad1。
③ 关于对上帝的爱和对他人的爱，参见《神学大全》2-2 q25 a1。

东西。对上帝的爱扩展到所有的理性存在，因为他们是上帝的创造，分享着上帝的理性本质。因此这种爱会扩展到陌生人、敌人和恶人身上。因为爱将一个人的关切扩展得比获得性的伦理德性更广，爱引入了新的道德要求。但是获得性的伦理德性向我们表明，爱的要求是合理的，因为它表明，如果我们爱上帝，那么爱上帝的造物就是合理的。

阿奎那在人为获得的德性与上帝注入的德性之间的对照，回到了奥古斯丁在促进地上和平的德性与引向天上和平的德性之间的对照。神学德性超越了而不是取消了人为获得的伦理德性。如果没有神学德性，我们可以获得真正但并不完美的德性。这些并不完美的德性建立在部分正确但并不完美的幸福观念之上。缺少更高的目的并不意味着缺少了更低的目的，也不意味着缺少了适合更低目的的好。[1] 基督教的德性发展了而不是拒绝了完美的人类自然相对于它的自然目的的德性。

---

[1] 关于人为获得的德性的好，参见《神学大全》2-2 q23 a7 ad1；《〈罗马书〉注疏》14:23（§1141）；《论恶》q2 a5 ad7；另参见本书§87关于奥古斯丁的讨论。

第十章
司各脱与奥卡姆

105. 对阿奎那的批评

阿奎那论证说,亚里士多德主义道德哲学既可以得到理性的辩护又与基督教神学和谐。他的论证既大胆又复杂,所以我们无须惊讶,肯定不是每个人都同意他对亚里士多德、哲学或神学的看法。在 14 世纪和 15 世纪,"经院学者"(也就是不同的哲学和神学"学派"中的成员)针对阿奎那提出的那些问题展开了热烈和富有成效的论辩。

司各脱和奥卡姆都是方济各会的修士。他们帮助形成了一个独特的方济各传统,不同于阿奎那和多明我会的传统。[①] 在第十一章,我们还会讨论一位更晚的经院学者苏亚雷兹,他属于 16 世纪建立的耶稣会(Jesuits)。苏亚雷兹讨论了他的前人,并试图为某种修正版本的阿奎那思想辩护。

阿奎那的理性意志观念是他道德学说的基础。他据此捍卫亚里士多德式的幸福观,解释人类如何成为自由的行动者。这个理性意志的观念是他自然法理论的基础,因为自然法的不同规定都指向人类自然这个终极的好。司各脱和奥卡姆认为,阿奎那的基本错误就在于他关于意志及其自由的看法。在这一点上的分歧,支持了司各脱和奥卡姆对阿奎那道德哲学其他方面的批评。

[①] 关于多明我会和方济各会,参见本书 §89;T. Williams, "The Franciscans," in Crisp ed., *The Oxford Handbook of the History of Ethics*, ch. 9。

106. 意志自由因为它不被决定

阿奎那对于意志为什么既是理性的又是自由的论述是"理智主义的",因为他认为我们的意志是自由的是因为它由思虑的理性决定,思虑的理性在不同的方案中做出了选择。我们在做 x 还是 y 之间进行思虑,然后坚定地得出应该做 x 而不是 y 的结论,这样我们就必然意愿 x 而不是 y。我们做出了自由的选择,因为我们通过思虑的理性,依据在不同选项之间做出选择的能力行动。司各脱部分同意这个关于自由的分析,也有部分反对。他同意,选择的能力是自由的标志,但是不同意阿奎那对这个能力的描述。在他看来,在不同选项之间做出选择的能力即便在我们做出决定之后依然存在,因此一个自由的意志不可能被思虑的理性决定。在司各脱看来,即便我们得出结论做 x 而不是 y,我们依然可能意愿 y 而不是 x。这是他从"意志主义"的角度对阿奎那做出的回应。[1]

在司各脱看来,一个自由的、可以做其他选择的意志不会必然地被决定追求任何东西,甚至不会必然地追求幸福。意志依据自然会在普遍的和某个具体的情况下欲求幸福。[2] 但是如果它是自由的,那么它

---

[1] 阿奎那关于思虑和意志的论述,参见《神学大全》1-2 q6 a2 ad2;本书§95。关于意志主义,参见 T. Hoffmann, "Intellectualism and Voluntarism," in Pasnau ed., *The Cambridge History of Medieval Philosophy*, Cambridge: Cambridge University Press, 2010, ch. 30。

[2] 司各脱对于关于幸福的自然欲求的讨论,参见《章句注》IV (4*Sen.*) D49 Q10 scho. = W182-184(W 代表 Duns Scotus, *Duns Scotus on the Will and Morality*, trans. A. B. Wolter, Washington: Catholic University of America Press, 1986)。目前还没有方便可靠的司各脱作品的版本。我的引用既依赖 Wadding 编辑的老版本(Duns Scotus, *Opera Omnia*, 12 vols., ed. L. Wadding, Lyons: Durand, 1639, repr. Hildesheim: Olms, 1968),也依靠更新的(但是尚未完成的)梵蒂冈版(Duns Scotus, *Opera Omnia*, ed. C. Balic, Vatican: Typis Polyglottis Vaticanis, 1950-)。(Wadding 版称为《章句注》的内容梵蒂冈版称为《规范》[*Ordinatio*])。沃尔特(Wolter)版中的选本包括了拉丁文本和英文翻译。威廉斯的翻译更好但是没有拉丁文(Duns Scotus, *Selected Writings on Ethics*, trans. T. Williams, Oxford: Oxford University Press, 2017,以下缩写为 Williams)。

就可以拒斥即便是自然和必然的欲求,因此不是必然地被决定去意愿任何目的,即便是幸福。因此,我们对于幸福的追求也不是必然的。意志通常会自由地选择追求幸福的自然倾向,但也可能反对这个倾向。①

与此相似,奥卡姆认为,意志是一种自由的能力,因此可以接受两种不同的现实性,从而对它们两者保持中立。②如果我们总是有实现相反现实性的能力,那么就没有任何过去的状况可以决定我们以某种的特定方式实现我们的能力。如果过去的情况不能决定我们的意志,意志实际上就不是被决定的。③我们从经验中知道,我们有相反的能力,因为每当理性规定了某个东西,意志依然可以反对它。④根据这个论证,阿奎那不可能前后一贯地结合两个不同的观点,一个是意志必然自由,另一个是亚里士多德主义的意志必然追求幸福。因为我们的自由使我们能够追求不同的东西,我们可以拒绝追求任何欲求对象,这其中也包括终极的好。

如果司各脱与奥卡姆是正确的,那么我们就很容易回答苏格拉底提出的问题:我们如何能够自由地选择某个我们承认对自己更差的东西?理智主义者认为很难回答这个问题,因为他们认为理性的意志是由一个人坚定地相信最好的东西决定的。要解释不自制如何可能,亚里士多德主张它来自某种意义上的无知。阿奎那结合了无知和意志认可不自制的行动这两点。⑤如果坚持理智主义对意志的看法,阿奎那似乎应该认为,要么在不自制的行动中我们并没有自由行动,要么承认

---

① 关于反对幸福的自由,参见《章句集》IV d49 q10 = W190。
② 奥卡姆关于自由和中立性的讨论,参见《章句集》I (1*Sen.*) d1 q6 = *OT* I.501-502;《章句集》IV q16 = *OT* VII.350-353。奥卡姆的引文根据《神学和哲学著作全集》(*Opera Theologica et Philosophica*,简称 *OT*, St. Bonarventure: Franciscan Institute, 1974-1988)。关于奥卡姆的伦理思想没有很好的英文选辑。
③ 关于意志并不是被决定的,参见奥卡姆:《神学论辩集》(*Quodlibets*) I q16 a1 = *OT* IX 87.12-15;《章句集》I d1 q6 = *OT* I 501.8-11。
④ 关于意志可以自由地反对理性,参见奥卡姆:《神学论辩集》I q16 = *OT* IX 88.25-28。
⑤ 关于不自制,参见本书 §46 关于亚里士多德和 §95 关于阿奎那的讨论。

意志并不总是欲求终极的好。司各脱和奥卡姆就倾向于后一个回答。

107. 对幸福的欲求不可能是道德的基础

司各脱认为，阿奎那的幸福主义（即一个人的幸福总是理性行动的终极目的）不仅与意志的自由矛盾，而且与伦理德性的要求矛盾，更具体地说，与道德的责任特征（obligatory character）矛盾。

道德原则经常会让人们去问"我为什么应当如此？"这个问题。这些原则要求我们服从，而不是邀请我们或者建议我们去做某事。如果我们已经倾向于做某件事，通常就不需要道德原则告诉我们去这么做。道德通常都是告诉我们应当去做一些我们并不倾向于去做的事情。在柏拉图的《理想国》里，当正义的批评者论证我们"不自愿地"正义行事时，[①] 他们看到，一些道德原则告诉我们去做那些我们并不愿意做的事情。即便如此，我们还是遵守道德，因为我们有理由这样做。道德的这个给出理由的特征经常被表达为道德对我们来讲是"规范性的"。那么到底是什么让它成为"规范性的"，或者换句话说，道德理由的来源是什么呢？

道德以一种特殊的方式是规范性的。如果我们接受了道德原理，我们就不认为它们只是给了我们一些很小的考量去愿意做某个行动。我们认为，它给出的是一个难以抗拒的理由，因此我们应当去做道德告诉我们的事情，我们有义务去这样做。它对我们有约束力，即便我们并不想遵守。这个难以抗拒的理由就构成了道德义务的要求。[②]

大多数古代和中世纪的道德思想家都认为，道德具有规范性是因为道德理由说到底来自我们的自利。自利的倾向解释了我们为什么有

---

① 关于我们不自愿地成为正义的人，参见柏拉图：《理想国》358c3。
② 关于道德的规范性，参见本书 §138 关于普芬多夫的讨论。

时候不情愿遵守道德。在简单的自利中我们很熟悉这种不情愿。如果我们看到某个行动今天会让我们情况更差，我们就不情愿做它，即便我们同时看到从长期来看，它会让我们状况变好。从这个角度看，不情愿遵守道德原则就是拒绝遵循那些与当下的目标和欲求冲突的整体利益。

司各脱反对这种关于道德理由的看法。在他看来，道德理由并不是自利的理由，不管我们如何宽泛地理解自利，自利都不可能成为道德义务的基础。追求幸福就是追求一个人自己的好处，但是德性有时候要求我们为了他人放弃自己的好处。比如说勇敢的人有时候牺牲自己的生命（不管他们是否相信不朽），因此需要意愿自己的死亡，还有一些为了共同体利益的德性也是这样。这些人为了共同体，而不是自己的德性行动。因此，（司各脱进一步推论）他们选择了公共利益而没有考虑自己的幸福，甚至牺牲了自己的幸福。因为那些不相信来生幸福的人（比如异教的希腊人）也可以勇敢，这个道德德性并不依赖利己的理由。①

与此相似，幸福论不可能解释我们如何以恰当的方式爱上帝。因为上帝是爱的至高对象，我们应该爱上帝胜过任何其他，即便是我们自己。以正确的方式爱上帝，我们就要将对自己的爱置于对上帝的爱之下。如果我们必然将自己的幸福作为终极目的，我们就不可能做到这一点。②

108. 对正义无偏的关切是道德的基础

司各脱认为，有德性的人选择有德性的行动时，他们做出的是理

---

① 关于幸福与自利，参见司各脱：《章句集》III d27 q1 = W 434 = Williams 170 §46。关于勇敢，参见《章句集》III d27 q1 = W 436 = Williams 171 §48-50。
② 关于自爱与爱上帝，参见司各脱：《章句集》III d29 q1 supp = W 456。

性的选择，因此有些理性的选择并不指向一个人自己的幸福。意志有两个首要的动机，"对正义的情感"（affection for justice，即为了正确的行动自身之故去做它的动机），以及"对利益的情感"（affection for advantage，即欲求自己的幸福）。对正义的情感体现了我们意志的自由，因为它表明我们可以选择正确的东西，而不是我们的好处。假如我们的幸福是我们的终极目的，我们就不能自由地做出这个选择，我们也不能自由地爱上帝胜过所有其他。①

理性的意志是无偏的（impartial）。它确定和考虑不同行动方案的好坏，而把不同利益方的具体倾向放在一旁。我们对自己和他人采取这种无偏的视角，就是根据自己对正义的情感行动。

司各脱做出了一个有时候被认为是现代道德哲学标志的区分。他否认对我行动终极的理性证成应该诉诸我的终极利益。还有一个同样终极的理性证成诉诸的是来自无偏视角的正义，它不会给我自己的利益特别的考虑。这个在道德和无偏的理由之间的联系得到了后世道德思想家的强调，比如克拉克、巴特勒、康德和西季威克。司各脱第一个论证了道德因为是无偏的所以是理性的。②

但是我们还可以从司各脱关于道德的论证中得到另一个结论。即便我们接受道德不同于自利，我们可能依然和特拉叙马库斯一样反对道德可以得到理性的证成。我们依然可能以非理性的方式与道德联系在一起，可能依然满足于非理性的情感。这是后来的情感主义的结论，他们接受了司各脱对于道德与自利的分离，但是否认他在道德上的理性主义。③

---

① 关于意志的两种情感，参见司各脱：《章句集》III d26 q1 = W 178；司各脱：《章句集》II d6 q2 = W 464 = Williams 112 §40。关于对正义的情感，参见 J. Boler, "The Inclination for Justice," Pasnau ed., *The Cambridge History of Medieval Philosophy*, ch. 35。
② 关于道德与自利，参见本书 §194 关于巴特勒的讨论。
③ 关于情感主义，参见本书 §155。

109. 意志可以既是理性又是自由的吗？司各脱的困难

根据司各脱的看法，我们在对正义的情感（而非对利益的情感）的推动下行动时就展现了理性意志的自由。有时候，他甚至将自由等同于对正义的情感。[①] 但是这不该是他最终的观点。因为如果意志保持了指向相反者的能力，它必然可以反对正义的情感，而选择对利益的情感。它的自由就体现在它有能力接受或反对两种基本情感。

那么意志如何在这两种情感之间进行选择呢？如果任何一种理性考量（利益、正义或另外的考量）决定了它的选择，它看起来就是不自由的（根据司各脱关于相反能力的论证）。但是如果没有任何东西决定了它的选择，它就没有根据任何考虑进行选择。那么它的选择看起来就是任意的，完全不是一个理性的选择。

因此司各脱的意志主义看起来与意志的理性存在不一致。如果他回答说意志并非本质上理性的，那么我们就可以问意志与激情的区别何在？

110. 反对阿奎那的神圣自由和自然法

司各脱和奥卡姆同意阿奎那关于我们通过理性可以把握自然法的观点。他们也同意，上帝规定了我们要服从自然法。但是他们不同意阿奎那的地方在于自然法与上帝意志的关系。这个与阿奎那的争论来自他们反对阿奎那对自由的理智主义看法。

阿奎那认为，法律是包含了命令的规则，上帝是神圣的立法者。但是他并不认为自然法规定的道德本质上依赖上帝的立法行为。自然

[①] 关于正义的情感是意志的自由，参见司各脱：《章句集》III d26 q1 = W 178 = Williams 112 §49。

法在理性造物之中，因为他们分有神意，可以对自己和他人运用预见的能力。自然法是实践理性通过思虑属人的好发现的原则。[①]

阿奎那的观点给上帝自由地颁布自然法留下余地了吗？如果上帝创造了世界，定义了自然法，通过先知和《圣经》讲话，因为上帝认为这是最好的，那么根据理智主义的自由观，上帝就是在自由地行动。但是意志主义者认为，如果上帝是自由的，因此拥有相反的能力，那么即便实践理性做出了规定，上帝也必然可以拒绝规定人们服从自然法。

理智主义者和意志主义者同意，上帝是自由的和全能的，但是他们在自由和权能的相关条件上存在分歧。从意志主义的观点看，理智主义对上帝意志的看法限制了上帝的权能。因为如果上帝必然依据关于人类自然的事实并基于良好的理由行动，那么上帝似乎就被这些理由决定了。如果上帝是被决定的，那么他就不是自由地回应这些好的理由，这样神的权能和自由就都受到了限制。

111. 自然法依赖上帝的自由选择

奥卡姆关于自然法的论述符合他对上帝自由和权能的意志主义观念。自然法包括正确理性的原则，但是它依赖上帝的意志，并且不会限制上帝的意志。神圣的意志先于正确的理性，德性仅仅"就神圣命令而言"服从正确的理性，或者就目前的规定而言。正确的理性要求这些行动，因为它依赖神的意志。因此，上帝不是不可能反对正确理性的命令，而是正确的理性没有限制上帝的自由。不管上帝意愿什

[①] 关于法则、规则、命令，参见本书§98关于阿奎那的讨论。关于自然法与预见，参见阿奎那：《神学大全》1-2 q91 a2。关于法则与思虑，参见《神学大全》1-2 q90 a1。

么，那个意愿都会变成正确理性的命令。①

上帝的自由意味着做任何事情的"绝对"（或"无条件"）权能，只要它不是自相矛盾的。上帝有自由去选择其他法则，不同于他实际选择的法则，因此上帝也有自由去改变那些已经选择的法则。因为（根据奥卡姆的看法），说偷盗和通奸是正确的并非自相矛盾，通过他的绝对权能，上帝可以规定我们去偷盗，这样偷盗就是正确的。在极端情况下，上帝也可以规定恨上帝是正确的。除非我们爱上帝，否则我们就不可能被推动去遵守这个命令；但是假如我们爱上帝，我们就不会遵守这个命令。因此我们不可能遵守上帝发布的不去爱上帝的命令。奥卡姆的意思并不是上帝会命令我们或者意愿命令我们不去爱上帝，或者我们需要考虑被命令不去爱上帝的现实可能性。他仅仅想要解释上帝的绝对权能。②

他将这个绝对的权能与上帝经过规定的权能（ordered power 或 directed power）进行对照。上帝规定了他的权能，从而确定了宇宙的秩序，由此确定了自然法。我们可以预计上帝坚持现有的秩序，坚持我们所认识的自然法，即便那些自然法并没有反映神圣意志必然遵守的关于好坏的标准。上帝的选择并不必然由上帝关于什么最好的理解决定。因此自然法的原理依赖神的自由和权能。

我们通过正确的理性和反思人的自然把握自然法的原则。奥卡姆同意阿奎那的看法，我们不需要探究神的意志去认识自然法要求我们

---

① 关于神圣的意志与正确的理性，参见奥卡姆：《神学论辩集》III q14 = ix.255.43-45;《问题集》（*Quaestiones variae*, 缩写为 *Qu. var.*) q7 a3 = viii 363.515; *Qu. var.* q7 a4 = viii 394.440-442。关于奥卡姆的伦理理论，参见 M. M. Adams, "Ockham on Will, Nature, and Morality," in P. V. Spade ed., *The Cambridge Companion to Ockham*, Cambridge: Cambridge University Press, 1999, ch. 11。

② 关于不同种类的神圣权能，参见奥卡姆：《神学论辩集》q6 = ix 604.14-16;《章句集》I d20 = iv 36.4-10;《章句集》II q15 ad3-4 = v 352–3.11-18。关于我们不可能不服从的命令，参见《神学论辩集》III 14 = ix 256.74-257.94。

做什么。但是他与阿奎那的不同之处在于，自然法与神圣自由的形而上学关系。根据阿奎那的看法，关于人类自然的事实本身就决定了自然法的内容；而在奥卡姆看来，这些事实做不到。无缘无故地折磨一个无辜的人是错误的，这一点是因为上帝选择让它成为错误的。上帝经过规定的权能保证了在这样一个宇宙中这类行为是错误，但是上帝的绝对权能完全可以要求我们无缘无故地伤害无辜之人。我们认为这是错误的，因为上帝自由地选择启示我们认识自然法的规定，而这些规定是由上帝经过规定的权能确定的。

112. 上帝的自由与上帝的正义：意志论的问题

如果意志论者持有这些关于神圣自由的主张，他们也一定要主张上帝有自由去违反正义的准则（precepts）吗？司各脱的回答是"不"。在他看来，上帝意愿的一切都是正义的，上帝没有意愿的一切都不是正义的。但是司各脱没有像阿奎那那样解释上帝与正义之间的关系。阿奎那让关于正义的知识成为上帝本质的一部分。上帝对于道德原则的选择不依赖神圣的意志，所以在意志论者看来上帝就不是自由的。然而，司各脱将正义理解成上帝选择的结果。什么是"合法"由立法者的决定定义，与此类似，什么是"正义"也由作为立法者的上帝的决定定义。这就是为什么上帝不可能不义地行动，也不可能指导我们去违反正义。

这个关于上帝为何必然正义的解释，也符合奥卡姆关于正义依赖上帝经过规定的权能的看法。上帝拥有绝对的权能，所以可以自由地违反当下的正义原则，因为他可以自由地违反如今构成正义规则的东西（这些规则是由他经过规定的权能确定的）。但是假如上帝要选择新的规则，这些新规则就是正义的规则，因此上帝依然是正义的。在这个论证中，司各脱与奥卡姆都接受了苏格拉底在柏拉图的《欧叙弗伦》

中反对的那个观点,即行动是因为上帝的规定才成为正当的。①

因此,假如上帝选择随意对待人类,不考虑他们的价值(merits)、配得(desert)或者自然,这样做在意志论者看来也是正义的。根据配得对待人们是正义的,因为这个正义原则基于上帝经过规定的权能。上帝依然拥有绝对的权能去改变这些原则,并选择新的原则,这些原则一旦被上帝选择就成为正义的。我们关于正义实际内容的看法并不能告诉我们正义在所有可能世界里提出了什么要求,而只是关于上帝经过规定的权能要求的内容。②

这是对上帝之正义,或者普遍而言上帝道德品格的充分论述吗?如果我们认为上帝是好的,并因此是爱、崇拜和献身的恰当对象,我们看起来就认为上帝拥有某些确定的特征,使得他配得上这些态度。但是如果上帝的正义没有对上帝可以意愿什么做出任何限定,我们就没有给上帝或者神圣的意志赋予任何确定的特征。那我们又如何可以将"好"归于上帝呢?

意志论者可能会这样回答:神的好与通常道德行动者的好不同。如果我们认为它们相同,就忽视了上帝的超验本性,而把通常的道德谓述应用到了神圣的自然之上。

这个回答会引出进一步的问题。如果我们没有给上帝赋予任何性质,而只有属于绝对神圣权能的毫无限制的自由,我们给了上帝什么样的选择呢?在前面我们看到,意志论的自由观有将理性选择变成任意选择的危险。同样的危险看起来也存在于意志论关于神圣自由与自然法和道德原则的关系之中。

在奥卡姆看来,道德原则给了我们一些理由,因为它们表达了体

---

① 关于正义与上帝的选择,参见司各脱:《章句集》IV d46 q1 = W 246 = Williams 323。比较欧叙弗伦与苏格拉底(本书§27)。我们没有理由认为司各脱或奥卡姆了解《欧叙弗伦》。关于沙夫茨伯里对意志论的批评,参见本书§141。

② 关于上帝的绝对权能与正义,参见司各脱:《章句集》I d44 q1. = W 256 = Williams 96-97。

现在自然法中的神圣命令。道德理由依赖上帝的意志，上帝作为立法者不同于道德行动者。道德上的好和正当不是行动和人本身的特征，而是与上帝的选择发生关系时的特征。上帝的选择存在于人的选择和意志之外，但是并不完全在任何选择和意志之外。上帝本可以选择让不同的事情成为好的和正当的（这是行使绝对权能的表现）。

道德来自神的立法，这个观念试图解释道德的两个特征：第一，道德并不依赖人类的选择和偏好；第二，道德并不限制神的自由。这两个关于道德的说法都是对的，不管在阿奎那、司各脱、奥卡姆还是其他中世纪道德思想家那里都是如此。既然奥卡姆接受了关于自由的意志论观点，那么他让道德事实与神的自由相容的唯一方法就是把道德变成神圣立法的产物。

然而，我们可以问，为什么作为道德来源的立法活动必须是神圣的？人类立法者也通过发布命令表达他们的意志，他们是否也通过立法让行动成为对的或错的呢？有人可能会回应说：仅仅是一个立法行为并不足以制造道德义务，立法者还必须拥有立法的权威。因此上帝不仅立法，而且通过神圣的权威立法。然而，这个回应并没有排除掉道德可以依赖人的立法，因为人类立法者也拥有立法的权威。因此一个纯粹的道德立法理论似乎可以得到奥卡姆意志论的保证。但是如果是这样，奥卡姆对道德第二个特征（神圣自由）的辩护似乎就和他对第一个特征（道德独立于人的选择）的辩护发生了冲突。

或许这个论证并没有公正地对待奥卡姆的立场。因为他依然可以回应说：人类立法者的权威来自神的权威，是神的权威给了人类立法者权力去发布命令。但是这个回应会给奥卡姆引来一些令他难堪的问题。特别是，我们可以问上帝权威的来源。关于意志主义的这个问题会成为之后道德哲学辩论的一个重要来源。[①]

[①] 关于神圣权威，参见本书 §142。关于意志论的进一步影响，参见 F. A. Olafson, *Principles and Persons: An Ethical Interpretation of Existentialism*, Baltimore: Johns Hopkins University Press, 1967。

第十一章
道德与社会性的人类自然

113. 宗教改革

我们接下来要讨论的自然法理论家都属于 16 世纪或更晚的"现代"。在 16 世纪和 17 世纪，西欧社会与文化发生了一些和道德哲学有关的变化。就像我们不该过分关注古代与中世纪的区分，我们也不该在中世纪与现代之间划出一条截然的分界线。

路德与加尔文在西欧改造中世纪教会的努力最终导致了改革宗的教会（Reformed churches）产生，这些教派形式上脱离了罗马教廷和教皇。这个分离的标志是特伦托大公会议（Council of Trent, 1545—1563）的召开，这次大公会议界定了罗马天主教会和改革宗教会在教义上的差异。改教者主张中世纪教会已经偏离了《新约》和早期基督教作家的原初教义。在他们看来，中世纪教会抛弃了奥古斯丁的教义，不再认为人是完全依赖神圣恩典的，代之以佩拉纠主义的观点，即认为上帝会奖励人们自己不经上帝帮助的努力。改教者指责亚里士多德主义的形而上学错误地影响了中世纪关于耶稣圣体转化教义的形成，这些观点背离了早期教会的观点。他们批评教士和主教不当的野心，指责他们背离了早期基督教对于教士乃是教会仆人的理解，代之以一个等级森严的教阶制度，并且试图主导宗教和世俗生活。[①]

路德与加尔文想要改革教会，但并不想建立独立的教会。但是因为官方教会拒绝接受他们的主要批评和建议，欧洲的不同部分就各

---

① 关于佩拉纠，参见本书 §§86, 103。

自选边，或者支持罗马教廷，或者支持改教者。罗马教廷对改教者的回应是内部的改革和更新（有时候被称为"反宗教改革"[Counter-Reformation]），包括重申和解释被路德和加尔文攻击的教义。特伦托大公会议的文献体现了天主教对信条和组织的更新。他们确定了哪些信条可以被接受为真实的天主教学说，哪些不能，由此要求基督徒选择罗马教廷的立场还是改教者的立场（他们之后被称为"新教徒"）。

114. 文艺复兴

路德和加尔文诉诸《圣经》和早期基督教作家去反对中世纪拉丁化的和亚里士多德化的基督教神学。他们获得了来自另一个运动的支持，那个运动也意在回归原初的资料。在15世纪，希腊作家的手稿被人们从拜占庭送到意大利，学者们开始努力扩展他们对于希腊和拉丁作家的知识。他们想要复兴古典时代的视域，去除中世纪教会的视域。他们想用希腊文研究《新约》，免除教会使用的拉丁文版带来的扭曲。这个运动有时候（有些夸张地）被称为"文艺复兴"——意思是"学术的重生"。①

新学术的很多支持者依然忠诚于罗马教廷。比如伊拉斯谟（Erasmus）和托马斯·莫尔（Thomas More）主张用希腊文研究《新约》，以及改革教会，但是从来没有接受路德或加尔文对教会的攻击。复兴希腊和罗马古典传统的努力，很容易与复兴《新约》和早期教会原初学说的努力联系在一起。在这两个情况下，复兴原初就意味着中世纪教会扭曲地遮蔽了原初。

---

① 关于文艺复兴，参见 R. G. Porter ed., *New Cambridge Modern History*, vol. I, Cambridge: Cambridge University Press, 1957, ch. 2; J. Hankins, "Humanism, Scholasticism, and Renaissance Philosophy," in *Cambridge Companion to Renaissance Philosophy*, ed., J. Hankins, Cambridge: Cambridge University Press, 2007, ch. 3。

115. 科学革命

文艺复兴和宗教改革对 15 世纪和 16 世纪的思想有着塑形性的影响。一个稍晚一点的影响来自 17 世纪"科学革命"中自然科学的发展。这可以回溯到哥白尼，他的天文学理论是伽利略日心说的起点之一，伽利略的物理学是牛顿物理学的起点之一，而牛顿形成了万有引力理论。

在天文学和物理学领域的这些发展与亚里士多德主义自然哲学中的核心要素存在矛盾。这些发展鼓励一些人主张彻底抛弃经院哲学。霍布斯和洛克都得出了这样的哲学结论。洛克主张反对经院哲学的经验主义，将它看作可以确证牛顿科学发现的哲学理论。①

116. 现代国家和哲学传统

中世纪欧洲普遍缺少像当代的法国、美国、俄罗斯这样统一的民族国家。一方面，拥有排他性权力、支配着辽阔疆域的强大中央政府非常罕见；另一方面，中世纪文化的某些侧面，比如神学和哲学，却并没有被政治或民族界限分割。中世纪世界的这些特征在 16 世纪以后变得不那么鲜明。

1558 年，英格兰的玛丽一世去世，据说是因为失去了加来（Calais）抑郁而死，加来是英格兰占据的最后一块法兰西土地。这是一个方便的日期，它标志着英格兰只能巩固在不列颠和爱尔兰的权力，同时法国人也巩固了在现代法国的权力。中世纪的英国国王们把他们自己看作法国贵族，在法国的土地上拥有世袭权利。在 15 世纪，他们缓慢地、不情愿地放弃了这些态度。同时，他们强化了对于威尔士和爱尔兰的控制。

---

① 关于洛克作为牛顿暗中帮手的角色，参见洛克：《人类理解论》"致读者的信"。

苏格兰和法国在反对英格兰方面是古老的同盟，但是在1603年英格兰和苏格兰的王位统一了，法国在苏格兰的影响褪去了。英格兰和苏格兰、法国、荷兰、西班牙逐渐成为比较中央集权的独立国家。①

这些变化既影响了宗教改革和反宗教改革，同时也受到这两个运动的影响。玛丽一世是亨利八世最年长的孩子，亨利八世放弃了对教皇作为英格兰教会首领的忠诚。亨利八世这样做是为了确保自己能有一个男性子嗣，而这需要废除他当时的婚姻。他并没有打算放弃罗马教会的教义和崇拜仪式。但是他的举动鼓励了英格兰那些支持路德和加尔文在德国和法国开始的宗教改革运动的人们。亨利八世的继位者是他的儿子爱德华六世，他支持宗教改革。随后支持天主教的玛丽一世很快就继承了王位，她建立了与天主教西班牙的联盟。她的继承者伊丽莎白一世在英格兰建立了改革宗教会，并且与西班牙决裂。

宗教分裂有时候会制造冲突，比如在新教的英格兰与天主教的西班牙之间；有时候也会制造新的联盟，比如在新教的英格兰和苏格兰之间（后者之前是法国的联盟，一起反对英格兰）；还有的时候会分裂一个国家或地区，比如德国、瑞士和荷兰，都分裂成了新教和天主教的地区。法国和英格兰变来变去，最终新教主导了英格兰，而天主教主导了法国。②

这些在不同国家和不同宗教间的分裂对精神生活也产生了影响。③在英格兰和苏格兰，用英语写作的哲学著作开始形成一个传统，不同于西班牙、法国、荷兰和德国的哲学家。莱布尼茨用法文和拉丁文，而非德文写作。康德的主要作品则用德文发表。彼此不同但并非截然独立的哲学传统在不同国家用不同的语言发展起来。

---

① 关于民族主义与新教，参见 G. B. Shaw, *Saint Joan*, London: Constable, 1924。
② 关于这些冲突和重组，参见 *New Cambridge Modern History*, vol. II, chs. 3-7; vol. III, chs. 4, 7。
③ 说宗教改革制造了"思想上的巨壑"（*New Cambridge Modern History*, vol. III, p. 66）言过其实了。

117. 中世纪与现代哲学的连续性

这些关于早期现代世界的简要评论，可能会使得我们期待在现代道德哲学和此前的道德哲学之间存在鲜明的差异。如果在读过古代道德哲学家之后紧接着阅读 16 世纪以后道德哲学家的作品，我们可能认为自己看到了在旨趣、问题和学说上的巨大变化。我们甚至可能会说，这个阶段的道德哲学开启了一种新的言说方式。①

这种进路在哲学史的研究中并不少见。"现代哲学"通常都被认为始于 17 世纪中期。在形而上学和知识论领域，笛卡尔通常被看作起点。我们可能会认为现代道德哲学始于格劳修斯和霍布斯，他们和笛卡尔是同时代人。霍布斯把中世纪的经院主义斥为浪费时间，宣称自己在道德哲学领域确立了全新的起点。在 18 世纪，巴贝拉克(Barbeyrac)说格劳修斯让道德哲学从死亡中重生，打破了中世纪给道德哲学覆盖的坚冰。对于经院哲学的这种态度导致人们忽视了阿奎那和他在西欧部分国家的继承者。②

即便只是通过前两章的简单勾勒，我们也会认为对于中世纪哲学的这种态度荒诞不经。在古代和现代世界之间，道德哲学既没有死去，也没有被冰封。中世纪经院主义对于古代伦理学问题既有批判性又有建设性的探讨。对于现代伦理学与中世纪伦理学的关系，我们也可以这样说。在中世纪和现代哲学之间有一个明显的连续性要素，就是关于自然法性质的长久辩论。包括苏亚雷兹在内的晚期经院哲学

---

① 最好的现代道德哲学史（到康德之前）是 J. B. Schneewind, *The Invention of Autonomy*, Cambridge: Cambridge University Press, 1997。

② 关于笛卡尔作为"第一个现代人"和"最后一个伟大的经院主义者"，参见 A. W. Moore, *The Evolution of Modern Metaphysics*, Cambridge: Cambridge University Press, 2012, p. 26。关于现代道德哲学，参见 J. B. Schneewind, ed., *Moral Philosophy from Montaigne to Kant* [缩写为 S]，2nd ed., Cambridge: Cambridge University Press, 2003, pp.3-21; *The Invention of Autonomy*, ch. 1。关于巴贝拉克与格劳修斯，参见 *The Invention of Autonomy*, pp. 66-68。

家，以及包括格劳修斯、霍布斯、普芬多夫在内的17世纪的继承者，进行了一场辩论，讨论自然法之中自然和命令的要素。苏亚雷兹在方法论和整体立场上都是一个经院学者。格劳修斯和普芬多夫讨论他的问题，但是没有那么精致。一旦我们对现代和经院道德哲学家给予了适当的关注，特别是苏亚雷兹，我们就会被这些辩论的连续性吸引，程度不亚于在格劳修斯和他的继承者那里看到的特别现代的要素。[①]

阿奎那主张，亚里士多德的原理与自然法的规定一致。关于人类自然的事实是伦理学的形而上学基础，对这些事实的知识是道德知识的认识论基础。司各脱和奥卡姆基于意志主义反对这种自然主义的实在论。在早期现代哲学中，苏亚雷兹（和其他人）以更加鲜明的方式塑造了自然主义。意志主义者对自然主义观点的反驳，得到了霍布斯和普芬多夫的发展。现代道德哲学的历史在一定程度上就是这两种对待道德事实的态度之间争论的历史。

118. 苏亚雷兹：以中间道路解决关于自然法的争论

阿奎那和他的批评者都主张自然法的准则是道德原则。因此他们同意道德是独立于神圣命令的，当且仅当自然法是独立于神圣命令的。自然法和神圣命令的自然主义者和意志论者也是道德的自然主义者和意志论者。

苏亚雷兹反对将道德等同于自然法。只要反对这一点，我们就可以捍卫一种中间道路，从而避免两种极端立场没有将道德与自然法分

---

① 关于自然法的辩论，参见 K. Haakonssen, "Early Modern Natural Law," in J. Skorupski, ed., *Routledge Companion to Ethics*, London: Routledge, 2010, ch. 7; R. Tuck, "The 'Modern' Theory of Natural Law," in A. Pagden ed., *The Language of Political Theory in Early Modern Europe*, Cambridge: Cambridge University Press, 1987, ch. 5。

开的错误。^①一个极端是自然主义的观点，它认为既然道德纯粹是"说明性的法则"（indicative law），独立于任何命令向我们表明什么是好什么是坏，那么自然法也必然是纯粹说明性的。另一个极端是意志论者的观点，他们宣称自然法是规定性的（prescriptive），不是说明性的，因为它表达了神圣的命令，他们由此推论，道德也是一种规定性的法则。然而，如果我们不把自然法和道德等同起来，就可以找到一种比两个极端更好的中间道路。[②]

119. 苏亚雷兹：中间道路对意志论的部分捍卫

在苏亚雷兹看来，对自然法的自然主义论述是错误的，因为自然法不是纯粹说明性的。一个纯粹说明性的法则指出了某个我们应该做或不做的事情，但是它并没有命令任何事情。假如自然法仅仅是说明性的，上帝就会将它教给我们，而不是命令我们做任何事情。假如理性的自然本身就是自然法（就像自然主义者认为的那样），自然法就会来自作为创世者而不是立法者的上帝。[③]但是自然法是真实的法则，因此它禁止坏事，规定好事。它来自神圣的命令，而不仅仅是来自关于自然本身的事实。[④]

与此相似，自然主义者没有看到自然法强加了一个真实的责任，

---

① 关于苏亚雷兹的同时代人和他们讨论的政治争论，参见 A. Pagden, "The School of Salamanca," in G. Klosko, ed., *Oxford Handbook of the History of Political Philosophy*, Oxford: Oxford University Press, 2011, ch. 15。

② 中间道路是说自然法既是说明性的又是规定性的，对此参见苏亚雷兹：《论法律》（*De Legibus*）II.6.3-6（部分收于 Schneewind, ed., *Moral Philosophy from Montaigne to Kant*, pp. 76-77）。

③ 关于说明性和规定性的法则，参见关于普芬多夫的讨论。关于理性的自然不是自然法，参见苏亚雷兹：《论法律》II.5.2。关于创世者与立法者，参见《论法律》II.6.2。

④ 关于真正的法律，参见《论法律》II.5.5。关于法律与建议，参见《论法律》I.12.4（Schneewind, ed., *Moral Philosophy from Montaigne to Kant*, p. 74）。关于法律要求神圣的命令，参见《论法律》II.6.5。

它要求神的命令。根据苏亚雷兹的理解，一项义务引入了一个行动的理由，而它来自强加，因此来自强加者的意志。要强加一个责任，强加者就必须要使它为真，将他们的意志传递给我，使我以某种方式行动，并且使我没有其他的理性选择。当我做出一个承诺，或者用其他方式坚定地表达自己想要以某种方式行动的意志后，我就要迫使自己如此行动。当另一个人在适合的位置上，他的意志也可以对我强加必然性。①

在一些熟悉的情况下，对意志的表达创造了苏亚雷兹心目中的那种责任。比如七岁的蒂姆可能已经发现在过马路之前最好向两边看看。但是蒂姆的妈妈不想把这件事交给蒂姆的判断力，因此她告诉蒂姆要向两边看。蒂姆现在有两个理由向两边看，一个依赖自己关于安全的观念，另一个依赖妈妈意志的表达。即便他忽视了其中一个，依然会根据另一个行动。

苏亚雷兹认为，在自然法中，意志创造了责任，就像在实定法中意志可以创造责任。明智的司机想要在路口停下，看看有什么情况，但是法律并没有将这个决定完全交给司机的感觉，因为它规定了他们要在路口停下，而不仅仅是提醒他们停下来是个好主意。与此相似，上帝不仅仅像老师一样将自然事实指示给我们，还命令我们去遵守自然法的准则。既然自然法本质上是做出强制（oblige），而强制要求有某个命令，这个命令表达了某个更高权威的意志，自然法就需要神圣的命令，它表达了上帝立法的意志。②

这个论证看起来让苏亚雷兹成了司各脱和奥卡姆这样的意志主义者的盟友，而不像自然主义和意志论的中间道路。此外，我们可能怀

---

① 关于法律、责任与命令，参见《论法律》II.6.10-11。"强制"（oblige）和"责任"（obligation）分别翻译自 obligare（bind，束缚、约束）和它的同源词。
② 关于神圣命令，参见《论法律》II.6.10。

疑从本质上讲自然法到底是不是苏亚雷兹心目中那种真正的法律。在没有神圣命令的情况下，自然事实是不是构成了自然法，就像说明性的法则那样？阿奎那似乎认为，是关于人类的一些事实，而不是神的命令，使得行动正确或者错误。苏亚雷兹在这个问题上是否反对阿奎那的立场呢？

120. 苏亚雷兹：中间道路提供了对自然主义的辩护

苏亚雷兹认为，只要我们将自然法和道德区分开来，就可以应对这些反驳。意志论者正确地主张，规定性的法则不仅仅是一个陈述，或者一个建议；自然主义者正确地主张，神圣命令并不创造对与错。

自然法的准则并不等同于对与错的原则，因为道德是先于自然法的。上帝的命令和禁令预设了"内在于"特定行动的对与错（也就是属于行动本身，而不管是谁命令），因此要求我们去做或者不做这些行动，不管由谁命令。① 与此相似，做那些依据自然错误的行动即便没有神的禁止也是罪。② 罪和可指责性来自一个有意的行动与正确的理由相反。这些道德属性是内在于行动的，因为它们是由理性的自然决定的。③

如果上帝什么都没有命令，就不会有自然法，但是假如宇宙中的其他东西都不变，依然会有对与错。自然事实构成了对与错，并且成为道德理由的来源。但是这些事实和理由并不是自然法。因此，理性的自然是人类道德行动中客观对错的基础。因为内在的对错依赖关于人类自然的事实，只要关于人类自然的预设保持不变，自然法就是永

---

① 关于内在正当，参见《论法律》II.6.11（= S77），II.9.6, II.15.4, II.16.3。
② "罪"（*peccatum*）并不必然指反抗上帝的错误；参见本书 §§ 84, 85, 96。
③ 关于罪与可指责性（*culpa*），参见《论法律》II.6.18。

恒不变的。①

因此，苏亚雷兹赞成意志论者关于自然法的观点，但是他同意自然主义者关于道德的看法。一个行动的对错仅仅取决于关于人类自然的事实，不管有没有神圣的立法都一样。道德正当的原理并不必然属于自然法，因为法律要求立法者。

121. 苏亚雷兹：中间道路为什么是最好的？

苏亚雷兹的中间道路认可了意志论者的观点，即自然法依赖神圣命令；同时也认可自然主义者的观点，即道德并不依赖神圣命令。这样就可以来回答给意志论者造成困难的问题了：上帝为什么命令了某个行动而不是相反的行动？上帝的正义到底由什么构成？既然司各脱和奥卡姆都认为上帝命令一个行动使得它正确和正义，他们就不得不说，上帝的正义仅仅在于上帝意愿他意愿的一切。苏亚雷兹回答说，上帝命令了那些（即便没有神圣命令）本身就是正确的行动，上帝的正义就在于必然命令那些本身已然正确的行动。②

在苏亚雷兹看来，上帝的自由并不会因为上帝必然会同意已然正确的东西而受到减损，就像上帝不可能通过自己的意志把必然为真的东西变成假的。比如说，无缘无故伤害一个无辜的人是错误的，这是一个必然的真理，上帝不可能通过意愿它是错误的而改变这个真理。如果上帝是正义的，那么即便没有上帝的立法，某些东西也已经是正确的了。如果反对这种客观主义的自然正当，我们还有什么办法来解释构成道德正当的上帝的命令为什么不是毫无根据和完全随意的呢？

---

① 关于预设的正当性，参见《论法律》II.5.5-6; II.6.11, 18; II.9.6。"正当"（right）是对 honestum（希腊语的 kalon）的翻译；参见本书§48关于亚里士多德的讨论。关于自然法和人类自然，参见《论法律》II.13.2; II.16.6。关于不可变性，参见本书§142关于卡德沃斯的讨论。

② 关于神圣命令和道德，参见本书§§27, 98, 111。

关于如何把道德判断理解成命令也会产生类似的问题。之后卡德沃斯从苏亚雷兹这里借用了这个观点来反对霍布斯将道德还原为立法。

苏亚雷兹关于法律的道德来源的论证，给我们如何看待人类社会中的立法带来了不同的视角。主权者拥有"绝对的"（也就是没有限定的）权力，而臣民在道德上不得不服从法律，而这仅仅是因为主权者规定了它们，这是关于神圣命令和自然法的意志主义在政治上的对应物。这个绝对主义的学说得到了苏格兰的詹姆斯六世和英格兰的詹姆斯一世的辩护。从自然主义的视角看，主权者和臣民由自然法的规定约束，而这些规定建立在客观的自然正当之上；违反了这些规定的主权者在一些情况下可以被正义地废黜。①

122. 苏亚雷兹应当接受命令式的道德观念吗？

从某些后来的道德哲学家的观点来看，苏亚雷兹几乎看到了关于道德的一个重要问题，但是并没有完全看到。休谟主张，道德判断不是关于客观事实的陈述，因为这样的陈述都不能解释道德为什么可以指引我们的行动。正如休谟很简略地指出的，我们不可能从"是"推论出"应当"。在 20 世纪，元伦理学家们进一步探讨了休谟的主张，他们认为道德判断在本质上拥有规定性或命令式（imperative）的特征。②

我们可能认为，苏亚雷兹几乎预见了这些洞见，因为他区分了说明性和规定性的法则，还论证了道德责任需要命令。但是他没有得出这些特征对于道德具有本质意义的结论。他得出了相反的结论，道德判断描述了关于对与错的事实，这些事实是命令和责任的前提条件。

---

① 关于意志主义和自然主义在政治上的一些应用，参见 *New Cambridge Modern History*, vol. VI, ch. 3; B. Hamilton, *Political Thought in Sixteenth-Century Spain*, Oxford: Oxford University Press, 1963。关于卡德沃斯和霍布斯，参见本书 §142。

② 关于道德判断与命令式，参见本书 §§156, 158, 272-274。

意志论者认为，苏亚雷兹得出了错误的结论。法律给了我们理由，因为它们表达了颁布命令的立法意志。意志论者认为，道德给了我们这些种类的理由。如果苏亚雷兹反对意志主义，他需要给出另外的解释，来说明道德如何给了我们理由，也就是一些人说的"道德的规范性特征"。仅仅是关于自然的事实，看起来并不能给我们正确种类的理由，因为它们并不表明是什么推动我们按照道德原则行动。

在苏亚雷兹看来，理性的自然是人类道德行动中客观对错的基础。关于人类自然的事实给出了道德的基础，由此我们可以得出正确的道德结论。这些结论并不仅仅说明了我们的偏好，它们还是客观上正确的，因为它们来自客观的事实。因此，苏亚雷兹关于道德的自然主义，看起来就表明了道德是客观的。但是我们可能会质疑，他是否表明了道德的规范性。要让道德变成规范性的，我们是否要放弃客观性呢？

这个反驳或许操之过急了。道德拥有规范性，因为它给了我们理由去证成要按照它规定的方式行动。但是证成性理由不同于动机性理由。我可能有很好的理由每天散步一英里，但是如果我没有欲求去做它，我就没有动机性理由。有人可能认为，苏亚雷兹关于道德事实的观念并不意味着道德事实必然会给我们动机性理由。但是这一点并不显然与它们是否给出证成性理由相关。这个关于道德给出哪种理由的问题，在苏亚雷兹的后继者那里得到了更加清晰的讨论。①

123. 自然是人类好的基础

苏亚雷兹认为作为道德上的好和正当基础的客观事实是关于自然的事实，特别是关于人类自然的事实。他对自然的诉求包括了两

---

① 关于证成性理由和动机性理由，参见本书 §§98, 138, 150。

个看法：第一，自然给出了什么是对某人来讲的好（the good for a person）、他的好或福祉（the good or the welfare of a person）的基础；第二，自然给出了一个人的好（goodness）、卓越或完善的基础。根据这种亚里士多德主义的观点，完善一个人自然的德性也同时用这个自然实现了一个人的好。①

第一个看法反对关于一个人的好的主观主义观点。根据主观主义观点，我们的好就是我们的快乐，或者我们欲求的满足，或者我们理性欲求的满足。这种观点忽视了我们可能享受或者想要那些对我们有害的东西。对一棵树、一只狗或者一个人来讲好的东西依赖这些有机体的不同自然和特征，一个人的欲求是正确的，仅当它们适合人所属的那类事物。②

如果我们的行动可以改变我们的欲求或其他人的欲求，那么关于福祉的主观主义观点就是可疑的。如果我们塑造了某人的欲求，从而让这些欲求最容易满足（如果我们想要让无法满足的欲求数量最小），或者带来最大的快乐，那么我们可能并没有促进他们的福祉。如果孩子长大成人之后依然只有幼稚的欲求，或者成年人改变他们的欲求之后只有幼稚的欲求，那么他们就错失了一些能够让他们活得更好的东西。他们错失的东西依赖他们所能实现的东西，以及他们可以如何反思他们的自然。③

这就是为什么只有当我们发展孩子的能力时，才能促进孩子的福祉，促进他们将会变成的成年人的福祉。这种发展可能并不能增加他们的快乐或者满足程度，甚至会有相反的效果，因为他们想要实现的越多，他们受到挫败或者不满的可能性就越大。但是只有实现了对于

---

① 关于自然，参见本书 §§39, 100-101, 172-173, 251-252, 262。
② 关于主观主义对好的看法，参见 R. B. Brandt, *Facts, Values, and Morality*, Cambridge: Cambridge University Press, 1996, ch. 2。
③ 关于享受坏的事情，参见亚里士多德：《尼各马可伦理学》1174a1。

我们这类生物而言的好，才能实现对于我们自己的好。苏亚雷兹认为理性的自然是道德正当和错误的基础，这种观点就表达了这种关于人类好的观念。①

124. 格劳修斯：自然法同时与战争、和平相关

格劳修斯对于道德原则的观点包含在他的 *De Iure Belli et Pacis* 之中，这本书的书名可以翻译成《论战争与和平中的正当》或者《论战争与和平的法》。*这本书包括了这两个主题。格劳修斯探讨了国家关系中的对与错，基于这个探讨，他建议和评价了规范国家关系的不同法律。他的观点阐明了苏亚雷兹关于道德与自然的观点如何应用在17世纪出现的理论和实践问题上。

格劳修斯的部分人生与三十年战争重合。这场战争导致了西欧国家的分裂，在一段漫长的时间里，国家之间频繁变换同盟关系，有艰难的和平也有破坏性的战争。新教和罗马天主教国家之间的分裂是冲突的原因之一，但并非唯一的原因。格劳修斯也是荷兰改革宗基督徒宗教和政治争论的受害者，他一度入狱并逃亡法国。对于导致国家内部和国家之间冲突的力量，他有着一手的经验。他不仅想要找到维持和平的方法，也想要找到在战争状态下使得战争不那么具有破坏性的方法。②

战争，不管是国家内部的还是国家之间的，都会促使人们做出在正常情况下难以想象的行为。这就是修昔底德为什么说战争是一个暴

---

① 关于自然的进一步讨论，参见本书§§172-173关于巴特勒的讨论。
* 这里按照中文学界的习惯表达，把书名翻译成《论战争与和平的法》。——译注
② 关于格劳修斯的生平，参见 R. Tuck, "Grotius and Selden," in J. H. Burns and M. Goldie eds., *Cambridge History of Political Thought, 1450-1700*, Cambridge: Cambridge University Press, 1991, pp. 499-503. 关于自然法，参见 Schneewind, *The Invention of Autonomy*, ch. 4。

力的教师。① 在稳定的社会中，遵守规则会让所有人获益；如果被抓住违反规则，我们就会受到惩罚。但是战争取消了违反通常规则之后通常的惩罚，而且违反这些规则有时候能够带来好处。参战者杀死其他的参战者，但是在有好处的时候，他们也杀死无辜的非战斗人员、毁掉财产、违背承诺。

道德的怀疑论者会从这些关于战争的既成事实中得出这样一些普遍的结论：(1) 在战争时期，当我们不会因为违反通常的道德规则而受到惩罚时，我们就有很好的理由违反这些规则；(2) 这表明普遍而言，当对自己有利并且不会受到惩罚时，我们有很好的理由去违反道德规则；(3) 因此，只有当违反道德规则会受到惩罚时，我们才有很好的理由遵守它们。格劳修斯在古代的怀疑论者卡内阿德斯那里看到这个怀疑论的论证。这个论证来自柏拉图《高尔吉亚》中卡里克勒斯的观点，以及《理想国》中古格斯的指环。②

125. 格劳修斯：自然法基于关于人类自然的事实

要反驳怀疑论，格劳修斯转向了斯多亚学派、拉克唐修和经院学者那里的自然法学说。正当的自然基础可以在人类的自然中看到，特别是人类独特的想要结成社会的欲求。这就是亚里士多德所说的"人是社会性动物"的含义。③ 人类社会性的自然证成了人们对正当（honestum）和有利（utile）的追求。

根据怀疑论者的看法，利己的行为是自然的，但道德是社会压力和习俗的结果，是由惩罚的威胁支持的。格劳修斯反对这种对人类本

---

① 关于修昔底德，参见本书§12。
② 关于卡内阿德斯，参见《论战争与和平的法》前言§2 (= S 90)。拉克唐修记录了他的观点（参见本书§82）；关于卡里克勒斯，参见本书§21。关于古格斯的指环，参见本书§30。
③ "社会动物"是中世纪对亚里士多德"政治动物"的翻译（参见本书§§50, 101-102）。

性的单面观点。在他看来，正当与我们理性和社会性的自然一致。自然正当（ius）"来自内在于人的原则"。我们依据自然就知道它们，它们对于拥有我们这种自然的理性行动者来讲是恰当的。在格劳修斯那里，"自然正当"的意思是某种依据自然正义（iustum）的事情，而不管实际的法律如何规定。在这里，怀疑论的立场是错误的。①

这个关于自然正当的看法与苏亚雷兹关于道德内在于人类自然，而不管神和人的命令如何的观点一致。因此格劳修斯主张，即便我们认为上帝不存在，或者上帝不关心人类事务，也并不妨碍他关于自然正当的看法都是正确的。我们因为社会自身之故而需要和想要社会。斯多亚学派在他们的"协调"（oikeiôsis）学说中表达了人类自然的社会方面，在他们看来，人与自己，人与人都可以协调起来。②

126. 格劳修斯：道德怀疑论是错误的

人类的社会本性回应了怀疑论的论证。道德有时候要求我去考虑他人的利益，放弃自己的利益。因此它包含着自我约束，这看起来违背了我们对自己利益的自然关切。如果我的自我约束对他人来讲是好的，社会将它加诸我是为了他们而非我自己的好处，那么（怀疑论者由此得出结论）道德的这个方面就是社会和习俗的产物，而不是自然的产物。这个怀疑论的论证忽视了人类自然的社会性。维持与他人的合作和友爱，并不比仅仅追求我自己的利益更不自然、更不理性。③

如果像格劳修斯主张的那样，人类依据自然就是社会性的，那么

---

① 关于理性和社会性的自然，参见《论战争与和平的法》I.1.10.1 (= S 98), I.1.12.1-3 (= S 99)。关于内在原则，参见《论战争与和平的法》前言 §12 (= S 90)。

② 关于上帝，参见《论战争与和平的法》前言 §11 (= S 92)。关于对社会生活的欲求，参见《论战争与和平的法》前言 §6 (= S 90-91)。关于斯多亚学派，参见本书 §69。

③ 关于局限于自我的利益和扩大的利益，参见本书 §102。

我们就没有理由因为人类生活中这个使得合作成为必要和有益的方面而感到遗憾。理性的合作因为自身之故是可欲的，因为它使我们可以根据实践理性指引人生。道德德性并不仅仅是为了他人的利益限制我们，它们也完善着我们作为理性和社会性的存在。合作性的理性能动性发展和扩大了理性的能动性。道德因为鼓励和支持了合作性的理性能动性而完善了人的自然。

这个经院哲学中关于理性的和社会的自然是道德基础的观点，支持了格劳修斯关于如何保持和平，以及在战争中如何保持道德的主张。他以此回应那些主张我们不能理性地反对进行战争以及在战争中不考虑道德的利己主义论证。反对这些论证的理性基础就来自道德与自然的联系。

第十二章

霍布斯：没有社会性自然的自然法

127. 霍布斯与格劳修斯论自然法

霍布斯的第一部关于道德和政治理论的主要著作是在 1642 年出版的《论公民》（*De Cive*），① 几乎比格劳修斯出版《论战争与和平的法》（1625）晚了 20 年。和格劳修斯一样，霍布斯经历过一段政治动荡，动荡最终导致了 1642 年到 1649 年在英格兰、爱尔兰和苏格兰的内战，之后是克伦威尔（Cromwell）统治的共和国（1649—1660）。霍布斯因为反对共和国，自我流放到了巴黎，在 1651 年出版了他的主要著作《利维坦》，一年之后返回英格兰。而查理二世作为国王在 1660 年回到英格兰。②

这段时间的政治斗争给霍布斯提出的哲学问题一点都不少于格劳修斯，但是霍布斯却给出了截然不同的答案。他同意修昔底德的看法，战争是一个暴力的老师，认为动荡和矛盾教给我们道德在人类中

---

① *De Cive*（《论公民》）是本书拉丁文版的标题，它的英文版标题是《政府与社会的哲学基础》（*Philosophical Rudiments concerning Government and Society*）。

② 霍布斯的生平和哲学观点与当时政治斗争的关系，参见 Q. Skinner, *Visions of Politics*, 3 vol., Cambridge: Cambridge University Press, 2002, vol. III, chs. 1, 9, 10; N. Malcolm, "Hobbes and Spinoza," in J. H. Burns and M. Goldie, eds., *Cambridge History of Political Thought 1450-1700*, Cambridge: Cambridge University Press, 1991, ch. 18; 关于霍布斯的道德哲学，参见 J. Hampton, *Hobbes and the Social Contract Tradition*, Cambridge: Cambridge University Press, 1986。

间只能发挥很有限的作用。①他像怀疑论者那样推论，道德不可能通过人的自然得到证成，道德在 commonwealth（也就是一个有组织的国家）之外没有位置。

但是霍布斯认为，即便我们对怀疑论者做出这个让步，依然可以避免怀疑论的结论，即我们除了因为违反道德会受到惩罚之外，没有理由按照道德规则行动。霍布斯认为道德的基础是自然法，这一点和格劳修斯一样。道德哲学是关于自然法的科学，实践理性通过对人的自然和人的好进行反思，可以发现自然法的规定。②

霍布斯同意苏亚雷兹和格劳修斯的观点，也认为人的自然是自利的；但是他反对人的自然同时也是社会性的。如果人类不是依据自然具有社会性，那么道德就不属于人的自然，所以道德在自然状态下、在国家之外就没有位置。然而，人类自然的自利性会让人们在一些情况下出于利己的理由维持道德系统。即便我关心自己，不会因为他人自身之故关心任何人，在一些时候，我依然有很好的理由接受道德，为了他人的利益限制对自我利益的追求。

霍布斯认为自然事实可以成为道德的基础，但是他否认存在自然的道德事实。他对于人类自然的观念与修昔底德历史中的观念相同。道德并不符合人类自然本身，但是道德适合在某种特定情况下的人类自然，也就是一个有组织的社会可以对做错事的人施加强迫的情况。除了从属于一个有组织的、和平的社会可以给我们带来和平与安全这样的好处之外，我们没有任何理由拥有道德德性。

这种对人类自然的看法对于那些怀疑亚里士多德、斯多亚学派、阿奎那、苏亚雷兹、格劳修斯的共同观念的人来讲很有吸引力。这些人都认为道德是为了我自己的利益，他们认为我的利益包括社会性的

---

① 关于修昔底德，参见本书§§12, 124。霍布斯非常欣赏修昔底德，把他的《伯罗奔尼撒战争》翻译成了英文。

② 关于道德哲学与自然法，参见《利维坦》15.40（=R§77）。

自然，这其中包括我们会为了他人自身的利益关心他人。这看起来似乎是一个不现实的、过于"膨胀的"（inflated）人类自然概念，会导致一个不现实的、过于膨胀的自利概念。如果我们将人类自然和自利收缩到现实的层面，就会看到为了他人自身之故对他人的关心并不是我们的基本动机之一。①

霍布斯反对亚里士多德主义对道德和人类自然的理解，部分原因是他反对亚里士多德关于人类终极好的理解。亚里士多德认为，对一个理性存在者而言好的东西就是充分发挥他的理性能动性，而霍布斯反对这一点，在他看来，好在于获得我们欲求的东西，并且保证未来欲求的满足。因此，在和平与安全中生活，可以促进我们欲求的满足，这符合每个人的利益。道德并不会满足亚里士多德主义者那种虚构的社会性自然，但是由于我们所处的通常环境，对于自利的行动者来讲，道德通常是最好的策略。

即便霍布斯对于人类自然的紧缩论观点是错误的，他对道德的说法也值得我们严肃对待。如果我们拥有霍布斯归于我们的动机，他对于道德的辩护或许可以说服那些对道德怀有偏见的人，因为他们认为道德不会带来好处。

但是虽然霍布斯宣称在捍卫道德，他通常都被当作道德的反对者。是他的反对者误解了他，还是他们在他的立场中发现了某种弱点？

128. 意志不是理性的欲求

霍布斯认为道德哲学是关于自然法的科学，因为他认为自然法是

---

① 关于自然，参见本书 §§39, 101, 102, 125。关于霍布斯对前人的反对，参见 S. L. Darwall, *Philosophical Ethics*, Boulder: Westview, 1998, pp. 87-90。

实践理性发现的关于自我保存手段的规则。他这么看是因为他的实践理性观念。①

霍布斯同意经院哲学家的看法，当我们自愿和自由地行动时，我们就根据意志行动。但是他反对经院哲学家对意志的理解。经院哲学家同意，人类的行动本质上来自意志而不仅仅来自激情。意志是不同于激情（或感官欲求）的理性欲求，因为它是由理性思虑指引的，而不仅仅追随感觉。霍布斯的回应是，意志并不是理性欲求，而仅仅是思虑中"最后的欲望"。欲求是前瞻性的快乐或痛苦，是解释行动的内在运动。我们朝向目的运动，这些目的或远或近。我们受到某个环境中各种吸引我们的前后相继的刺激而开始思虑。那个过程中最强烈的、紧挨着行动的欲望就是意志。②

这个对行动的论述比经院哲学的更简单、更统一。我们可以理解感觉性的激情如何解释非理性动物的行为。古代怀疑论者认为，这些激情也解释了人类行为，一旦我们放弃了对理性信念的追求，就会按照事物对我们显现的样子行动，而不是按照我们有理由的方式行动。霍布斯主张，事实上我们都按照怀疑论者所说的方式行动，因为根据理性行动根本上讲就是根据表象行动。当我们认为自己根据更好的理由行动时，我们只是根据更有力的表象行动。哈奇森和休谟更完整地捍卫了这种对意志的分析。如果我们接受这个分析，就要拒斥任何不同于欲求强度的规范理由的观念。③

---

① 关于自然法和自我保存，参见《利维坦》14.3（= R §96）。

② 关于意志与理性，参见本书 §92 关于阿奎那和 §106 关于司各脱的讨论。关于意志，参见《利维坦》6.53（= R §33）。关于欲求与快乐，参见《法律基础：人的自然与政治体》(*The Elements of Law: Human Nature and De Corpore Politico*) 7.1-6（= R §§33, 34）；关于思虑，参见《利维坦》6.49（= R §33）。

③ 怀疑论如何看待行动，参见本书 §58；关于规范性理由，参见本书 §§92-93（阿奎那），§138（普芬多夫），§150（哈奇森），§174（巴特勒）；另参见 Darwall, *Philosophical Ethics*, pp. 94-95。

129. 在自然状态下实践理性并不推荐道德

因此，霍布斯拒斥经院哲学的学说，这种学说认为理性行动者追求某种终极的好，这个终极的好是基于理性的欲求对象。如果没有任何对于非工具性的好的欲求基于理性，那么说某些欲求是理性的就仅仅是因为它们来自关于如何满足某个进一步欲求的思虑。我们基础的和主导性的欲求是为了自己的快乐，特别是为了按照最大的可能性去实现未来的长期快乐。因此，霍布斯认为人追求"确保实现他未来欲求的途径"，我们追求满足我们当下和未来欲求的手段和机会。说实践理性规定和指引行动，仅仅是因为它告诉我们实现欲求的手段。特别是告诉我们需要做什么去保全自己，从而可以满足未来的欲求。①

既然自然法是实践理性发现的指引我们行动的法则，自然法就规定了自我保存的手段。这个对自然法的重新阐释，确证了关于自然法是道德基础的传统观点，因为在一些情况下，道德确实符合我们的利益。因此，霍布斯试图区分两类不同的情境，一种道德对我们有利，另一种道德对我们有害。

他将"自然状态"与国家中的生活加以对照。自然状态不仅仅是个人不属于任何国家的假想状态，而且是不同民族国家或者内战中的各方针对彼此的实际状态。这些都没有给道德留下余地。Commonwealth 是一个拥有得到承认的、合法的、有效的政府的国家。这个政府（霍布斯说的"主权者"）是有效的，因为它用命令确保了服从，在必要的时候可以使用暴力。它以可信的方式威胁使用暴力，这阻止了任何对暴力的竞争性使用。如果我们没有生活在国家之中，那么我们彼此的关系就处在自然状态之下。

---

① 霍布斯有时候认为实践理性特别与我们的长期福祉相关，休谟反对这种观点（参见本书 §§151-152）；关于心理利己主义，参见本书 §61 关于伊壁鸠鲁和 §193 关于巴特勒的讨论。

在自然状态下，我们没有理由去遵循道德原则，而在国家里，我们有很好的理由遵循道德。实践理性有时候告诉我们要遵从道德，但并不总是如此。因此，有时候自然法包括了道德规则，但并不总是如此。

理性建议我们在自然状态下不要遵守道德规则或者道德实践，因为它不会带来好处。如果我遵守诺言，就会成为那些违背对我的诺言就能获得好处的人的牺牲品。我有很好的理由不要成为其他人不诚实的牺牲品，因为在自然状态下，我有保全自己生命和利益的权利。如果我愚蠢地认为其他人会考虑我的利益，那么我的行动就违背了"自然权利"。结果就是我们要为稀缺的资源竞争，而没有任何道德约束。①

130. 实践理性向我们表明摆脱自然状态的途径

在自然状态下，我们可以看到，如果摆脱这种状态对所有人都有好处，也就是说如果我们可以指望他人信守承诺、说实话、保护我们的人身安全，等等，这样我们就可以和平共处。因此自利的理性告诉我和其他所有人要去追求和平。如果我们看到，在和平中生活对所有人都更好，我们就会努力协调我们的行动。如果我们同意都不去伤害他人，我们就可以为了共同利益去协调我们的行动。因此我们所有人都有自利的理由去遵守这个协议。②

但是我们是不完全理性的行动者，这体现在两个方面。第一，我们受制于激情，会偏离理性的行动。如果我很生气，我可能就不再认为不发脾气对我更好，因此我就会去报仇。第二，我们是短视的。如果仔细考虑，我们就会看到，长期来讲与邻人和平共处对我更有好

---

① 关于自然权利，参见《利维坦》14.1（= R §55），以及科尔利（Curley）的注释。关于克拉克对霍布斯的批判，参见本书 §144。

② 关于理性与和平，参见《论公民》3.31（= S 133）。

处，生活在和平之中比欺骗他人获得短期利益更有好处。但是我并不总是想着长期利益，我有时候会按照短期利益行动。如果我认真考虑就会认识到，如果我在警察经常出现的地方超速，就会有比较大的概率被抓。此外，我会看到，即便警察没在，遵守限速规定从而提高所有人的安全对我来讲也是更好的选择。但是我有一个重要的约会，而且已经迟到了，这时我就会为了节省时间而超速，虽然我也会在反思中承认，按时赴约对我来讲不如安全重要。①

如果我和邻人了解彼此的想法，那么我们就都可以认识到，仅仅达成和平共存的协议并不能带来和平。因为即便遵守协议对所有人的长期利益都有好处，我们也并不总是按照符合我们长期利益的方式行动。我们需要某种手段去强制执行（enforce）我们的协议。我们需要一个垄断暴力的主权者，从而保证不管是冲动的人还是短视的人都不会违反协议。如果主权者是有效的，我们都会服从，因为我们认为那些没有服从的人会被强制服从。一旦我们形成了国家，而它拥有权力可以强迫我们遵守维持和平的规则，我们就有很好的理由遵守这些规则。稳定和非攻击性带来的好处非常重要也非常明显，因此只要我们想清楚自己的利益何在，就必然希望它们保持下去。②

国家除去了我们在自然状态下违反道德原则的理由。遵守道德原则不再需要付出那么高昂的代价，因为国家除去了他人以怨报德的竞争优势。人们认可的道德原则就是那些自利的行动者想要用来统治国家的规则。

认识到和平的好处，会给我们加上一个责任去订立"信约"（covenant），或者说订立社会契约（social contract），从而确立主权者。

---

① 苏格拉底和斯多亚学派认为，我们只会服从非理性的第二个来源；参见本书§§20和74。

② 关于自然状态，参见《利维坦》13（= R §§47-54）。关于服从，参见《利维坦》15.3（= R §67）。

主权者可以使用的制裁除去了违反信约条文的其余动机。这些制裁使得我们有责任遵守主权者加给我们的规则。①

131. 一些而不是全部责任基于命令

在关于责任的论述中,霍布斯同意苏亚雷兹的观点,也认为法律给人们加上了义务。然而在他看来,责任不过是通过某个主导性的动机对自由的去除。因此,在一些情况下,自然法给我们制造了义务。如果我们看到遵守它们能促进我们的利益,我们对自己未来利益的预期就会主导所有其他的动机,强迫我们行动。这个强制就是责任,它们除去了我们违反自然法的自由。我们遵守道德原则的责任,部分来自获得和平的动机,部分来自违反这些原则遭到惩罚的恐惧。②

这是霍布斯所说的自然法以及与自然法相联系的德性在良知的法庭上对我们提出的要求,并由此成为法律。满足自然法是"理性的自然要求我们的全部"(即依据寻求自我保全手段的自然)。③具体的自然法告诉我们,如果想要保全自己需要做什么。它们通过告诉我们自我保全的手段创造了责任。假如它们不是关乎自我保全,我们就无法解释理性如何规定它们,或者如何对所有理解了它们的人提出要求。即便是某个具体的自然法没有明确提到自我保全,只要我们可以认识到遵守它是自我保存的手段,它也创造了某个责任。

自然法还用另一种方式对我们提出了要求。国家法的规定对我们提出要求,因为它们是一个主权者的命令,与某些制裁相联系。与此

---

① 关于社会契约论,参见 Hampton, *Hobbes and the Social Contract Tradition*;另参见本书 §166(休谟)、§196(卢梭)和 §287(罗尔斯)。
② 关于苏亚雷兹论义务,参见本书 §119。关于由服从自然法预见好的结果,参见《利维坦》15.36(= R §76);关于自然法何时提出要求,参见《论公民》3.26(= S 132)。
③ 关于良知与理性自然的法庭,参见《论公民》3.29-30(= S 132-133),12.2。

相似，自然法的规定对我们提出了要求，因为它们是神圣的命令，也有与它们相伴的制裁。就自然法是真正的法律而言，它们必然是被命令强加的。在这一点上，霍布斯同意苏亚雷兹的看法。①

但是他反对苏亚雷兹所认为的自然法的自然基础。根据苏亚雷兹的看法，这个自然基础是属于人类自然本身的道德。在霍布斯看来，并没有这种自然道德。道德的基础，国家法和神法的基础，是关于自然和自保的非道德事实。只有当相关的自然法由国家权威或者由神的命令强加之后才有了道德事实。没有这个强加，自然法不过就是关于自我保全的建议。虽然它们还是会对我们提出要求，但是并没有属于法律的责任。②

132. 用后果辩护道德：间接后果主义与间接利己主义

不同的道德原则和德性构造成了一组规则，它们的目标是值得欲求的结果，也就是国家的保全和"和平的、社会性的与舒适的生活"。正义、感恩、谦逊、公平、仁慈以及其他被人们认可的德性促进了这些好的后果。

这样的后果不是这些道德规则的直接目标。规则并没有告诉我们要去努力保证舒适的生活。它们仅仅告诉我们要遵守诺言，与邻人和平共处，等等。如果我总是要去算计遵守这个承诺是不是能够保证舒适的生活，我就可能总是决定去打破承诺。但是，如果一个人太过经常地决定打破承诺，舒适生活的条件就被打破了。霍布斯隐含地承认，我们需要对道德规则做间接的后果主义辩护。它是间接的，因为我们希望规则带来的后果并不是规则可以明确带来的东西，也不是我

---

① 关于与苏亚雷兹的一致，参见《利维坦》15.41（= R §77）。
② 关于自我保存、道德与法律，参见本书 §138 关于普芬多夫的讨论。

们在遵守规则时应该考虑的东西。只有当规则没有提到它们，行动者没有想着它们，那些想要的后果才能得到保证。霍布斯隐含地承认，如果我们为了其他原因遵守规则，那么我们就能够确保普遍而言遵守规则的良好后果。因此他在诉诸间接的后果。后来的功利主义者也要为功利主义寻求一种间接的后果主义辩护。①

遵守道德原则的一个间接后果是国家的保全。因为国家的保全也保全了我，遵守道德原则的一个进一步的间接后果就是我的自我保全。这个后果使得这些道德原则成为自然法（根据霍布斯对自然法的理解），并且成为实践理性的规定。在这里，霍布斯给出了一个对遵守道德规则的间接后果主义辩护。他不认为每次遵守道德规则的时候我都应当思考自己的利益。相反，当我进入国家时，我就放弃了"私人欲望是衡量善恶的标准"。②我们并不评价这样或那样违反自然法会导致什么后果。如果我们都严格遵守自然法，而不去考虑我们的好处，那么所有人都会更好。

拒绝思考自我利益，对于自利的人来讲恰恰是理性的态度。诚然，违反某个具体原则有时候会有利于我。但是遵守道德原则而不去考虑后果，可以保全国家，而保全国家又总是符合我的至高利益。如果我遵守道德原则而不去考虑我是否因为遵守它们而获益，才是最能够让我获益的。③

这些关于间接后果的论证使得霍布斯的立场看起来更加合理。这种形式的间接论证很有说服力。比如说，如果我们热情地参与一些并不是以享受快乐为直接目标的行动，如果我们在做这些行动时没想着

---

① 关于间接功利主义，参见本书 §§167-168, 243。

② 关于私人欲望与自然法之间的对立，参见《利维坦》15.40(= R §77); D. P. Gauthier, "Three against Justice: The Foole, the Sensible Knave, and the Lydian Shepherd," in his *Moral Dealings: Contract, Ethics, and Reason*, Ithaca: Cornell University Press, 1990, ch. 6。

③ 关于间接利己主义，参见 G. S. Kavka, *Hobbesian Moral and Political Theory*, Princeton: Princeton University Press, 1986。

自己的快乐，反而可以感到更大的快乐。假如我们总是想着自己是否可以感到快乐，我们在进行一些团队运动时就不会那么快乐。与此相似，霍布斯用间接后果主义的论证表明可欲的后果来自遵守道德，而无需考虑对于国家或者我自己的后果。

如果霍布斯是正确的，道德与自我利益要求不同层次的论证。在更高的层次上，我们考虑我们的整体目标（和平与安全，自我利益）、规则的体系，以及促成这个目标的实践。在较低的层面，我们考虑规则应当规定什么（比如信守承诺等等），以及个人应当想什么。间接后果主义的论证认为，我们不应当在较低层次引入较高层次的论证。如果我们在思考是否应当遵守较低层次系统中的规则时，想的是证成较高层次系统的良好后果，那么我们就不能确保良好的后果。这两个层次的道德反思和论证在它们各自的语境下都是必要的。

133. 道德仅仅是通过维持和平得到证成的吗？

霍布斯说道德原则的关键在于保全和平，这么说对吗？现有的道德规则通常都是帮助保全和平的，因为遵守它们降低了冲突的风险。但是这并不能完全解释这些规则的内容，除非我们可以表明没有其他规则同样可以保全和平或者不能比这些规则做得更好。如果我们偏爱现有的道德规则而不是其他能够同样好或者更好地保全和平的规则，那么保全和平的倾向就不可能是我们接受道德规则的全部理由。

要理解霍布斯为什么是对的，我们就需要考虑传统德性要求的明显例外。在一些情况下，国家的存续与和平的保全或许可以通过某些例外的规则得到更好的促进。比如，例外可能会允许我们在正确的情况下违背诺言，或者在有好处的时候允许政府官员违反法律。如果霍布斯关于道德的论述允许他接受这些例外，他就只能否定那些不允许例外的道德规则。

很多道德行动者和道德理论家都反对霍布斯关于道德和道德哲学特征的看法。很多人认为，道德责任超越了只有遵守它们才能促进和平的情境。比如，我们可以反对霍布斯的观点，认为在一些情况下反抗不义的政府比服从更好，虽然这样会给和平和自我保全带来危险。

在霍布斯看来，这些关于道德的信念都是因为没有考察道德责任的理性基础。如果道德必然是对于理性行动者可以得到理性证成的，而霍布斯对理性能动性的分析是正确的，那么我们必须要接受他关于道德特征和道德基础的观点。

134. 愚人对间接利己主义提出质疑

如果我们是一个国家里的成员，在霍布斯看来，我们的自我保全要求我们去做能够保全和平的任何事情，因此要求我们去实践道德德性。然而，一些人依然会认为，有时候违反道德规则会让他们过得更好。霍布斯将这种观点归于"愚人"，他复活了柏拉图《理想国》中格劳孔和阿德曼图斯的论证。① 霍布斯和他们都认为，在国家之外我们没有理由成为正义的人，而国家的存在要求对正义的普遍遵守。他们还同意，在国家里生活比在自然状态中生活更好。但是与霍布斯不同的是，他们认为在一个通常的国家里，如果可以获得好处，那么一个人就有足够的理由不义地行动。这也是愚人的观点。

愚人接受了霍布斯加入国家的理由，但是他认为这些理由不足以证成当他做不义的事可以获益并避免惩罚时，依然要去做国家要求他的事情。霍布斯的回应是：愚人认为其他人对于他是否值得信赖做出了错误的判断，但是愚人的这种看法是不合理的，因为他不能"预见

---

① 关于格劳孔和阿德曼图斯，参见本书 §30。

或者指望"这些错误。①

霍布斯到底如何反驳愚人的观点？有三个可能的反驳值得我们考虑：

（1）愚人依赖一个不切实际的假设。对于或然性的合理计算不能够证成他的策略；

（2）对或然性的合理计算支持愚人。但是被人发现的后果太糟糕，所以我们不应该遵循那些或然性。就像伊壁鸠鲁论证的，在计算是否要违反规则的时候，我们应该规避风险。②

（3）或许我们不能"指望"他人的错误，因为我们应当认为他们和我们一样聪明，很可能会发现并惩罚我们。

第一个回应似乎在经验上无法得到保证。第二个回应主张愚人接受了没有得到证成的风险。但是被发现的代价即便大到可以证成我们要极其小心地避免不大可能的后果，也依然不能排除一切违反规则的行为。第三个回应基于平等的假设，但是在任何庞大和复杂的社会里，这个假设看起来都不足以否定愚人的策略。

这些对愚人的回应认为，在一个国家里，一个霍布斯式的行动者在问自己应当做什么的时候，应当思考他的个人利益。根据这种看法，要回应愚人就必须要表明遵守规则间接地有利于他。但是霍布斯并不需要将自己局限在这种回答上。他的间接后果主义论证也适用于愚人。

如果我们考虑某个时间点上的一个行动，很容易理解违反道德规则为什么会让我获益。但是我们还应当考虑，所有人都遵守这些规则

---

① 关于愚人与霍布斯的回应，参见《利维坦》15.4-5。
② 关于对风险的厌恶，参见本书§66对伊壁鸠鲁的讨论和§288对罗尔斯的讨论。

带来的好处,与之对照的是所有人都违反这些规则带来的坏处。从这个角度看,我们就可以理解为什么需要某些机制去迫使人们遵守自然法。一个强制机制保证了服从,服从保证了和平,而我们都可以从和平中获益。如果这个间接的反思向我们表明了遵守自然法的好处,它应该也同时告诉我们需要鼓励哪些动机。①

和愚人的这番论辩向我们展示了某些我们不应当鼓励的动机。如果我们不是像愚人一样,总是计算在具体情况下的好处,那么我们就都会获益。最好是把我们的计算限制在最初计算和平和普遍遵守自然法带来的好处上。正义的人比愚人对自己更好。所有其他人都有相同的好理由得出愚人的结论,如果每个人都得出这个结论,那么所有人的状况都会变差,这一点可能反而有利于霍布斯。明智的计算,如果在正确的层面进行并且用来回答正确的问题,就会表明不像愚人那样思考为什么会让我们的状况都变好。

然而,这个间接后果主义的论证并不能完全回应愚人。即便他同意人们应当接受训练,从而不加质疑地服从自然法,他的训练也会让他意识到违反自然法可能带来好处。如果其他人遵守自然法,并且放弃对个人利益的计算,他就能从中获益。如果他在这些方面显得和其他人一样,就会从中获益;但是如果他和其他人不同,并且抓住不服从的机会,他就可以获益更大。

为了回应这个支持愚人的论证,我们还可以再把那个间接后果主义的论证向前推进一步。任何考虑直接利己主义论证的人都会得出愚人的结论。因此,如果像直接利己主义者那样思考,我们就破坏了那个我们想要建立起来的有利于集体利益的系统。因此主张一个道德教育系统,确保每个人都不去考虑他们的个人利益,这样对每个人都有好处。出于间接利己主义的理由,这或许是最好的系统,但是我们不

---

① 关于受到鼓励的动机,参见 Gauthier, "Three against Justice"。

应当允许人们询问这个间接利己主义的基础；因为如果他们问出了那个问题，他们就会认为，不遵守那个系统的要求才是对每个人来讲理性的。

这个间接后果主义的论证意味着论证的更高层面（规则系统的证成 vs. 具体规则的要求）是不透明的，也就是说从更低的层次看不到。如果我知道对于这个系统的利己主义证成，我就会像那个愚人一样思考，这个系统也就无法保证利己主义者想要的后果。只有当我们不知道利己主义的证成，才能保证利己主义者想要的后果。在这个意义上，更高的层面必然对较低的层面而言是不透明的。

如果霍布斯接受了这个结论，他依然可以认为，他关于人类自然和道德基础的理论对于培养道德德性来讲是有用的。但它的有用性仅仅在于，了解霍布斯理论的人可以用这个理论培养那些不了解这个理论的人的德性。更高层面所具有的不透明性使得霍布斯的理论成为"内传的"（esoteric）。它只对那些不知道这个理论的人才有效。这个结论支持了霍布斯的反对者，他们认为他的观点对道德来讲是危险的。①

此外，如果霍布斯接受从自我保全到道德的间接论证，他就质疑了把道德建基于自我保全欲求的心理学预设。间接论证认为，我们可以出于看起来并不能促进自己利益的理由行动。对于较低层面来讲，较高层面的不透明性意味着，我们必须要遵守道德规则，而无需知道它们的利己主义证成。如果我们只是因为自保的欲求才遵守自然法，又如何可能做到这一点呢？

---

① 关于秘密的功利主义，参见西季威克：《伦理学方法》489。关于霍布斯的批评者，参见 J. W. Bowle, *Hobbes and His Critics: A Study in Eighteenth-Century Constitutionalism*, London: Cape, 1951；S. I. Mintz, *The Hunting of Leviathan*, Cambridge: Cambridge University Press, 1962, osp. ch.7; M. Goldie, "Hobbes' opponents," in *The Cambridge History of Political Theory 1450-1700*, ch. 20.

第十三章
意志主义、自然主义与道德实在论：普芬多夫、沙夫茨伯里、卡德沃斯与克拉克

135. 对霍布斯的反驳

霍布斯主张道德促进了一个和平社会的保全，可以防止在三十年战争中主导了部分西欧世界，以及在内战中分裂了英国和爱尔兰的那些冲突。"真正的和唯一的道德哲学"是对自然法的研究。这些法则是保全和平的规则。自然法说明了道德的内容，因此遵守自然法就是保全和平。这个结论在霍布斯式的利己主义者面前确证了道德，因为道德保全了和平，因此造福了社会中的每一个成员。

然而，霍布斯的一些读者质疑他对道德及其社会功能的论述。[①] 他的批评者主张，霍布斯贬低了道德，因为他将道德局限在国家的环境中，并且认为道德的通常规定并不适用于自然状态。霍布斯认为，只有当我预见道德会给我带来好处时，道德对我来讲才是合理的，因此只有在国家里面才成立。

批评者反对霍布斯认为道德不适合人的自然这一观点，但是他们在霍布斯的理论在什么地方正确什么地方错误上存在分歧。最早的批评者包括意志论者和自然主义者，前者认为道德在于表达上帝意志的命令，后者认为道德在于有关人类自然的事实。普芬多夫站在意志论

---

① 关于霍布斯的批评者，参见本书 §134 的最后一个注释。

这一边，沙夫茨伯里、卡德沃斯和克拉克站在自然主义者一边。①

136. 普芬多夫：反驳霍布斯的一个意志主义论证

普芬多夫出生在德国，也在德国接受教育，但是在瑞典生活了很长时间。在德国和瑞典当了一段时间教授之后，他先是给瑞典，然后又给普鲁士国王做官方历史学家。他对格劳修斯和霍布斯的阅读鼓励他去讨论自然法和国际法。他把自己看作格劳修斯的继承者，自己的意志论是对格劳修斯的澄清，而不是反对。②他给出了一个明确的意志论论证去反驳霍布斯。③

霍布斯支持关于自然道德的怀疑论，但是反对道德上的怀疑论，因为遵守道德通常但并不总是有利的。普芬多夫反对霍布斯从追求好处推论出道德。霍布斯论证，通常的道德规则不适用于自然状态，但是他承认自然法表达了神圣命令，因此需要解释上帝为什么没有禁止在自然状态下违反自然法的行动。由此霍布斯必然认为，上帝同意他的看法，我们没有被要求反对我们的自我利益（也就是不同于神圣命令的自我利益）。在普芬多夫看来，我们不应该在这一点上同意霍布斯。我们有很好的理由按照道德行动，即便我们处在国家之外的自然状态。

普芬多夫同意格劳修斯的看法，认为自然法是社会生活和国家关系中正义行动的理性原则的来源，不管是在战争还是和平之中。但是

---

① 关于意志主义与自然主义，参见本书§111关于司各脱和§§118-120关于苏亚雷兹的讨论。
② 如果本书§125关于格劳修斯的论述是正确的，那么普芬多夫就误解了他，因为他没有看出格劳修斯在道德上的自然主义立场。
③ 在英国，霍布斯的批评者之一康博兰（Cumberland）在《自然法》（*De Legibus Naturae*）中表达了与普芬多夫相似的立场。关于康博兰和普芬多夫，参见 Schneewind, *The Invention of Autonomy*, chs. 6-7。

他反对自然道德的自然主义观点。在他看来，自然主义误解了道德，因为首先，道德是自然法（在这一点上他反对苏亚雷兹）；其次，自然法需要神圣命令（这是苏亚雷兹的观点）。如果我们要认识道德无偏的、非自利的一面，就需要看到道德就在于神圣命令。

137. 普芬多夫的意志主义论证（1）：道德属性不是自然的，而是施加到自然之上的

普芬多夫主张，道德上的自然主义与现代自然科学矛盾。科学表明，自然完全由运动的物体以及它们之间的作用构成。在运动或者自然力的作用中不可能找到道德，因为单纯的自然运动不可能有对错之分。因为物理学不承认对与错，对与错就不属于自然，也就不是这个世界结构的一部分。它们是被施加的结果，比如被人类的选择、习俗或立法施加。Dog, cane, chien 依据自然并不是某种动物（狗）的名字。对于这些名字的使用是施加到自然之上的。与此相似，既然道德事实不是物理运动或状态，也就必然是被施加到自然之上的，而不是自然事实。①

对自然的道德事实的这个反驳是不是证明得太多了（prove too much）？如果普芬多夫认为，物理学承认的属性是属于自然的全部属性，我们应该如何评论生物学或者医学认识的属性呢？显然他得说（比如）关于健康和疾病的事实，仅仅是施加到自然之上的，并不是真正的自然事实。但这是一个很奇怪的结论，因为大剂量的砷会对我的健康造成损害看起来是一个关于自然的事实。

---

① 关于道德属性与物理世界，参见普芬多夫：《自然法与国际法》（*De iure naturae et gentium*）I.1.4（= S173）；2.6（= S175-176）；J. L. Mackie, *Ethics: Inventing Right and Wrong*, Harmondsworth: Penguin, 1977, p. 15；参见本书 § 276。用沙夫茨伯里的话说，普芬多夫是一个"名义上的道德主义者"（nominal moralist, § 141）。

或许普芬多夫可以解释医学事实为什么是物理事实,而不仅仅是施加到自然之上的。关于我们的物理事实决定了对我们来讲什么是健康、不健康、有益、有害。因此这种好是自然的,而不是施加的。物理事实构成了医学事实。①

如果道德事实不是物理学的一部分,我们可以用同样的方式论证道德事实是自然的吗?物理事实为什么不能构成道德事实,就像它们构成医学上的好呢?道德事实并不仅仅告诉我们运动中的物质,但它们依然可能是自然事实。

138. 普芬多夫的意志主义论证(2):自然的好对道德来讲是不充分的

普芬多夫的第二个论证承认,道德依赖关于人类自然、伤害、利益的事实。但是他坚持认为,这些事实不是道德事实。给一个无辜的、快要渴死的人一杯水对人来讲是有益的,是自然的好,但是除非有人通过立法行为命令了它,它就既不是正确的也不是错误的。除非有上帝的立法意志,否则行动就谈不上道德上的好或者正确。②

普芬多夫反对自然主义观点的论证是这样的:

(1)正确、错误、义务等等这些道德概念预设了某种规范或者法律;

(2)法律要求上级的命令;

(3)因此,道德需要一些命令,这些命令表达了立法者的意志。

---

① 关于非施加的自然的好,参见《自然法与国际法》II.3.5。
② 关于道德与自然事实,参见《自然法与国际法》II.3.13-15;关于法律对道德而言的必要性,参见《自然法与国际法》I.2.6(= S 175);关于普芬多夫对格劳修斯的看法,参见《自然法与国际法》I.2.6(= S 176),II.3.19-20。

这里的每个前提都是可以质疑的。比如说苏亚雷兹接受（1），但是仅当"法"包括纯粹说明性的法则（indicative law）。他也接受（2），但是仅当"法"指的是规定性的法则（prescriptive law）。根据苏亚雷兹的看法，上帝通过命令那些本身正确和错误的行动给我们施加了自然法。因此，普芬多夫的论证混淆了说明性的法则（前提 1）和规定性的法则（前提 2）。如果"法则"在这两个前提里有相同的含义，那么我们就有理由否定这两个前提中的某一个。①

普芬多夫可能会为（1）辩护，他会论证道德要求规定性的而不仅仅是说明性的法则。一个说明性的法则仅仅告诉我们情况是什么样的，而不会将我们引向某个方向。但是根据普芬多夫的看法，道德原则意在影响我们的行动，而说明性的法则做不到这一点。道德原则本质上是实践性的，或者（像某些人说的那样）本质上是规范性的（normative），因为它们给我们理由推动我们采取行动。属于道德的理由需要立法。这些关于理由和动机的问题在之后情感主义者和理性主义者的辩论中还会得到更多的讨论。②

139. 普芬多夫的意志主义论证（3）：只有意志主义可以解释道德无涉利益的特征

普芬多夫的第三个论证主张，如果道德原则不只是自利的计算，它们必然是神圣的命令：

---

① 苏亚雷兹关于说明性的法则与规定性的法则的区分，参见本书 §118。
② 关于责任与规范性，参见 C. Korsgaard, *Sources of Normativity*, Cambridge: Cambridge University Press, 1996, pp. 21-27（她将证成性理由看作动机性理由）；关于苏亚雷兹，参见本书 §120；关于情感主义者，参见本书 §§150, 155-156；关于非认知主义者，参见本书 §273。

（1）道德理由不同于自利的理由；

（2）自然事实只能给我们自利的理由；

（3）当且仅当我们根据神圣命令行动，我们才是根据不同于自利的理由行动；

（4）因此，道德需要神圣命令。

在普芬多夫看来，自利并不能保证道德要求的那种相互信任。道德原则诉诸什么是正确的，要求一种不同于自利的无偏视角。如果一个行动在道德上是正确的，它就值得因为它自身之故而被选择，无需考虑它带来的快乐以及任何进一步的好处。但是没有任何自然属性可以给我们这样的道德理由。[1]

根据普芬多夫的看法，自然属性加上我们的欲求就可以产生理由。某个行动会产生某些结果，只有在我们想要这些结果的时候才能给我们理由去行动。如果自然属性只是给了我们这些用假言命令（就像康德说的那样）表达的有条件的理由，而道德理由并不是有条件的，那么道德属性就不是自然的。[2] 道德要求并不依赖倾向，而是超越了快乐和有利的考虑。如果道德要求来自自然的好就达不到这样的要求。

然而在苏亚雷兹和格劳修斯看来，道德上的正当和义务属于自然。道德上的正当和正义以公共的好为目标，这就是人作为理性和社会性动物的好。人类自然的这个方面支持了人类结成共同体，在其中个人将他人本身看作关心的恰当对象，而不仅仅是实现自私目的的手段。人类的社会性是道德的充分基础。因此意志论者没有认识到道德的独特性。[3]

---

[1] 关于利益与道德，参见《自然法与国际法》II.3.20。
[2] 关于康德对命令式的讨论，参见本书 §200。
[3] 关于苏亚雷兹和格劳修斯论道德正当（honestum）和义务（debitum），参见本书 §§120, 126。

我们可以通过英国的一些意志论的批评者进一步探讨这个论证。这些批评者认为，虽然普芬多夫努力将自己与霍布斯区分开来，但是他要面对同样的基本反驳。

140. 霍布斯的批评者与意志主义

霍布斯对道德的论述是写给那些经历过战争中的社会和政治动荡与冲突的读者的。1660年查尔斯二世的复辟并不是在英国和爱尔兰暴力革命的终结或者威胁。在信奉天主教的詹姆斯二世和新教对手之间的冲突，导致蒙茅斯公爵（Duke of Monmouth）领导的失败暴乱（他在1685年被处决），之后是荷兰统治者奥兰治的威廉（William of Orange）领导的成功入侵（1689），他驱逐了詹姆斯二世，成为了威廉三世。詹姆斯二世的儿子詹姆斯·斯图亚特（James Stuart，绰号"老冒充者"）在1715年领导了一场失败的对苏格兰的入侵。1745年詹姆斯·斯图亚特的儿子查尔斯·爱德华·斯图亚特（Charles Eduard Stuart，绰号"小冒充者"）又领导了一次对苏格兰和英格兰的入侵。休谟目睹了入侵者占领爱丁堡，但是他们对英格兰的入侵以失败告终。

1660年之后的这些叛乱都没有内战那么漫长和具有破坏性。但是英国持续的不安定提醒着霍布斯的读者，在他那个时代冲突和潜在的冲突并没有结束。与此相似，霍布斯关于自然法和道德提出的问题持续吸引着批评者的关注。

他的三位英国批评者熟悉一些经院哲学的讨论，但是也受到当时复兴的柏拉图主义的影响。卡德沃斯在内战期间和之后生活在剑桥，他利用了格劳修斯、苏亚雷兹和经院哲学的传统。他是"剑桥柏拉图主义者"之一，他们受到了柏拉图、晚期柏拉图主义和基督教教父的启发。克拉克受到了剑桥柏拉图主义的影响。沙夫茨伯里既受到了柏拉图主义又受到了斯多亚学派的影响。①

这些霍布斯的批评者攻击他的意志主义。在他们看来，霍布斯将道德规则看作人或者神的命令，当且仅当遵守它们对我们有利的时候，我们才有理由遵守这些规则。然而在这些批评者看来，道德上的正当并不依赖任何立法者的意志——不管是人类立法者还是神圣立法者，而是依赖本身正确的事实。这些事实给了我们不同于自利的理由去遵守道德。

141. 沙夫茨伯里：道德实在论反对利己主义和意志主义

沙夫茨伯里捍卫一种自然主义，他既反对霍布斯的利己主义也反对普芬多夫的神学意志论。（沙夫茨伯里心目中的）霍布斯并没有认识到道德上的正当不同于快乐和行动者的利益；而根据神学意志论的看法，行动在道德上是好是坏仅仅取决于立法者的决定。②

沙夫茨伯里把霍布斯和神学意志论者说成是道德上的唯名论者（nominalists），而他自己是道德上的实在论者。根据经院哲学的区分，在普遍物（universals）的问题上，实在论者不同于唯名论者或者概念论者（conceptualist），实在论者认为事物因为自身的特征而被划入自然的类别，而不是因为任何人的名称或概念将它们分类。与此相似，道德

---

① 关于卡德沃斯和之后的英国道德哲学家，参见 J. L. Mackie, *Hume's Moral Theory*, London: Routledge, 1980; S. L. Darwall, *The British Moralists and the Internal "Ought,"* Cambridge: Cambridge University Press, 1995; Schneewind, *The Invention of Morality*; M. B. Gill, *The British Moralists on Human Nature and the Birth of Secular Ethics*, Cambridge: Cambridge University Press, 2006; 以及 D. D. Raphael, ed., *British Moralists, 1650-1800*, Oxford: Oxford University Press, 1969, Schneewind ed., *Moral Philosophy from Montaigne to Kant* 中的相关章节。
② 关于神学意志论，参见沙夫茨伯里：《独白》(*Soliloquy*) 3.3（《人的特征、举止、意见与时间》[*Characteristics of Men, Manners, Opinions, Times*] 157）；《共通感》(*Sensus Communis*) 2.1。沙夫茨伯里的主要目标是洛克和康博兰，但是他的批评也适用于普芬多夫。

第十三章 意志主义、自然主义与道德实在论：普芬多夫、沙夫茨伯里、卡德沃斯与克拉克

实在论者认为，道德属性是客观的，因为它们本身属于行动、行动者等等，而不是因为它们与任何立法意志发生关系。因此沙夫茨伯里同意苏亚雷兹和格劳修斯的观点，后者认为道德属性是客观的，是由人类的自然确定的。①

普遍物问题上的唯名论者认为，事物并没有由真正的普遍性质区分的自然种类。普遍物并不是客观世界的一部分，而仅仅是我们对很多事物使用相同名称的习俗的结果。这个习俗就是普芬多夫所说的"施加"（imposition）。② 利己主义的快乐主义者（比如霍布斯）或者神学上的意志论者（比如普芬多夫）都不是道德实在论者，因为他们都不认为道德属性的特征是由它们所属的事物决定的。根据这些唯名论者，一个行动的正义与好并不在于这个行动本身的属性，而在于自己的快乐（在利己主义的快乐主义看来），或者神的立法（在神学意志论看来）宣布它是正义或好的。

与道德的唯名论者相反，沙夫茨伯里主张，我们拥有"道德感官"（moral sense），它可以觉察客观的道德好和正当。我们并不是因为考虑行动是否促进了一个人的快乐，才认为它们是正当的，或者认为某些人是好的。我们从一种考虑公共利益的不自私的立场认可它们。就像五种感官觉察客观世界的可感特征，我们的道德感官觉察客观的道德特征。这种道德感的实在性支持了道德属性的实在论。③

---

① 关于道德实在论，参见《道德主义者》（*The Moralists*）II. 2（《人的特征、举止、意见与时间》262）；关于道德的客观性，参见《道德主义者》II. 3（《人的特征、举止、意见与时间》266-267）。
② 关于"施加"，参见本书§137关于普芬多夫的讨论。
③ 关于正确与错误的感官，参见《论德性》（*An Inquiry Concerning Virtue*）I.2.3 =《人的特征、举止、意见与时间》173（= R §§200-202），《论德性》I.3.1=《人的特征、举止、意见与时间》178（= R §§203-204）。关于道德感官的不同论述，参见哈奇森（§154）、休谟（§157）和里德（§177）。

142. 卡德沃斯：意志论不可能解释道德原则的稳定性

在《论永恒与不可变的道德》中，卡德沃斯为沙夫茨伯里的某些道德实在论辩护。① 在卡德沃斯看来，霍布斯和神学意志论者都忽略了一个事实，即道德是"永恒的和不可变的"。因为道德是自然的一部分，就像人类的自然那样稳定。沙夫茨伯里笔下的唯名论者忽视了道德属性的稳定性。而实定论的观点（positivist view）将道德等同于某种实定法的要求。这种观点的古代捍卫者宣称，道德属性建立在习俗而非自然之上。卡德沃斯认为，他对道德实定论的反驳对于神学意志论也有同样的效力，后者将道德等同于神圣命令。②

实定论和意志论都认为，某个用立法行动表达的命令，施加了要服从它的道德责任。卡德沃斯的回应是，只有当命令者拥有让被命令者服从的道德权利时，命令才能创造责任。因此只有当某个道德责任先于命令，命令才能创造道德责任。特别是，只有当服从某些命令的道德原则即便没有神圣命令也为真的时候，神圣命令才创造了道德责任。如果我们拥有道德理由去服从命令，这个命令必然来自一个我们在道德上应当服从的权威。③

对普芬多夫的这个反驳来自柏拉图《欧叙弗伦》中的论证：虔诚不可能被定义成诸神所爱的东西，因为诸神爱某些行动仅仅因为它们是虔诚的。柏拉图在"因为爱而虔诚"和"因为虔诚而爱"之间的区

---

① 卡德沃斯和沙夫茨伯里没有提到彼此。卡德沃斯的《论永恒与不可变的道德》（A Treatise concerning Eternal and Immutable Morality）是在1730年出版的。
② 关于道德实定论，参见《论永恒与不可变的道德》I.1.5（= R §119）。关于古代人，参见《论永恒与不可变的道德》I.1.1；II.1-3 引用了柏拉图《泰阿泰德》167c 中的普罗泰戈拉（参见本书 §27）。
③ 关于立法，参见《论永恒与不可变的道德》I.2.2-3（= R §121-122）。关于承诺、命令与义务，参见《论永恒与不可变的道德》I.2.4（= R 124）。卡德沃斯的论证诉诸了一个"开放问题"。参见本书 §179 关于普莱斯和 §269 关于摩尔的讨论。

分与经院哲学在"因为禁止而是坏的行动"和"因为坏而被禁止的行动"之间的区分相似。根据普芬多夫的看法，道德上的正确与错误说到底依赖因为禁止而坏和因为命令而好的行动。卡德沃斯的回应则是，如果任何行动因为被禁止而坏，那么它们就预设了某些行动因为坏而被禁止。①

因此普芬多夫面对一个两难局面。或者某些道德原则（包括说我们应当服从神圣命令的原则）独立于神圣命令而是真的，或者我们没有道德理由去服从神圣命令。在这两种情况下，服从神圣命令的责任都不可能是基本的道德原则。

与此相似，霍布斯没有表明道德可以从一个国家施加的立法中推论出来。因此他失去了对自己观点的一个支持，这个观点就是除非国家通过命令或惩戒的手段施加对自然法的服从，否则就没有道德。

143. 霍布斯与普芬多夫：对意志主义的辩护？

即便这些反驳驳倒了普芬多夫的意志主义道德论，它们还是没有确证自然主义。或许神圣命令是道德的基础，但是它们本身既不是道德上正确的也不是道德上错误的。根据这种形式的意志主义，道德原则的基础是非道德的。就像霍布斯论证的，上帝是一个合法的立法权威，只是因为上帝有权能让我们因为对惩罚的恐惧而服从。神圣权威的这个基础是非道德的。

然而，普芬多夫反对这个意志论的答案。他同意卡德沃斯的反对，神圣权能本身并没有创造道德责任，因为压倒性的力量本身并不创造道德上的证成。因为我们区分了僭主的命令与合法权威颁布的法

---

① 关于欧叙弗伦，参见本书§27关于柏拉图的讨论。关于因为禁止而是坏的和本身是坏的，参见阿奎那《章句注》II d2 q2 a2 sc1。

律，我们认为道德理由与快乐和有利的理由是不同的。①

如果对霍布斯的这个反驳建立在对道德理由独特性的错误看法上，那么这个反驳也就不攻自破了。因此我们需要决定，普芬多夫和卡德沃斯承认的那个在单纯的力量和真正的权威之间的区分是可以得到证成的。在霍布斯看来，这一点得不到证成，因为根据更好的理由行动无异于根据一个更强的欲求行动。我们需要讨论在力量与权威之间的区分。②

144. 克拉克：霍布斯必须承认自然状态中的道德

克拉克论证，霍布斯无法使用对卡德沃斯的这个回应，因为霍布斯承认自然状态下的道德。霍布斯认为我们拥有"自然权利"，这其中包括自我保全的权利，因此允许我们在自然状态下忽略道德原则。但是如果我拥有权利去做某事，我就获得了道德上的保护去做它，你如果妨碍我做它就是道德上错误的。因此，在自然状态下，人们拥有一些权利，违反它们是错误的。③

有人可能会反对说，克拉克完全误解了霍布斯所说的"权利"。霍布斯将自然权利仅仅看作免于限制。他的意思是在自然状态下每个人都有自由去做他们认为保全自己的生命必要的事情，因此也就有权利去做这些事情。这个自由并不意味着不让他们保全生命是错误的。④

但是克拉克认为，这个非道德的权利概念并不能与霍布斯的其他学说吻合。根据这个非道德概念，在自然状态下我们不仅有权利去做我们认为对自我保全必要的事情，而且有权利对他人恣意妄为。比如

---

① 在《自然法与国际法》I.6.9-17 普芬多夫讨论了霍布斯《论公民》15.5。
② 关于权威，参见本书 §174 关于巴特勒的讨论。
③ 关于克拉克论霍布斯与自然的正当，参见 H ii 609-610 (= R §227); ii 632 (= R §253)。
④ 关于霍布斯论自然正当，参见《利维坦》14.1（= R §55）。

侵犯他人和毫无意义的残忍行径，对于自我保全并不必要，但是在自然状态下我们有自由去做（也就是说没有什么妨碍我们这样做）。因此霍布斯应该说我们有权利去做它。但事实上霍布斯并没有主张我们有权利这样做。因此，他并没有将自己局限于非道德的权利概念。因此，他认为一些事情（比如侵犯他人和毫无意义的残忍行径）在自然状态下是错误的。①

克拉克的结论是道德考量在自然状态下也很重要，即便它们并不会告诉我们在更加稳定的情境下应该做什么。即便霍布斯也要隐含地承认它们的重要性。遵守通常的道德规则并不总是妨碍我们的自我保全；而当它们不会妨碍时，即便根据霍布斯表明的，服从它们也是正当的。

145. 克拉克：道德事实关乎适合

克拉克的批评意味着，即便是霍布斯也无法避免卡德沃斯的结论，即道德原则本身就带有责任。与霍布斯相反的是，这些责任并不限于一个稳定的国家，属人的或神圣的主权者命令我们服从它们。相反，只有当一个国家遵守我们应当承认的独立于任何社会秩序的自然权利时，它才是合法的。在洛克的政治理论中，他依赖这个关于自然权利的论述去论证一个合法的国家必须要依赖社会契约，这个社会契约表达了对国家的基本道德约束。洛克同意克拉克对霍布斯的反驳，后者认为社会契约是道德规则的基础，不会受到道德规则的制约。②

根据对霍布斯的这个批评，立法并不是道德的基础。除了所有神圣的和人类的立法之外，一些事情是更加适合（fit, fitting, suitable）和

---

① 关于自然正当的局限性，参见 H ii 616 (= R §236)。
② 关于洛克论自然正当，参见《政府论》（下）chs. 2, 9. 11；A. Ryan, *On Politics*, 2 vols., New York: Liveright, 2012, ch. 13；参见本书 §§166, 197, 236。

适当的（appropriate）。这是沙夫茨伯里所说的道德实在论的道德观，他以此反对霍布斯的唯名论。依据自然适合和好的事情包括责任。因此道德事实是事物中永恒和必然的适合性。[①]

克拉克将道德事实与数学事实进行比较。当我们把握了方和圆的本质，我们就理解了化圆为方对于方和圆来讲是不协调的、不适合的。一些基本的道德原则也描述了适合与协调的关系。比如，因为上帝无限地高于我们，因此对我们来讲尊敬、崇拜、服从、模仿上帝就是适合的。对上帝来讲适当的事情是那些对全部造物最好，而非让全部造物不幸的事情。与此相似，就人类关系而言，仁慈比普遍的破坏性更适合；正义地对待他人是适合的，而只考虑自己的利益是不适合的；保全无辜者的生命是适合的，而杀死他们，或者在没有任何理由、任何刺激的情况下让他们死去是不适合的。[②]

我们可能会反对说道德不同于数学。圆形不适合被化为方形是一种逻辑上的不可能，而我们不能这样说上帝的不仁慈是不适合的。克拉克可能会回应说，这两个情况在相关的意义上具有类比性。我们都可以看到，某个具体的属性对于具有某种自然的主体而言是不适当的。

我们知道这些关于适合性的事实，因为（在克拉克看来）它们对于一个不带偏见的主体而言是显然的。看着太阳却否认有光的人没有承认某个非常明显的事实。如果有人对此表示怀疑，跟他们论辩或者在任何基于感官证据的问题上试图说服他们，是没有意义的，就像和某个否认几何学基本假设的人争论几何学是没有意义的。这是理性的直觉（rational intuition），因为我们必须要依靠理性去意识到这些道德事实。在说到"直觉"的时候，我们的意思不仅是这个判断是直觉性的（即并不是明确基于某个可以说明的理论），而且是说无须从任何进一

---

① 关于适合与义务，参见 H ii 609-611（= R §§226-229）。关于道德事实是适合，参见 H ii 608（R §225）。

② 关于道德适合性，参见 H ii 609–11 (= R §§226–9)。

步的信念出发进行推论性的证成就可以被知道为真。克拉克将这些基本原则当作理性直觉的对象,他持的是一种基础主义的(fundamentalist)认识论(他认为通过推论证成的信念建立在无需推论就可以证成的信念之上),这个观点得到了后来的理性主义者的进一步阐发。①

146. 克拉克：基本的道德原则很容易认识

克拉克认为,对他立场的最强反驳是"有时候很难严格界定对与错的界线",以及在不同历史时期和不同社会存在不同观点。他回应说,对于客观的适合性而言,这并不是一个很有说服力的反驳。两种颜色可能逐渐混合,我们无法确定地说清一个从哪儿开始到哪儿结束,但是在红与蓝、白与黑之间还是有清楚的差别。与此相似,道德中困难的或难以确定的情况并不能排除在对与错之间存在清晰的区分。

道德的基本原则要求我们崇拜和服从上帝,按照己所不欲勿施于人的方式公正地对待每个人,保全我们自己从而可以履行这些义务。任何否认这些原则的人就像否认关于加法的基本数学原理一样非理性。我们并不总是遵守道德法则,因为我们拥有自由意志,也因为我们可能会屈从于激情,从而让我们偏离对这些原则的清晰把握,"让我们努力……让事情变成它们不是也不可能的样子"。②但是当我们清晰地考虑基本的道德原则,并理解了它们,我们就会在良知中认可它们。

比如公正(equity)的原则要求我们"在相似的情况下,对待每个人的方式就像我们可以合理地期待他对待我的方式"。③克拉克要求我们对自己的欲求也持这样一种无偏的和公正的视角。当我们不从自己的利益出发考虑他人的行动,我们就承认了这种公正。即便在无

---

① 关于直觉与基础主义,参见本书 §§ 190, 239, 254, 285。
② 关于试图做不可能的事,参见 H ii 613 (= R § 232)。
③ 关于公正,参见 H ii 619 (= R § 241)。

偏的观点看起来与我们的利益冲突的时候，我们也承认它对我们拥有权威。①

147. 克拉克：道德要求在正义规约下的仁爱

"普遍的爱或仁爱"要求我们以我们所能实现的对每个人最大的好为目标。②克拉克从实现较大的好胜过较小的好是适合的推论出这个原则。他同样可以从明智的责任加上公正的责任推论出仁爱。如果我们理性地追求我们的利益，并且认识到对我们来讲理性地想要的东西也同样是对他人来讲理性地想要的东西，那么公正就证成了将仁爱扩展到每个人。③

在克拉克看来，普遍的爱要求我们追求每个人的福祉。这是上帝对我们的爱。然而克拉克并不是一个功利主义者。与正义相关的原则限制了对功利最大化的追求。遵守诺言、对施惠者表达感激、避免伤害无辜者等等，是适合的和理性的，但是功利原则可能要求我们违反这些适合的原则，因为违背诺言、破坏与某人的纽带、践踏无辜者的权利可能会让功利最大化。即便功利事实上没有要求我们违反这些原则，功利主义者也会否认它们本身是适合的和理性的，因而在道德上给我们施加了责任。

因此，功利原则就不是至高的道德原则。克拉克同意，整体而言，普遍造物的好与正当重合，上帝意愿德性会回报以幸福。但是功利并不是正当的标准。在一些情况下，道德的要求是清晰和统一的，而功利的要求则是模糊不清和变动不居的。假如功利主义是正确的，

---

① 关于无偏性，参见 H ii 616 (= R §237)。
② 关于功利主义原则，参见哈奇森（§§163-164）。
③ 关于仁慈，参见 H ii 621-622 (= R §244)；关于相互性，参见西季威克对克拉克的评论：《伦理学方法》384-385。

那么在我们知道某种类型的行动在道德上是否正确之前，就需要首先回答一些关于功利的复杂问题。即便这些回答最终可能会支持我们的道德原则，我们不需要它们这一点就表明了道德原则并不是建立在对功利的预测上。①

---

① 关于道德法则与功利，参见 H ii 630-631 (= R 251)。关于克拉克反驳功利主义的进一步讨论，参见本书 §189。

第十四章
情感主义与道德的非理性根据：哈奇森与休谟

148. 理性与情感：基本的二分

至此我们已经讨论了霍布斯的第一波批评者，他们既有从意志主义角度批评的（比如普芬多夫），也有从自然主义角度批评的（比如沙夫茨伯里、卡德沃斯、克拉克）。他们的论战在18世纪的道德哲学家中间还在继续，并且得到了进一步的发展。①

历史学家们通常会区分"英国经验主义者"（包括洛克、贝克莱、休谟）和"欧陆理性主义者"（包括笛卡尔、斯宾诺莎、马勒布朗士和莱布尼茨）。这两方在认识论和形而上学领域的分歧在英国的道德哲学中也有所体现。理性主义者包括卡德沃斯、克拉克、伯尔盖和普莱斯。情感主义者（也就是经验主义）包括哈奇森、休谟和斯密。

不过这个大而化之的划分过于简单了。某个哲学家并不完全是一个理性主义者或者经验主义者。沙夫茨伯里、巴特勒和里德都不能完美地归入任何一类。②此外，道德哲学上的区分也不完全等同于认识论和形而上学中的区分。即便如此，这个区分还是给我们理解道德哲学中的争论提供了一个粗略的指引。

意志主义者（霍布斯、普芬多夫）的后继者是情感主义者，他们认为道德建立在感觉和情感上。自然主义的后继者是理性主义者，他

---

① 关于英国道德哲学家的进一步阅读书目，参见本书§141。
② 关于沙夫茨伯里论道德感官，参见本书§141。关于巴特勒论理性主义，参见本书§172。关于里德论感官，参见本书§177。

们认为道德建立在理性而非情感上。关于道德的情感和理性基础的辩论不同于之前关于自然事实和关于神圣意志的事实之间的辩论，但是之前辩论中的一些要素也在随后的辩论中再次出现。

理性主义者和情感主义者都在回应（按照他们理解的）霍布斯对道德的攻击。[①]情感主义者大体上接受霍布斯对人类自然和理性的紧缩主义观念，但是他们拒绝霍布斯的心理利己主义。理性主义者则更多拒斥霍布斯关于道德基础的预设。

情感主义者认为，理性主义所宣称的那种理性的力量是不可信的，因此才会给霍布斯打开了大门，除非可以从情感主义的角度给道德提供辩护。而理性主义者认为，情感主义没有给接受道德提供很好的理由，因此给霍布斯打开了大门，除非可以从理性主义的角度给道德提供辩护。

为了让这个辩护更加清晰，本章和下一章呈现了一些主要的问题，而不是逐一讨论每个哲学家。研究这个论辩可以让我们知道双方各自面对什么样的问题，也可以帮助我们决定谁占上风。

我们不需要完全接受这些论辩中的理性主义或者情感主义立场。或许一方在一些事情上是对的，在另一些事情上是错的，或者两方都没有问出正确的问题。最后这种观点就是康德关于这场论辩的看法。[②]

149. 道德判断的基础

理性主义者和情感主义者首先在道德认识论上存在差别。他们询问关于道德原则的知识说到底是建立在我们的情感上，还是建立在独立于情感的理性原则上。情感显然证成了一些行动。我有理由把刺从

---

① 关于休谟比哈奇森更同情霍布斯，参见本书§166。
② 关于康德论理性主义与经验主义，参见本书§197。

手上挑出来，因为它让我感到疼痛。我有理由去看电影，因为我认为自己会喜欢它。我有理由回报你，因为我很感激你曾经给我的帮助。这些行动的理由来自情感，同时结合了关于如何满足它的信念。

我们可以尝试用相同的方式解释道德判断。如果我应当去做某事，或者做某事是对的，那么我就可以问，我为什么应当做这件事，或者是什么让它成为对的。一个可能的回答是，如果我做了这个行动，某些情感或欲求就会得到满足。根据情感主义者的看法，这个回答大体上是正确的。

而理性主义者回答说，我们的目标和目的可以受到各种形式的理性批评，而这些批评就与情感主义的分析产生了矛盾。与此相似，如果道德原则基于情感，那么我们关于道德原则的本质和证成的观点就无法得到证成。情感主义者认为，情感解释和证成了我们的行动，但是从理性主义的角度看，这种对情感的诉求忽视了在很多方面情感是被判断塑造的，这些判断告诉我们在不同的情境下，哪些情感是恰当的。如果我们同意在情感和理性判断之间存在相互联系，那么就需要比较情感主义和理性主义关于这些联系特征的观点。

150. 霍布斯与哈奇森：实践理性从属于非理性欲求

情感主义者的道德理论建立在他们的行动理论之上。在他们看来，我们低估了情感在道德中的角色，高估了理性的角色，因为我们误解了行动的解释和证成。

不同种类的理由与对行动的理解有关。第一，有时候我们问"你为什么做那件事"意思是"你做那件事的理由是什么"。我们想要的是一个解释，从而确定是什么推动或刺激了你去行动。你的动机理由是实际上推动你的东西（比如"我打了他是因为我想要回敬他对我的冒犯"）。第二，还有的时候我们问"我为什么应当做那件事"意思是"有什么理由做那件事"。我们不是在问某个人的实际动机,而是想要一个证成,通过恰当的证成性规范给出规范性理由(比如"你不应当打他,因为你不应当报复")。虽然我们并不总是按照我们认识到的规范性理由行动,但是一些规范性理由成了我们的动机性理由("我应当报复"这个规范性的理由,在我实施报复的时候就成为了动机性理由)。①

亚里士多德和他的经院哲学追随者坚持认为,理性可以指引我们的行动。在他们看来,我们的意志指向由实践理性决定的终极目的。道德推动我们的意志,因为它给我们提供了原则,这些原则是由实践理性认识的,我们需要按照这些原则行动,从而实现我们的终极目的。在亚里士多德主义看来,行动需要动机性理由,但是某些动机性理由来自对规范性理由的认识。我们通过思虑发现那个终极目的的构成要素,从而发现这些规范性理由。这就是阿奎那说意志是理性欲求的含义。②

霍布斯反对这种对理性意志及其与实践理性关系的看法,因此他反对理性意志与非理性激情之间的区分。在他看来,实践理性只能发现实现目的的手段,而非理性欲求确定目的。③理性主义者回应说,我们被道德原则推动,因为我们通过理性把握它们。④

哈奇森支持霍布斯的立场,反对理性主义者。他主张行动的目的依赖欲求。瞄准某个目的,我们必须要欲求它。知道某个目的或者有人给了我论证要去追求这个目标,并不会使我以它为目标。我或许会说,我想要药物是因为我认为它有利于我的健康,但是这个信念不会推动我,除非我首先想要健康。为了避免在想要的东西和信念之间

---

① 关于规范性理由,参见本书§99(阿奎那),§122(苏亚雷兹),§138(普芬多夫)。关于不同种类的理由,参见 M. Smith, *The Moral Problem*, Oxford: Blackwell, 1994, ch. 4。
② 关于阿奎那论意志,参见本书§100。
③ 关于霍布斯论行动的目标,参见本书§128。
④ 关于克拉克论理性与动机,参见 H ii.612 (= R §230)。

的无穷倒退，我最终必然达到某个我不因为进一步的理由而想要的东西。因此选择和行动来自基本的、非理性的本能，它们并不建立在任何进一步的理由之上。①

哈奇森认为，在这两种情况下我们的起点都是某个欲求。他用下面的方式来描绘动机性和规范性理由：(1) S 有一个激发性（动机性）理由 p 去做 x，当且仅当 p 真的呈现了 x 中的一个性质，这个性质可以激发 S 去做 x。比如我去商店的激发性理由是我可以买到一些想吃的东西。(2) S 有一个"证成性"（即规范性）理由 p 去做 x，当且仅当 p 真的呈现了 x 的一个性质，这个性质引发了 S 的认可。比如我帮助你过马路的证成性理由是你需要过马路，加上没有帮助你就无法自己过马路，这引起了我的同情。②

根据这种划分，证成性理由并不比激发性理由更少依赖一个人实际的欲求和感觉。思虑通过意识到欲求或情感进行，而这些欲求或情感是由我们的各种考虑引发的。只要我认可了某个考虑，它就成了一个证成性理由。③

151. 休谟：理性在行动中只发挥有限的作用

休谟捍卫哈奇森的观点，他的方法是更详细地考察理性在行动中的功能。我们可能会反对哈奇森，因为我们认为自己在讨论理性的一

---

① 哈奇森论行动的目的，参见《道德感官的阐明》(*Illustrations on the Moral Sense*) §1 = Peach 编辑版（Cambridge: Harvard University Press, 1971) pp. 122-123 (R §361-362 的部分)，比较 Peach 版 p. 227;《道德善恶研究》(*An Inquiry into Moral Good and Evil*) 3.15 = Leidhold 编辑版（Indianapolis: Liberty Fund, 2004), p. 23;《道德哲学体系》(*System of Moral Philosophy*, 2 vols., Glasgow: Foulis, 1755) I.3.1, p. 38。
② 关于激发性理由与证成性理由，参见《道德感官的阐明》§1 = Peach 编辑版 p. 121 = R §361。
③ 关于思虑，参见《道德感官的阐明》§1 = Peach 版 p. 129 = R §363; Peach 版 pp. 226-228。对比本书 §174 关于巴特勒的讨论。

种功能时，实际上是在讨论非理性的欲求。休谟认为，如果我们把握到理性和非理性欲求（休谟称之为"激情"）的不同功能，就可以看到哈奇森是正确的。

休谟仅仅赋予理性两项功能：（1）理性指出某个欲求建立在错误的看法之上；我将 x 欲求为 F（比如我想喝这个透明的饮品，因为我认为它是一杯金酒），而理性告诉我 x 并不是 F（比如我发现它是醋）。（2）理性指出对 x 的欲求错误地认为 x 是实现 y 的手段。第二个功能是第一个功能的特殊情况，因为它告诉我欲求对象缺少某个特征，而我正是因为这个特征而欲求它。

理性这些有限的作用限制了我们在什么意义上可以说某个行动是理性的或非理性的。理性不可能提供动机性（激发性）理由，因为如果不首先有对某个目的的欲求，休谟的两类推理就无法推动我们行动。发现 x 是 F，或者 x 是 y 的充分手段，并不能推动我去追求或者避免 x，除非我已经关心 x 是 F，或者 x 是实现 y 的手段。

理性也不能给出规范性（证成性）理由；因为它不可能表明这个或那个行动值得肯定。如果我认为 x 是实现 y 的手段，我依然没有理由去肯定 x，除非我已经想要 y 了。我对 x 的肯定预设了在之前肯定 y，这必然建立在某些将 y 看作目的的欲求上，或者对 y 的肯定是因为将某个进一步的东西当作目的。①

理性甚至不能规定我们选择实现某个目的的最佳手段。比如说我想要从伦敦到罗马，我可以花 200 欧元订某个航空公司的机票，也可以花 300 欧元订另一个航空公司的机票，除了这两个航班之外别无选择。根据休谟的看法，理性本身并不能告诉我们选择更便宜的航班。这两个航班都是实现我目的的手段，理性本身在它们之间保持中立。

---

① 关于理性的作用，参见休谟：《人性论》（*A Treatise of Human Nature*）II.3.3.1-2 = R §§480-418。

我选择便宜的航班只是因为我想要用比较便宜的方式去罗马。

休谟的结论是：理性是并且只应当是激情的奴隶。① 他对理性功能的刻画支持哈奇森反对激情和意志的经院主义区分。在阿奎那看来，意志回应了根据某个具体欲求的行动会如何影响我们整体的好，因此是一种理性的欲求。② 然而，在休谟看来，这个关于本质上理性欲求的信念来自对理性功能的混淆。我们可能会欲求整体的好，并且利用理性去找到实现它的手段。但是我们同样可以欲求某个与我们整体的好矛盾的目的，并且利用理性去找到实现这个目的的手段。在这两种情况下，欲求与理性都在，但是一个欲求并不比另一个更理性。

152. 休谟：我们倾向于混淆激情与理性

休谟承认他的这个解释不符合我们（表面上）根据理性行动的熟悉经验。我可能没有任何欲求接受一个手术，但是我认识到，为了自己和家人，我需要做这个手术。如果认识到这些事实让我有了接受手术的欲求，它可能并不是一个强烈的欲求，但是尽管如此，我还是认识到它是一个理性的欲求，并且我可以根据它行动。休谟反对我们对这个例子的表面观察。他的看法是，我们相信本质上理性的欲求（比如刚刚描述的那个情况），是因为我们忽略了相关非理性欲求的在场。

首先，他观察到，我们很容易忽略掉一些欲求，因为并不是所有的欲求都可以被强烈地感到，有些欲求可能在场但是并没有被特别生动和强有力地感受到。比如，我饿了一整天，但是并没有任何强烈的饥饿感，因为我在聚精会神地看一场非常激烈的足球赛。当比赛结

---

① 关于理性是激情的奴隶，参见《人性论》II.3.3.4 = R §482。
② 关于阿奎那论意志，参见本书 §93。

束之后，我走过商店的橱窗，看到和闻到了一只烤鸡，这个时候我的饥饿感变得生动和强烈。但是它在变得生动之前也一直存在。休谟认为，这些没有注意到的欲求解释了我们倾向于相信存在本质上是理性的欲求。如果我们忽视了更弱的、不那么生动的激情，我们可能会错误地认为我们是由理性推动的。

比如，我有关于明年的欲求，但是因为我们不能像看到现在发生什么一样生动地想象明年会发生什么，关于明年的欲求就不如我想要把手从火上缩回来的欲求强烈。如果这些不那么强烈的欲求（休谟称之为"平静的激情"）同时和另一个更强有力的欲求（休谟称之为"猛烈的激情"）同时出现，我们可能会错误地认为，我们当下全部的激情就都是猛烈的激情。我们忽视了平静的激情，因此我们认为理性推动我们去反对猛烈的激情。激情与理性之间的表面矛盾其实是猛烈与平静的激情之间的矛盾。

因为忽视了平静的激情，我们错误地推论，对未来利益的关注来自理性而非激情。这个错误的推理认为，如果我们以牺牲自己未来的利益或者某个别人的利益，来避免划破手指，就是违背理性的行动。但是仅仅相信某事对我来讲更好并不能推动我。我仅仅是被相关的欲求，也就是一个平静的激情推动。①

这是休谟关于实践理性纯粹工具性的观念。亚里士多德主义的和经院哲学的看法是，某些欲求是由理性形成的，它们建立在规范性理由之上，无法被还原成动机性理由，在休谟看来，这种观点是因为没有注意到在动机中平静激情的作用。

---

① 关于未来的关切，对比本书 §130 关于霍布斯的讨论。休谟可能是在阐述霍布斯没有明确说出的观点。比较本书 §166 关于休谟对正义的讨论。

153. 哈奇森：既然我们拥有道德感官，霍布斯的利己主义就是错的

哈奇森同意沙夫茨伯里的看法，也认为道德是人类自然本性的一部分，因此与霍布斯的观点相反。他的目标之一是曼德维尔(Mandeville)对霍布斯观点的阐发，这种观点认为动机性和规范性理由都建立在对自己快乐的欲求之上。根据曼德维尔的观点，我们认为存在真正有德性的人，是因为我们认为有些人行动的动机不是纯粹的自利。但是如果我们更仔细地观察那些所谓有德性的人，我们就会看到，这个看法是毫无根据的，因为有些时候我们做有德性的行动是为了赞美、提升我们在他人那里的名声，有时候是为了避免看到他人受苦时的痛苦或罪恶感。在所有这些情况下，我们表面上的德性行动其实是自利的，因为我们可以看到这样的行动会给我们带来快乐或利益。①

哈奇森对此的回应是，假如这个对动机的利己主义分析成立，那么我们就会在选择任何仁爱的行动之前去反思行动带来的遥远的、间接的后果。但是利己主义的分析是错误的，因为我们会根据仁爱的动机行动，也会赞赏他人的这些动机，而不去考虑我们自己的利益。我们根据这些动机行动是因为我们拥有自然的和无私的(不是纯粹自利的)对道德的关切。道德判断并不来自对于自我利益的工具性推理，因为一些道德判断是立刻做出的，没有任何推理。因此哈奇森同意沙夫茨伯里对于道德感官的看法。②

对利己主义的这个攻击同样也能够攻击神学阵营的道德思想家，他们认为道德动机来自对回报的欲求和对惩罚的恐惧。哈奇森论证，这样的动机不可能解释我们为什么钦慕道德上良好的行动。假如我们认为其他人仅仅是因为欲求死后的回报行动，我们对他们

---

① 关于曼德维尔论自利，参见《蜜蜂的寓言》(*The Fable of the Bees*) I.56 (Kaye 编辑) = R §270。关于巴特勒论快乐与欲求，参见本书 §193。
② 关于非自利的仁爱，参见哈奇森：《道德善恶研究》§1 = R §§307-311。

的钦慕就不会多过那些为了当下回报的人。道德钦慕预设了无私的动机。①

如果道德动机不是来自自利，它们本身就提供了动机性和规范性的理由。我们认识到某个行动促进了公共利益，再加上相关的欲求，就可以给我们理由去做这件事，而无须诉诸自我利益。

然而，道德上的好不仅仅是为了他人本身的利益。道德上的好人也会肯定这种他们自己和他人之中的欲求。如果我们对某个行动做出道德判断，我们的意思就是某些欲求对于处在这些情境之下的行动者来讲是正确的、恰当的。这个判断就属于道德感官。

154. 哈奇森与沙夫茨伯里：对道德感官的主观主义与客观主义观念

哈奇森相信道德感官，因为他认为道德判断类似于通常的感觉判断。我们只要去看就能看到西红柿是红色的，只要去尝就能意识到海水是咸的。与此相似，看到一个仁爱的或残忍的行动，我们立刻就会肯定一个人的仁爱，否定另一个人的残忍。②

在这些关于道德感官的说法中，哈奇森与休谟追随沙夫茨伯里。③但是他们反对沙夫茨伯里认为道德感官就像其他感官那样，可以辨认出这个世界中的客观特征。在他们看来，我们不可能既相信道德感官又相信道德属性是客观的。

哈奇森和休谟认为我们的道德感官与其他感官类似。他们主张，颜色和声音（以及其他的"次要性质"）并不是外部世界的客观特征，而是对象与我们的感觉器官相互作用导致的感觉（sensation，或"观念"

---

① 关于死后的报偿，参见《道德善恶研究》2.4 = Leidhold 版 p. 222 = R §320。
② 关于道德感官和其他感官，参见《道德善恶研究》1.1 = Leidbold 版 p. 90 = R §307; 1.8 = Leidbold 版 p. 218 = R §314。
③ 关于沙夫茨伯里论道德感官，参见本书 §141。

[ideas］）。① 在这方面次要性质不同于首要性质（大小、形状等等），后者是外部对象的真实特征。我们对首要性质的观念类似那些性质本身，但是我们对次要性质的观念并不相似于任何客观性质。比如对象本身并没有颜色，我们关于次要性质的观念就并不对应于对象的实际性质。次要性质是对象导致的观念，而不是对象本身的性质。与此相似，美是对象在"我们这里产生"（也就是引发）的观念，没有任何对象中的性质可以与之对应。我们认为一个对象是美的，我们意识到了它的一些客观属性，比如秩序、对称、比例；但是虽然这些属性在我们之中引发了美的观念，它们并不是对象中的美。②

与此相同，一个行动的正确或者一个人的好并不是行动或人的特征，而是在我们心灵中产生的一个受动性的反应（affective reaction）。一个行动给无辜的受害者带来痛苦，这是关于那个行动和受害者的事实，但是说这个行动是错误的则是我们对它做出反应的事实。在一个仁爱的行动中，我们要区分（1）行动者的行动；（2）受惠者对行动者的反应；（3）旁观者对行动者和受惠者反应的反应。旁观者对行动者和施惠者的反应包括了赞赏的感觉。这个赞赏的感觉对应于视觉中颜色的观念。因此道德判断类似感觉的判断，因为它同时涉及外在世界和做出判断的人的状态。

我们可能会对这种关于道德判断的论述感到惊讶。我们可能会认为，如果想要知道一个行动是不是错误的，我们就应该考察这个行动和它的环境。如果要讨论一个行动是对是错，我们应该指出行动的某些特征来支持自己的判断，比如它带来的伤害、明显的不公平、缺乏对他人的考虑等等。如果我们仅仅汇报自己对这个行动的感觉，那看

---

① 这是哈奇森与休谟对洛克"次要性质"的阐释（比如《人类理解论》II.8.15-16）。
② 关于"次要性质"的观念，参见哈奇森：《道德哲学体系》I.1.3, 5；《论美与德性观念的起源》(*Inquiry into the Original of our Ideas of Beauty and Virtue*) I.9 = Leidbold 版（Indianapolis: Liberty Fund, 2004）p. 23；I.17 = Leidbold 版 p. 27。

起来并不足以支持我们的判断,因为问题恰恰就在于我们的感觉是不是被误导了。

哈奇森和休谟并不一定要反对这种关于我们如何决定对错的观点。然而,他们的回答是,我们诉诸的那些考虑并没有给出完全准确的图景去判断一个行动的对错。因为道德判断属于道德感官,那么基于他们对道德感官的看法,这个感官认识的性质就是主观的而非客观的。我们现在就来考虑他们这样理解道德感官的主要论证。①

155. 道德判断包括情感

根据哈奇森的看法,道德感官是感觉和激情的产物,而不是理性的结果。它对一个仁爱的或者残酷行动的回应并不单纯是认知性的,同时也是情感性的。如果它做出正面的回应,就会促使我们去模仿仁爱的行动,如果它做出负面的回应,就会让我们不做残酷的行动,努力防止它的发生。我们可能会推论说,道德感官包括两个部分:道德判断和进一步的受动性反应。然而,哈奇森主张,道德感官的受动性方面属于道德判断,而不是加在它们之上。

为了捍卫这个说法,哈奇森观察到,道德判断是证成和动机的源头。我们可以回忆一下,从他关于理性和欲求的论证可以得出,激情(情感)而不是理性,给了我们证成和动机。道德判断施加了责任,它们给我们提供了动机性理由和规范性理由,因此包括了动机。因此,它们包括了激情,而不仅仅是描述行动或人。②

休谟捍卫哈奇森的观点,他从道德判断的实际特征出发进行论证:

---

① 关于道德感官与外在实在,参见哈奇森:《道德感官的阐明》163 = R §371。
② 关于道德理由与责任,参见《道德感官的阐明》130。

（1）道德对行动和情感产生影响；①

（2）只有当道德判断包括动机的时候，道德才有这样的影响；

（3）只有当道德包括了激情的时候它们才包括动机；

（4）因此，道德包括激情。②

休谟认为这个论证的第一步是一个常识经验。如果有人说他们认为偷窃是错的，但是只要一有机会就习惯于偷窃，我们通常就会推论说，他们并不真的认为偷窃是错的。休谟论证，只有当道德判断必然包括动机的时候，它们才有这样的实践特征。他由此肯定了在道德判断与动机之间的内在联系（"内在主义"）。③

156. 道德判断如何与动机联系？

如果我们比较道德判断与其他在动机和行动中发挥某些作用的判断，我们可能会怀疑内在主义。我们根据自己对健康的判断行动，或者吃药或者运动；我们根据对天气的判断行动，或者穿雨衣或者戴遮阳帽。但是这些判断并不包括任何动机。就像休谟在讨论理性和激情的时候说的，只有当我们想要促进健康时，关于健康的信念才与行动有关。他同意，在这些信念与行动的关系问题上，我们是外在主义者。如果在道德判断的问题上我们是外在主义者，我们就会说，只有当我们有进一步的欲求去做正确的事情时，道德判断才和我们的行动有关。

---

① 关于道德与行动，参见休谟：《人性论》III.1.1.5-6 = R §489。

② 关于休谟伦理学的简短论述，参见 R. Norman, *The Moral Philosophers,* 2nd ed., Oxford: Oxford University Press, 1998。

③ 关于内在主义，参见 M. Smith, *The Moral Problem*, ch. 3。关于非认知主义也依赖内在主义，参见本书 §271。然而休谟并不主张非认知主义，参见本书 §158。

休谟可能会回应说，外在主义并没有解释道德具体的实践功能。我们在健康或者天气的判断上持外在主义观点，因为我们熟悉那些对自己健康毫不关心的人，或者对于淋湿或晒伤毫不关心的人。这些人缺少相关的欲求，因此在这些情况下我们很容易将这个判断与欲求分离开来。但是我们并非不关心道德。因此将道德判断与关于健康或者天气的判断比较，并不能反驳道德判断上的内在主义。

但是否存在一些非道德主义者（amoralist）呢？他们知道自己在道德上应当做什么，但是并不在意。即便对大多数人来说，在大多数时候成为这种非道德主义者很困难，但一些人是不是在一些时候对道德持无所谓的态度呢？如果这是可能的，那么我们就可以将道德判断和动机分离开，就像我们将关于药物或天气的判断与动机分离开。哈奇森和休谟只能回应说非道德主义者并没有真的做出道德判断，而是错误地认为他们做出了道德判断。

157. 道德事实不是客观的

哈奇森与休谟依靠内在主义论证道德判断不仅包括激情，而且道德上的对与错不是客观属性。

道德属性看起来是客观的，因为它们似乎属于行动，独立于做出道德判断的旁观者的情感。A 从 B 那里借了钱，承诺要还钱但尚未归还，我对这个情况的判断，是关于 A 和 B 的判断。与此相似，我关于 A 对待 B 的方式是不诚实的判断，似乎是一个关于 A 和 B，以及他们之间关系的判断。我的感觉似乎与 A 以不诚实的方式对待 B 从而是错误的判断无关。

然而，在哈奇森看来，这个关于道德事实的观点忽略了它们与责任的内在联系。如果 A 的行动是错误的，人们不应当这么做，我们就有责任避免它。如果我有责任避免某事，我就有理由避免它。但是只有当我有动机（根据哈奇森关于规范性和动机性理由的观点）的时候，我才有理由避免这个行动。因此，一个行动的错误包括了避免它的动机。A 对待 B 的方式是错误的不仅仅是一个关乎 A 和 B 的事实，而且关乎旁观者的情感。因此，道德上的正确和好，就不是客观的属性，因为它们包括了旁观者的主观状态。

比如，我们假设某个类似仁爱的客观属性本身是某种道德上的好。这样的话，我们有些时候就可以通过判断某个行动是仁爱的，来判断某个行动是道德上好的。但是我们有可能判断一个行动是仁爱的，但是依然对仁爱持无所谓的态度，既不欣赏也不反感。如果我们对仁爱无所谓，道德上的好就没有包括任何责任，就像哈奇森对责任的理解那样。然而，既然道德上的好包括了责任，他就属于旁观者，而不仅仅属于行动。

这个关于道德判断的主观主义结论，来自关于道德判断和动机的内在主义。如果道德给出了证成性理由，道德属性就属于我们的反应或者感觉，而不属于我们对其做出反应的外在现实。

158. 我们不可能从"是"推论出"应当"

休谟支持对道德属性和道德事实的主观主义论述，他的方法就是论证"道德区分并非来自理性"。这么说的意思是，道德判断不是任何演绎或归纳推理可以证成的结论（这些推理关乎"观念之间的关系"或者"事实"），这些推理完全是关于事实和世界中的对象的。[①]

休谟论证考虑世界中的某个对象或事件"本身"，也就是说不涉及我们关于它的感觉，就不会揭示任何道德事实。比如，对一桩谋杀

---

① 关于道德区分与理性，休谟在《道德原则研究》(*Inquiry concerning the Principles of Morals*) 附录 1 (= R §§594-607) 中给出了一个比较简洁的论证；更完整的论证参见《人性论》III.1.1 = R §§487-504。关于观念与事实之间的关系，参见《人性论》III.1.1.9 = R §490。

的客观事实的完全描述，并不包括它道德上错误的属性。因此，休谟得出结论认为，道德上的好和坏不可能是任何"在对象自身之中"的东西。①

因此，从"是"到"应当"的论证无法得到证成。道德判断关乎责任，因此它们包括"应当"。但是关于客观世界的事实并不构成任何责任。因此客观事实并没有告诉我们应当做什么，或者什么是对的或错的。即便我们知道约翰杀死了比尔，而比尔是无辜的，约翰想要拿走比尔的钱包，我们依然无法由此推论出约翰本不该杀死比尔。②

激情和情感在道德判断中的作用解释了为什么不可能从"是"推论出"应当"。关于"是"的判断是关于客观世界的，从这里我们永远不能推论出"应当"的判断，后者包括动机（因为内在主义是正确的）。为了达到"应当"的判断，我们必须要在关于"是"的判断之外，补充肯定或者否定的主观状态。如果我们做到了这个，就可以推论出关于"应当"的判断。道德判断并不仅仅是关于客观事实的判断，还要求在旁观者那里的肯定或否定。③当我们说某个行动是对的或错的，我们既是在汇报行动不同于对与错的非道德属性，又是在汇报我们对行动的反应。

因此，休谟反对关于道德判断和道德事实的客观主义论述，我们可以将这种观点追溯到苏亚雷兹、沙夫茨伯里、卡德沃斯和克拉克。他支持苏亚雷兹反对而普芬多夫赞成的立场，认为道德判断本质上是命令式（imperative）。但是，跟更早的命令式论述不同，休谟认为如果道德判断是命令式，那么道德属性就不是客观的。④

---

① 关于道德上的坏并不在行动自身之中，参见《道德原则研究》附录 1.13-14 = R §603。
② 关于是与应当的区分，参见《人性论》III.1.1.27 = R §504。关于休谟的论证，参见 S. L. Darwall, *Philosophical Ethics*, Boulder: Westview, 1998, pp. 21-25。
③ 关于道德感，参见《人性论》III.1.2.3-4 = R §§506-507。
④ 关于命令式，参见本书 §122 关于苏亚雷兹和 §138 关于普芬多夫的讨论。

159. 道德感官采取无偏观察者的视角

根据这种主观主义的看法，道德感官是一种肯定的感觉。但并不是任何肯定的感觉都是道德感。如果我贿赂你给我一些好处，当你接受我的贿赂时我可能会肯定你，但是我自私的反应是完全非道德的。那么到底是什么感觉才属于道德感呢？休谟认为，我们可以通过内省（introspect）发现属于道德肯定的情感的独特性质，就像我们可以通过内省发现听音乐和喝红酒带来的独特快乐。

首先，道德感是非自利的（disinterested）。如果我想着自己是否会从某个行动中获利或受害，这肯定不是道德上的肯定或否定。道德判断要求我把自己的利益和伤害放到一边，从非自利的视角考虑行动。但是并不是每个非自利的反应都是道德判断。罗马皇帝赫里奥加巴鲁斯（Heliogabalus）被认为杀害了很多基督徒，而原因是他认为红色的血洒到绿色的草上从审美上令人愉悦。[1] 他的审美反应是非自利的，但没有任何道德上的肯定。

休谟认为，道德情感还必须包括对这个行动影响的人的利益做出正面的回应。如果我看到你很高兴，我想象自己也很高兴，我事实上感到了你感觉到的那种快乐。这就是对另一个人的"同情"（sympathy），我们与他人"共同感觉"，分享他们的感觉。但是只有同情的快乐并不是道德感，因为它太变动不居。不同人的关切可能会让他们对不同种类的人产生不同程度的同情，其中很多与道德判断无关。[2]

为了确定道德感，休谟使用了与感官的类比。不同的观察者会对同一个物理对象产生不同的视角，因此一个硬币如果从一侧看过来可能是被拉长的和椭圆形的。即便如此，我们依然同意它是圆形的，

---

[1] 关于非自利的情感，参见《人性论》III.1.2.4 = R §508。

[2] 休谟对"同情"的使用，说明了它来自希腊文的 *sumpatheia*（与他人共同感受）。现代通常意义上的同情需要进一步发展我们接下来会讨论的休谟所说的"同情"。

因为我们同意采纳某个从正面看的人的视角。与此相似,不同的非自利的观察者对于同一个仁爱行动的观察可能关注到这个情境的不同方面。有些人可能更加同情那个遭受损失的施惠者,其他人可能更多同情那个获得利益的受惠者。如果想要一个真正的道德判断,我们就需要一个稳定的判断,即那个施惠者所做的是道德上正确的事情。我们需要采纳一个不偏向任何一方的观察者的视角。这个不偏不倚的观察者看到受惠者的所获大于施惠者的所失,就会肯定这个行动是正确的。道德情感属于这种无偏的观察者。①

因此,道德判断从我们都可以分享的情感出发,它不同于我们具体的视角,如果我们思考影响人类利益的行动。就我们分享这种情感而言,我们的道德判断表达了共同的视角。这是人性的视角,而非某个行动者或者某个受到影响的个人的视角。道德感的这种同情的视角就是对他人仁爱的态度。仁爱将我们引向对他人更大的关切,因此我们的道德感,由恰当的经验形成,最终肯定了属于普遍人性的好。②

休谟补充说,我可以学习判断某事从道德的角度讲是好的,即便我缺乏这种恰当的情感。我认识到一个无偏的观察者会感受到什么,但是我并不需要分享这种感觉。因此我的道德判断并不是描绘我的感觉,而是某个假想的观察者的感觉。这个关于道德判断的看法与休谟的内在主义矛盾。如果我相信无偏的观察者会对某个行动给出肯定的情感,而我并没有这种情感,我依然可以判断这个行动是正确的。在这种情况下,我关于这个行动是正确的判断,并不能推动我去行动。

---

① 关于差异与统一,参见《人性论》III.3.3.14-15 = R §§553-554。
② 关于人性的观点,参见《人类理解研究》(*Inquiry concerning Human Understanding*) IX.4-6 = R §§588-590。关于哈奇森论仁爱,参见《道德善恶研究》3.6 = Leibhold 版 p. 231 = R §331;《论激情和感情的本性与表现》(*An Essay on the Nature and Conduct of the Passions and Affections*) 2.2 = R 357。关于最大化,参见《道德善恶研究》3.8 = Leibhold 版 p. 125 = R 333;《道德善恶研究》3.9 = Leibhold 版 p. 125 = R 343。

与休谟最初的说法相反，道德判断并不一定能够推动行动。[①]

160. 正确的道德判断关乎功利

休谟提到无偏的观察者，这意味着道德判断与某人做出反应的信念相关，他看到了有人受苦有人快乐，他的反应来自这些不同的观察。但是如果我们只是考虑这个观察者的反应，可能会对自己的道德判断不够确定。通常的无偏的旁观者可能健忘，可能不小心，或者对某些痛苦不够敏感。他们可能不会对正确与错误给出相同的答案，因为他们的反应会彼此不同。

但是我们不需要考虑不同的无偏的观察者。我们可以考虑一个理想的观察者，他准确地观察到了某个行动影响的人们的收益与损失，并且偏爱能够使总收益与总损失净值最大化的行动方案。这个净值就是休谟说的"公共的好"（public good）或者"公共利益"（public interest）。关于公共利益的事实就是行动对不同人造成效果的事实，而不是关乎假想的观察者的情感反应。如果我们主张这些关于公共利益的事实决定了对与错，我们就是功利主义者。[②]

因此休谟似乎接受了这个论证：

（1）道德观点是理想的无偏观察者的视角；
（2）理想的无偏观察者偏爱公共利益；
（3）因此，道德判断关乎公共利益；
（4）因此，关于公共利益的事实构成了行动中道德上的对

[①] 关于没有情感的判断，参见《人性论》III.3.1.16-18（R §554 的一部分）；III.3.3.2。关于假想的观察者，参见《人性论》III.3.1.18。对比斯密：《道德情感论》I.1.3-4 = R. 770-780 关于恰当的判断。

[②] 关于公共利益，参见《人类理解研究》III.30-32.48 = S 555-556。

与错。①

161. 休谟的立场前后一致吗？

如果我们回忆休谟对道德判断的内在主义和主观主义辩护，并且将这个辩护与道德属性和道德事实的功利主义观念比较，我们就会看到他的整体立场出现了进一步的问题。从刚刚得出的功利主义的结论(4)我们可以得到如下三个推论：

第一，内在主义是错误的。不管我们是否分享理想观察者的感觉，只要我们能够说出什么促进了公共利益，我们就能够做出真的道德判断。

第二，某种形式的主观主义是错误的。道德事实是关于公共利益的事实。这些事实独立于任何旁观者或法官的感觉。

第三，我们可以从"是"推出"应当"。如果一个行动可以确保快乐超出痛苦，从而促进公共利益，我们就应当做它。因为这是我们的道德感肯定的，而道德感肯定的东西就是应当做的行动。

休谟功利主义的这三个后果让我们对他的道德感观念产生了怀疑。那么我们是否应当放弃内在主义和主观主义呢？道德判断通常推动我们行动，因为我们通常偏爱关心公共利益的共同的和无偏的视角。但是如果这是我们被道德判断推动的原因，我们就不需要接受内在主义。与此相似，如果我们看到了道德上的好与坏是客观属性，休谟就没有表明道德上的区分不是建立在理性之上。

---

① 这个对道德的功利主义论述在斯密那里讨论得更加完整，他认为功利主义把握了无偏的观察者的视角（也有一些例外，参见本书 §168）。斯密接受了我们在休谟那里看到的论证。关于叔本华对完美观察者的看法，参见本书 §225。

如果不想得出这几个结论，我们可能会质疑功利主义的论证，或者去论证恰当理解的功利主义不会质疑内在主义和主观主义。不管怎样，休谟关于道德感的看法都不是显然前后一致的。

162. 道德感解释正确与错误

如果正确的行动是让功利最大化的行动，如果道德感肯定这些行动，我们依然可以问：到底是什么使得它们正确？它们是因为道德感的肯定而正确；还是因为将功利最大化而正确，道德感肯定它们是因为它们是正确的？这个关于解释方向的问题就是苏格拉底问欧叙弗伦的问题（关于虔诚和神所爱的东西），以及卡德沃斯问霍布斯的问题（关于什么是正确的和什么是命令的）。[①]

哈奇森和休谟的回答是，因为道德感肯定了某些行动，所以它们是正确的。正确的行动是那些将功利最大化的行动，因为道德感肯定功利的最大化。道德感不是像烟雾探测器探测到烟雾那样辨认出某些已经存在于行动或人们之中的正确性。道德感的反应决定什么算作道德上正确和错误的，就像有些人的穿着决定了哪些衣服在某一年会流行。因为某些人穿了这些衣服所以让它们得以流行，与此类似，道德感肯定某个行动使得正确的东西成为正确的。

根据这种看法，我们肯定的感觉并不是道德判断的内容。我们的判断关乎公共利益这个客观的状况。这么看来，道德属性就不像哈奇森或休谟说的那样是次要性质。即便如此，我们依然可以在道德判断中坚持主观的要素，只要我们主张符合公共利益的行动是正确的，因为它诉诸无偏的旁观者。这种主观主义观点否认了无偏的旁观者是因为他们看到了客观的道德正当所以判断正确。假如休谟接受这种关于

---

① 关于欧叙弗伦，参见本书 §27。

道德属性的主观主义，他就会很接近一种结合了客观主义和主观主义的立场，而这种立场正是亚当·斯密在他关于道德属性以及道德属性与道德情感之间关系的讨论中辩护的。①

在这一点上哈奇森、休谟和斯密赞成关于道德的意志主义论述，反对自然主义论述。那么自然主义者对意志主义的反驳是否也可以应用在情感主义上呢？在第 15 章，我们会讨论伯尔盖在这个问题上的论证。

163. 关于道德感的功利主义观念

古代和中世纪的道德思想家都会讨论勇敢、正义、公道等德性。有时候他们也会讨论高贵（kalon）、正当（honestum）和公共利益，但是他们不会给出任何普遍的描述去解释什么使得一个行动是对的或者促进公共利益。如果我们将好等同于快乐或欲求的满足，说正当就是把好最大化，这样我们就有了关于正当更加确切的标准。在 19 世纪，密尔将这种关于正当的论述称为"功利主义"。在 18 世纪，哈奇森和休谟基于他们的情感主义元伦理学为功利主义做了辩护（虽然没有用这个名字）。

哈奇森和休谟认为，元伦理学中的情感主义和主观主义可以支持规范伦理学中的功利主义。如果实践理性不可能独立于我们的实际欲求和目标告诉我们应当做什么，规范伦理学的任务（规范伦理学就是试图告诉我们什么让正确的行动成为正确的）就是去找到对我们的道德感有吸引力的行动。但是道德感从一种无偏的、非自利的、同情的视角去肯定行动和行动者，偏爱那些让受到这个行动影响的人利益最大化的行动。根据休谟的看法，我们的道德感采取"共同的视角"或

---

① 关于斯密论道德情感与道德感，参见《道德情感论》Ⅶ.3.3, 321。

者"人性的视角",这同时也是仁爱的视角。这个视角肯定那些促进公共利益的行动,也就是将总体的好最大化的行动。

因此,情感主义者认为道德感肯定了功利主义的如下特征:

第一,道德是无偏的。它并不指向某些人的好,而是指向受到某个行动影响的所有人。我们并不亏欠父母、孩子、朋友、施惠者任何东西,如果这个东西可能会导致好的总量变少。

第二,道德是目的论的和工具性的。道德规则和原则并非因为它们本身而要得到遵守,而是因为它们导致的后果。

第三,道德预设了要实现的目的的最大化观念。目的是将好的总量最大化,不管如何分配。[①]

所有这些态度真的都属于道德感吗?我们需要考虑一些质疑。

164. 道德感视域是功利主义的吗?

哈奇森和休谟都从道德感的无偏性论证出功利主义的视域。休谟论证说,我们需要达到某种稳定和统一的视角,从而抽离于某个行动的不同观察者的独特视角(就像我们需要一个稳定和统一的视角去观察硬币,从而抽离于不同位置的观察者的视角)。这个无偏的仁爱视角考虑某个行动带来的快乐与痛苦的总净值。因此它接受了功利主义的视域。

在这个意义上道德感是纯粹的仁爱吗?即便它肯定了仁爱,它是不是也会肯定其他事情呢?克拉克主张,某些行动本身看起来是正

---

① 关于仁爱与对邻人的爱,参见哈奇森:《道德善恶研究》III.6 = Leibhold 版 p. 231 = R§331。

当的和适合的。我们似乎肯定守信、对帮助过我们的人表达感激，对平等的情况施以平等的对待，等等。我们并不考虑这些情况的所有后果，才去决定它们是不是正当的。斯密是情感主义者，他同意克拉克在这一点上的质疑。他主张，我们的道德情感并不局限于仁爱，也并不都是诉诸它们认可的行动的后果。比如感恩和怨恨是对不同情境中好与坏的特征做出回应，而无需诉诸整体的后果。①

即便仁爱也并不总是偏爱功利主义会肯定的行动。我们可能会欣赏慷慨的自发行动，而并不认为它有最好的总体结果。我们甚至可能认为，从功利主义的角度看，不做那个仁爱的行动可能会更好，但是我们依然可能会肯定它。

即便我们肯定最大化总体的好，那是我们肯定的唯一事情吗？我们是不是总是最肯定这样的事情呢？我们是不是会因为一件事不公平而去否定它，即便它可以带来更大的利益？比如说，如果警察假装某人犯了谋杀罪，并且确保他招供和被处决，他们的行动可能有很好的后果，因为他们会说服人们相信，一个谋杀犯被惩罚了，人们会感到更加安全，社会整体会获得好处。但是如果一个行动是不义的，道德感就会否定它。或许功利主义的仁爱并不是道德感唯一肯定的东西。

在哈奇森看来，非功利主义的态度来自缺少无偏性。这些态度受到了偏私的影响，从而偏爱那些我们认为配得上感恩的施惠者，或者我们认为配得上正义的受害者。因为真正无偏的观察者没有这些偏见，这些偏见的影响并不会影响对道德感的功利主义阐释。

然而，这个回应引发了对于无偏性的进一步问题。它为什么可以不理会那些似乎内在于道德判断的诸如感恩、正义之类的关切呢？情感主义者不能说因为这些关切与功利主义的观点矛盾，就将我们引向

---

① 关于克拉克论好的后果，参见本书 §147。关于斯密论道德情感与好的后果无关，参见《道德情感论》IV.2.11 = R § §830-833。

错误的道德结论，因为情感主义者认为我们实际的道德感决定了什么是道德上正当的，他们不可能诉诸独立于实际道德情感的关于对错的事实。

如果这些是对哈奇森立场的恰当反驳，他就必须要在功利主义和情感主义之间做出选择。如果道德上正确的东西本质上是道德感肯定的东西，但是我们的道德感并不完全是功利主义的，那么功利主义就是错误的。然而，如果功利主义是对的，那么道德上正当的东西本质上就不是道德感肯定的东西，那么我们除了道德感之外就还有其他道德正当的进路。

165. 休谟：道德感肯定了自然和人为的德性

休谟回应了这些困难，他的方法是给出一个更复杂的关于道德感和功利主义关系的论述。

如果我们的道德感是被同情推动的，或者更确切地说是无偏但同情的观察者感受的，那么对于这个视域来讲正面的性质就是德性。在休谟看来，我们看重有德性的行动仅仅是因为它们表达了某种有德性的品格。但并不是所有的德性都以相同的方式与同情有关。休谟质疑哈奇森的观点，并不认为德性都是不同形式的仁爱。[①]

如果我考虑一个仁爱之人的视域，我会立刻对它做出肯定，因为我看到它指向了他人的福祉。一个同情的观察者很愿意在一些场景下肯定仁爱和慷慨的行动，在这些场景下，很容易看到行动者怀着施惠于他人的动机并且确实施惠于他人。观察者看到了行动者的仁爱，他将这个行动当作行动者获得肯定的品格特征的一个表征来加以肯定。

---

① 关于德性、动机与品格，参见《人性论》III.2.1, 6-7 = R §§ 512-513。关于里德对此的反驳，参见本书 §186。

对于同情的观察者直接具有吸引力的特征就是"自然德性"。①

但是并非道德的每个方面都属于自然德性。我们可能不会立刻肯定一个正义的视域,因为某个正义的行动可能会冒犯一个同情的观察者。比如鲍勃从汤姆那里借了 500 欧元,并且承诺会还钱。鲍勃需要这笔钱去付医药费来救他儿子蒂姆。而汤姆非常有钱,根本不需要这额外的 500 欧元。同情的观察者会肯定鲍勃留下这笔钱。即便如此,汤姆依然有权利要回这笔钱,(休谟认为)鲍勃如果违背诺言拒绝还钱就是错误的。在克拉克看来,鲍勃归还他欠汤姆的钱是正当的和适合的,不管看起来多么令人遗憾。在这种情况下,仁爱的观察者可能不会肯定正义的要求。即便如此,休谟依然主张正义是一种德性,道德感肯定它。如果在这一点上同意休谟,我们可能会推论出,道德感的视域并不完全是功利主义的。

然而,休谟反对这个推论。他认为,道德感肯定功利的最大化,正义也不例外。正义不同于慷慨、仁爱以及其他的自然德性,正义是"人为的德性"。慷慨的行动施惠于他人,因此对道德感有吸引力,因此是自然的德性。但是正义的行动经常不会造福他人,它必然是因为其他的原因而成为德性。要找到这个原因,我们就需要研究人为德性中的人为性。如果理解了正义的系统如何产生,我们就可以理解它如何发挥作用,以及它在产生之后如何对我们的道德感产生吸引力。②

166. 正义并非建立在契约之上,而是互利的习俗

为了描绘正义系统的生长,休谟回到了霍布斯从自利与合作出发的论证。不同于霍布斯的是,休谟否认政府和社会需要任何协议、承

---

① 关于自然与人为德性,参见《人性论》III.1.12 = R §551。
② 关于正义的起源与我们肯定正义的基础,参见《人性论》III.2.2.1 = R §522,III.2.2.24 = R §533。

诺或契约（霍布斯称之为"信约"）。他不仅反对霍布斯式的社会契约论，而且也反对洛克式的，洛克的社会契约论像克拉克一样，建立在自然权利之上。根据洛克的看法，我们应该把政府和社会理解成保全和保护自然权利的手段，它们给社会提供了道德基础。休谟反对这种独立于社会的自然权利。①

在洛克和休谟之间的这个在自然权利和社会契约上的分歧与关于合法政府的争论有关。根据洛克的看法，1688年的"光荣革命"，也就是威廉和玛丽代替詹姆斯二世的革命，是可以得到证成的，因为詹姆斯二世违背了臣民的权利，臣民废黜他就是在主张自己的权利。在休谟看来，这样诉诸权利去证成政府更迭毫无意义。在他看来，我们可以解释关于正义的一切，而无须诉诸独立的自然权利。我们需要认识到，正义的规则来自习俗中的合作，而无需契约。②

如果你和我都需要过一条河，而唯一的一条船对我们两个人来讲都太大了，一个人划不动，我们俩都理解这一点，也都不想尝试自己划船。但是如果我们可以一起划船，就都可以从中获益。如果我们是自利的，就可以协调我们的行动，一起划船。这些互惠的、相互协调的行动来自习俗（也就是两个划船者之间的互相理解），而无需承诺或契约。③

语言的使用、货币的使用，以及其他复杂的习俗都建立在类似的相互理解之上。每一方的利益依赖另一方做什么。因为他们的行动是相互依赖的，当且仅当其他人发挥了作用，每一方才能获得期望的好处。

---

① 关于休谟如何反对自然权利，参见 Sabine, *History of Political Thought,* pp. 597-604。对比克拉克（§§144-145）、普莱斯（§189）、康德（§196）和功利主义（§236）。

② 关于休谟与社会契约论，参见 D. P. Gauthier, "David Hume: Contractarian," in *Moral Dealing: Contract, Ethics, and Reason,* Ithaca: Cornell University Press, 1990, ch. 3。参见本书§196关于卢梭和§287关于罗尔斯的讨论。

③ 关于合作，参见本书§200关于康德的讨论。关于习俗与承诺，参见《道德原则研究》附录3.8；对比《人性论》III.2.2.10 = R §528，III.2.5.1 = R §535。

在一些简单的习俗中,欺骗对任何人都没好处。如果我们两个人中的任何一个停止划桨,船就会停下。但是当习俗涉及更多人的时候,欺骗的后果就不那么直接了,这时一个人似乎可以从欺骗中获利。然而如果他们经常欺骗,习俗就会崩溃,和所有人维持习俗的时候相比每个人的状况都会变差。

为了防止习俗的崩溃,我们需要明确的规则和协议。我们是贪婪的,因此我们看到,短期的贪婪可能会破坏我们长期的贪婪。因此我们同意一些限制我们短期贪婪的规则。这些规则来自平静的激情(也就是我们长期的贪婪),它会促使我们阻碍暴力的激情。如果我们有一个强烈的欲求(平静的激情)去满足我们未来而非当下的贪婪,那么我们就会做一些事情确保我们未来的福祉,从而让满足我们当下的贪婪变得更加困难。这就是明智如何可能,虽然理性是并且应当是激情的奴隶。①

妨碍在当下满足某种欲求从而保证欲求长期满足的机制解释了我们为什么可以形成政府。我们注意到我们倾向于欺骗,因为我们短期的激情和短视的计算。我们采取了一些步骤去对抗这些特征带来的结果。一旦形成了国家(霍布斯口中的 commonwealth),我们就从遵守正义的规则中获益,假如我们生活在一个合作行动的框架之外就无法从这些规则中获益。政府和社会保证了这个框架。

因此,正义系统的形成和维持并不依赖道德感。我们形成正义的系统,并不是因为我们为了正义自身之故关心正义,或者因为我们的仁爱。我们是自利的,但是我们可以人为地协调我们的行动。我们克制自己短期的冲动,从而满足长期的欲求。这种人为性使得正义成为一种人为的德性。

---

① 关于自我规范的欲求,参见《人性论》III.2.2.14 = R §531;另参见本书 §152。

167. 我们的道德情感肯定正义

一旦正义系统得以形成，服从那些维持这一系统的规则就带来了公共利益。因为我们的道德感肯定公共利益，它也肯定了正义系统，肯定了维持这一系统的行动，肯定了维持这一系统的人的品格。这个系统与我们的同情感有关，因此我们的肯定扩散到具体的正义行动和规则上。当休谟说"功利为什么令人愉悦"时，他提到了偏爱公共利益的情感。①

在这里休谟反对霍布斯的利己主义。他同意霍布斯的观点，也认为自利与合作解释了我们如何建立正义的系统和规则。但是他不同意经过协调的自利可以解释我们建立起来的正义系统。正义是一种道德德性，因为它关乎休谟有时候称为"仁爱"（benevolence）有时候称为"人性"（humanity）的情感。这种情感回应了促进公共利益的行动和制度。

这是对正义的间接功利主义论述。在一个正义的系统里，（在休谟看来）遵守财产规则有利于公共利益，即便某个遵守规则的具体行动可能会违背公共利益，假如它不是某个正义系统的一部分。在前面提到的鲍勃和汤姆的例子中，违反某个关于财产的规则可能会促进公共利益（如果鲍勃不归还他的借款），假如这个规则不是一个正义系统的一部分。但是既然这个规则属于一个正义系统，我们就最好是遵守规则。因此，我们对正义行动的肯定就依赖它们对公共利益的促进。②

168. 道德情感肯定间接功利主义的规则

因此，在正义的问题上，休谟是一个间接功利主义者。但他是哪

---

① 关于行为与规则，参见《人性论》III.2.2.24 = R §534。关于仁爱的情感与社会德性，参见《道德原理研究》V。
② 关于间接功利主义，参见本书 §132 关于霍布斯和 §§237, 243 关于功利主义的讨论。

种间接功利主义呢？在遵守正义的规则为什么正当的问题上，他可能主张以下两种观点之一：

（1）在一个正义系统里，每个正义的行动都促进公共利益，即便在一个正义系统之外它并不促进公共利益。鲍勃没有归还借款有某些好的效果（它救了蒂姆的命），但是因为它开了一个坏的先例，使得人们不那么意愿借给别人钱，等等，在这个意义上它的整体效果是坏的。

（2）在一个正义系统里，普遍服从这个系统的规则会促进公共利益，而不管在某个具体的情况下服从规则是否促进公共利益。或许除了鲍勃和汤姆之外没有别人知道鲍勃没有还钱，因此这个案例并不会让他人不愿意借钱。在这个情况下，或许违反正义的规则更好。即便如此，坚持一个禁止违反的系统可能依然更好，虽然那些违反可能促进公共利益。

休谟经常诉诸第一类案例，正义的系统使得某个具体的正义行动促进公共利益。但是他有时候也承认第二类案例，我们的道德感回应的首先是系统的有利倾向，其次才是系统规定的具体的正义行动。有时候我们肯定了某个普遍而言值得赞赏的特征，即便它偏离了具体情况下的功利。[①]

休谟的这些看法在亚当·斯密关于道德情感及其与功利关系的论述中得到了修正。斯密认为，情感主义并不总是能够支持功利主义。在他看来，无偏的观察者赞赏自我指涉和他人指涉的德性，而无须涉

---

① 关于正义的好处，参见《人性论》III.3.1.13 = R §551。关于非功利主义的情感，参见哈奇森：《道德哲学体系》II.2.3, pp. 243-244；《道德善恶研究》III.3 = Leibhold 版 p. 118 = SB 112。

及功利。① 某人展现了自我牺牲的勇敢或者公共精神，他想的可能并不是行动的后果。与此相似，我们对勇敢的赞赏也独立于任何可预见的后果。②

即便如此，按照道德情感行动还是会因为斯密所说的依据自然的"幸福调节"（happy adjustment）倾向于促进功利。具体的道德情感在社会中有一席之地，是因为它们倾向于功利的最大化。休谟所描绘的习俗及其扩展提示了某种机制，它拥有斯密描述的效果。如果追随我们非功利的情感倾向于促进功利，同时道德感肯定这种倾向，那么道德感就接受了功利原则作为最高的道德原则。③

休谟和斯密宣称描绘了我们道德情感的实际特征。他们并没有给出理性的原则去重塑它们。考虑到他们关于理性和激情的观点，我们不可能找到这样的理性原则。他们说我们的道德情感有功利最大化的后果（虽然拥有这些情感的个体行动者并没有关注到），这个说法关乎具体社会的结构和发展。在《国富论》里斯密试图捍卫这个说法，并且搞清楚它的隐含的意义。这部作品对政治经济学产生了深远的影响，这个学科就是后来的经济学。情感主义道德哲学是19世纪功利主义道德和社会理论的一个来源。④

169. 聪明的无赖质疑道德的至高性

如果哈奇森和休谟关于道德情感和道德特征本质的看法是正确的，那么道德还有多重要呢？特别是当道德看起来与我们的其他目标和偏好相冲突的时候我们为什么要遵守道德呢？

---

① 对比西季威克对斯密的评论：《伦理学方法》424, 463。
② 关于勇敢，参见斯密：《道德情感论》IV.2.10-11, 191-192。
③ 关于自然，参见《道德情感论》IV.2.3 = R §832。对比斯密的"看不见的手"：《道德情感论》IV.1.10 = R §829；《国富论》IV.2.9。
④ 关于经济学，参见本书§238。

这些问题让我们想起格劳孔和阿德曼图斯在柏拉图的《理想国》里提出的问题。霍布斯也借用"愚人"问出了相同的问题，愚人不理解当违反道德可以给他带来很大好处的时候为什么还要遵守道德。霍布斯的回答是，愚人有很好的理由去克制自利的算计，因为这样有利于他自己的长期利益，即便在某些情况下，他认为违反正义的原则会带来重要的好处。①

休谟设想了一个"聪明的无赖"，问出了和霍布斯相同的问题。这个无赖同意，他和其他人一样，从一个要求人们遵守正义规则的正义系统里获益。他认为如果他通常都像诚实的人那样行动就可以获益。但是他认为自己可以钻一些例外的空子。这样他不会威胁到他从中获益的那个正义系统，而是在不威胁到这个系统的情况下打破一些规则。他为什么不能做这样的无赖呢？②

170. 休谟：情感主义可以为关心道德提出很好的理由

回应道德批判者的任务似乎对情感主义者来讲格外困难。他们对道德感及其与道德正当关系的论述使得道德正当根据我们道德感的特征而变化，从而给我们或多或少的理由去遵守道德，这种强度与我们非自利欲求的强度成比例。③ 在休谟看来，因为支持情感主义的论证非常有力，这些就成了我们不得不接受的后果。如果根据感觉的强度，我们有或强或弱的理由去关心道德，那么道德是应该被严肃看待吗？

---

① 关于柏拉图的问题，参见本书§30。关于霍布斯的愚人，参见本书§134。另参见 D. P. Gauthier, "Three against Justice: The Foole, the Sensible Knave, and the Lydian Shepherd," in *Moral Dealing: Contract, Ethics, and Reason*, ch. 6； R. B. Brandt, *Facts, Values, and Morality*, Cambridge: Cambridge University Press, 1996, ch. 10; Brandt, *Morality, Utilitarianism, and Right*, Cambridge: Cambridge University Press, 1992, ch. 6。

② 关于聪明的无赖，参见休谟：《道德原则研究》IX.22。

③ 关于伯尔盖对这三个批评的发展，参见本书§181。

休谟回应说，我们不应当因为道德信念不是由关于道德实在或者人类自然的事实证成的，就把道德看作无关紧要的。无私的情感在不同的人那里是不同的，但是在很多人那里这样的情感都很强烈，也可以被那些严肃看待它们的人强化。我们不需要进一步的保证说明它们应当被严肃看待。

休谟反对霍布斯对道德怀疑做出回应的策略。霍布斯与愚人之间的论辩取决于愚人或正义之人为了满足自私的欲求是否遵循了最好的策略。休谟认为我们有非自私的欲求，我们没有理由优先满足自私的欲求。有德性的人追随他们非自私的欲求。他们甚至不会去考虑不义的行动带来的好处，即便确实考虑这些好处，他们也不会认为这些好处值得付出那么大的代价。

根据休谟的看法，有德性的人比这个无赖更幸福。我们的道德情感建立在同情之上，我们不需要被人教会如何同情。我们通过回应那些引发同情的场景而发展道德情感。因为我们在运用情感的时候感到快乐，我们也乐于运用我们的道德情感。道德感"内在于灵魂"，因此不管我们什么时候想到道德感的源头，都会乐于看到我们拥有这种道德感。这样看来，拥有道德感就为我们的幸福做出了贡献。[①]

休谟认为反思道德感的源头会让我们肯定它，这么认为对吗？这样的反思是不是会揭示道德感的某些不受欢迎的特征呢？比如说，我们可能会发现，它建立在某些我们并不认可的情感之上，比如说它可能来源于恐惧、罪责，或者来源于我们被社会欺骗（像曼德维尔认为的那样），或者来自对优越者的怨恨（像尼采认为的那样）。如果是这样，那么我们对道德感觉起源的探寻就会使我们反对它们，因为它们建立在我们不喜欢的情感之上。我们的道德感将会成为内部冲突和不满的源头。[②]

[①] 关于幸福与德性，参见《道德原则研究》IX.21。
[②] 关于曼德维尔，参见本书 §153；关于尼采，参见本书 §231。

休谟的回应是，我们的道德情感来自我们欢迎的情感和态度。因此，我们遵守道德并非来源于精神上的冲突和不满，而是来源于满足和享受。道德告诉我们要根据同情感行动，因此它告诉我们要去做一些我们已经喜欢做的事情。如果我们是有德性的人，那么聪明的无赖的思考方式就不会对我们有吸引力。因为他反对的道德情感对我们来讲是满足的来源。如果听他的，我们就会遭受内在的冲突和不满。如果根据肯定的情感行动，我们就会更加幸福。我们不会成为把自己的坏品格出卖给别人的无赖。

诚实的人享受生活中不那么昂贵但更少风险的快乐，满足于他们自己的行动。他们不会在狂热地追求无赖所追求的那些昂贵而危险的快乐中消耗自己的生命。无赖的生活方式对他们来讲毫无吸引力，如果他们没有获得无赖的那些好处，他们并不认为自己失去了什么，有什么可后悔的。如果我们获得了道德德性，我们就可以"承受自己的检审"，因为我们通过反思肯定了我们已经形成的态度和情感。①

有些人认为，诚实的人总是不情愿地诚实，总是羡慕无赖，休谟对于这种看法给出了一个合理的回应。卡里克勒斯、格劳孔和尼采宣称我们会对有德性的人感到遗憾，因为他们遭受着嫉妒、后悔、对自我的憎恨。休谟的回答是，有德之人的情感让我们不会因为自己不是无赖而感到遗憾。

171. 对于休谟回应的质疑

这些论证可能表明有德性的人不会比一个聪明的无赖活得更糟。但是它们能表明无赖有理由遗憾（即便他实际上没有遗憾）自己缺乏德性，并且比有德之人活得更差吗？

---

① 关于内心的平静，参见《道德原则研究》IX.23-25；参见本书§66关于爱比克泰德对正义的辩护。关于自我肯定，参见《人性论》III.3.6.3。

休谟主张无赖很可能会遭受焦虑和对自我的憎恨,因为无赖可能也拥有有德之人对无赖的那种态度。但是无赖可能会反对。如果他是一个聪明的无赖,他不会介意在有利可图的时候违反正义的规则。在他遵守和打破规则的时候,这个无赖难道不会像有德之人一样肯定自己吗?

对休谟的这个回应,预设了道德情感可以被自利训练得具有灵活性。我们通常会厌恶某人自私地无视他人的利益,他们令人厌恶的态度引发了我们对于受害者的同情。但是聪明的无赖宣称,那个冷酷无情的自私之人不会认为他的态度是令人厌恶的。

休谟可能会回应说,道德情感并没有这么强的灵活性。如果我们发展道德情感,我们不会随意开关它们。一个发展了同情感的无赖,不可能在回应自己的冷酷自私时不去同情自己的受害者。他也会认为自己的无赖行为令人厌恶,从而会遭受自我批评和自我憎恶。

这个无赖可能会同意,如果他可以选择要么做一个有德性的人,要么做一个足够有德性的无赖从而会否定自己的无赖行径,那么做一个有德性的人会让他活得更好。但是他似乎还有另一个选择。他难道不可能拥有很弱的道德情感,从而不会在他为了利益违反规则的时候遭受困扰吗?虽然哈姆雷特的良知使他怯懦,但是其他人的良知可能没有那么敏感。拥有不那么敏感的良知的无赖看起来比一个良知强大到可以否定他行为的无赖活得更好。[①]

休谟似乎看到了这种可能性。他承认我们的道德感不一定总是回应我们的道德判断。[②] 一个聪明的无赖可能同意有德之人的判断,但是并不分享他的情感。那么他如何可能比一个有德之人生活得更差呢?有德之人和无赖都可以承受自己的检审。

---

① 关于良知,参见莎士比亚:《哈姆雷特》III.1.83。对比《理查三世》(Richard III) I.4.116-129。关于愚蠢的无赖,参见休谟:《怀疑论者》(The Sceptics) 结尾,收于《关于道德、政治与文学的文章》(Essays, Moral, Political, and Literary)。

② 关于没有情感的判断,参见本书 §161。

第十五章

理性主义与道德的理性根据：巴特勒、普莱斯与里德

172. 巴特勒：自然是明智与道德的基础

我们讨论到的所有情感主义学说都坚持情感是道德的基础，它们坚持认为将道德与理性联系在一起的尝试需要依赖一些关于实践理性范围和力量的预设，而这些预设是无法得到辩护的。哈奇森和休谟捍卫他们对实践理性的工具性理解，因为他们反对克拉克（还有其他人）的观点，即纯粹理性既可以推动我们行动又可以表明什么是道德上正确的。在克拉克看来，我们可以看到（比如说）感恩是对恩惠适合的回应，一旦我们的理性把握到了这种适合性，我们就会有所行动。[1] 哈奇森和休谟回应说，行动和道德都依赖人的自然，而非单纯的理性。我们的行动依赖激情，理性是并且应当是激情的奴隶。与此相似，我们的道德判断依赖激情和情感。关于道德的真正论述并不揭示纯粹理性的道德原则，而是描绘对人类自然而言有吸引力的行动和品格。

要讨论理性主义者对情感主义的回应，我们可以首先考察在哈奇森与休谟对实践理性的观点之外还有哪些替代性的可能。我们可以从巴特勒开始，因为乍看起来，他似乎赞成情感主义的起点。他追随霍布斯、哈奇森和休谟，从人类的自然开始讨论。但是他的目标与他们不同。他要"解释当我们说德性在于符合自然，恶性在于偏离自然时，

---

[1] 关于克拉克论适合性，参见本书§145。

人的自然是什么意思，通过解释表明那个说法是真的"。他说那个关于自然的说法是古代道德学家的观点，特别是斯多亚学派的观点。关于人类自然的正确论述，应该解释为什么对于每个人而言道德都是有价值的。①

巴特勒同意哈奇森的看法，也认为人类自然不仅包括自利的欲求，也包括道德态度，而后者是霍布斯无视的。因此巴特勒提到了仁爱，也提到了具体的激情。② 然而哈奇森接受了霍布斯的预设，同意诉诸人类自然就是诉诸基本的欲求。霍布斯诉诸自利，哈奇森诉诸非自利的情感。巴特勒对此的回应是，人类自然首先并不是一组欲求，而是一个系统或者一个组合，在其中实践理性发挥本质性的作用，不会臣服于非理性的激情。这个系统的特征解释了道德如何建立在理性之上。③

173. 巴特勒："自然"与"自然的"有三种含义

巴特勒认为"自然"和"自然的"有三种含义。某种类型的行动 F 对于某个物种 G 来讲是自然的，当且仅当（1）F 符合 G 的某些自然冲动；（2）F 符合 G 最强的自然冲动；（3）F 是 G 作为整体的要求，而不仅仅是 G 的一部分或者某个方面的要求。正是第三个意义揭示了道德中自然的角色。④

前两个含义捕捉了霍布斯和哈奇森对自然的诉求。霍布斯寻找某种关于人类自然的论述，从而确定解释一个人所有运动和倾向的基本冲动。如果道德对人类自然来讲是恰当的，那么（只要理解了这一

---

① 关于德性与自然，参见巴特勒：《布道集》（Sermons）前言 13 = R §375。关于斯多亚学派论自然，参见本书 §§69-70。
② 关于人类自然，参见巴特勒：《布道集》I.6-8 = R §§388-390。关于霍布斯，参见《布道集》前言 18-21 = R §378。
③ 关于理性主义的进一步阅读书目，参见本书 §140。
④ 这三个意义上的"自然"，参见《布道集》前言 14 = R §376；《布道集》II.5-8 = R §§398-399。

点），给定我们的实际欲求，道德就会对我们有吸引力。与此相似，哈奇森认为，德性是自然的，因为它建立在仁爱这种自然情感之上。在这两种意义上，人类自然是某些特征的聚合，这些特征是人类共享的，不同于他们通过社会获得的特征。①

"自然"的第三种含义将"自然"与整个系统联系起来。理解一个系统，我们就把握了整体和在整体的运作中各个部分的作用。比如说我们要理解手表，那就意味着必须要把握各个部分对于整体的目的有什么作用。手表的自然（第三种含义）是告诉我们时间，但是对于手表来讲走快点慢点、坏掉等等都是自然的（第一种含义）。各个部分构成了某个组织良好的整体，它们在这个整体里扮演不同的角色。当手表"坏了"它就违反了自然。②

根据巴特勒的亚里士多德主义自然观，作为一个系统的人类自然的事实（第三种含义），并非人们依据自然会做什么（在前两种意义上）。亚里士多德将一个东西的自然与它的功能、本质以及它所属的类别联系起来。一个自然有机体的本质是整体的、以目标为导向的系统，在其中不同的部分、过程、行动都发挥着维系整体的功能。符合某物整体自然的状态和过程就是适合整个系统的。我们的不同部分可以用"功能"得到解释，在这个意义上我们的自然构成了一个系统。因为它们在维持这个系统中发挥作用，让这个系统得以正常运转。③

在前两个意义上符合自然的一些事物，并不符合第三种意义上的自然。我们有一些（前两种意义上的）自然倾向需要被约束，因为它们并不符合我们整体的自然。比如，如果我们生病，或者吃的喝的太

---

① 关于自然，参见 J. S. Mill, "Nature," in *Collected Works*, 33 vols., ed., J. M. Robson, Toronto: University of Toronto Press, 1963-1991, vol. 10, p. 399。
② 关于表的例子，参见《布道集》前言 14 = R §376。关于反对自然，参见《布道集》II.10 = R §400。
③ 关于自然，参见本书关于亚里士多德（§39）、阿奎那（§§98-99）和苏亚雷兹（§123）的讨论。

多，或者太容易疲惫，或者过度消耗自己，我们都在跟随自然倾向，但却是在反对作为整体的自然。

当我们考虑自己的福祉，我们会试图去强化某些自然倾向（第一种含义），弱化另一些自然倾向，从而强化我们整体的自然系统（第三种含义）。我们关于整体自然的判断并不排除外部的干涉。相反，医学的干涉，比如血液透析和器官移植，可能干涉了自然的通常进程，或许会与我们强大的自然倾向矛盾（前两个意义上），但是它们可能依然与我们的整体自然保持一致。在这些情况下，我们会认为有一些目标和利益构成我们的动机、欲求、冲动的总和。理解了不同要素如何构成一个完整的系统，我们就发现了我们作为人的自然。我们把握这个系统并不是去看各种不同的动机本身，而是考虑它们的联系。

在讨论自然行动的时候，巴特勒依赖第三种含义的"自然"。如果我们理解这个含义，就可以理解为什么保罗会说人依据自然是"加给自己的律法"。[①] 这个说法的意思是，人类自然整体的要求决定了道德的恰当基础。巴特勒用两个步骤支持这个说法。首先，他论证根据更高的原则（superior principles）行动是自然的（第三种含义）；第二，他确定了两个更高的原则，自爱（self-love）和良知（conscience），并且论证良知是至高的原则（supreme principle）。

174. 巴特勒：某些选择基于更高的原则

我们通过力量（power）与权威（authority）之间的关系来把握更高原则的特征。[②] 根据霍布斯的看法，合法的权威不过是可以施加强迫的力量，不管是在身体上还是在心理上施加强迫。这个关于权威的

[①] 保罗:《罗马书》2:14（参见本书 §82），巴特勒在《布道集》II.8-9 = R §399 中讨论了这个问题。
[②] 关于力量与权威，参见《布道集》II.14 = R §402。

说法，来自霍布斯对理由的纯粹心理学论述，根据这种看法，按照更好的理由行动就是按照更强的欲求行动。卡德沃斯反对霍布斯将权威与力量等同。虽然僭主或者强盗有更大的力量，但权威属于合法的政府。合法的权威有权利（right）去命令，我们也有理由去服从，即便事实上我们并不总是或者不可能总是服从它。卡德沃斯利用这个对照去论证，道德规则拥有权威，因此不仅仅是命令。①

巴特勒站在卡德沃斯一边反对霍布斯。更高的原则拥有权威，因为它们不是靠我们欲求的强度推动我们，而是靠支持某个具体行动的理由。我们认识到自己有更好的理由去做 x 而不是 y，即便我们对 y 有着更强烈的欲求。②

有时候我们进行选择（比如在红葡萄酒还是白葡萄酒之间选择，或者在两部电影之间选择），并不是根据欲求的强度。在这些情况下，我们可以考虑什么对我们来讲更有吸引力（或者"什么抓住了我"），也会注意到哪个欲求最强。但是有时候我们并不仅仅考虑我们实际的偏好和欲求，而是去询问不同行动方案的优点（merits）。比如某人抢走了本该属于我的工作，我很生气。我最强烈的欲求是表达愤怒，但是接下来我发现自己没有很好的理由去攻击我的对手。我并不仅仅考虑不同欲求的相对强度，也会通过"反思"（reflexion，巴特勒这样称呼它）不同反应之间的不同优点去调整它们的强度。

基于反思的选择让我们质疑哈奇森的说法，一切理由都不过是告诉我们某些行动会满足某些之前的欲求。如果我们只考虑欲求的相对强度，这个说法可能是对的，但是它并不适用于那些通过反思不同行动的优点而来的理由。在后者中，我们不是在问什么是我们最想要的，而是在问什么是我们有理由最想要的。作为结果的欲求就是在考

---

① 关于霍布斯论理由和动机，参见本书 §128。关于卡德沃斯，参见本书 §142。
② 关于欲求的力量与理由，参见《布道集》II.16-17 = R §403。

虑了各种相对的优点之后形成的。它拥有权威而不仅仅是力量。

175. 巴特勒：合理的自爱是更高的原则

巴特勒认为，合理的自爱是更高的原则，根据这个原则行动是自然的。① 它不同于"具体的激情"，也就是关注具体的外在对象的欲求和情感。愤怒或恐惧这样的情感，追求它们的对象"而不区分获得它们的手段"。当两种激情的对象"不可能在不明显伤害另一方的前提下获得"的时候，这两种激情就会发生冲突。② 反思通过思考哪一个激情更好决定如何行动。

理性的自爱不同于具体的激情，因为它表达了我对自我（self）的关切，这个自我包括了很多情感，并且持续存在。比如我有一些理由因为某个激情未来会对我产生的影响而决定反对这个当下的激情，这个时候我就是在考虑自我。这些理由体现了持续存在的自我的利益。当我根据这些理由行动时，我就是根据合理的自爱行动。因为这依赖权威而非力量，自爱就是更高的原则。

如果我们根据这个更高的原则行动，就是根据我们整体的自然行动。我们的自我是复杂的，在时间中延伸的，它在不同欲求之间寻求理性的秩序。成为一个关注理性自爱的理性行动者是人类自然的一部分。否认这一点，就是把人仅仅当作了欲求和满足的简单集合。但是这并非真正的人类能动性。如果我认识到我不仅仅是激情的集合，我就会承认更高的原则依赖权威而非力量。③

巴特勒在理性自爱和具体激情之间的区分与柏拉图和亚里士多德在灵魂的理性与非理性部分之间的区分一致，也和阿奎那在意志与激

---

① 巴特勒与里德用"原则"（行动的起点）来指动机。
② 关于具体的激情，参见《布道集》II.13 = R §401。
③ 关于人类特有的能动性，参见《布道集》II.17 = R §403。

情之间的区分一致。在这一点上，巴特勒复兴了古代道德思想家的观点，而反对霍布斯、哈奇森和休谟。①

176. 里德：情感主义者低估了实践理性的作用

里德利用巴特勒的更高原则去回应哈奇森和休谟关于理性有限功能的论证。他论证说，理性原则给出了动机性理由和规范性理由。理性原则推动我们去追求对我们整体上好的东西。我们对于自己的好的观念来自对我们人生中那些好的和坏的东西的推理。当我们明智地行动时，也就是依赖我们关于整体上好是什么的观念行动时，我们就是根据理性行动，理性征服了激情。②

在休谟看来，将明智与理性联系起来的尝试忽略了理性非常有限的实践作用。明智是合理的，仅当它依赖工具性的推理，但是不明智的行动可能也依赖工具性的推理，因此并不比明智的行动更不合理（就像休谟在他关于牺牲全世界也不要割破自己手指的例子里论证的）。明智和不明智的行动是同样非理性的，因为二者都依赖在先的非理性欲求确定目的，理性只能告诉我们手段。在明智行动之下非理性的欲求是我们通常不会注意的"平静的激情"。明智和不明智的行动有相同的理性和非理性的前因。

但是如果巴特勒关于更高原则的说法是正确的，我们说"合理"的时候就不是休谟的意思。我们认为一个欲求是合理的，意思是它基于一个行动高于另一个行动的优点，而非不同欲求的相对力量。一个

---

① 关于意志与激情，参见本书关于柏拉图（§28）、亚里士多德（§43）和阿奎那（§92）的讨论。

② 关于整体上的好，参见里德：《主动能力论》(*Essays on the Active Powers* [1788], ed., K. Haakonssen and J. A. Harris, Edinburgh: Edinburgh University Press, 2010) III.3.1 = HH 153-154 = R §§859-860。关于理性与明智，参见《主动能力论》III.3.2 = HH 154-157 = R §§862-863。

平静的激情和休谟笔下的所有激情一样，都是非理性的欲求，凭它的力量推动我们行动。但是明智依赖理性的欲求，而理性的欲求依赖更高的原则。如果我们是明智的，那么我们就不仅要对欲求的强度做出回应，也要对不同行动的优缺点做出回应，我们是被权威推动，而不仅仅是被力量推动。休谟试图用平静的激情代替理性欲求就忽略了这个差别。

休谟可能会反对说，明智的欲求推动我们只是因为它们比不明智的欲求力量更大，因此我们是被欲求的力量推动的，而不是被理由的相对权重推动的。里德回应说，休谟忽视了在"动物性力量"和"理性力量"之间的差别，或者（用巴特勒的话说）在力量与权威之间的差别。我们起初可能更倾向于待在家里而不是去看电影。但是如果我们考虑到这个电影可能很值得一看，而这是看它的唯一机会，这些理由会给我们去看它的欲求，于是我们根据理由的权重去了电影院。如果明智并非只基于工具性的推理，那么休谟就没有表明理性仅仅是激情的奴隶。①

177. 普莱斯与里德：道德感给了我们客观道德属性的知识

我们在前面讨论过情感主义支持主观主义的道德感。但是我们在关于沙夫茨伯里的讨论中提到，客观主义可能也接受道德感。普莱斯和里德论证，我们可以接受道德感，而无需在道德属性本质的问题上成为主观主义者。因为相信道德感仅仅意味着道德判断是当下的，而这并没有质疑客观主义。普莱斯反对哈奇森的进一步观点，即道德属性是次要性质（根据哈奇森对次要性质的理解）。在普莱斯看来，哈奇

---

① 关于动物的力量与理性的力量，参见《主动能力论》IV.4 = HH 216-220 = R § §882-883。参见本书 §213 关于康德的讨论。关于休谟论理性与激情，参见《主动能力论》III.3.2 = HH 157 = R §864；Mackie, *Hume's Moral Theory*, London: Routledge, 1980, p. 140。

森不合法地从道德判断的当下性，通过他关于感觉的概念，推论出了主观主义的结论。①

里德在客观主义的基础上捍卫道德感。在他看来，哈奇森和休谟正确地认为我们有道德感，但是他们对这种感觉给出了错误的论述。通常的五种感觉给我们知识，因为它们让我们可以通达（access）这个世界上的客观属性。与此相似，道德感通过让我们通达客观的道德属性给了我们知识。

哈奇森和休谟将道德判断归于情感而非理性，因为（在里德看来）他们给通常的知觉赋予了过少的理智功能。我们关于外在对象特征的判断是当下的、可靠的，比如一个声音很响另一个声音很轻，或者同时响起的几个声音是和谐还是不和谐。这些判断并不纯粹是感觉状态，因为它们包括了可以可靠地告诉我们外在对象客观特征的信念。与此相似，道德判断和情感属于道德感，它们来自理性和判断。②

因此（里德推论）休谟说"更恰当地说道德是感觉到的，而不是判断出来的"，以及说我们在道德中发现的事实"是感觉的对象而不是理性的对象"都是错误的。道德判断既导致又证成一种肯定的感觉，但是它们本身并不是感觉。它们是关于外在对象客观性质的判断。③

178. 里德：反对休谟，道德正当是客观的

里德主张，这种道德感的理智主义观念可以得到道德判断中一些我们很熟悉的特征的支持。我们通常认为，道德判断会提到某个特定

---

① 普莱斯论哈奇森的主观主义，参见普莱斯：《关于道德中重要问题的评论》（*A Review of the Principal Questions in Morals* [1758, 3rd ed., 1787], ed. D. D. Raphael, Oxford: Oxford University Press, 1974) 14-15 = R 657。关于次要性质，参见本书§154。
② 关于感觉和判断，参见《主动能力论》V.7 = HH 348-351 = R §§914-924。
③ 关于休谟论道德和感觉，参见休谟：《人性论》III.1.2.1 = R §505。关于感觉和理性，参见《人性论》III.1.1.26 = R §503。

种类的事实,这种事实是我们肯定道德判断的基础。只有某些倾向的感觉,在某些特定的基础之上,才基于道德判断。道德判断有真假之分,不同的道德判断之间可能会发生冲突,但是感觉并非如此。①

根据里德的看法,判断某个行动是错误的,这与这个行动自身的属性有关。观察者做出的判断和后续产生的感觉都是由行动的错误性导致的,但它们并非错误性的一部分。如果忘恩负义引发了一个真的判断,即观看者认为应该谴责这个行动,那是因为这个行动拥有某个性质使得我们应该谴责它。这个性质,而不是谴责的倾向,才是忘恩负义的错误性所在。

如果行动中没有对错可言,我们就无法理解为什么要运用判断,比如一个法官对证据进行判断。在里德看来,法官要努力发现的不仅是证据,还有进一步的事实,即"原告是否有正义的诉求"。法官必须要决定行动的某些相关属性是否构成了行动的错误性,比如受害者的无辜、行动者的蓄意谋划,等等。②

看起来这并不足以回应休谟。里德诉诸有关道德判断中事实性特征的通常看法。但是休谟不是已经表明,这些看法是错误的吗?在休谟看来,我们可以知道关于某个行动的所有相关事实,却并不提出道德问题。为了表明行动在道德上的好并不是它的属性之一,休谟将道德上的好与美进行比较。"欧几里得完全解释了关于圆形的所有性质,但是关于它的美却未置一词。"道德上的好就像美,不可能是外在对象本身的性质。

里德的回答是,欧几里得关心的仅仅是圆形的几何特征,而没有描述它的所有性质。休谟的论证只是预设而并没有证明,美不是圆形本身的属性。与此相似,休谟对于谋杀的描述也没有表明,错误不是

---

① 关于矛盾,参见《主动能力论》V.7 = HH 350 = R §920。
② 关于法官的角色,参见《主动能力论》V.7 = HH 358 = R §936。

谋杀本身的属性，因为他的描述如果漏掉了谋杀的错误性，就是不完整的。①

为了决定是休谟还是里德正确，我们需要问，什么是对事实的"完整描述"（complete description）。从一个生理学家的角度看，对我们身体运动的"完整描述"或许无需提到我是在开车还是开船，同样的身体运动可以在不同的情况下构成这个或那个行动。即便如此，我在开车或者开船依然是一个事实。与此相似，从一个旨在观察谋杀者行为的心理学家的角度看，一个完整的描述可以不提到蓄意杀死一个无辜的人是邪恶的。即便如此，这个行动的邪恶特征依然是关于它的事实。

这些例子表明，对客观事实的描述可能对于某些目的而言是完整的，而对于另外的目的而言则是不完整的。描述谋杀"本身"而不提道德上的恶，对于保险公司的目的而言可能是完整的，但是对于道德目的而言除非提到它在道德上的恶，否则就是不完整的。休谟对于"完整描述"的诉求是无用的，除非我们知道道德属性并不是客观属性，然而休谟并没有证明它们不是客观属性。

179. 普莱斯：情感主义者不理解道德属性

休谟还有一个反对客观主义的论证。在他看来，我们不能表明像道德上的恶这样的道德属性是客观属性，除非我们可以给出它的定义。如果我们要寻找它的定义，只说它是道德上的恶是不够的。但是除了"道德上的恶"之外的所有其他描述都可以遭到反驳。当休谟说，我们不可能在对象本身之中找到道德属性，他的意思是，我们不可能将谋杀的错误等同于任何它的非道德特征（它是故意的、它是杀人，

---

① 关于欧几里得，参见休谟：《道德原则研究》附录 1.14 = R §630；里德：《主动能力论》V.7= HH 358 = R §937。

等等），因为任何用非道德词汇对它下的定义都可以被质疑。

在普莱斯看来，这个论证表明了休谟关于道德属性是否可以被定义以及如何被定义的错误预设。对于道德属性如何可以或者不可以被定义的更好理解，表明了休谟在什么地方是正确的，什么地方是错误的。休谟关注到了道德属性的一个本质特征，但是从中得出了错误的结论。

跟随柏拉图和卡德沃斯，普莱斯努力找到一些标准去给道德属性做出正确的定义。卡德沃斯用这些标准反对将道德等同于神圣命令，普莱斯则用这些标准去反对情感主义者心目中的道德感。①

第一个标准来自普莱斯对（按照他所理解的）霍布斯观点的攻击，道德上的正当在于服从法律（上帝的法律、官员的法律或者习俗的法律）。霍布斯的观点意味着，说规则和法律本身是正确的很荒谬，因为那意味着这些法律本身是由进一步的法律施加的，而如果我们可以对这些进一步的法律再问出正确性的问题，就会导致无穷倒退。但是，假如关于道德的立法性论述是正确的，那个被看作荒谬的问题本身就一点也不荒谬，而是相当合理的。因此，立法性论述本身是错误的。②

在这个论证里，普莱斯反对某个定义的策略是，假如这个定义正确就会让一些本来不合理的问题变成合理。这些就是"开放问题"（open question）。哈奇森诉诸道德感官也会导致一些开放问题：（1）道德感官是对的还是错的？（2）道德感官认可的东西是不是正确的？假如道德感官理论是正确的，那么这些就都不是开放问题。但事实上，它们确

---

① 关于定义，参见本书关于柏拉图（§27）和卡德沃斯（§142）的讨论。
② 关于卡德沃斯论霍布斯，参见本书 §142。关于定义的条件，参见普莱斯：《关于道德中重要问题的评论》43 = R §675。

实是开放问题。因此道德感官理论是错误的。①

一个把德性说成"适合事物自然的行动"的理性主义论述（这是克拉克的观点）作为定义同样是无用的，但是出于不同的理由。根据普莱斯的观点，它预设了关于被定义者的理解。正当性、适合性与义务都是不可定义的，"传达了……必然包括彼此的观念"。理性主义的论述并没有创造出开放问题，但是它的缺陷在于我们无法独立于被定义项去理解定义项。②

我们可能会反驳关于充分定义的后一个标准过于严格。我们可以合理地用G定义F，用H定义G，等等，最终再用F定义某个东西。如果这个循环不是太小，我们就可以理解这些不同的属性。普莱斯同意，道德属性可以用这种方式得到解释。他否认它们是严格可定义的，意思是它们没有（我们所谓的）"还原式的定义"，也就是通过可以完全独立于道德属性理解的道德属性。③

180. 普莱斯：反对休谟，我们可以从"是"推论出"应当"

现在我们可以来看看普莱斯如何回应休谟的论证，即道德事实不可能是关于外在对象的事实。休谟主张，我们不可能在"对象"（比如谋杀）中找到任何道德上恶的属性。他认为，如果我们可以找到客观的道德属性，就可以在还原性定义中用非道德词汇定义它。普莱斯的

---

① 关于开放问题，参见本书§269关于摩尔的讨论。虽然因为普莱斯和摩尔的相似性，我们可以讨普莱斯那里的开放问题，但是他所说的"开放"与摩尔的"开放"含义相当不同。在普莱斯的论证里，如果我们可以合理地问出一个问题，它就是开放的。而在摩尔的论证里，如果一个问题可以被没有自相矛盾地问出，它就是开放的。摩尔的标准导致了比普莱斯多得多的开放问题。

② 关于无用的定义，参见普莱斯：《关于道德中重要问题的评论》125 = R §726。关于不可定义的正当性，参见《关于道德中重要问题的评论》105 = R §708。

③ 普莱斯没有清晰地区分名义定义与真正定义。参见本书关于苏格拉底（§15）、柏拉图（§27）和元伦理学（§§279-280）的讨论。

回应是，道德属性没有还原性定义。①

可以用还原的方式定义的属性并不是唯一真实的属性。因为还原性定义不可能永远进行下去，某些属性不可能用还原的方式定义。但是如果任何在还原的意义上不可定义的属性都不是真实的，那么用它们定义的属性也不是真实的。如果某些真实的属性不可能用还原的方式定义，那么为什么不承认道德属性就是这样呢？

与此相似，休谟没有表明我们不可能从"是"推论出"应当"。当休谟考虑用"是"连接的陈述时，他只考虑了对那些不诉诸道德词汇就可以描述的客观事实的陈述。但是如果某些客观事实不用"对"与"错"就无法描述，那么我们就可以合法地从这些事实推论出"应当"。如果道德属性不能被还原性地定义，那么就有一些关于道德属性的真的"是判断"不能被任何不包括道德词汇的同义判断代替。因此，休谟关于"是"与"应当"的论证是错误。

根据普莱斯的看法，休谟指出了道德属性的一个真正的特征，但是并没有把握这个论证的真正意义。休谟认为自己证明了没有客观的道德属性，因为我们不可能找到对它们的还原性定义。在普莱斯看来，休谟只是表明了客观的道德属性不能被用还原的方式定义。

181. 伯尔盖：情感主义者无法解释道德判断的正确性

普莱斯关于道德属性的论述质疑了休谟反对道德属性具有客观性的论证。要表明我们也有正面的理由去相信客观的道德属性，伯尔盖和普莱斯论证情感主义者无法解释道德判断如何得到修正。②

---

① 关于还原，参见本书 §280。
② 关于伯尔盖论哈奇森，参见伯尔盖：《道德善的基础》(*The Foundation of Moral Goodness*, Part 1 [1728] and Part 2 [1729], in *A Collection of Tracts Moral and Theological*, London: Pemberton, 1734)。

在伯尔盖看来，情感主义意味着我们的道德判断不可能错误，因为这些判断仅仅是报告了我们快乐和痛苦的感觉，我们的感觉决定了行动和人的道德属性。① 这是一个荒谬的结果，因为我们认为我们的道德感觉有时候是错误的，可以被纠正。我们对一些人和行为感到快乐，这一点能够成为道德判断的良好基础，前提是这种快乐是恰当的。② 要决定某种快乐是不是恰当的，我们需要超出(哈奇森理解的)道德感，诉诸进一步的理性反思。因此，道德感并不是道德判断的唯一来源，我们可以反思某个判断是否表达了它意在表达的属性，从而修正道德判断。

哈奇森回应说，他的主观主义理论也可以允许我们修正道德感。我们可以修正通常的感觉，即便(哈奇森认为)感觉属性(颜色、声音等)并不是外部对象的客观属性，而是感觉者心灵中的观念。我们通过与正常和健康的感觉者比较修正这些感觉。根据主观主义的观点，红色的东西就是对于正常和健康的感觉表现为红色的东西。③

主观主义者在统计学的意义上理解"正常"和"健康"，认为它们指的是通常的感觉者，或者大多数感觉者。我们用这种统计学上的"正常"观念，来说如果某些笑话通常不会让人发笑，它们就不是真的好笑。我们不认为如果一个笑话真的好笑，它只会让少数人发笑。哈奇森把这个统计学上的正常观念用在感觉上。既然感觉到的次级性质不是外在对象的客观属性，那么我们也就只能在某人的幽默感可以被修正的意义上说我们可以修正道德感。④

但这并不是我们通常用来修正关于颜色的判断的方式。我们并不认为健康的感觉者仅仅是最常见的感觉者，而是最善于辨认实际颜色

---

① 更确切地说，我们只在可能会错误地报告我们的感觉的意义上是可错的。
② 关于合理的快乐，参见哈奇森：《道德系统研究》204。
③ 关于可感性质，参见哈奇森：《道德系统研究》163-164 = R § §371-372。
④ 关于规范性，比较本书§225关于叔本华的讨论。

174 的感觉者。① 即便大多数人是红绿色盲，红色和绿色的信号灯依然在颜色上有所差别。我们追随那些更能够辨别红色和绿色的人们的判断。因此红色与绿色并不仅仅是感觉的对象，我们有一些独立于感觉的方式去通达它们，我们用这个方式去修正感觉。

即便哈奇森关于修正感觉的论述是正确的，它也并不适用于道德判断。如果我们试图修正某人的道德判断，我们并不是试图将它与正常的道德行动者（也就是我们通常遇到的道德行动者）的判断放在一起比较，而是与好的道德行动者比较，而我们的预设是这些好的道德行动者识别出了相关的属性。

如果这个反驳成立，情感主义就会受到卡德沃斯关于可变性的反驳。如果对与错在本质上依赖我们的道德感觉，那么当我们的感觉发生变化时，它们就会随之变化。但是如果道德会随着我们的感觉发生变化，那么假如我们缺少同情感，就没有任何东西是道德上正确或错误的；假如这些情感的对象有所不同，那么截然不同的事物就会变成对的和错的。这些推论并不适合道德原则的特征，也不适合我们接受它们的理由。②

如果情感主义不能认识我们的道德感在什么意义上可以被修正，它就无法把握道德义务和道德"应当"的本质。在哈奇森看来，义务意味着必然性。因为这种必然性不是物理性的，它一定是心理性的，因此一定指的是某种心理状态。根据情感主义者，我有责任做 x（我应当做 x），当且仅当我有某种动机倾向于做 x。如果这个关于责任的分析是正确的，那么"我是否应当做我的道德感让我倾向于做的事情"这个问题就永远都不是合理的。但是普莱斯认为这是一个合理的问题。当我们问是否应当做某事时，我们并不是在问我们喜欢的反应，而是

---

① 即便我们对于红色到底是什么存在分歧，这一点依然成立。
② 关于可变性，参见伯尔盖：《道德善的基础》I = R §438。

去寻求某个理由以某种方式塑造我们的反应。①

这个论证使用了哈奇森反对神学意志论的论证。②普莱斯和伯尔盖都认为哈奇森对神学意志论的反驳，以及对霍布斯立法性道德观念的反驳，同样适用于情感主义。普莱斯论证，除非认识到关于责任的客观事实，否则我们就没有理由承认责任。我们甚至不可能解释我们的道德感为什么拥有道德力量。情感主义者可以告诉我们是什么让我们倾向于听从道德感，但是那个回答不会告诉我们为什么应当听从它。

182. 普莱斯：情感主义、怀疑主义、虚无主义

为了回应那些认为他取消了道德的批评者，休谟说自己承认对与错的实在性。如果"对"与"错"指的是我们对不同行动的感觉，而我们肯定的感觉不同于否定的感觉，那么对与错就是不同的。③

然而，我们可能会反驳说，这并不是我们在谈论对错有别时的意思。我们认为它们的正确性和错误性是行动本身真正的属性，而不是我们对它们感觉如何。因为某些行动是正确的，有些是错误的，我们才可以被证成去肯定前者，否定后者。情感主义者一定会反对我们认为谋杀是错误的这个信念是正确的，乃是因为谋杀事实上是错误的。他们一定会否认任何东西在客观上正确或者错误，也就是说，他们否认正确和错误独立于人们的看法。

在普莱斯看来，这种主观主义不可能局限于道德属性。如果情感主义者否认客观的正确性与错误性，他们就不可能反对与之平行的反对普遍客观性的论证。那么他们就要面对怀疑主义、虚无主义或主观

---

① 关于哈奇森论责任，参见本书§157。关于普莱斯论责任，参见《关于道德中重要问题的评论》116-117 = R §719。
② 关于哈奇森论意志主义，参见本书§153。
③ 关于休谟论道德差别，参见本书§§157-158。

主义在外在世界问题上的困难。普罗泰戈拉和其他古代哲学家将主观主义从伦理学扩展到其他领域。（普莱斯认为）他们正确地认为同样的论证在这些领域也同样有效。[①] 关于道德属性的主观主义者否认关于对错的事实解释了为什么道德判断和肯定的道德情感一些时候正确一些时候错误。如果这些关于道德属性解释作用的看法是错误的，那么在其他领域的同类看法难道不是同样错误的吗？

之后的道德主观主义者并不经常捍卫这种普遍的主观主义；他们认为自己的论证只针对道德问题。但是如果普莱斯正确地认为这样的论证并非道德独有，那么道德主观主义者的部分策略就是错误的。

因此，在普莱斯看来，情感主义者不可能像其他人那样严肃看待道德。因为如果他们否认客观的对与错，他们就要承认行动、人、情境（就它们自身而言，也就是不考虑我们对它们的反应）在道德上是中性的，因此本身既不好也不坏。我们可能对它们有强烈的感觉，但是我们为什么要依据这些感觉行动呢？如果我们有强烈的感觉，我们可以决定努力弱化它们，因此我们就不那么在乎道德。情感主义者无法解释我们这样做为什么是错误的。

183. 巴特勒：良知是至高的实践原则

巴特勒、普莱斯和里德在反对主观的情感主义上达成了一致。出于同样的原因，他们也反对功利主义。他们同意关于道德的论述应当比功利主义更可取。在他们看来，不同的德性，特别是那些关系到对特定人的义务的德性，比如正义、感恩、忠诚，不可能被还原为以功

[①] 关于普遍的主观主义，参见普莱斯：《关于道德中重要问题的评论》46-50（R §§681-683 的一部分），53-56；以及本书关于柏拉图（§127）和怀疑论（§55）的讨论。关于有限的主观主义，参见本书 §276。

利主义方式理解的仁爱这种普遍德性。

在巴特勒看来，假如道德仅仅是用某种欲求、冲动、情感解释或证成的，那么我们对道德的恰当关切程度就取决于那个欲求的相对强度。如果我们变得不那么仁爱或同情，就会有更少的理由去严肃对待道德。这种偶然性对于某些理由和目标来讲是合理的。如果我更多或更少渴望到达北极，那么我就有更多或更少的理由去制定前往北极的计划。但是对于道德理由，或者对于仁爱感情的强度，这么说就显得非常可疑了。我们看到伯尔盖反对情感主义是因为情感主义导致道德事实太容易变化。[①] 与此相似，巴特勒也认为，情感主义者在可变性上犯了错误，因为他们没有认识到更高原则的作用。

巴特勒关于理性自爱这个更高原则的看法追随经院哲学关于意志和激情的看法，这种观点再往前可以追溯到柏拉图和亚里士多德。[②] 但是他反对这些经院哲学观点，认为自我并不是唯一的至高原则。巴特勒所说的"良知"通过道德理由指引不同的目标和冲动。[③] 良知不仅仅是一个更高的原则，而是至高的原则（supreme principle），因此高于自爱。实践理性在终极的意义上并不是关乎行动者的终极目的，它也可以在良知中看到，它本身就是理性的，并不是因为它从属于自爱。在这一点上，巴特勒同意司各脱，反对阿奎那。[④] 他主张，良知是自然的，比自爱更加自然。

这两个原则都是自然的，因为它们依赖权威而非力量。自爱依赖权威，因为它公平对待各种需要考虑的激情和利益。自爱的合法统治给属于每种激情的特殊利益公平和恰当的位置。[⑤] 如果自爱限制某个激

---

① 关于伯尔盖论可变性，参见本书 §181。
② 关于意志与激情，参见本书 §92。
③ 根据阿奎那的看法，良知（synderesis）的普遍方面把握了自然法的原则；参见本书 §100。
④ 关于良知并不从属于自爱，对比司各脱的看法（本书 §107）。没有理由认为巴特勒了解司各脱的观点。
⑤ 关于合法的统治与更高的原则，参见本书 §174。

情，它是通过其他激情的合法利益来做出这个限制的。理性的自爱在这些激情中间保持无偏性，不会因为某个激情的力量而带来偏见。它通过权威而非单纯的力量来统治。

与此相似，良知公平地对待利益关涉的不同个体的不同诉求。它不会偏袒自己，也不会故意带着抹杀自我的态度只考虑他人的欲求。它考虑利益相关的所有人。无视良知的视角，就好像仅仅因为其他的激情和利益力量更大就无视某些激情和利益。就像自爱考虑的所有利益都有合法的诉求要去得到满足，所有与良知的决定相关的人也都有与我平等的诉求。如果我们承认他人的实在性，就应当从良知的角度考虑他们。某个激情没有理由抱怨开明的自爱（enlightened self-love）。与此相似，某个行动者也没有理由抱怨对待自己和他人的方式，只要道德原则得到了遵守。①

因此如果理性的自爱是更高的原则，良知也是更高的原则，因为它依赖权威而非单纯的力量。假如我们没有接受自爱的观点，就无视了权威与力量之间的差别，就没有意识到我们是理性的行动者。但是我们整体的自然不止包括了指向我们自己的具体激情，我们也认为自己配得上（deserving）他人的特定对待，而不仅仅是想要得到那样的对待。因此我们的自然不仅包括了自爱。假如我们没有追随良知，就不会认识到他人配得上某些对待，就不能合理地宣称我们配得上来自他们的任何东西。②

如果良知是一个更高的原则，因为它对不同人的利益采取了一种公平和无偏的视角，那么良知会支持什么样的道德视域呢？

---

① 关于合理的反驳，参见本书§287。
② 关于人格与尊重，参见本书§215关于康德的讨论。

184. 巴特勒：道德中的功利要素依赖仁爱的理性原则

哈奇森和休谟认为正确的道德视域是仁爱的功利主义，巴特勒考虑了这种看法。他主张，情感主义将仁爱看作一种激情过于简单了。

确实有一种仁爱是激情，它包括欲求他人的好。这种感情表现在（比如说）父母对孩子的爱上。但是仁爱的激情并没有界定道德的视域。因为仁爱的激情在不同人那里看起来是不同的，有些人更具有无偏性，正常的行动者并不总是采取功利主义的观点。此外，既然仁爱的激情只是单纯指向他人的好，而没有任何其他理性的考虑，有些更高的原则就需要控制仁爱。这个控制性的原则有时候是自爱，有时候是良知。

但是仁爱也是一个理性的原则，"自爱与自我相关，仁爱与社会相关"。① 在通常的行动者的仁爱感觉之间的差别并不会影响根据理性原则判断的道德对错（因此我们避免了伯尔盖关于可变性的批评）。② 某个行动如果能产生更多的好，那么它就是正确的，即便受益者距离我们相对比较遥远（不管是物理上、社会上还是精神上的遥远），因此我们关心他们的强度不如我们对自己更关心的人的次要的好的关心强度（我们也确实可以带来这些次要的好）。根据巴特勒的解释，理性的仁爱接受了无偏的和功利主义的视域，它们的目标是普遍人性的好。这个理性原则是我们说仁爱是全部德性的唯一合理基础。③

这种将道德等同于理性仁爱的功利主义观点，可以得到对某些（巴特勒认为的）不同于仁爱的德性的间接功利主义辩护。某些道德德性、原则和态度并不明确考虑功利，但是如果我们形成了这些德性并据此

---

① 关于仁爱，参见巴特勒：《布道集》I.6 = R §388。
② 关于伯尔盖，参见本书 §181。
③ 关于理性的仁爱、对邻人的爱、全部德性、最大的好，参见巴特勒：《布道集》XII.25-27 = R §425。

行动，就会促进功利。我们可能会（像哈奇森那样）依赖上帝的仁爱来论证，既然上帝给了我们道德感，道德感接受的规则本身必然指向上帝所意愿的普遍的好。①

185. 巴特勒：既然良知不同于仁爱，道德就不同于功利

然而，巴特勒主张，即便这个关于上帝的预设也没有表明我们的整体道德视域是或者应当是功利主义的。一些义务，比如忠诚、荣誉、严格意义上的正义，给出了具体的道德德性，但是"抽离了它们促进功利的倾向"。即便对它们可以给出功利主义的论证，这个论证也不能把握它们的道德重要性，因为我们有很好的理由认可正义，而无需考虑它对普遍幸福的影响。恰当的自爱本身在道德上是好的。与此相似，我们有很好的理由认为上帝是正义的，而不仅仅是仁爱的。②

为了说明功利主义漏掉的东西，巴特勒讨论了良知与道德之间的关系。诉诸良知做出肯定或否定，不仅仅是对他人产生肯定或否定的情感。对于他人给我们带来的伤害，我们可能感到痛苦或难过，但是我们不会做出否定的道德判断，除非我们认为他们故意违反了某些他们本可以被合理期待接受的原则。如果我们只是为了节省几分钟就逆行开上单行道，我们可能会因为撞上了拐弯的公共汽车而难过，但是我们大概不会指责公共汽车司机什么。由良知而来的道德态度有时候是回溯性的，因为它们关注个人已经做过的事情与他们可以被合理期待去做的事情之间的比较。某些行动是个人亏欠他人的（owed to

---

① 关于神的仁爱，参见巴特勒：《论德性的本质》（*Dissertation of the Nature of Virtue*）8 = R §434。

② 关于非功利的德性，参见巴特勒：《布道集》XII.31n = R §427。关于道德上好的自爱，参见《布道集》前言 39= R §384；《论德性的本质》6-7 = R §433。关于神不仅仅是仁爱，参见巴特勒：《自然和神启宗教与自然的构成和运行的类比》（*The Analogy of Religion, Natural and Revealed, to the Constitution and Course of Nature*）I.2.3。

individuals），行动者会因为做了或者没做而受到赞赏或指责，它们独立于功利的效果。①

道德判断的这些特征将良知与仁爱区分开来。仁爱缺少属于良知的那些赞赏和指责的态度。这些态度与道德的一些方面相关，不同于整体利益的最大化。因此道德的某些部分并不是功利主义的。

从巴特勒关于良知为什么是最高原则的解释，我们可以看到，为什么这些非功利主义态度是道德的。良知是公平和无偏的，关乎人们从彼此那里配得什么。良知的这些方面支持了我们对于批评、责任、正义的态度，这些态度考虑的是人们做了什么，以及我们可以合理地期待他们做什么，而不去考虑以某种方式对待他们会带来的总体利益。对总体利益的功利主义考虑与将良知看作更高原则并不吻合。因此用理性和仁爱肯定功利并不等于良知。

186. 里德：行动者在道德上的好不同于行动在道德上的好

里德批评休谟对正义的论述来支持这种反对功利主义的策略。休谟把正义看作人为德性，而非自然德性。正义部分来自霍布斯式的自利，部分来自间接功利主义。休谟依赖两个观点：（1）一个行动是道德上好的，当且仅当行动者出自有德性的动机；（2）一个行动者做正义行动的动机不可能仅仅是想要正义地行动。休谟从这两个观点出发，推论出必然是正义的某些后果解释了正义的行动者为什么正义地行动，以及我们为什么欣赏作为一种道德德性的正义。休谟对正义的功利主义论述揭示了相关的后果。②

里德反对休谟的第一个观点，即除了行动者的动机之外，我们

---

① 关于肯定与否定，参见巴特勒：《论德性的本质》3 = R §431。关于非功利主义态度，参见《论德性的本质》8 = R §434。
② 关于休谟论行动与动机，参见本书 §165。关于休谟论正义，参见本书 §166。

不能对行动采取任何其他道德态度。如果一个行动缓解了某人的痛苦，我们对它给予恰当的肯定，不管我们如何看待行动者的动机。事实上，我们肯定动机，部分原因就在于我们肯定这些动机所指向的行动。休谟无差别地讨论"行动的好"和"行动的德性"，但是里德区分了行动的好和它展现的德性——也就是行动者的好。①

休谟的第二个观点——在正义行动中必然有某种不同于道德感的动机——也有可以质疑之处。如果正义的行动意味着在平等的配得的接受者（deserving recipient）中间平等地分配，我们就要拥有某些关于平等分配和配得的接受者的观念才能去做正义的行动。或许一个正义的人会关心公平的分配本身，而不是为了进一步的好处。如果是这样，我们就不需要进一步的、非道德的动机去关心公平的分配。

出于这些理由，我们可能会怀疑休谟对正义的探究背后的看法。

187. 里德：正义并不依赖功利

休谟关于正义的论述依赖两个主张：(1) 我们认为某些事情是正义的，而且正义的行动是义务性的，这些看法依赖一些规则或习俗，这些规则或习俗符合每个人自私的利益。(2) 我们关于哪些行动是正义的、为什么正义的行动是义务性的，依赖我们认为正义的行动促进功利。在里德看来，这两个主张都是错误的。

当休谟论证正义是人为德性时，他想到了这两个主张。因为很难对正义给出一个令人信服的功利主义论述（像 2 那样），除非我们把正义的原则与规则和习俗联系在一起（像 1 那样）。休谟论证，虽然仁爱的功利主义好处很明显，我们却并不容易看到正义的功利主义好处。

---

① 关于里德论行动与动机，参见《主动能力论》V.4 = HH 298-299 = R §§900-901；比较本书 §43 关于亚里士多德的讨论。

要解释为什么正义引发了我们的道德情感,我们需要诉诸规则系统的效果。

里德回应说我们的正义感并不完全依赖习俗和规则。休谟只关注两个领域的正义——财产和契约。但是他忽略了与伤害人身、家庭、自由、名声相关的正义领域。我们认为在某些具体的情况下,某人亏欠他人某些东西,这种看法支持了感恩和怨恨这些基本的道德情感。①

正义的这些方面并不依赖任何休谟式的习俗。如果你付出了某些代价为我帮了忙,而我在只需要付出很小的代价时却拒绝帮你,那么我就没有做到某些你按照公平和正义可以合理预期我会去做的事情。不管有什么关于互惠互利的习俗,我都亏欠你这样的回馈。只有在他人给我的帮助超出了他们亏欠我的,感恩才是恰当的;只有当他人没有做到亏欠我们的,怨恨才是恰当的。我们关于什么是亏欠我们的感觉,并不完全依赖规则和习俗。

出于相似的理由,我们在休谟想要限制正义的情境之外关心公平和互惠。比如说,如果极度的稀缺要求我们搁置通常的正义和财产规则,如果在这个情境下是正义和公平的,那么这个搁置就是正当的。与此相似,正义的原则也适用于战争,虽然在战争与和平中正义的行动是不同的。②

这些关于正义的情感表明,我们的道德情感和信念并不都是功利主义的。里德的结论是,那些用来批评伊壁鸠鲁主义的反驳也适用于休谟:"人们正确地认为……它颠覆了道德,要用另外的原则代替它。"③

---

① 关于里德论休谟的正义观,参见《主动能力论》V.5 = HH 306-307。关于正义与互惠性,参见《主动能力论》V.5 = HH 309-311。
② 关于战争与和平中的正义,参见本书 §144。
③ 关于正义中的非功利要素,参见《主动能力论》V.5 = HH 309-324。对比本书 §243 关于密尔的讨论。关于里德论伊壁鸠鲁和休谟,参见《主动能力论》V.5 = HH 302-303。

188. 普莱斯：间接功利主义并不比间接利己主义更合理

如果功利主义者接受我们的某些道德情感并非关乎功利，他们可以主张下面两个观点中的一个：（1）功利主义可以解释这些道德情感，因为它们强化了我们对促进功利的行动的好感。虽然正义经常显得与功利冲突，但是它拥有功利主义的基础。① （2）既然我们的情感没有功利主义的解释，我们就应该反对这些情感。

因此功利主义的反对者必须要表明，我们的某些道德情感不能通过间接功利主义的方式得到解释，但是我们没有理由放弃这些情感。普莱斯论证说，巴特勒对功利主义的反驳是有效的，功利主义者无法接纳它们。②

普莱斯比较了对道德的间接功利主义辩护与间接的利己主义辩护。霍布斯似乎既接受了间接功利主义又接受了间接利己主义。这个间接的分析避免了关于某些道德判断的明确内容的不合理主张，但是依然宣称这些道德判断受到利己主义或功利主义的约束。一个间接利己主义者有很好的理由去培养一些并非明确指向自己利益的道德态度，因为非利己的态度可以通过诉诸对自己的好处得到证成和支持。③

哈奇森和休谟反对间接利己主义。在他们看来，我们无私地肯定某些行动和态度。我们在道德上的肯定态度并不关乎自己的利益，即便关于自己利益的考虑也支持它。假如事情发生变化，我们对道德的肯定不能促进自己的利益，我们对道德的肯定也不会发生变化。这个反事实的论证表明，对于好处的考虑并不决定我们在道德上的肯定。

---

① 关于哈奇森论正义与功利，参见哈奇森：《道德哲学系统》I.11.2, 222；《道德善恶研究》VII.8 = L 186 = SB 180。
② 巴特勒的观点是"清晰和决定性的"；关于这一点，参见普莱斯：《关于道德中重要问题的评论》131-132。关于功利主义的错误，参见《关于道德中重要问题的评论》136 = R §731。关于普莱斯的多元主义，参见本书 §256 关于西季威克的讨论。
③ 关于间接功利主义与利己主义，参见本书 §133 关于霍布斯的讨论。

但是如果我们基于这些理由反对间接利己主义，是不是也要出于平行的理由反对间接功利主义呢？对间接功利主义的辩护需要不仅表明道德态度倾向于最大化功利，而且需要表明它们的基础是功利。当我们考虑对我们来讲实际上重要的道德理由时，我们可能会怀疑间接功利主义是不是把握到了我们道德视域的基础。

189. 普莱斯：功利主义的理由并不是全部的道德理由

在普莱斯看来，如果考察我们的道德理由，就能表明，不管是直接功利主义还是间接功利主义，都过分简单了。即便我们不确定某个行动或规则对整体功利的效果，这个不确定性也不必然让我们对于这个行动是否正确产生不确定感。在一些情况下，我们认为将好处分给那些配得的人而非不配得的人是正确的。有利的结果确实重要，但是其他事情也很重要。因为即便我们没有考虑功利主义的效果，也依然会喜欢按照配得进行分配。①

间接功利主义认为，如果我们理解了道德规则（或动机、品格特征）如何间接地促进功利，我们就会同意，应当仅仅因为它们促进功利就接受这些规则。普莱斯通过"权利"对这个功利主义的主张提出了质疑。我们认为，人们有不依赖功利的权利，但是功利主义的累加性排除了这些权利。功利主义对于在不同人中间分配幸福的处理，就好像在同一个人之中分配幸福一样。②

功利主义将这种对待分配的态度当作道德无偏性的一个方面加

---

① 关于道德判断的功利主义解释，参见普莱斯：《关于道德中重要问题的评论》134-135 = R §730。关于配得，参见《关于道德中重要问题的评论》80-81 = R §696。

② 关于权利，参见普莱斯：《关于道德中重要问题的评论》159；本书 §244 关于密尔和 §292 关于罗尔斯的讨论。关于政治意涵，参见本书 §§196, 236。关于人群与分配，参见《关于道德中重要问题的评论》160；本书 §208 关于康德的讨论。

以辩护。但是包括普莱斯在内的很多非功利主义者也同意道德是无偏的。比如说，他们同意，医生应当无偏地对待有相同需要的不同病人，不应当偏爱最有钱的病人、最聪明的病人，或者最像自己的病人。这种无偏性看起来并不要求一种最大化的策略。

如果无偏性不支持最大化的功利主义，功利主义就需要一些不同的支持。功利主义者认为，谁获益、有多少人获益并不重要，只要能够获得最大的总效益就行。普莱斯关于分配的论证质疑这个预设。如果功利主义者以最大的总效益为目标，他们就会仅仅为了造福他人而牺牲一些人。然而，我们可能不愿意饿死少数人而仅仅因为其他人可以从这些本可以让他们活下去的资源里得到更大的效益。更多人会获益这个事实本身看起来并不是决定性的。

即便我们愿意让一个人死去从而让另外三个人可以活下去，我们也还没有接受功利主义的原则；因为功利主义并不保证最好的行动可以让更多人获益。正如哈奇森同意的，将好最大化有时候可能会要求我们伤害很多人，而只是为了更大的好可以浓缩在少数人身上。如果我们将好等同于快乐，并且认为快乐的量可以用某种单位计量，就很容易看到这一点。假设第一个选项是 10 个人每人获得 5 单位的快乐，因此我们可以制造 50 单位的快乐。第二个选项是 5 个人每人获得 11 单位的快乐，这样我们就制造了 55 单位的快乐。这时功利主义者会偏爱第二个选择，即便它造福了更少人。这时我们可能会质疑功利主义的结论。

这些"功利主义的噩梦"并非接受功利主义很可能会导致的结果。[①]正如普莱斯观察到的，它们意在表明，对功利主义者来说唯一的道德问题就是如何实现更高的总功利。普莱斯回应说，这并不是唯一的道德问题。承认特定人群的特定权利意味着正义和公平并非功利问题。

---

① 关于功利主义的噩梦，参见本书 §§237, 291。

190. 普莱斯：道德中没有唯一的至高原则

或许一个功利主义者不可能诉诸间接功利去击败所有的反驳。但是这重要吗？我们可能不信任关于非功利规则正确性的直觉判断。如果我们不能通过（比如说）诉诸某些更基本的或更全面的原则为我们关于正义的观点辩护，我们为什么要严肃看待这些关于正义的观点呢？

普莱斯回应说，功利主义者需要依赖对功利原则正确性的直觉信念，他们不仅需要把这个信念看作直觉性的（即不是建立在某个明确论述的理论之上），而且需要把它看作一个直觉（即无需任何推论性的证成就可以认识）。既然功利主义者认为他们的原则不仅仅是对我们道德判断最好的解释，而且是一个我们知道为真的基本原则，可以据此修正其他道德判断，他们肯定是将这个原则当作直觉的对象。但是如果功利原则是通过直觉把握的，基于直觉只接受这一个原则就是武断的。（在普莱斯看来）若干其他原则也可以通过与认识功利原则相同的直觉得到支持。我们会看到若干不可还原的道德原则以及"德性的名目"建立在同样坚实的基础上。①

正如普莱斯看到的，这种多元主义允许道德冲突和两难的可能性，如果同一个情境不能同时满足两个德性的要求。在某个具体的情况下，要得出正确的道德判断，我们需要考虑与这个行动的对错相关的所有原则。在不同原则的推论之间出现冲突并不必然会破坏普莱斯的直觉主义。即便某些具体案例很难决定，原则依然是清楚的。②

---

① 关于直觉性的判断与直觉，参见本书§§240, 254。关于对直觉的需要，参见普莱斯：《关于道德中重要问题的评论》98 = R §704；David Ross, *Foundations of Ethics*, Oxford: Oxford University Press, 1939, pp. 82-83；本书§239关于西季威克和§284关于罗斯的讨论。关于普莱斯和罗斯的直觉主义，参见 Stratton-Lake, "Rational Intuitionism," *Oxford Handbook of the History of Ethics*, ch. 16。关于德性的名目，参见《关于道德中重要问题的评论》165-166 = R §745。

② 关于困难的案例和自明的原则，参见《关于道德中重要问题的评论》168 = R §746。

但是有些冲突让我们质疑普莱斯对这些不同直觉的信念。正义和仁爱的要求有些时候看起来是冲突的，如果我对你的好意使得我想要不义地施惠于你。但有时候很清楚，我们不应当以很大的不义为代价实现很小的好处。我们有一些比正义和仁爱更基本的道德理由，可以给出一些论证去证成我们在这里得出的结论。我们有时候可以确定一些情境，在其中公共利益或者某些其他道德考虑应该具有压倒性的优势。我们可以确定它们，部分原因在于我们有一些道德理由的观念，这些观念支持了我们对于公共利益和其他义务的关切。①

假如普莱斯的理论是正确的，我们可以这样来论证吗？如果我们可以论证何时以及为何公共利益应当或者不应当超越对正义或友爱的考量，我们似乎就有了关于这些原则之间关系的观点。如果我们的道德判断基于若干由直觉把握的独立原则，我们是否拥有比较不同原则时所需要的道德推理能力呢？一些道德推理表明，普莱斯的不同"德性的名目"是相互依赖的。

191. 理性主义如何质疑功利主义

理性主义的论证对哈奇森和休谟基于情感主义捍卫的功利主义观点提出了质疑。情感主义者认为，他们对道德判断的论述可以支持功利主义；而理性主义认为他们对道德判断的论述支持对道德原则的非功利主义和多元主义。里德、巴特勒和普莱斯主张，道德判断诉诸不能被还原为同情感的理性原则。对于这些原则的考虑表明，道德判断比功利主义认为的更加复杂、更需要鉴别力。我们会给关于整体好的考虑一定的道德分量，但是我们也关心仁慈、正义、忠诚、公平本身，即便它们与功利发生了冲突也依然关心它们。因此情感主义的道

---

① 关于对公共利益的偏爱，参见《关于道德中重要问题的评论》153 = R §737。

德观念太过简单，不适合我们的道德判断。

功利主义者可以用不同的方式做出回应：

（1）他们可以为功利主义的情感主义元伦理学基础做辩护，从而回击理性主义的反驳。

（2）他们可以同意道德由理性原则构成，但是论证所有其他的理性原则从属于功利原则；

（3）他们可以同意对道德的理性主义和多元主义论述比功利主义论述更适合我们的道德判断，但是论证我们对非功利主义的信念是错误的，功利主义的信念是更可靠的。

我们可以将这些回应中的一些追溯到更晚的功利主义者。密尔对第一个答案表现出了某种同情。西季威克反对这一点，他要论证一种理性主义的功利主义立场，可以结合第二和第三个答案中的一些方面。①

192. 巴特勒：我们有很好的理由关心道德

理性主义必须要面对休谟关于我们为什么要关心道德的问题。休谟通过那个聪明的无赖提出了这个问题。他捍卫道德的方式是论证有德性的人不想和这个无赖互换位置。但是我们看到，休谟很难否认无赖很可能也不愿意跟有德性的人互换位置。这个在有德性的人和无赖之间的表面平等，是休谟的情感主义带来的结果，特别是他认为，人们在他们自己的情感之外没有理由接受或者拒绝道德。

---

① 罗斯复兴了普莱斯对功利主义的批评，参见 W. D. Ross, *The Right and the Good*, Oxford: Oxford University Press, 1930；本书 §§284-285。

巴特勒给出了不同于休谟的答案。在他看来，我们有理由关心道德，因为道德是自然的。这并不是一个纯粹利己的理由。但是只要我们理解了为什么道德是自然的，就可以看到我们也有自利的理由去接受道德。①

自爱和良知是更高的原则，只要是根据这两个原则中的某一个行动，我们就是在根据自然行动。②但是良知比自爱更高，因此最符合我们的自然。一个原则高于另一个，因为它基于理性而非欲求的强度，考虑到了相关的因素。根据这个标准，理性的自爱高于具体的激情，良知高于自爱。

巴特勒要面对道德与人类自然冲突的反驳。反对者指出，根据巴特勒的观点，理性自爱是自然的，但是道德要求仁爱，而仁爱有时候与自爱矛盾，因此要求我们反对自然。这是霍布斯关于自然状态的观点，他认为如果想要去掉道德与自然的冲突，我们必须要身处一种造福别人同时也是造福自己的环境之中。而巴特勒认为霍布斯是错误的。

193. 巴特勒：我们所有的行动并非都以自己的快乐为目标

（根据巴特勒的看法）霍布斯认为，我们从心理学上讲不可能违反一个人关于自我利益的观念行动（这不仅是愚蠢）。他将自己的利益等同于自己的快乐。巴特勒回应说，每个"具体的激情"，饥饿、口渴、复仇、感恩等等，都以自己恰当的对象为目标（吃饱、喝水，等等），而不是首先以实现了对象而来的快乐为目标。③

---

① 巴特勒在休谟之前写作，但是反对沙夫茨伯里，在这一点上，沙夫茨伯里的观点与休谟相似。
② 关于更高的原则，参见巴特勒：《布道集》III.9 = R §409。
③ 关于霍布斯论动机，参见本书 §128。关于曼德维尔和哈奇森，参见本书 §152。关于具体的激情，参见《布道集》XI.6 = R §415。

因此，霍布斯的观点不可能解释我们为什么在某些对象而非其他对象中感到快乐。我们只有预设我们因为它们自身之故而欲求某些对象，而不是因为它们给我们带来快乐，才能解释这一点。我们实现这些对象会感到快乐，是因为我们实现了那些我们因它们自身之故而欲求的东西而感到快乐。

一些快乐阐明了巴特勒的观点。假设我在吃饭，而我认为这顿饭是你给我做的。在吃的时候我可能感到两种快乐：(1) 饭很好吃的快乐；(2) 我吃到你给我做的饭而感到快乐。如果我发现你是从快餐店买来的食物，并没有给我做饭，我依然有第一种快乐（因为食物依然好吃），但是我不再有第二种快乐（因为我的信念错了）。第二种快乐是依赖信念的，但是第一种快乐不是。巴特勒的分析与心理快乐主义矛盾，因为它意味着某些欲求追求不同于快乐的对象。①

这个对心理快乐主义的攻击回应了霍布斯认为非自利的动机是违反自然的一个理由。但是巴特勒还需要更进一步的论证去反对道德与自爱矛盾。

194. 巴特勒：仁爱和良知与自我利益并不冲突

在巴特勒看来，想要坚持仁爱必然与自我利益冲突是因为误解了具体的激情与人类自然中更高原则之间的关系。自爱是更高的原则，反思并指引具体的激情。道德要求仁爱，仁爱要求对他人的关切，有时候需要反对自己的利益，这就是说，与完全自我中心的激情相矛盾。但是仁爱并不与自爱相矛盾。②

因为自爱是更高的原则，它为了一个人自然的整体系统去规定和

---

① 关于快乐及其对象，参见本书关于亚里士多德（§45）、伊壁鸠鲁（§65）和西季威克（§247）的讨论。

② 关于道德与自然，参见《布道集》III.2n = R §404。

调节不同的动机与冲突。因此它有时候要约束导致伤害的具体激情。但是自爱允许具体激情的某种满足，因为如果没有它们，就没有什么可以构成我们的自我利益了。因此，整个自我的好，要求这些激情的恰当满足。比如说，我们对食物、人身安全、其他人的敬重的欲求可能会过度，如果这些欲求压抑了我们其他的目标。但是我们没有理由彻底反对它们。与此相似，如果我们有关心他人的仁爱的欲求，我们的好就部分在于满足这种欲求，这不会少于满足我们的其他欲求。因此仁爱和自爱并不冲突。①

然而，从巴特勒的道德观中会出现进一步的问题：(1) 属于道德的仁爱并不仅仅是一种激情，而且是一种理性的原则。如果它要求比仁爱的激情更多的自我牺牲，它是否会与自爱冲突？(2) 如果道德不仅包括仁爱，它的要求会和自爱冲突吗？

对道德更清晰的理解帮助我们回答这些问题。像巴特勒理解的那种非功利主义的道德，接受自爱的某些方面。如果太不关心自己的利益，太轻易地为了他人的利益牺牲自己，就是需要指责的。②有恰当自我关切的人会拒绝仅仅为了促进他人更大的好牺牲自己的利益。对无止境的最大化施加道德限制保护了合法的自我关切，反对自我牺牲的要求。道德的这个方面与自然并不矛盾，因为它保护了与自爱有关的自然要求。

道德的其他方面超越了单纯的自爱所要求的东西。但是它们并没有与自爱冲突。自爱接受属于一个人整体自然的东西。因此，既然良知是自然的，那么自爱就会接受良知。在巴特勒看来，对品格和责任的承认，以及与此相关的对配得的承认，不仅是道德视角的本质要素，还是人类自然的本质要素。③假如我们没有从良知和自爱的视角评

---

① 关于仁爱与自爱，参见《布道集》XI.11 = R §419。
② 关于道德与自我牺牲，参见《论德性的本质》6 = R §433。
③ 关于责任与欲求，参见《论德性的本质》2-3 = R §§430-431。

价自己和他人，我们就忽略了自己身上的一个本质特征。如果我们满足了我们整个的自然，我们就遵循良知和自爱，并且会认识到良知的至高性。

195. 巴特勒：自爱与良知一致

我们在前面看到，巴特勒同意司各脱反对阿奎那，因为他接受两个更高的原则：理性的自爱和良知，以及良知是理性的最高原则。但是他追随柏拉图、亚里士多德和阿奎那，认为道德和自爱是一致的。虽然我们有充分的理由去遵循良知，即便它与自爱冲突，但是我们还是可以去问，遵循良知是不是符合我们的利益？①

自利并不是德性行动的恰当动机，因为德性在于"对正确和好本身的情感"。良知的权威并不依赖自爱。②但是即便我们接受（在巴特勒看来是错误的）自爱是至高的原则，我们依然有好的理由去遵循良知。

开明的自爱接受仁爱，因为自爱以满足我整体的自然为目标，我的自然包括仁爱的方面。如果我为了他人的好自身之故关心他们，对这个关切的满足就像我满足局限于我自己的欲求一样。与此相似，良知有时候为了他人的利益限制我自己欲求的满足，这也不会导致道德与我的利益矛盾。相反，把我自己看作配得上从他人那里获得某种对待是我自然的一部分。因为我接受了这种关于我和他人的观点，我的自然要求我展现这种相互尊重的态度。自爱追求我整个自然的满足，而我的自然包括良知的视域，因此开明的自爱接受良知。虽然巴特勒承认这两个更高的原则，他并不认为它们会产生西季威克后来称之为

---

① 关于对自我利益合法诉求，参见《布道集》XI.20 = R §423。
② 关于我们的理应追随良知，参见《布道集》III.5 = R §406。

"实践理性的二元论"的冲突。[1]

自爱与良知的和谐支持了巴特勒关于遵循良知就是自然的看法。在自爱与良知之间的冲突意味着两个更高的原则会干扰甚至破坏彼此。人的自然可能会形成一个在自爱引领下的系统和一个在良知引领下的系统,但是如果这两个系统会发生冲突,我们就会质疑它们是否可以构成一个单独的系统。[2]

巴特勒关于理性自爱的观念预设的一个人自己的好的观念更接近亚里士多德式的幸福($eudaimonia$)观念,而不是休谟式的幸福观念,即对自己的主观满足。对于《理想国》里格劳孔和阿德曼图斯提出的问题、霍布斯的愚人问题、休谟的无赖问题,巴特勒给出的回答不是希腊道德思想家给出的幸福论,但是它依赖那个理论的核心要素。

---

[1] 关于二元论,参见本书 §259。
[2] 关于自然作为系统,参见巴特勒:《布道集》III.2n = R §404n。

第十六章

康德与他的一些批评者

196. 批判、启蒙、卢梭

康德在1781年他57岁的时候出版了第一部主要的哲学著作《纯粹理性批判》。在那之前，康德的哲学观点大体上追随德国理性主义者莱布尼茨和沃尔夫。而《纯粹理性批判》是超越理性主义和经验主义的三大批判里的第一部，在这里康德提出了自己的批判哲学。

康德这样解释第一批判的标题，以及普遍而言他的批判哲学，他说当前的时代是一个"批判的时代"。他用理性"自由和公开的考察"回应当时社会和思想对彻底批判的诉求。[1]对自由和公开地运用理性的诉求表达了"启蒙"的视域，启蒙就是要将我们从"不成熟"状态解放出来，所谓的"不成熟"状态就是"没有他人的指导就无法使用自己的理解"。经过启蒙的思想家"传播用理性评判自己价值的精神，呼唤每个个体都去自己进行思考的精神"。[2]

康德认为，用启蒙的方式去自由和公开地使用理性，会让我们接受那些经过自己考察的原则，而不是单纯接受权威的观点。如果我们的批判成功了，我们就会出于自己的理由接受那些原则。在这方面，

---

[1] 关于自由的批判，参见《纯粹理性批判》A, xi（所有康德的引文使用德文标准版的页边码）。
[2] 康德:《什么是启蒙？》（收录于 Kant, *Practical Philosophy*, trans. Mary Gregor, Cambridge: Cambridge University Press, 1996, pp. 35-36）。关于启蒙时代的社会思想，参见 R. Whatmore, "Enlightenment Political Philosophy," in G. Klosko, ed., *The Oxford History of Political Philosophy*, Oxford: Oxford University Press, 2011, ch. 18。

我们可以说是自律的（autonomous）探究者，我们自己给出法则，而非简单地从他人那里接受法则。我们给出自己的法则，因为那是我们出于自己的理由接受的法则，不是因为我们和他人同行。这个自律的观念也是康德实践哲学的基础。

康德的一些同时代人论证，自由和公开地运用理性要求对现有社会进行批判，并且在理性原则的基础上进行激进的改革。批判的理性特别应用在18世纪法国绝对君主制下的机构和实践上。理性批判拒绝把传统、古代或者已经确立的习俗当作保留君主制、现存的税制或者现有的关于罪行和惩罚的法律的很好理由。所有这些机构和实践都可以被更好的东西代替。普莱斯支持美国和法国的革命，因为它们捍卫被之前的政权违反了的人权。[①] 法国大革命宣称建立在"人与公民的权利宣言"（Declaration of the Rights of Men and Citizens）之上。

康德热情地支持法国大革命的理想，就像卢梭在他对社会契约的阐释中表达的那样。卢梭反对霍布斯的观点，认为我们需要社会契约不是为了将我们带出自然状态，而仅仅是因为我们需要稳定和安全。霍布斯认为，社会契约是自利的行动者的产物，他们看到需要为了安全约束自己的自由。而在卢梭看来，霍布斯错失了社会契约的重点，因为他没有看到唯一合法的社会契约是保全自由的契约。在这种契约中，个人"把自己和每个人团结在一起，但依然只服从自己，像之前一样自由"。合法的国家通过施加道德保全甚至增进自由。[②]

---

① 参见本书§189关于普莱斯的讨论。
② 关于卢梭和法国大革命，参见 A. Cobban, *Rousseau and the Modern State*, 2nd ed., London: Allen & Unwin, 1964。关于卢梭的社会契约和自由理论，参见《社会契约论》I.4.6, 6.4, 8.1; L. W. Beck, *Early German Philosophy*, Cambridge: Harvard University Press, 1969, pp. 489-491。关于对社会契约的不同使用，参见本书§§130, 145, 166, 230, 287。

197. 从启蒙到道德

我们可能会质疑这种看起来非常不切实际的关于不可剥夺的人类权利和看似限制自由实则保存自由的契约的主张。普莱斯主张我们可以通过理性直觉认识到人类拥有这些权利，这种观点看起来可能并不令人信服；卢梭主张为了获得自由限制自己，这看起来是在否认明显的事实。那么我们应当像霍布斯那样承认，社会限制了自由，然后问我们是否应该付出这个代价吗？

康德的回答是，普莱斯和卢梭的主张建立在一个哲学基础上，如果我们反思理论理性和实践理性的特征，就能发现这个哲学基础。他的主要作品是"批判"，也就是批判性地考察理性在各种不同功能中的能力和局限。在康德看来，理性主义者和经验主义者都没有看到，他们需要对理性进行批判性的考察。他们把理性直觉或者感官经验产生关于这个世界的知识看作不言自明的。对批判性考察的忽略让我们产生了错误的印象，以为洛克的经验主义和莱布尼茨的理性主义就是全部可能的选项。①

康德被休谟对理性和经验的怀疑主义批判从"独断论的迷梦"中惊醒。他认为，休谟的怀疑论也提示了对怀疑论的一个回应。虽然休谟主张理性或经验都不能产生知识，他还是承认我们拥有理性和经验。康德论证说，如果我们对理性和经验的特征和预设进行批判性的考察，就会发现，除非我们拥有对客观世界的知识（也就是休谟否认的那种知识），否则我们就不会拥有理性和经验。因为我们拥有理性和经验，我们也就拥有关于客观世界的知识。

与此相似，对理性能动性的特征和预设的批判性考察会向我们表

---

① 关于经验主义和理性主义，参见本书§§148-149的讨论。康德想到的前人包括克鲁修斯（Crusius，参见 S 568-585）、莱布尼茨（S 313-330）、沃尔夫（S 331-350）。参见 Schneewind, *The Invention of Autonomy*, chs. 12, 21, 22。

明，作为理性的行动者就意味着我们有很好的理由去接受道德的基本原则。道德建立在实践理性的原则之上，而不是非理性的冲动之上。理性行动者本质上是自由的行动者，因为自由就在于由理性的意志指引，而不是由倾向指引。因为意志本质上是理性的，意志的自由就在于接受实践理性的指引。因此通过实践理性为自己立法就保证了我们的自由。如果自由的实践理性要求道德，道德就实现了理性行动者的自由。因此，道德既不是没有理性基础的一系列任意的习俗，也不是一些诉诸我们情感的规则，也不是促进社会和谐的工具。卢梭那个由拥有和运用自由的公民组成共同体的理想，在对道德和自由的真正论述中得到了证成。

对道德的这一进路和对理性的批判，让康德与批判情感主义的理性主义者结为盟友。但是他并不像伯尔盖或者普莱斯那样，认为理性直觉可以为道德知识提供令人满意的基础。理性主义者倾向于否认功利主义，认可道德原则具有不可化约的多元性，它们中的每一个都是同样终极的，都完全是理性直觉的对象，不能被进一步的论证支持。这个对道德原则的直觉主义观点看起来似乎建立在独断论和偏见之上。然而，康德认为，他可以避免前人的这些错误。在道德哲学和知识论中，康德都认为自己找到了一种全新的视角，可以反驳导致理性主义和经验主义的那些错误的预设。①

康德认为，他可以解释道德中理性的角色，而无须毫无说服力地诉诸直觉。在他看来，如果我们理解了道德的理性基础，就同时可以把握道德的内容。我们可能认为这个说法很惊人。比如，仅仅知道科学理论的理性基础——它们建立在观察和推理之上，我们并不能由此知道任何科学理论。但是康德认为，道德知识与此不同。实践理性可

---

① 关于直觉主义，参见本书§§190, 254, 285-286。【这里原文中有几句重复了本段前面对理性主义的讨论，中译本中删掉了这些内容。——译注】

以正确接受的唯一原则就是把理性的行动者本身当作目的。

根据这个主张,康德论证,对功利主义的反驳并非仅仅建立在这样一个没有根据的信念上,即功利主义原则会导致错误,真正的问题在于功利主义原则永远不能被理性行动者接受为普遍法则。对理性能动性的反思不允许我们行动之前不考虑行动的经验后果,但是这种反思也会告诉我们什么样的后果与道德有关。

康德从理性能动性的特征推论出道德内容的主张这一做法并不是全新的。我们可以用相同的方式去描述亚里士多德和阿奎那的目标,因为他们也尝试通过人的自然来解释人的好和德性。然而康德的论证和他们的不同,因为他并不认为理性行动者的基本特征是追求自己的好。在他看来,理性能动性是无偏的。当我们采取了理性的观点,我们就从自己的独特性中抽离出来,仅仅关注我们作为理性行动者共同的东西。在这一点上,康德同意司各脱和巴特勒的观点,而非亚里士多德的观点。

198. 对康德的回应

康德的理论为他的后继者设定了议题,如果他们不同意康德的观点,就需要解释康德错在哪里。他们对康德的主要错误给出了不同的诊断。他们都同意,康德看到了关于道德的一些重要问题,但是他仅仅把握到了部分真理。

康德从人们广泛接受的道德信念出发,然后用一个系统性的理论澄清它们,这个理论把道德看作对理性行动者而言在理性上有说服力的观点,而不管他们在品味、偏好或者理想上有什么差别。对于道德理论来讲,这是非常有吸引力的理想,康德的观点在更晚近的道德理论中依然是一种有生命力的选项。虽然更晚近的康德主义理论会在一些重要问题上与康德不同,它们还是和康德的理论有非常密切的联系，表达着相同的道德进路。有些人论证康德的核心洞见支持了功利主义，有些人论证它们支持了对功利主义的道德正当观念提出的系统性替代方案。①

如何理解康德对这些关于道德和理性的充满抱负的主张经常存在争论。一些批评者认为他的论证是错误的，他的抱负也带有误导性。黑格尔和叔本华就是这样的批评者。他们并不是全无同情，因为他们也认为康德在一些地方是正确的。尼采表现出一种更加前后一致的批评态度。西季威克同意康德的道德认识论，但是反对他的规范性结论，因此在康德的基础上捍卫功利主义。考察这些对康德的不同态度可以帮助我们理解之后道德哲学中的一些主要问题。

根据叔本华的看法，康德完全成功地描绘了道德的形式，也就是什么让一个原则成为道德原则，但是康德在给道德上正确和错误的行动确定基础的问题上完全错误。在康德看来，道德上好的意志（good will）是由实践理性推动的，无需任何情感。叔本华则论证说，道德建立在同情之上，同情去掉了自己和他人之间的区分，使我可以像他人感受到自己的痛苦一样感受到他们的痛苦。

黑格尔同意叔本华的判断，也认为康德正确把握了道德的形式方面，但是错误地认为那就是道德的基础。康德式的道德表达了对我们在社会中培养起来的习惯化道德行为的有意识反思。康德正确地认为我们不应当把习惯化的社会道德当作理所当然，而应当把道德原则看作理性行动者的普遍法则。但是康德的错误在于，他想要通过询问哪些原则适合理性行动者来寻找正确的原则。要找到可接受的道德原则，我们必须要用普遍理性的态度去面对一系列确定的原则，这些原则构成了某种具体的社会道德。

---

① 关于康德、他的继承者和批评者，参见 Crisp ed. *The Oxford Handbook of the History of Ethics*, chs, 21, 22, 23。关于调和康德和功利主义的讨论，参见本书 §§254，256，282-283，292。

尼采认为，在某个方面康德和叔本华对道德的看法都是正确的。康德正确的地方在于他看到了道德视角的普遍性特征，叔本华正确的地方在于基本的道德态度是同情。但是因为他们在这些地方正确，我们可以得出一个他们都不欢迎的结论。康德和叔本华都认为，他们描绘了真正的道德原则背后真实的道德事实。然而尼采认为，一旦我们在康德和叔本华那里看到道德事实必须是什么样子，我们就会认识到根本没有道德事实。

对康德的这些批评有一些建立在对他的核心学说很有争议的阐释之上，特别是他对定言命令（categorical imperative）的看法。在本章中，我们先来讨论这些批评依赖的阐释，然后再来讨论这些批评。在之后的章节里，我们会讨论这些批评者提出的替代方案。

199. 关于道德的直觉看法

康德采用了常用的方法，从关于道德的直觉信念开始论证。但是他不像亚里士多德那么关注对于哪些行动正确或者哪些品格特征是德性的信念。他从关于道德状态以及什么样的考量属于道德的一般性信念开始。

（在康德看来）我们认为道德是**普遍的**，因为两个原因：（1）道德要求适用于所有人；（2）所有人都有某种道德资格（moral standing），配得上一些道德考量。

第一个理由意味着每个人都应当对某些道德要求有感觉。我们可以期待，如果不是出于特别的理由，不是每个人都对完全无辜者的痛苦彻底无动于衷。如果 A 知道 B 会因为 A 的行动遭到伤害，而 A 不用付出很大代价就可以很容易地不做这个行动，我们就会期待 A 会认识到那个理由从而不做这个行动。

第二个认为道德具有普遍性的理由意味着每个人都有资格获得

从道德角度的考量，因此每个人都有某种道德上的权重。从道德角度讲，没有人的利益和需要可以被完全置之不理。

我们还认为道德是**至高的**，因为道德考量超越了支持或反对某个行动的其他考量。如果我们考虑某个政策，认为从其他角度讲它都很好，但是从道德角度有很强的理由反对它，这个时候我们就会拒绝这个政策。我们并不总是采取道德上必须的行动，但是即便我们不做道德要求的行动，也还是会承认道德的至高性，因为我们经常会试图说服自己不这样做不是那么严重的错误。比如，当我们想要欺骗某人时，经常会说在那个情况下欺骗是可以允许的。计划采取行动的军事指挥官可能会导致无辜的平民死亡，他们有时候会说这个时候平民的死亡是合法攻击军事目标令人遗憾的副产品。假如我们没有给道德考量赋予特殊的权重，我们就不会那么经常地争取它们的支持。

当我们采取道德视角时，会在很大程度上把行动者看作**自由的和可以承担责任的**。如果我们认为某些坏的结果之所以产生，是因为一些行动者无法控制或预测的外部因素，我们就会认为因为这些后果指责他是不公平的。对行动者的道德评价应该与他们实际的想法、我们可以合理预期的想法、他们本可以怎么做，以及他们实际上试图做什么相关。我们认为有些因素超出了行动者的控制，但是只有行动者可以控制的因素才是道德评价的恰当对象。

我们可能会根据反思决定是否拒绝或者修正某些直觉性的信念。但是假如我们拒绝了所有这些信念，我们就非常接近彻底拒绝道德了。在康德看来，对这些直觉信念的批判性反思，会帮助我们确证它们。如果我们把握了实践理性的本质，就可以看到这些信念为什么是合理的，以及它们如何支持彼此。

200. 道德建立在偏好之上吗?

康德从对道德信念的批判性反思前进到道德形而上学。这是一个先验原则的系统,也就是一些无需借助经验就可以知道的原则。这是"纯粹的道德哲学,完全清除掉了那些只能是经验性的,只能属于人类学的东西"。① 我们应该从道德的基本原则中排除掉关于人类、动机和环境的经验信息。虽然经验事实与道德相关,但它们并非道德的基础。

要理解康德为什么认为道德原则的基础是先验的,我们需要考虑道德理由。如果你告诉我应当遵守对 A 的诺言,或者不要伤害 B,我可能会问"我为什么应当那样做?"非道德的理由可能是"如果你不做就会被惩罚",或者"如果你帮了 B,B 也会帮你"。一个简单的道德理由是"因为你做出了承诺",或者"因为如果你给他人施加痛苦就是在伤害他人"。一个功利主义者可以诉诸功利最大化的规则给出一个更普遍的理由。但是在那个最普遍的层次上,我们依然可以问"我为什么要关心那个?"并且寻求更进一步的理由。

有人可能会认为,理由说到底取决于我们的偏好。如果我关心自己的利益,我就有理由明智地行动。如果我是一个充满同情心的人,我就有理由造福他人。除了具体的偏好之外,我没有其他的理由。这个情感主义的回答对道德理由给出了经验性的基础。

在康德看来,假言命令背后就是基于偏好的理由。如果我们说"如果你想喝好的咖啡,试试地狱咖啡馆"或者"你应当讨好唐纳德因为你想要他帮你",我们关于应当的判断取决于你之前有什么样的相关偏好(也就是独立于应当判断的偏好)。②

霍布斯和休谟认为,道德给了我们建立在偏好之上的理由。休谟的

---

① 关于道德的先验特征,参见康德:《道德形而上学奠基》389-390。
② 就像第二个例子表明的,假言命令不需要在语法形式上是假言的,是背后的理由表明了它是不是(康德意义上)假言的。

两个划船者同意合作，因为每个人都接受了"我应当划船过河"的命令。①每个人都有相同的欲求过河，并且都认为划船是过河的手段。他们的"应当"依赖他们之前就存在的偏好，从而给出了一个假言命令。②

如果道德原则有这样的特征，那么道德就是基于共同偏好协调行动的原则系统。根据霍布斯的看法，假如不是因为我们在他人的攻击面前非常脆弱，我们应该都会偏好仅仅促进自己利益而无须考虑他人利益的自由。但是，既然我们看到假如攻击性不被约束，我们的生活会变得更糟，那么我们就会协调我们的行动从而约束攻击性。道德给出了不相互攻击的规则，如果我们想要获得遵守它们带来的安全，那么就有理由接受这些规则。③

201. 一些理由不依赖偏好

康德反对这个关于道德理由的观念。在他看来，除了自己的偏好之外，还有进一步的理由去遵守道德原则。这个理由是先验的，也就是说它并不依赖关于我和我的情感的那些可观察的事实。我们可以先验地知道基本的道德原则，因为我们无须知道自己此前的偏好就可以知道基本道德原则的内容。如果我判断，我们不应当在没有很好理由的情况下伤害无辜的人，而这个判断不依赖任何我们此前的偏好，那么我们就表达了一个定言（也就是非假言的）命令。④

要理解康德说真正的道德原则建立在定言命令之上是否正确，我们需要问两个问题：（1）是否存在定言命令？换言之，是否有不建立在偏好之上的好理由？（2）道德原则是否建立在这样的理由之上？第

---

① 关于休谟论正义，参见本书§§166-167。
② 关于假言命令，参见本书§48关于亚里士多德的讨论。
③ 关于霍布斯对道德规则的讨论，参见本书§130。
④ 当康德说"命令"的时候，他通常说的是这种类型的应当判断，而不是语法意义上的命令式。

一个问题并非特别关乎道德。但是需要考虑这个问题，因为如果我们发现存在非道德的定言命令，我们就可以回答这样的反驳，即康德式的道德要求我们接受一种没有其他理由相信的命令。

如果某人可以因为不取决于他们欲求或工具性推理的原因，仅仅由于不合理的行动而受到可以证成的批评，那么所有理由都建立在偏好之上的普遍判断就是错误的。比如，有时候某个行动可能以过高的代价满足了一个欲求。如果我们可以自己划船过河，但是会过于疲劳，或者我们看到河对岸的熊会吃掉我们，这个时候，虽然划船过河会满足我们的欲求，但是考虑到所有因素之后它就不再是合理的行动。明智的考虑在这里是相关的。这就是巴特勒说合理的自爱是更高原则的部分原因。①

明智有时候是基于偏好的理由的来源。如果我更关心自己的长期利益而非当下过河的欲求，明智就可以在我的实际欲求中间进行调节。然而，并不是所有明智的理由都基于偏好。假设我认为过河会妨碍我在未来更加关心的欲求，但是此时此刻比起未来的欲求我更关心过河。这时，过河可能就是不合理的，虽然我做了我此时最关心的事情。我们可以批评和评价某人的行动合理或者不合理，而不管它对于满足他们的偏好是否具有工具上的有效性。我们认为，行动者关心他们未来的欲求是合理的，即便他们自己并不关心这些欲求。②

即便我们关心自己未来的欲求，也按照可以满足它们的方式行动，我们的行动依然可能是不合理的。对于满足偏好，我们可能有理性的计划并按照计划行动，但是如果我们的偏好受到了误导，我们就有很好的理由去形成不同的偏好，如果我们努力去满足当下的偏好，就（在某种意义上）不合理地行动。某些人的自尊或许受到了挫败，

---

① 关于巴特勒对合理自爱的讨论，参见本书 §175。
② 关于不合理地忽略未来，参见 T. Nagel, *The Possibility of Altruism*, Oxford University Press, 1970, ch. 8。

从而让他们认为自己不能做任何困难的或要求很高的事情，或者他们非常害怕失败从而不愿意冒任何风险。此外，他们还正确地认为自己在未来对风险也会有相同的厌恶，他们变得对任何影响他们长期利益的东西，或者对任何需要付出努力或者可能失败的东西都无动于衷。就他们的所作所为符合他们的偏好而言，他们是合理的；但那依然是不合理的，因为他们的行动基于受到误导的偏好。

这些例子表明，有些理由并非建立在偏好之上。如果我们允许这样的情况出现，我们就不能简单否定康德关于道德也诉诸这类理由的说法。

202. 道德理由不依赖偏好

为了区分道德与非道德理由，康德举了一个店主的例子，他认为自己应当诚实地对待顾客，因为诚实对生意有好处。如果这是他诚实做生意的唯一理由，那么他就不是按照道德理由行动。康德的第二个例子是一个"慈善家"，他经常出于无私和同情的情感行动。根据哈奇森和休谟的看法，这样的人出于道德理由行动，因为他们偏好造福他人的行动。他们的偏好没有进一步的理由。我们拥有同情的情感，并且会根据这样的情感行动，这就是一个关于人类的简单事实。这样看来，道德理由就是那些诉诸不自私的情感的理由。①

康德论证，这些"慈善家"并不是出于道德理由行动的。除非他们即使没有现在那些无私的情感也依然认为自己有很好的理由帮助他人，他们才算是出于道德理由行动。如果他们的理由基于无私的情感，那么当这样的情感消失了，他们的理由也就消失了，情感的强弱

---

① 关于店主的例子，参见《道德形而上学奠基》397-398。关于哈奇森和休谟对仁爱的讨论，参见本书 §§153-154。

决定了他们行动理由的强弱。理由强度上的变化就是假言命令的标志。根据这种观点，只有当我们保持相关的偏好才有理由行动，但是命令本身并没有告诉我们是否应当保持那个偏好。然而，道德理由并不会随着之前偏好的强度变化。因此它是定言命令。①

不可否认，道德情感不仅仅是我们可以随意抛弃的偏好。我们经常说如果违背道德我们会充满负罪感，甚至活不下去。但是负罪感对于道德理由来讲是不够的。如果我们的道德责任（在我们应当做一些事情的判断之中）仅仅建立在负罪感上，我们就可以通过摆脱负罪感摆脱我们的责任。或许我们可以训练自己少体验负罪感。但是我们不可能因为不再对违反道德责任失去负罪感而摆脱道德责任。相反，如果我们做了错事，却放弃了良心的谴责，我们应该受到更多而非更少的批评。如果我们应当保持良心的谴责，也保持它们依赖的那些情感，那么这个"应当"就不是建立在偏好之上的。②

康德由此得出结论，真正的道德判断表达了定言命令，因为它依赖并不取决于行动者偏好的理由。那些把握了道德判断和道德理由特征并且据此行动的人，就拥有"好意"。他们并不仅仅符合义务地行动（也就是做道德要求的事情），而且为了义务行动（也就是仅仅因为那是道德的要求而行动）。③自私的店主和同情的慈善家并不为了义务行动，因为他们并不是出于道德理由行动。店主做诚实的事情仅仅因为那对生意有利，慈善家帮助他人仅仅因为他的同情。他们没有看到，即便他们的偏好发生了变化，依然有道德的理由让他们做这些事情。

道德上好的行动者，并不认为道德理由建立在偏好之上。他们认

---

① 关于同情，参见《道德形而上学奠基》398；关于假言命令，参见《道德形而上学奠基》420。
② 关于负罪感，参见本书§171关于《哈姆雷特》的讨论。
③ 关于出于义务行动，参见《道德形而上学奠基》397-398；另参见本书§43关于亚里士多德的讨论。

识到，正确的偏好建立在对道德理由的认识之上，而这些道德理由独立于偏好或者说先于偏好。①

这就是为什么康德坚持认为，道德原则可以先验地得到认识，而不是建立在关于人类的经验事实之上。假如它们依赖经验事实，它们就依赖人们实际的欲求，因此会表达基于偏好的理由。根据这种经验性的观点，假如我们变得不那么富有同情心，或者发现没有他人或社会的帮助生活会更容易，我们的道德理由就会变少。休谟接受这种认为道德与人类偏好有关的立场。但是康德的回应是我们不可能因为发生了这些变化就避免道德责任或道德理由。因此道德的基本原则并不依赖人类的实际特征。我们可以通过反思实践理性找到这些原则。②

203. 道德要求理性和非理性的动机

康德强调在道德中实践理性的角色，人们经常批评他低估了道德中情感的价值和重要性。情感主义者在一个人情感和情绪的恰当状态中找到了道德上的好，但是康德没有在道德的好中给它们留下任何位置。叔本华和黑格尔把这种观点归于康德，一些更晚近的批评者也同意他们的看法。③ 但这真是康德的看法吗？

康德论证，道德价值在于出于正确的理由做正确的事，仅仅因为那是正确的。但是出于正确的理由行动是什么呢？我们可以区分出三种做正确行动的理由：

（1）你做正确的行动，但假如不是看到这个行动会有利于你，你

---

① 关于独立于偏好，参见《道德形而上学奠基》414-415。
② 关于道德与慈善，参见《道德形而上学奠基》411-412。
③ 关于康德如何看待混合的动机，参见叔本华：《论道德的基础》(*On the Basis of Morality*, tr. E. F. J. Payne. Indianapolis: Bobbs-Merrill, 1965) 66；黑格尔：《法哲学》§§121, 124。参见 Kant, *Groundwork of the Metaphysics of Morals*, ed. T. E. Hill and A. Zweig, Oxford: Oxford University Press, 2002, pp. 28-31, 151-152。

就不会做这个行动。这是康德笔下的那个店主的看法。

（2）你做正确的行动，因为它是正确的这一点让你去做它，并且这一点就足以让你去做它，但是你还有其他的理由做它，这些理由让你更容易做它。

（3）你做正确的行动，因为它是正确的，并且没有其他的动机让这个行动看起来有吸引力。

在叔本华看来，康德的主张是，当且仅当一个行动满足（3），它才有道德价值，因此任何非道德的动机都剥夺了一个行动的道德价值。如果你看到了应当去帮助一场事故中的受害者，但是你对他们又有一些同情，那么（根据叔本华对康德的看法），你就不可能出于正确的理由帮助他们。

然而，康德接受的是（2）而非（3）。在他看来，如果我们仅仅因为此前的偏好而做了某个行动，我们就是出于错误的理由做了正确的事，就像那个店主和慈善家做的那样。即便我们有非道德的动机去做正确的行动，只要我们认为行动的正确性给了我们充分的动机去做，并且我们的倾向并不是行动的唯一动机，那么我们就依然是出于正确的理由做了那个行动。①

因此，在通常的情况下，我们可以出于道德和某些独立于道德动机的偏好行动。因为我们可能同时意识到某事是道德的要求，也是合宜的，并且如果不做我们可能会进监狱。在这些情况下，我们出于混合的动机行动。但是如果道德动机是充分的（也就是说它不需要其他动机就能推动我们行动），我们的行动就有真正的道德价值。因此，在康德看来，道德情感只要得到了正确道德信念的指引就是恰当的。在这一点上，他同意亚里士多德的观点，但是反对哈奇森和休谟更彻底的情感主义观点。

---

① 关于道德价值，参见《道德形而上学奠基》398-399。

然而，康德还认为，道德上恰当的情感并不是必要的。如果是这样，那么一些道德上的好人就可能非常不情愿做那些他们必须要做的道德上正确的事情。康德认为情感对于道德上的好来讲是不必要的，因为他认为这些情感不在我们的控制之中，因此不可能拥有道德价值。① 这个关于情感的说法有些夸张。如果我们不能简单地通过决定改变它们，那么这些情感可能确实不受我们当下的控制。但是如果我们可以在一段时间中调整它们，在这个意义上它们就在我们的掌控之中。我们可能合理地预期，道德上好的行动者会让他们的情感适应道德原则。如果一个人总是要强迫自己克服自私的冲动才能为了他人的利益行动，我们也不会欣赏这样的人。②

204. 定言命令要求普遍法则

康德论证，我们认为真正的道德判断表达了定言命令，而不仅仅是假言命令。定言命令说了什么呢？什么样的道德原则与它一致呢？

康德的回答是，如果我们理解了定言命令的形式，也就同时理解了道德原则和道德理由的内容。一旦我们理解了道德推理预设定言命令，我们也就理解了基本的道德原则要求什么禁止什么。为了支持从定言命令的形式可以推论出基本的道德原则，康德给出五种不同的定言命令的表达式。它们用不同的方式描述了道德理由，但是都表达了相同的基本原则。③

根据康德的第一个表达式，定言命令陈述了可以被所有理性行动

---

① 关于情感与实践性的爱和受动性的（pathological）爱，参见《道德形而上学奠基》399。
② 关于情感和残忍地对待动物，参见叔本华：《道德的基础》95；康德：《道德形而上学》§17, p. 443。
③ 关于定言命令的概念，参见《道德形而上学奠基》420。关于定言命令的不同公式，参见《道德形而上学奠基》436；J. Rawls, *Lectures on the History of Moral Philosophy*, Cambridge: Harvard University Press, 2000, pp. 162-216。

者意愿成为普遍法则的理由。道德原则依赖那些独立于任何人的个人偏好的理由。因此任何符合定言命令的原则都建立在某些可以应用到所有理性行动者之上的理由，不管他们的偏好是什么，因此它必然是对所有理性行动者提出的普遍法则。①

要解释这个普遍法则公式（Formula of Universal Law），康德提出了这样的问题：当有利于我的时候违背诺言（比如当我需要借钱的时候承诺还钱）是否可以得到允许。康德主张，我们不可能意愿"当有利于我的时候违背诺言"成为一条普遍法则，因为这条规则与它的普遍化"矛盾"。②这条规则预设了人做出、接受并且相信承诺。但是如果把这条规则普遍化，它就会导致承诺无法存在。因为如果我们允许某人在他认为合适的时候违背诺言，我们就不再相信人们的诺言，于是就会停止做出承诺。康德的结论是，将这条规则普遍化的结果会破坏承诺，因此与规则原本的预设矛盾。

康德并没有论证我们总是要遵守承诺，或者任何道德规则都没有例外。他问的是什么样的例外可以从道德上得到证成。他的回答是，"当我倾向于违背承诺时（比如我想要为了别的事用这笔钱）违背承诺就是正确的"不能成为可以得到证成的例外。假如这条规则可以接受，我们就仅仅出于倾向给道德原则设置了例外，这样道德规则就取决于倾向，从而表达了假言命令而非定言命令。在承诺的例子中，基于倾向的例外会推翻承诺的实践，这个实践本身预设了我们不能在自己认为合适的时候违背承诺。康德的结论是，我们不可能意愿在倾向的基础上将违背承诺普遍化。因为普遍化会导致矛盾。如果一个道德原则表达了一个定言命令，倾向就不可能成为例外的基础。

然而，康德说的矛盾是什么意思，并非一目了然。澄清这一点会

---

① 关于普遍法则，参见《道德形而上学奠基》420。
② 康德称这样的普遍规则为"准则"。

影响我们关于康德诉诸普遍法则是否合理的判断，也会影响我们对他论证的一些批评是否公平的判断。我们可以通过考察这些批评来澄清他的立场。

205. 定言命令是否仅仅要求前后一致？

包括黑格尔和叔本华在内的一些批评者认为，康德的普遍法则公式的意思仅仅是理性要求前后一致、没有自相矛盾的目标。叔本华认为，康德寻找道德的先验原则是正确的，认为唯一的先验原则（也就是唯一的定言命令）是对所有理性存在者都适用的普遍法则也是正确的。在叔本华看来，符合这个要求的唯一法则就是不矛盾律。在实践理性领域，不矛盾律要求我不选择两个彼此矛盾的事态。比如，我希望所有人开车的时候都走左边而我走右边，这就是违背了这个原则。因此定言命令要求不自相矛盾的选择，别无其他。①

如果叔本华正确地认为康德说的意志中的矛盾就是自相矛盾的选择，那么定言命令就仅仅是要求前后一致。这在道德上是空洞的，因为它没有支持任何一种达成内在一致的策略。"每个人都可以随意抢劫其他人"和"任何人都不能抢劫其他人"是同样前后一致的策略，虽然一个是错误的而另一个是正确的。

那么康德为什么认为关于自相矛盾的论证表明违背诺言是错误的呢？或许他搞混了两种策略：（1）每个人都应当遵守诺言，但是我可以在自己愿意的时候违背诺言；（2）每个其他人都应当遵守诺言，但是我可以在我愿意的时候违背诺言。第一个策略是自相矛盾的，而第

---

① 关于不自相矛盾的意愿，参见叔本华：《论道德的基础》63；关于普遍法则，参见《论道德的基础》73；关于叔本华的定言命令，参见《论道德的基础》75。

二个是前后一致的。^① 然而,(根据这种阐释)康德错误地主张第二种策略也是自相矛盾的。

根据叔本华的看法,康德关于第二种策略的错误看法建立在一个隐秘的利己主义预设之上。利己主义者在思考违背诺言时认为,假如其他人发现他违背诺言并且不再接受他的诺言,那么这对于他来讲很糟糕。康德看到,违背诺言会和这个初始的利己主义预设矛盾。如果康德接受了这个关于定言命令的阐释,他就接受了那个因为错误原因做正确事情的店主的观点。这个观点把道德命令看作假言命令。^②

叔本华和黑格尔同意,康德的定言命令在道德上是空洞的。但是他们得出了不同的结论。黑格尔论证,康德的错误在于把实践理性仅仅局限在定言命令上,而定言命令要求的只不过是不自相矛盾。在黑格尔看来,我们需要另外一条路径去找到道德的理性基础。而叔本华则与此相反,他同意实践理性仅仅告诉我们要避免自相矛盾。要找到道德原则,我们只能超越实践理性达到情感,就像康德的那些情感主义前人在回应克拉克的时候论证的那样。我们之后会考察叔本华和黑格尔对他们理解的康德立场提出的替代方案。

206. 前后一致和公平对于定言命令来说是不够的

叔本华和黑格尔说康德仅仅提到了前后一致和不一致的策略,这是对康德的正确理解吗?他们忽视了康德提到的理性存在者本身的意志,理性的意志不同于倾向。^③ 因此,当他讨论到我们可以意愿什么时,他的意思是"我们作为理性行动者可以意愿什么",意志里面的矛

---

① 黑格尔论单纯的前后一致,参见《法哲学》§135;布拉德利(F. H. Bradley):《伦理学研究》(*Ethical Studies*, 2nd ed., Oxford: Oxford University Press, 1927 [1st ed., 1876]) ch. 4。
② 关于利己主义,参见叔本华:《论道德的基础》89。
③ 关于康德"意志"概念的更多细节,参见本书 §§213-214 的讨论。

盾是与理性存在者本身的意志相矛盾的选择。因此康德说的"不可能意愿"不是"不可能前后一致地意愿",而是"不可能与合理意愿的方式前后一致地意愿"。那么他认为可以合理意愿的是什么呢?

虚假承诺的例子看起来好像是在说,理性的意志平等地对待所有人,拒绝为了自己占不公平的便宜。做出虚假承诺的人打算占别人的便宜。因为只有当他人信守承诺时,他才有机会在有利可图时违背诺言。其他人信守承诺也就意味着放弃了这个虚假承诺者可能占到的便宜。他行动的理由(在有利可图时违背自己做出的承诺)让他成为一个例外。因此我们可能会得出结论说,康德理解的理性意志,目标是用无偏和平等的方式对待所有人。①

无偏性是康德在讨论我们可以理性地意愿什么时的部分考虑,但并非全部考虑,因为不是所有反对不平等地占别人便宜的原则都是可允许的。康德考虑了一个人(我们可以称他为索鲁斯*),他不想帮助他人。索鲁斯同意,采纳"在索鲁斯需要帮助的时候其他人都要帮助索鲁斯,但是索鲁斯从来都不需要帮助其他人"的原则是不公平的。因此他提出"任何人都无须帮助其他人"的规则,从而并没有把自己当作随意的例外。他接受了让所有人都不关心其他人利益和需要的普遍法则。索鲁斯看起来好像遵守了"己所欲施于人"的金规则(Golden Rule)。

根据康德的看法,假如我们接受索鲁斯的规则,我们的意志就会自相矛盾。这不是因为索鲁斯的规则内在地前后不一致。康德认为它自相矛盾的理由在于什么是可以合理意愿的东西。在很多情况下,我们有很好的理由希望得到他人的爱和同情,但是假如我们接受了索鲁斯的规则,我们就不合理地从自己身上剥夺了这些。在困难中希望得

---

① 关于公平,参见本书§287关于罗尔斯的讨论。然而,罗尔斯的正义观念要求的比公平对待更多。

* "索鲁斯"(Solus)的字面意思是独自一人。

到他人的帮助是合理的，因此我不可能意愿一个没有人帮助其他人的系统。索鲁斯对自己是不公平的，因为我们不应当放弃他人的帮助。①

如果是这样，康德认为道德并不仅仅是前后一致地意愿，也不仅仅是拒绝不公正地占别人的便宜。

207. 定言命令要求我们把理性的本质当作目的

要解释为什么普遍法则公式的要求比一致性和公平更多，康德引入了第二个定言命令的表达式，即人性公式（Formula of Humanity）。它主张，人性，或者更准确地说，人的理性本质是目的本身，它是客观的目的，限制着对于所有主观目的的追求。

主观目的是偏好的产物，因此它们支持假言命令。如果所有价值都建立在主观目的上，就没有至高的理性的实践原则，因为我们的实践原则仅仅是偏好的产物。如果有定言命令，必然有某些东西是非主观的目的，因而是"目的本身"（也就是非相对性的目的，因为它不相对于任何人的偏好）。

目的本身是客观的目的，因为它不是要实现的目的，而是一个条件，约束着哪些目的是可以允许的。② 我们的行动不仅通过我们试图实现的目标得到解释，而且通过约束我们试图实现这些目标的方式得到解释。比如，我想要翻修一栋建筑，但是保留它原有的特征。这些原有的特征（比如房顶的高度、屋子的大小，等等）并不在细节上决定我如何翻修这个建筑，但是它约束了我如何在翻修过程中对它进行改变。原有的特征并不是一个我想要实现的目标，因为它已经存在了。但它是我需要尊重的东西，因为它的价值约束了我被允许去实现的目

---

① 关于意志中的矛盾，参见康德：《道德形而上学奠基》423。
② 关于对目的的约束，参见《道德形而上学奠基》437。

的，以及我可以采用什么手段去实现它。

道德需要一个客观的目标，因为道德要评估以偏好为基础的理由。它给了我们不依赖之前的偏好或情感的理由，因此它可以告诉我们哪些偏好和情感可以合法地指引我们的行动。道德的客观目的是理性的自然。人们不仅仅是要被任意使用的手段，因为理性存在的本质限制了可以允许的选择。人是尊重的对象，不能仅仅被当作实现我们主观目的的手段。①

如果我们接受定言命令，我们就赋予理性能动性超过主观目的的地位。只有当我们比起主观目的的实现更看重理性能动性的表达，这么做才是合理的。假如我想的是理性存在者仅仅应当被看作实现主观目的的手段（不管是他们自己的目的还是别人的目的），我们就不会接受定言命令。如果我们接受了定言命令，我们就赋予理性存在者一些价值，这些价值不同于他们对实现任何主观目的的贡献。由此，我们把他们当作尊重的对象。

208. 我们通过尊重自己和他人把理性的本质当作目的

这个人性公式是否澄清了定言命令呢？我们对普遍法则公式的理解依赖我们对理性行动者本身"可以"意愿什么的理解。我们现在了解到，理性行动者本身会意愿把理性行动者当作目的本身。把理性行动者看作目的会带来什么实践上的差别呢？②

如果我们把人当作目的，我们就是尊重自己和他人。假如我们不这样，就不会认为人比我们用来实现主观目的的无生命的物品更重要。我们会把人当作资源、手段、单纯的材料，等等，我们仅仅会用

---

① 关于客观的目的，参见《道德形而上学奠基》430-431。关于人不仅仅是手段，参见《道德形而上学奠基》428；关于目的自身，参见《道德形而上学奠基》437。

② 关于这一点的实践意义，参见本书§292关于罗尔斯的讨论。

这样的方式去考虑他们。如果我采煤，我就希望煤保持干燥；如果我使用工具或者机器，我就希望它们正常工作。我们对这些资源的关心都是纯粹工具性的。

如果我对自己采取这种单纯工具性的态度，我们就缺少自尊，比如无视自己长期的利益，而只去满足当下的冲动或欲望。伴随毫无节制的放纵而来的，可能是当我们意识到对自己做了什么之后的自责。与此相似，我们可能想要用我们鄙视的方式行动，并且忍受羞辱，这么做只是为了满足某个可以帮到我们的更有权势的人。虽然我们可能获得我们想要的东西，但是我们会因为自己努力得到那个东西而鄙视自己。在这两个例子里，我们缺少自尊，没有按照我们真正的价值看待自己。①

有些人满足他人的欲求而不是自己的欲求，因为他们对他人太过恭敬或太过谦卑。他们的态度可能反映了他们缺少自尊。一个过于恭敬的仆人可能认为自己除了服侍主人之外一钱不值。一个过于谦卑的妻子将自己的利益置于丈夫的利益之下，从来不会想到丈夫应该为了她做一些不能与他的计划匹配的事情。过于自我否定的家长毫不关心他们自己，而只想着孩子的福祉。这些人没有认识到他们自己也有价值。

康德对尊重的强调反对道德单方面强调他人。道德需要关心他人的利益，从而反对自私。但是一个人也可能在这方面走向极端。如果我忍受朋友的羞辱和冒犯，或者允许他人对我提出不合情理的要求，我可能会被说成是缺少自尊或者对自己的价值缺少感觉。我可能因为不关心我本有资格和权利获得的东西，或者别人亏欠我的东西，而受到批评。如果我们养育孩子或者建议某人如何回应他人对他的各种要

---

① 关于缺少自尊，参见康德：《道德形而上学》436；T. E. Hill, "Servility and Self-respect," *Monist*, vol. 57 (1973), pp. 87-104。

求，我们可能会鼓励他们在对待他人的时候有一些自尊和他们自己的价值感。

209. 尊重人的原则支持理性主义反对功利主义

如果康德表明道德命令依赖对作为目的的理性行动者的尊重，他的论证就支持了某些对功利主义的理性主义反驳。巴特勒和普莱斯论证，对如何在不同人之间分配利益和伤害的功利主义态度违反了正义和公平。这些反驳预设了人本身就配得上一些东西，而不仅仅因为它们增加了幸福的总量。在康德看来，对功利主义的理性主义批评把握到了一个重要的事实，即道德命令表达了对于作为目的的理性行动者的尊重。与此相似，巴特勒反对我们用只要能促进公共利益的任何方式对待个人，而不管他们想要做什么，也不管他们要为自己做过的事情承担什么责任。

这些批评主张，功利主义没有给人本身赋予非工具性的价值。它将非工具性的价值和人的经验联系在一起，但是没有与这些经验的主体联系起来。它把根据人们的决定和选择对待他们看作次要的，而把这些决定和选择的结果对更大目的的贡献放在首位。比如，如果利益总量足够大，那么为了少数人伤害很多人就可以得到证成。用更大的利益补偿伤害或许可以在一个人的一生中得到证成，但是当它涉及很多人的时候就要难得多。这就是为什么普莱斯批评功利主义把不同人之间的分配看作好像是在同一个人之中的分配。功利主义原则把个人福祉仅仅看作促进整体福祉的手段。①

康德批评以偏好为基础的道德，由此对哈奇森和休谟的功利主义

---

① 关于巴特勒和普莱斯论正义，参见本书§§185，189。关于功利主义和正当，参见本书§§243-244。

提出了质疑。在他们看来，仁爱的或者同情的人认可功利原则。但是康德论证说，这一点无法用适合理性存在者本身的理由来证成。仁爱之人的认可并不能证成功利原则。

210. 对人的尊重是定言命令的基础

如果把人当作目的的原则是定言命令，那么它应当应用到所有理性存在者本身。因此，康德应当表明，不管我们的其他目的或者倾向是什么，我们都有最重要的理由把自己和他人当作目的。

如果我们还关心自己的目的和目标，把我们自己当作目的就是合理的。把我们自己当作目的就是认为我们自身是有价值的，而不仅仅是实现自己偏好或者他人偏好的资源。假如我不这么看待自己就是缺少自尊，就是以自我毁灭的方式低估自己。

基于什么我们可以合理地认为自己拥有非工具性的价值呢？为什么他人应当考虑我们本身呢？如果有人告诉我，我不够聪明，不够有技术，不够英俊，因此不配得到尊重或关心，我们可以合理地指责他没有理解尊重他人的意义。但是如果我认为自己仅仅因为是一个人就理应得到这种尊重，那就意味着任何人都有资格得到相同的尊重，因为在我作为目的应得的东西和他人作为目的应得的东西之间，并没有相关的差别。因此，把人当作目的对于所有的存在者本身都是合理的。因此，这是一个定言命令。

如果把人当作目的加以尊重是定言命令的基础，那么我们就可以回应对康德此前例子的一些反驳。尊重人解释了为什么不公平地占别人便宜是错误的，比如违背诺言的例子。康德认为，不公平在于仅仅从我们自己的目的出发考虑别人，因为既然我们的行动影响了他们的利益，他们本身就应该得到考虑。这个原则解释了为什么（在一些情况下，出于一些理由）违背诺言是错误的。

然而，尊重人并不仅仅是反对不平等的对待。出于懒惰拒绝相互帮助也违背了定言命令，因为它违反了把人当作目的尊重的原则。那个懒惰的人索鲁斯不想费力帮助他人，也意愿放弃从他人那里得到帮助，他给自己赋予了太小的价值。他宁可不帮助他人也不想确保从他们那里得到他所需要的帮助。

因此，根据人性公式，我们作为理性存在者意愿什么的普遍法则是理性行动者相互尊重的原则。当我意识到自己作为理性存在者并没有什么特殊时，我就认识到其他的理性存在者配得上同样的尊重。

康德从理性能动性的特征中推论出道德内容的主张并不新鲜。亚里士多德和阿奎那也试图通过人的自然来解释人的好和人的德性。康德的论证与他们不同，因为他并不认为理性行动者的基本特征是追求他们自己的好。在他看来，理性能动性是无偏的。当我们采取了理性的视角，我们就从自己的特殊性中抽离出来，转而关心我们作为理性行动者的共同性。[①]

211. 自律与自由

根据康德的观点，人性公式解释了为什么卢梭最悖谬的主张之一是正确的。我们可能经常认为，道德给我们施加了我们通常不愿意接受的要求和责任，从而限制了我们的自由。在这方面，道德类似霍布斯说的国家，它限制我们的自由，要求我们服从维持和平的法律。然而在卢梭看来，正确的政治秩序并不会限制我们的自由，因为它体现了正确的道德命令，这样的道德命令不会限制我们的自由，而只会表达我们的自由。

康德关于定言命令的论证支持了卢梭，他论证相互尊重的道德不

[①] 康德同意司各脱和巴特勒，而非亚里士多德，参见本书§§108，192。

是以违反他们意志的方式施加在理性行动者身上的，而是理性意志选择的结果。一旦我们理解了道德与理性之间的联系，我们就不需要被说服违反道德的结果比遵守道德的结果更糟。我们为了道德自身之故选择道德，因为我们看到那是理性意志的视域。

要理解这个视域不会限制自由，我们就需要回忆在自由和根据我们的理性意志行动之间的联系。即便我们没有受到外部条件的限制，我们也缺少某种我们看重的自由，如果我们总是被自己非理性的冲动推动，不能在行动中表达理性的选择。如果我们同意，对毒品或酒精上瘾导致的欲求限制了我们的自由，即便上瘾并没有妨碍我们按照最强的欲求行动，那么我们就认为我们只有在按照理性的意愿和选择行动时才是自由的。即便我们不是瘾君子，我们也可能被饥饿、恐惧、焦虑推动，它们来的可能非常紧急，我们会觉得自己除了就范之外别无选择，这是另一种自由受到减损的情况，在这里理性选择的无效解释了我们缺乏自由。

自由的这些方面解释了康德为什么认为道德表达了自由，就像卢梭认为的那样。他引入了另一个定言命令的公式，也就是自律公式（Formula of Autonomy），以此表明由道德引导的意志是自律的和自由的。定言命令表达了理性意志的自律，因为意志把法则加给自己。表达道德原则的其他方式都意味着他律（heteronomy），因为意志从某个外在的东西那里接受了它的法则（比如从倾向那里）。假如我们总是仅仅根据假言命令行动，我们的意志就不会是自由的和自律的，而是他律的。①

如果我们有理性的意志，这并不意味着我们有任何具体的倾向和主观目的。我们拥有理性的意志不会让我们成为热情的足球迷或者音乐谜，这些主观目的依赖具体理性行动者的特征。假如道德由我们的主观目的决定，当我们根据道德原则行动时，我们也是他律地行动，

---

① 关于自律，参见《道德形而上学奠基》433。

我们会从我们的偏好，也就是理性意志之外，接受法则。但是道德并不依赖主观目的。我们有理由仅仅因为我们拥有理性的意志就根据道德原则行动。

道德原则表达了定言命令，因为它们把理性批判应用到了所有的主观目的上。因此，就我们接受道德原则而言，我们的意志相对于我们的主观目的是自律的。就我们是自律的而言，我们把理性行动者作为目的尊重。因此，卢梭认为对主观目的的理性批判不会损害道德或者制造道德和政治上的无政府状态，这些都是正确的。相反，这种批判向我们揭示了对于自由和理性的行动者而言恰当的相互尊重的道德。

212. 自由对道德的重要性

到目前为止，康德捍卫了一种有条件的主张：如果有真正的道德原则，它们表达了定言命令。如果我们相信自己的道德判断，就会认为存在真正的道德原则。但是我们应当相信这些判断吗？我们相信存在定言命令是不是错了呢？我们相信存在对所有理性存在者（就他们拥有理性的意志）而言好的理由是不是错了呢？如果没有这样的理由，我们对于真正道德原则是什么样的论述可能依然是正确的，只不过并不存在真正的道德原则。

因此，康德似乎表明，定言命令是可能的，因为存在一些可以应用于理性行动者本身的理由。自律公式主张，这些理由就是自律的意志认识到的，无需诉诸任何并不必然属于理性行动者的倾向。但是只有当我们有可能实现自律，这些对我们来讲才是真正的理由。因此，他论证我们拥有那种让我们可以实现自律的自由。

康德谈论自由时考虑了两点：（1）责任的自由让我们可以对自己的行动负责，因此让我们可以受到赞赏和指责；（2）自律的自由让我们可以根据定言命令行动。第一种自由是第二种自由的必要非充分条件。康德有时候把这两种自由称为"消极的"(责任的)自由和"积极的"(自律的)自由。

213. 责任的自由

责任要求实践性的自由(practical freedom),也就是意志没有被非理性的冲动和倾向强迫。拥有实践性的自由就是拥有不同于动物意志的自由意志。在动物的意志中,选择和行动都来自欲望的相对强度,而在自由意志中,理性反思可以决定我的选择,而不管欲求一开始的强度如何。我们反思自己的冲动时,并非把可能的行动仅仅当作一系列彼此导致的事件。我们在一个规范性的秩序中看待它们,因为我们表达了事情怎样才是合理的观点。①

这个实践性的自由观念与巴特勒关于理性能动性的观点一致。理性行动者并不是由冲动的相对强度决定的,而是能够根据对相对价值的考虑行动。这个在自由意志和动物意志之间的区分与阿奎那在意志和激情之间的区分对应。在康德看来,这个实践性的自由对责任来讲是必要的。这个主张允许关于自由和决定论的相容论观点。②

然而,除了这种实践性的自由之外,康德还认为,超验的自由对于责任来讲也是必要的。超验的自由是由自己发起自主行动的能力,而不是被过去的事件决定去行动。自主性(spontaneity)与决定论不相容。康德将实践性的自由和超验的自由用下面这个论证联系起来:

1. 如果我们在实践上自由,我们就不是被感性冲动强迫的;
2. 如果我们不是被强迫的,我们就可以做不同的事情;

---

① 关于自由意志与动物意志的差别,参见康德:《纯粹理性批判》A534。关于"应当"的性质,参见《纯粹理性批判》A547。
② 关于实践性的自由,参见本书§92关于阿奎那的讨论,§§174-176关于里德的讨论。关于相容论,参见本书§§78-79, 95。

3. 如果决定论为真，我们就不能做不同的事情；

4. 因此，如果决定论为真，我们就缺少实践性的自由。①

相容论者会否认第 2 或者第 3 步，因此他们会否认实践性的自由排除了决定论。

康德认为，物理和心灵的实在，就它们是经验科学的对象而言，都符合决定论的自然律。但是他认为，正确地理解我们关于自然的知识会允许实践性的自由。我们对物理和心灵实在的知识适用于事物，因为它们是感觉观察和经验推理可以通达的。就事物是经验知识的对象而言，康德称它们为"显现的事物"或者"表象"(phenomena)。② 当讨论独立于我们经验知识的事物时，他会称它们为"物自体"或者"思想对象"(noumena)。如果实践性的信念关于物自体，我们的行动就它们是实践判断和评价的对象而言，就不是被决定的，即便同样的行动就它们是经验知识的对象而言是被决定的。

根据康德的看法，我们实践判断的对象与观察或者经验知识无关。我们通过关于事情应当如何的判断了解自由，而非通过观察和经验性的推理。实践判断并不表达经验知识，因为它们并不是在预测我们将会如何行动。我们的思虑和意图引导我们对情况的评估，实际情况没有按照我们决定或意图的发生并不会证伪它们。与此相似，我们对自己所作所为责任的判断也不单纯是在主张我们处在过去事件的因果联系之中，它说的是我们配得的赞赏或指责。因为实践判断并不构成经验知识，它们也就并不关乎表象。

如果这个论证成立，对责任的自由的信念就不会与自然科学讨论的那个决定论世界中的经验知识矛盾。在这一点上，康德同意相容论者的看法。

---

① 关于自由与决定论，参见《纯粹理性批判》A534，550。
② 关于表象，参见《纯粹理性批判》A38/B55，B69，A190/B235，B307。

214. 自律的自由

前面的论证最多表明我们拥有消极的自由，也就是责任的自由。我们是否拥有积极的自由，也就是自律的自由，是另一个问题。自律的意志被定言命令推动，无需任何进一步的倾向。那些没有按照定言命令行动的人在消极的意义上依然是自由的，因为他们可以为自己没有遵守道德而受到批评。他们的选择是他律的，但是他们的意志并没有被迫按照倾向行动。①

在他律的行动者那里，意志走出自身找到某些目的，这些目的通过假言命令给出理由。然而，这个意志依然可以在它自身之中找到理由，因此永远拥有自律的能力。康德说，我们并不是因为被恶的原则征服而变成恶的，而是因为自由地将恶的原则吸收进了我们行动的理由。我们可以恰当地让人们承担责任，赞扬或者指责他们，只要他们可以根据更高的原则行动（就像巴特勒说的那样），而不仅仅是根据他们无法控制的欲求的强度行动。②

有能力根据理性反思而非欲求强度行动的人可能以不同的程度运用这种能力。根据康德对消极自由的定义，如果人们是同等自由的，因为他们都平等地具有相关的能力，那么他们是否有理由运用这个能力而非让它得不到运用呢？我们为什么不能像只拥有纯粹动物意志那样行动呢？

巴特勒的回答是，根据理性的自爱行动是自然的，因为它从我自己这个完整的人出发，而不是从一系列事件和冲动出发。如果我根据理性反思行动，我就是作为一个人和理性的行动者在行动；因为这就

---

① 关于消极自由和积极自由，参见康德：《实践理性批判》§ 8，p. 33；《道德形而上学》213-214，225。

② 关于自律与他律，参见《道德形而上学奠基》441；《实践理性批判》33。关于自由与恶，参见康德：《纯粹理性限度内的宗教》25，35-36。

是我本质上的所是，我由此表达自己。这就是我们作为拥有消极自由的行动者为什么应当实现我们拥有的能力，按照理性而非仅仅按照冲动的强度行动。当我们实现了这个能力，我们也就实现了积极的自由。

因此积极自由和自主是有程度之分的。比如，我决定不根据愤怒和沮丧行动，因为我考虑到了我的其他目标（比如，我的愤怒可能会破坏我想要吸引某人或者与某人和好的前景）。巴特勒认识到了积极自由的这个特征，我们拥有可以规约我们具体激情的更高的理性原则，并且据此行动，这时我们就是"我们自己的法律"。康德看到，这个程度的自律与更高程度的他律相容。即便我把激情调整得适合我的其他目的，我可能依然把那些具体的目的当作超出了理性思虑和反思的范围。

如果我们把理性思虑和反思应用在选择追求的目的上，我们就更加自律。巴特勒论证说，遵循仁爱的理性原则，我们有理由为了公共利益本身追求它。① 当我理性地反思仁爱的激情的恰当目标时，我会看到对于一些我之前并没有激情的事情来讲它是恰当的。比如，我可能看到，在帮助某个我认识的人和仅仅因为我不认识他就拒绝把同样的帮助给另一个人之间做出区分是武断的。我接受了新的目的，而不仅仅是对我已经拥有的目的发现新的手段。

康德认为，在这样的情况下，我运用了更高程度的自律，比我把那些没有经过理性考察的倾向想当然地当作目的程度更高。如果我们理性地考察我们的终极目的，我们据以行动的原则就不是假言命令，它们依赖未经质疑的倾向。它们是定言命令，由最高水平的理性决定。

215. 道德揭示人格

道德最完整地体现了自律，因为（用康德话说）它揭示了"人格"

---

① 关于巴特勒论自爱与仁爱，参见本书 §175。

(personality），而不仅仅是"人性"(humanity）。我们的人性观念把我们看作是拥有利益的，也拥有作为手段实现这些利益的实践理性。然而，人格的概念"植根于本身就是实践性的理性之中"，因为它的原则并不仅仅是实现我们非道德目标和利益的手段。人格使得理性行动者本身成为目的，人格的观念唤醒了尊重。①

康德依赖自我关切和自尊的特征。对我们自己的关切并不仅仅以满足我们当下的欲求为目标，而是包括对未来欲求以及我们如何形成它们。自我关切包括尊重我们自己作为理性行动者，能够根据我们关于什么最好、什么合理的判断反思我们的欲求和行动。因此，自我关切包括尊重康德理解中的实践性自由。假如我们仅仅把自己看作欲求的集合，并且把实践理性仅仅看作获得我们想要东西的手段，我们就是从人性的角度看待自己。如果我们把自己作为实践上自由的对象加以尊重，我们就是把人格赋予了自己。

我可以用人格的观点看待自己，用人性的观点看待其他行动者吗？我可能把自己看作唯一配得上尊重的理性行动者，而把他人仅仅当作潜在的竞争者或者同盟者。我可能结合了康德对待自己的态度和霍布斯对待他人的态度。

如果考虑尊重自己的理由，我们可能会质疑这两种态度的结合。如果我把自己当作一个人来尊重，我指的就不是某些将我和他人区分开的属性。与此相似，如果我预期他人把我当作一个人来尊重，我就不会依赖任何我自己独特的东西。我认为，一个人仅仅因为是一个人而配得上尊重，这样其他人作为实践上自由的行动者也值得尊重。把我自己当作一个理性的行动者来加以关切，让我可以合理地期待自己作为一个理性行动者得到尊重，这个期待要求我把他人也当作尊重的对象。

---

① 关于人性与人格的差别，参见《纯粹理性限度内的宗教》26；《实践理性批判》86-87。关于黑格尔论公民社会，参见本书§229。

216. 定言命令的另一个表达式：普遍的立法者

道德法则把人当作平等的和道德的参与者，而非对手或者工具。这个观点是康德对定言命令的两种"社会性"表述的基础。它表达了（1）每个理性存在者订立普遍法则的意志；（2）目的王国（kingdom of ends）的观念。

根据康德的解释，这两个社会性的表述来自人性公式和自律公式。道德法则表达了每个人被当作自由和可以负责任的行动者的合理预期，因此被作为目的得到尊重，每个人都可以合理地接受它，因为我们从一种合法且平等地诉诸每个人的观点得出了它。① 每个采取了人格观点的人的立法都可以达成道德法则。

这样看来，卢梭说公意（general will）是全体一致的立法活动的产物，保证了每个人的自由就是正确的。假如他的意思是每个实际的个人达成一致的立法活动会保证每个人的自由，那么他就是错误的；如果他的意思是定言命令得到每个采取了人格观点的人的接受，体现了每个人的自律和获得平等尊重的权利，那么他就是正确的。因为理性行动者从这个观点出发接受的原则把每个人看作目的，接受了这些原则的理性行动者就组成了一个目的王国，也就是一个把彼此当作目的尊重的社会，因此体现了从人格出发的视域。

217. 道德与最高的好必然彼此联系

如果说康德给了我们理由接受道德的视域，这里还有一个问题关乎道德与我们有理由接受的其他目标之间的关系。对于理性行动者而言，道德并不是唯一重要的事情，因此我们可以问对道德的坚守会在

---

① 关于每个人的合理预期，参见本书 §§183，192。

多大程度上影响对我们来讲重要的东西。

根据亚里士多德主义的幸福论,道德既因为它自身之故而被看重,也因为它促进人类好的其他要素而被看重,这里面既有每个人自己的好也有共同体的好。① 因此,我们有很好的理由既为了道德自身也为了好而选择道德。巴特勒部分反对部分赞成亚里士多德。与亚里士多德不同的是,他主张良知比自爱更高,但是他还是和亚里士多德一样认为,良知和自爱都是理性原则,良知并不要求牺牲自我利益。

康德看起来与亚里士多德和巴特勒不同。他接受了亚里士多德的幸福论与道德动机相冲突的看法。道德要求我们做正确的事,仅仅因为那是正确的。如果我们为了幸福做正确的事情,我们就把定言命令仅仅当作了假言命令。② 他还反对巴特勒和里德的观点,即实践理性给了我们自利和道德的原则。

即便如此,康德还是与亚里士多德和巴特勒一样认为,道德的要求可以与对我们自己和他人的好协调一致。道德不仅仅是进一步的好的工具,而且可以对这个好做出贡献。如果我面对一个具体的道德决定,我不需要也不应当考虑我的行动可以实现什么好的意愿,如果我坚持要回答那个问题,我就不是真的根据道德法则行动。但是我还是应当问一个更普遍性的问题,我遵守法则可以实现什么好的意愿。③

这个最高的好有两个要素:(1)道德是最高的好的至高条件,因为对于任何值得选择的最高的好来讲道德都是必要的。一个道德上的好人不会为了任何其他的好牺牲道德。(2)"剩下的好"可以加到道德之上,从而带来完美的或者完全的好。道德也承认非道德的好拥

---

① 关于亚里士多德论自爱和道德,参见本书§50。关于巴特勒,参见本书§194。
② 关于幸福,参见《实践理性批判》25-26;《道德形而上学奠基》418。
③ 关于道德法则与最高的好,参见《纯粹理性限度内的宗教》4-6。

有价值，因此它应当给剩下的好留下一些位置，即便生活是由道德引导的。①

因此，最高的好并不是道德上的好人接受某些准则的根据，而是结果。无需最高的好，我们就可以知道自己应当做什么。没有最高的好，我们就无法实现"满足"，无法找到爱的东西，而只能找到引发尊重的道德法则。如果我们不能满足理解终极目的的自然需要，我们的道德决定就受到了妨碍，即便不是阻碍。②

因此，实践理性把最高的好看作一个合理的目标。道德要实现某个目标，如果我们可以合理地认为它努力要去实现的东西是可以实现的，我们就确证了道德的主张。但是在日常事件中，我们不清楚是否能够实现德性与非道德的好之间理想的联系。我们可能会问：道德要求我们以某个我们无法希望实现的东西为目标吗？③

218. 道德与宗教

康德回答这个问题的方式是诉诸上帝和来生。只要我们把自己局限在我们所知的这个世界，就会面对一个看起来矛盾的情况，一边是道德的要求，另一边是实现最高的好的希望。最高的好可以被实现，但不是在此生，而是在来生。道德的目标和渴望支持对上帝的信仰，因为上帝可以保证最高的好。

康德的一些批评者认为，把上帝引入道德与康德坚持我们必须要因为正当的事情本身（而非好的结果）而做正当的事存在矛盾。我们似乎需要一个仁慈的上帝去保证来自道德的可欲的结果，但是我们不

---

① 关于道德与完全的好，参见《实践理性批判》110；关于道德法则与目的，参见《道德形而上学》381-384。
② 关于我们需要考虑最高的目的，参见《单纯理性限度内的宗教》3-7。
③ 关于德性与幸福的二律背反，参见《实践理性批判》113。

是应当忽略这样的结果吗？叔本华认为，康德在宣称反对任何道德的利己主义基础之后，最终又引入了一个利己主义的基础，把未来的幸福当作德性的奖赏。康德规定有德性的行动是为了死后的奖赏，因此（叔本华推论说）并不是为了它自身之故。康德暂时拒斥的神学基础最终还是不可或缺的。①

与此相似，黑格尔的反驳是，如果我们真的在乎道德的这些奖赏，我们就不是真的关心道德，而是关心奖赏。因为满足道德宣称要去追求的目的就是摧毁道德，所以道德并不是严肃地追求这个目的。道德要求在道德动机和非道德动机之间的冲突，但是如果最高的好实现了，这个冲突也就被摧毁了。如果道德要求自然与道德对立，道德就不可能在不摧毁自己的情况下实现自己的目的。②

这些反对可能不会影响康德对道德的态度。在他看来，道德要求我们为了正当的行动自身之故选择它们，仅仅因为它们是正当的，但是道德并不拒斥所有其他选择正当行为的理由，也没有要求我们完全无视后果。在康德看来，有德性的行动者并不会依赖结果去遵守道德，但是他们关心道德法则是否可以合法地促进理性行动者合法的目的。只有当一个仁慈的上帝存在时，这个道德施加给我们的目标才是一个现实的目标。③

219. 定言命令的最终表述：目的共同体

对上帝和来世的信仰也让我们可以合理地在今生尽可能追求最高

---

① 关于叔本华论最高的好和利己主义，参见《论道德的基础》55；《作为意志与表象的世界》I.524；关于奖赏，参见《论道德的基础》103。
② 关于黑格尔论康德对最高的好的态度，参见《精神现象学》§§603，620。
③ 关于道德动机与其他动机，参见本书§203；关于道德法则和对最高好的追求，参见《实践理性批判》124-125，130。

的好。定言命令的最后一个表达式，包括了"目的王国"或"目的领域（realm of end）"。[①] 这是一种社会组织，在其中理性存在者把彼此当作目的，并且根据包括这种态度的原则生活。如果这样的理想共同体可以存在，那么道德要求的某些行动就是这里的人们普遍接受的行动。但是，既然我们并不生活在这样的共同体里，道德的一个作用就是让这个理想的共同成为一个现实的共同体。道德的这两个作用可能发生冲突，比如在革命运动中有战争和压迫，但是这些战争和压迫又是为了建立一个可以消灭战争和压迫的社会秩序。康德明确反对这样的策略，如果它们意味着把某些具体的人仅仅当作实现某个在其中人们被当作目的的理想共同体的工具。

在康德看来，道德的目标是这个理想的共同体。[②] 我们在历史进程中朝着这个目的王国进步，虽然不是统一的和毫无中断的进步。在这个目的王国里，人们不管是在一个社会之内还是在不同社会的关系中，都被当作目的得到尊重。但是我们还没有达到这一点。有人可能会认为，就人类历史而言，这看起来是一个非常不确定的前景。但是如果我有理由信仰上帝，而上帝最终可以实现他的王国，这同时也是目的王国，那么我们就可以带着合理的希望和预期接受道德。我们依然有很多理由遵循道德法则，即便我不去问这个关于最终结果的问题。但是任何否认最高的好可以实现的人，都必须放弃有德之人的特有目的。[③]

假如对上帝的信仰仅仅建立在倾向之上（也就是想要相信我们希望为真的东西确实为真），那么对上帝的信仰不过就是一厢情愿。但是在康德看来，这并不是道德与最高的好联系起来的方式。因为我们有

---

① 关于目的领域，参见《道德形而上学奠基》433-434。
② 关于理想的共同体，参见康德：《理论与实践》和《论永久和平》，均收录于康德：《实践哲学》。
③ 关于最高的好与道德的相关性，参见《纯粹理性限度内的宗教》4；《判断力批判》§87。

理由相信道德法则是真的，它又要求我们相信最高的好可以实现，我们就有理由相信最高的好可以实现。①

这些在道德要求、最高的好的实现，以及上帝存在之间的联系支持了对上帝的信仰。康德捍卫"纯粹理性的权利扩展到实践性应用，而这种实践性应用在它的思辨性应用中是不可能的"。纯粹理性的实践性应用证成了（有限的，但依然存在争议的）关于客观实在的主张。②

---

① 关于实践理性与最高的好，参见《实践理性批判》144。
② 对纯粹理性的实践性应用，参见《实践理性批判》51。关于实践理性与客观现实，参见《实践理性批判》56-57。

第十七章

叔本华：康德的洞见与错误

220. 叔本华与康德

在叔本华看来，康德正确地区分了道德与自利，在关于道德价值的论述中，康德坚持把自利的动机从任何展示道德上的好意的行动中排除出去。康德正确的地方还在于，通过反思实践理性的本质寻找道德的先验方面。

但是（根据叔本华的看法）康德在这些基本洞见的关系上是错误的。他宣称，道德中的先验要素包括了非利己主义视域。因此他推论说，由实践理性推动而不考虑倾向的人，会采取道德的立场，从把他人当作目的来尊重的好意出发行动。叔本华的反驳在于，仅凭实践理性而没有倾向，不足以支持康德归于道德法则的具体道德内容。

如果康德在这一点上是错的，我们就要给非利己主义道德找到其他资源。叔本华坚持认为，道德的基础是同情（compassion）。在诉诸情感这一点上，他赞成哈奇森和休谟，反对康德。但是，与情感主义者不同，叔本华认为，同情之所以可能，完全是因为道德要求一种独特的形而上学观点，这种观点破坏了常识中关于人格独特性的观点。

如果叔本华是正确的，那么康德就忽视了在他道德哲学中的一个基本的冲突。我们已经对叔本华的康德阐释提出了一些问题，现在需要考虑他从这些阐释和批评中得出的结论。

221. 自利与道德冲突

叔本华认为，康德一个很大的优点是"从伦理学中清除了所有的幸福论"，因为他拒绝把道德看作实现一个人自己幸福的手段。康德反对把道德置于任何主观目的之下。①

根据叔本华对康德的阐释，当且仅当一个行动的唯一动机是道德动机时它才有道德价值，也就是仅仅因为一个行动是正当的而去做它。来自混合动机的行动（比如道德加自利的动机）没有任何道德价值。叔本华没有理由把这个观点归于康德，因为康德仅仅坚持道德动机对于有道德价值的行动必须是充分条件，而并不要求它一定是排他的和非混合的。②

为了捍卫这个关于道德价值的观点，叔本华主张有道德价值的行动必然来自纯粹的道德动机，并且如果道德动机混合了非道德动机，我们的动机就不纯粹了。③这个预设排除了很多我们认为典型的道德行动和动机。正如我们通常认为的那样，道德的某些方面建立在关于互利的信念之上。我们做出承诺并且信守承诺，因为我们认为这对所有人都有好处。假如我们认为自己总是坚守负担很重的承诺却没有得到任何好处，我们就会用不同的目光看待承诺。

这并不意味着我们仅仅为了自利的理由接受道德。因为道德的一些领域需要为了互利牺牲或者可能牺牲自己最大的好处，而这种互利可能不会让任何一方利益最大化。准备好做出这种牺牲不可能通过诉诸单纯自利的动机得到解释。④比如，正义并不要求彻底放弃对自己的

---

① 关于康德与幸福论，参见叔本华：《论道德的基础》49。
② 关于康德论混合的行动，参见本书§203。
③ 关于自利，参见《论道德的基础》122。关于中性的行动，参见《论道德的基础》126。
④ 参见 D. P. Gauthier, "Morality and Advantage," *Philosophical Review*, vol. 76 (1967), pp. 460-475。

关心，但是它要求在不同人的利益之间保持无偏性。

因此，某些道德态度既不是完全利他也不是完全利己的，而是无偏的。然而，在叔本华看来，关乎共同利益、出于无偏视角的行动没有道德价值，因为它们没有完全免除自利的动机。

222. 纯粹的实践理性除了要求前后一致外别无其他

叔本华认为，康德发现了道德中的先验要素，这也是道德中属于理性的部分。这个先验要素在普遍法则的定言命令中得到了表达。一个普遍法则就是我们可以没有矛盾地意愿的东西。因此，道德中纯粹理性的要素就是实践上的一致性。

在叔本华看来，定言命令没有告诉我们道德的内容，这本身并不构成对定言命令的反驳。康德看到，实践理性本身的要求除了实践上的一致性之外再无其他。由此，实践理性本身并不能告诉我们应该接受哪些前后一致的原则，它也不能把道德上正确的和道德上错误的集合区分开来。

然而，康德没有看到他的观点引申出来的这个结论。他认为道德上的好意就是跟随定言命令的意志。但是他也认为，好意不可能完全被自利推动。既然前后一致的意志可能会完全被自利推动，于是康德就落入了自相矛盾之中。①

叔本华解决了这个矛盾。康德正确的地方在于从道德中排除了自利，并且认为定言命令的规定除了一致性之外再无其他。因此，我们应当否认，一个意志是好的仅仅因为它被定言命令推动。

因为我们已经看到了一些理由怀疑叔本华对康德定言命令的理解，我们可能也会怀疑康德的立场是否自相矛盾。但是即便叔本华对

---

① 关于康德混淆了理性与道德内容，参见《论道德的基础》83。

康德的理解是错误的，他可能依然正确地认为，实践理性不可能是道德的基础。虽然他的论证不同于休谟，但是他同意休谟的这个结论。①

223. 利己主义的基础是没有认识到他人的平等实在

如果道德本质上在于反对利己主义，那么我们只要理解了如何克服利己主义，也就找到了道德的基础。在叔本华看来，利己主义来源于没有承认其他人的实在性。我们直接认识自己，但是只能通过他人对我们显现的方式来认识他们。因此我们倾向于把他们看作不如我们实在。如果我们没有认识到他人平等的实在性，我们就没有认识到他们的痛苦对他们来讲也很重要，就像我的痛苦对我很重要。我知道我的痛苦是坏的，因为我对它有直接的经验，但是我认为其他人的痛苦是坏的仅仅因为我从他们的痛苦与我的痛苦的相似性进行推论。因此我没有被完全说服他们的痛苦对他们就像我的痛苦对我自己的一样坏。②

这个关于利己的解释会面对质疑。有些自私的人通过诉诸他人的希望或恐惧操控他人。如果我想要吸引你配合我的利己目的，那么我就不能只想着怎么让我最高兴，这样不会给你带来最好的动机。我一定要考虑什么能让你高兴，而我的预设是，让你高兴的东西对你来讲很重要，就像让我高兴的东西对我来讲很重要一样。

同样的情况也适用于没有利益的恶意。如果残酷的人没有清晰地认识到什么东西会让他人痛苦，以及他们会承受多少痛苦，那么他的残酷也会显得很笨拙甚至失败。恶魔般的残酷依赖敏锐地感觉到对他人来讲什么是重要的，以及重要的程度。③

叔本华关于利己主义来源的单方面论述带来的结果是对利己主义

---

① 关于休谟论实践理由，参见本书§151。
② 关于利己主义与对他人实在性的否定，参见《论道德的基础》132。
③ 关于恶意，参见《论道德的基础》134—136。

同样单方面的解决方案。在他看来，道德建立在对自我和他人平等现实性的认识之上。①

224. 同情的来源是认识到自我与他人区分的非实在性

叔本华认为，在有道德价值的行动中"做或者不做某事的终极动机完全是**他人的苦乐**"。如果我们接受这种态度，我们就接受了道德的基本原则，也就是"不伤害任何人，而是尽可能帮助每个人"。在叔本华看来，接受这个原则的基础就是同情。②

道德之所以可能，是因为他人的福祉和伤害可以成为我的动机，就像我自己的福祉和伤害是我出于自利行动的直接动机。他人的利益和伤害直接和立即推动了我，"也就是说，就像它［我的意志］通常仅仅由我自己的苦乐推动"。这个对他人的直接回应就是同情。③

如果我对他人感到同情，我就认识到他人和我自己之间没有真正的差别。如果我对他人感受到我对自己感受到的情感，我并不是假装自己感受到了痛苦。我认识到那个痛苦属于另外的人。但是我同时认为这个"另外的人"只是表面上的，并不真正是一个不同于我的自我。因此，真正的道德视域，预设了不同人并不构成不同的实在。如果我不认为在我和其他人之间的区分是真实的和重要的，我就没有理由用不同于回应自己痛苦的方式去回应他人的痛苦。④

同情的观点会带来某些令人吃惊的结果。如果同情是道德的来

---

① 关于他人的平等实在性，参见 Nagel, *The Possibility of Altruism*, ch. 11；本书 §215 关于康德的讨论。
② 关于道德动机，参见《论道德的基础》143。
③ 关于他人的好与伤害，参见《论道德的基础》143；本书 §§282-283 关于刘易斯和黑尔的讨论。
④ 关于同情与不同自我之间区分的非现实性，参见《论道德的基础》143-144，147，165-166，209。

源，它就应该推动我在看到他人的痛苦时去帮助他人。但是如果在我和他人之间的差别不真实也不重要，那么我通过造福你还是造福我自己来回应你的痛苦就不重要。这是一个非常奇怪的关于道德基础的观念。

如果叔本华关于同情基础的论述会得出如此奇怪的结果，那我们就有理由怀疑同情是不是应该无视不同人之间的差别。康德认为道德应该把每个人都当作目的，但是叔本华的同情并不同意这一点。

225. 同情是道德的充分基础吗？

如果叔本华在同情是道德基础的问题上是错误的，他关于同情作用的看法正确吗？如果同情是减轻他人痛苦的直接关切，它就是与道德有关的。如果我们不能造福他人或者避免伤害他们，我们必须要知道他们感受如何，因为他们的感受影响他们的福祉。

然而，同情看起来并非道德的全部基础。有些道德责任似乎并不是在回应他人的痛苦。在一些情况下，我们似乎可以造福某个并没有遭受任何严重痛苦的人，如果好处很大而我们要付出的代价又很小，我们似乎就有道德理由去造福他人。

叔本华同意这一点，因为他认识到了帮助的积极责任，而不只是避免伤害的消极责任。但是他依然坚持在痛苦和快乐作为行动理由时有很强的不对称性。只有痛苦表达了真正的需要，我们不能无动于衷。根据这种观点，帮助他人的积极义务必须要限制在减轻可感的痛苦这种责任上，而不会扩展到利益上，因为利益并不能减轻任何之前感受到的痛苦。①

但是即便我们关注防止或消除伤害，叔本华把伤害等同于痛苦的

---

① 关于痛苦，参见《论道德的基础》146。

做法依然会带来问题。因为人们有时候没有认识到他们受到了伤害，甚至欢迎某些对他们的伤害，这样他们就没有遭受任何会引发同情的痛苦。显然，就同情而言，我们没有道德上的理由去防止或者消除这样的伤害。叔本华把同情看作我把对于自己痛苦的态度转换到他人的痛苦上。但是如果我没有意识到自己受到的伤害，我就没有什么态度可以转换到他人身上。

此外，同情并不总是对他人痛苦的充分回应，因为它可能与道德无关或者具有误导性。我们可能对更熟悉的人，或者他们的痛苦更强烈地影响我们的人，或者他们的痛苦更容易想象的人有更强烈的感觉，因此我们同情的程度可能会以某种方式受到我们自己痛苦的影响。我们同情中的这些差异显然不应当决定我们对道德的关切程度。比如，我对于和自己有相同种族、相同社会背景、相同教育背景的人更容易感到同情，但是这个人并不必然比另一个没有这些特征的人更配得上关切。或许，我应当格外关注那些我们不容易产生同情的人。

叔本华的回答是，他考虑的同情并不是具体的人实际感受到的那个程度的同情。我们可以在得到进一步的信息之后改变我们的同情。我们可以考虑我们的行动对他人的长远后果，由此可能比一开始更关注他人的痛苦。我们可能在更了解某人之后，或者他的处境更生动地呈现在我面前的时候，对他产生更多同情。[①]

或许，道德的基础不是我们实际的同情感觉，而是经过教育的同情（educated compassion）。但什么才是相关的教育呢？更多信息的效果可能存在差异，因此即便我们都把自己的同情扩展开，不同人还是会有不同的扩展方式。这些差异似乎并不影响道德上的正确和错误。诉诸正常的观察者并不必然会有帮助，因为我们可能会认为，从统计学上讲，正常人会认为很难将他们的同情用道德上可欲的方式加以

---

① 关于同情的扩展与修正，参见《论道德的基础》192-194。

扩展。①

此外，同情有时候看起来还会给出错误的回答。如果 A 的痛苦碰巧比 B 的痛苦更能触动我，而 A 和 B 同样应该得到帮助，那么我帮助了 A 而不是 B 就是不公平的。②

或许，我们应该依赖理想观察者的同情和回应。③但是什么让观察者成为理想的呢？我们一定要依靠什么是道德上正确的东西来决定同情的恰当场合，以及对一个理想的观察者来说同情的恰当程度。这样看来，我们就不是依靠同情去发现道德的基础，也不是依靠人们实际的同情去解释我们为什么有很好的理由去关心道德。

因此叔本华看起来面对一个两难的境地。如果他依靠实际的、经过教育的或者通常的同情，那么他就没有给道德提供充分的基础；如果他依靠理想化的同情，那么他就没有真正把同情当作道德的基础。

叔本华的观点也面临来自康德主义的批评。根据康德的看法，我们可以诉诸道德原则去批评任何被当作道德基础的经验准则或者动机。康德认为，道德不可能被置于我们对自己幸福的欲求之下，因为这个欲求会导致我们用反道德的方式行动，也会让我们面对合法的道德批评。这种论证也适用于同情。如果同情可以面对来自道德的批评，它就不是道德的充分基础。这给了我们一些理由同意康德的观点，即道德原则并不臣服于任何先于或独立于道德的目标或动机。叔本华诉诸同情给出了一种与道德有关的经验性动机。但是对道德而言那是一个可疑的动机。

---

① 关于正常性，参见本书 §181。
② 关于同情与正义，参见《论道德的基础》172。
③ 关于理想的观察者，参见本书 §160，165，168。

第十八章

黑格尔：超越康德式的道德

226. 道德哲学应当理解社会现实

黑格尔同意叔本华的判断，即康德把握了道德形式的方面，却把这个方面与道德的基础混淆了。康德正确地认为我们不应当把习惯性的社会道德看作理所当然，我们应当把道德原则看作理性行动者的法则。① 但是康德认为存在适用于理性存在者本身的普遍道德原则却是错误的。道德哲学不可能同社会和政治语境分离，不可能从一个完全外部的视角去批评社会。② 我们只能在道德要求的制度和实践已经产生之后才能发现真正的道德原则。哲学只能理解存在的和现实的东西。③

然而，黑格尔说的"现实"(actual)，意思并不是当下存在的东西，而是某物潜能的实现。④ 当一个橡子存在时，它是作为橡树的果实存在，但是它的现实性是在有利的环境中长成的橡树。如果我们想要理解橡子和幼苗之间的关系，我们就需要理解橡子和橡树之间的关系。与此相似，当我们理解了木匠的现实性，我们就理解了为什么有些宣

---

① 关于习惯化，参见本书 §42 关于亚里士多德的讨论。关于黑格尔伦理学的清晰论述，参见 A. Wood, *Hegel's Ethical Thought*, Cambridge: Cambridge University Press, 1990。
② 关于没有外在的视角，参见黑格尔：《法哲学原理》导言，p. 23（Nisbet 译本）。
③ 关于哲学与现实性（Wirklich），参见《法哲学原理》导言，pp. 20-21。
④ 这是亚里士多德的现实性（*energeia, entelecheia*）概念，这个概念与他的功能（*ergon*）概念有着密切的联系，参见本书 §39。参见黑格尔：《逻辑学》§142（Wallace 译本 p. 202）；《哲学史演讲录》II, pp. 95-96（Haldane and Simson 译本）；F. W. Neuhouser, *Foundations of Hegel's Social Theory*, Cambridge: Harvard University Press, 2000, p. 257。

称自己是木匠的人其实没有能力成为真的木匠,因为他们距离那个现实性相去甚远。

这样看来,道德哲学家就一定要理解部分存在于当下的社会和实践中的现实性。① 但是我们不可能仅仅通过描述现存的社会和实践把握这种现实性。那么我们要从哪里开始呢?

227. 自由和理性的意志是道德的起点

黑格尔的回答从阿奎那、巴特勒和康德那里借鉴了一个熟悉的主题。在他看来,社会哲学首先关于意志及其自由。对意志的初步分析揭示出,真正的道德实现了我们在把自己当作行动者认识时隐含地把握到的自我。②

理性的欲求和选择既包含具体的也包含普遍的要素。如果我们想要散步、午休,或者换个新工作,这些意志的具体对象给了我们确定的内容。但是我们同时也意识到我们在意愿这个对象,这个意识就是我们意愿中的普遍对象。对我们的欲求和我们自己的意识让我们可以批判具体的对象。虽然我可能认识到自己想要某个东西,但是我可能认为它并不值得追求,因此并没有把欲求看作意志的一部分。这正是巴特勒对理性自爱与具体激情之间关系的解释。在通常的意愿和选择行动中,我意识到自己"站在冲动之上","把自己放到这些冲动之中"。如果我有属于自己的欲求,我就认为相应的行动对我自己来讲是恰当的。③

在这方面,我的意志是自由的。我是否把某个具体的欲求和行

---

① 关于哲学家的任务,参见《法哲学原理》导言,pp. 20-21。
② 关于权利的基础和意志的自由,参见《法哲学原理》§4。
③ 关于意志中特殊与普遍的要素,参见《法哲学原理》§§5-7。关于意志与自我,参见《法哲学原理》§§7, 12-14。关于在不同欲求之间的选择,参见《法哲学原理》§17。

动看作恰当的，取决于我的理性选择。我并不会因为接受了某个具体的欲求并根据它行动而失去我的自由。相反，如果我从不接受任何东西，我的自由就是闲置的和无效的。

那么，什么样的欲求和选择对于这样一个自由而理性的意志来讲才是恰当的呢？我不应当接受每个具体的欲求，因为某些欲求对未来的自我是坏的，如果接受了它们，我就忽略了自己在时间中持续存在这个事实。我现在做的事会影响自己未来的欲求，有时候我需要考虑自己想要在未来成为什么样子，以此来决定我要做什么。我需要通过某些不同于欲求满足的标准来评价我的潜在欲求。①

228. 康德关于理性意志的洞见与错误

康德式的"道德"视域把握到了这个自由意志的一个要素，但是误解了它的普遍要素，以及普遍要素与特殊要素之间的关系。②

康德式的"道德"是纯粹的形式化原则，独立于某个选择或行动的具体内容。我们可以把这与用正确的方式从事某种体育运动进行比较。除非运动员用正确的方式参与，否则一项集体运动就无法开展，因此他们彼此合作，在规则允许的范围内尽可能获得胜利。用正确方式参与的运动员就是理想的参与者，运动要求运动员大体上接近理想参与者。与此相似，"道德"就是社会生活中理想参与者的视域。

这个与体育运动的比较表明，"道德"为什么既重要又空洞。我们不可能通过完全普遍性地描述从事运动的正确方式推论出棒球或板球的规则，我们也不可能通过这个描述表明棒球比板球更好。只有当我

---

① 关于理性欲求、时间与幸福，参见《法哲学原理》§20。
② 黑格尔对这些概念特有的使用，用引号表示。

们关于如何打棒球或者板球有了一些明确的观念之后，我们才能发现运动员在某项运动里应当做什么。

然而，康德式的"道德"并没有认识到自己在这方面的空洞。康德认为我们应当从"道德"的形式化原则（比如我不应当在对我有利的时候违背诺言）推论出我们应当彼此帮助，应当把理性的行动者当作目的，等等。康德认为，关于理性存在者的普遍法则可以决定在具体环境中哪些行动是正确的或错误的。但是这个目标就像要决定一个理想的运动员应当打棒球还是板球一样毫无用处。康德式的论证并不能告诉我们要做什么，而只能告诉我们正确的方式是什么。我们可能会说，它给我们提供了副词而没有提供动词。[1]

我们已经看到了一些对黑格尔如此描述康德的质疑。[2] 但这是黑格尔针对康德式的"道德"给出替代方案的基础。

229. 伦理生活修正康德式的道德

黑格尔称为"伦理的"生活方式消除了康德在道德和实践理性之间的二元论。[3] 在康德看来，道德与自我利益分离且对立。自利的行动仅仅以满足倾向为目标，它仅仅给理性保留了工具性的作用——找到满足倾向的手段。然而，道德建立在理性而非倾向之上，并且给出了限制自利范围的原则。[4] 在黑格尔看来，这个二元论让康德认为，道德与实践理性必须要反对基于自利的目标。我们只有让道德原则成为空洞的才能满足这些康德式的条件。

---

[1] 关于"道德"是空洞的普遍性，参见《法哲学原理》§135。
[2] 关于黑格尔对康德的理解，参见本书§§205-206。
[3] 关于为什么需要伦理生活，参见《法哲学原理》§141；Woods, *Hegel's Ethical Theory*, pp. 205-206, 217-218。
[4] 关于理性与倾向，参见本书§§202-203。

要超越康德式道德的空洞性，我们需要解决道德与自利之间的二元论。错误的解决方式是像康德批评的那样将道德置于自利之下。在黑格尔和康德看来，这个错误的解决方式是希腊伦理学的典型特征。① 正确的解决方式描绘了道德与自利相一致的社会生活形式。黑格尔称这种形式的社会生活为"国家"的"伦理"生活（Ethical life of the State）。"国家"并不是现存的国家，而是现存国家的实现形式，或者是以各种不同的程度没有实现的形式。

有意识的"伦理生活"不同于国家中另外两种社会生活的形式："家庭"和"市民社会"。在"家庭"生活中，家庭成员并不认为他们拥有彼此不同、可能相互冲突的利益；比如家长甚至不会认为自己的利益不同于孩子的利益。② 在"市民社会"里，人们用经济的和商业的观点对待彼此，认为彼此拥有不同的利益，用霍布斯式的观点把他人看作可能的竞争者和对手，而当他们自私的利益相互吻合时又可能是同盟关系。③ "市民社会"迫使我不仅从某一个社会关系的网络中看待自己，而是作为一个"具体的人"看待自己，作为一个有着自己的偏好、需要、能力的个体，同时与我用同样方式理解的他人交往。

在"市民社会"的这些预设中，我们或许很容易把自己的利益看作完全私人的，与其他人的利益相分离。这是康德式的"道德"中的自利观念认为天经地义的。康德式的二元论把道德看作与（这样理解的）自利相分离。

然而，有意识的"伦理"生活克服了这种自利的狭隘观念，避免了道德与自利之间的二元论，因为它认识到一个人的社会角色既是道

---

① 关于幸福，参见本书 §38（亚里士多德），§93（阿奎那），§108（司各脱），§183（巴特勒），§259（西季威克）。
② 关于"家庭"生活，参见《法哲学原理》§§33，158，176，181。
③ 关于"市民社会"，参见《法哲学原理》§§182-184。关于霍布斯论自然状态，参见本书 §129。关于康德论人性与人格，参见本书 §215。

德的要求也是一个人自我利益的满足。在"伦理"生活中，制度和实践都不是异化于个人的。我的社会角色给我赋予了义务，但是它没有赋予我与我的利益相矛盾的义务。因此"伦理生活"消除了在"道德"视域下不可避免和无法解决的二元论，也消除了"市民社会"中典型的自我利益的狭隘观念。在有意识的"伦理生活"中，我并不认为自己是一个个人利益与共同体利益相互独立的个体。①

参与有意识的"国家的伦理生活"的成熟公民不像"家庭"中缺乏自我意识的成员那样，"家庭"成员没有独立于他人预期的自己和自我利益的观念。相反"国家"中的公民给每个个体赋予了不同的需要和目标，承认"国家"是个人权利的保护者，就像在"市民社会"里那样。但是他们不像"市民社会"中的成员那样把自己仅仅看作有私人需要和利益的个体；他们也没有根据"国家"对这些私人目的的贡献评判国家。他们把自己的目标等同于"国家"的目标，不是因为他们不能想到任何替代方案，而是因为他们认为"国家"保护了这些需要和权利。②

230. 康德式的道德可以修正伦理生活吗？

黑格尔把自己关于自我以及自我与社会角色之间关系的观念与社会契约论进行对比。如果我们像霍布斯那样诉诸社会契约，就会认为我们可以用这样的方式证成国家：在社会生活之外的人们可以基于对他们进入国家状态之前的利益和需要的认识做出合理的选

---

① 关于"伦理"生活，参见《法哲学原理》§§145-152。关于消除二元论，参见《法哲学原理》§33。关于"伦理"生活与"市民社会"的对照，参见《法哲学原理》§182。关于自我，参见《法哲学原理》§§257-258。
② 关于黑格尔论"伦理"生活，参见 C. Taylor, *Hegel and the Modern State*, Cambridge: Cambridge University Press, 1979, ch. 2; Neuhouser, *Foundations of Hegel's Social Theory*, chs. 4-5。

择。但是这种解释和证成国家的尝试依赖一种不充分的自我及其利益的观念。①

黑格尔同意，像社会契约论认为的那样，个人的自利是判断国家道德合法性的一个合理基础，但是我认为的自利取决于我如何看待自己以及如何看待利益。我如何看待自己取决于我的生活方式，这些生活方式让我形成了什么东西对我重要的观念。如果我认为自己是某种社会角色的承担者，我就可能关心我那个角色要实现的目的，这些目的就像我的那些非社会性目的一样，都是自我利益的一部分。因此，如果要讨论自我利益，我们就没有很好的理由排除掉一个人通过社会角色形成的利益。

这是关于自我利益的合理观念。在某个具体的社会中，我为了他人的好承担的角色可能就是我的好的一部分。父母和孩子在"家庭"生活中联系在一起，独立于"国家"中有意识的"伦理"生活。但是在家庭里的"国家"关系中依然存在有意识的"伦理"维度。父母认为他们自己的利益部分在于孩子的利益，朋友把对方的利益看作自己利益的一部分。与此相似，医生、教师、救火队员可能认为他们的社会角色本身就是有价值的，因此可能把满足这些角色看作自己福祉的一部分。②

自我利益的这个社会维度对康德的观点提出了质疑。康德式的"道德"与自我利益分离和对立，因为他把自我利益看作纯粹的自私。然而，如果社会角色可以决定自我利益，那么康德式的观点就忽略了道德与自我利益之间的重要联系。因为决定我们的自我观念和自我利益的社会角色是由道德原则决定的。好的老师和救火队员认识到定义了他们社会角色的具体责任和权利。他们关于道德要求的观念帮助定义

---

① 关于社会契约论，参见《法哲学原理》§258。黑格尔采取了一种过于简单的看法理解社会契约的作用。参见本书§196关于卢梭和§287关于罗尔斯的讨论。
② 关于扩展的个人利益观念，参见本书§102关于阿奎那的讨论。

了他们关于自己社会角色的观念，从而帮助定义了他们自我利益的观念。因此，道德既不是臣服于自我利益也不是与自我利益对立，而是形成正确的自我利益。康德狭隘的自我利益观念歪曲了他关于道德以及道德与自我利益关系的观念。

黑格尔宣称自己在古希腊和中世纪的幸福论中看到了同样狭隘的自我利益观念，比如在柏拉图、亚里士多德、斯多亚学派和阿奎那那里。我们可能会质疑黑格尔是否正确描述了古希腊的幸福论。如果古希腊和中世纪的幸福论者（或者他们中的一些人）接受了黑格尔捍卫的这种扩展了的自我利益观念，那么黑格尔的伦理理论是否还和他们有根本性的差别呢？

与此相似，我们可能会质疑，黑格尔是否公平地对待了康德式的"道德"。虽然社会联系和关切会合法地改变我们对自我利益的看法，但是我们当作自我利益的东西并不真的都有利于我。在某些社会，人们可能会被教授并且习惯于把一些对他们有害或者与他们真实利益相反的对象看作自己的目标和利益。道德批判可能会表明在某个社会中被定义的社会角色是错误的，奴隶制就是一个明显的例子。

如果我们可以发现这一点，那么道德就不可能完全相对于具体的社会生活。黑格尔承认，批判性的反思可能会发现在某些社会中的道德错误。这个批判性的反思看起来很像康德式的"道德"。那么我们可能会有疑问，康德式的"道德"是否真的像黑格尔说的那样空洞。

即便如此，黑格尔关于道德和社会生活的观点，还是提出了一些康德忽略的道德要素，并且值得我们进一步探讨。我们将会看到，像格林和布拉德利这些后来的观念论者就会探讨这些问题。

第十九章

尼采：反对康德和道德

231. 反对道德

在描述了定言命令的不同表达式之后，康德认识到，道德或许是一种幻象（illusion）。① 道德的视域要求有一些适用于所有理性存在者本身的理由，因此存在定言命令。但是如果没有这样的理由，也就没有了定言命令。

尼采认为，康德在道德观念的普遍性方面是正确的。康德认为自己发现了真正的道德原则背后真正的道德事实。而尼采的反对在于，没有什么可以发现，因为根本就没有道德事实。②

在尼采看来，如果没有道德事实，那么道德判断就建立在幻象之上，道德就是对某些现象的错误阐释。如果是这样，道德信念、道德探究、道德论证就不可能发现客观的道德真理，而只有信念持有者和探究者的偏好。就此而言，道德信念不同于关于（我们通常理解的）物理世界的信念。

哈奇森和休谟预见了尼采的立场，他们曾论证道德并没有理性的基础，并不匹配任何关于这个世界的客观事实。但是他们并没有由此推论道德是幻象，或者不值得严肃对待。休谟论证，一旦我们发现道

---

① 关于幻象，参见本书§212。
② 关于道德并无理性的基础，参见尼采：《超善恶》§186。关于道德不应该被看作不言自明的，参见《超善恶》§186。关于没有道德事实，参见尼采：《偶像的黄昏》VIII.1。

德建立在同情的基础上，我们就会认可它，因为我们认可同情，因此我们欢迎来自同情的判断和态度。当他们基于自己的道德视域进行反思时，道德上有德性的人可以"承受他们自己的检审"。叔本华同意休谟对同情的强调，他把道德回溯到对他人痛苦的同情感上。①

尼采同意情感主义者把道德追溯到情感和感觉上的起源，这也是他为什么把道德看作"情感的符号语言"（a sign language of the affects）。然而，与情感主义者不同，尼采主张，道德表达了错误呈现现实的不健康情感。对产生和维持利他情感的态度进行反思可以将我们引向对它们的拒斥。虽然某种态度的起源并不必然决定它的价值或合法性，但是在这个案例中，它们揭示了道德一些丑陋的方面。② 如果我们追随休谟的建议去考察道德态度的起源，我们就会反对休谟的结论。尼采论证，我们应当拒斥不健康的道德情感，并且用实现人类自然的更加健康的情感代替它们。尼采同意古代道德哲学家对自我实现的追求，但是与他们不同，尼采认为自我满足与道德不相容。

当休谟寻找我们情感的起源时，他依赖的是关于个人思想和道德发展的思辨心理学（speculative psychology）。尼采的反对在于，这样的思辨预设了固定的、与具体历史和文化环境分离的人类自然和人类欲求。如果我们探究不同历史发展阶段中不同社会的道德视域，我们就可以避免道德哲学家的一种错误的倾向，即把他们自己的道德视域，或者他们所在的历史环境中的人类自然观念当作毋庸置疑的理论起点。尼采的"道德的谱系学"不是建立在思辨的个体心理学之上，而是建立在对历史发展的考察之上。他同意黑格尔，道德哲学不应当忽

---

① 关于哈奇森和休谟，参见本书§§153-155。
② 关于道德是符号语言，参见尼采：《超善恶》§187；《权力意志》254。关于利他主义情感的源头，参见尼采：《论道德的谱系》II.6。关于探索道德源头与道德批判之间的差别，参见《权力意志》§254。关于谱系学的本质和目标，参见 R. Geuss, *Morality, Culture, and History*, Cambridge: Cambridge University Press, 1999。

略历史和社会的变化。但是从对历史的研究中他并没有得出黑格尔的结论。①

232. 通过考察道德的起源了解道德

道德的谱系学主要关注古希腊、犹太教和基督教。它表明，我们在休谟、康德和叔本华那里看到的道德仅仅反映了一种评价行动和人的模式。在不同的社会，我们看到了主人和奴隶的不同价值，或者更普遍地说，一边是有才华的、成功的、受人敬仰的、居于统治地位的等级，另一边是失败的、被鄙视的等级。奴隶道德是次等的，这是居于高位的人使用的评价性词汇被处于低位的人们接受，有着同样的意义（sense），但是却有着不同的指涉（reference）。②

居于高位者的价值是由"好""高贵""可敬"这些评价性词汇的最早使用表达的。这些词汇最开始指的是统治阶层展示的"高贵"。它们反映了统治阶层想要把他们的特征与被统治阶层区分开来的欲望。贵族使用这些词汇来赞美他们的特质。比如在荷马那里，"好"（agathos）与"坏"（kakos）通常指的是有着更高和更低出身和社会等级的人。"好人"符合居于高位者的标准，而"坏人"是不可能达到这些标准的不幸之人。

奴隶道德起源于受害者对这些现象的感知。居于低位者怨恨他们所处的位置和高位者的成功。他们使用高位者的词汇来称赞自己，实际却是在赞美低位者的特征。与此相似，他们用含有相反意义的词汇去指责高位者的特征。从奴隶道德的角度看，自诩的高位者是坏的，而好人是没有坏人特征的人。那么，奴隶道德就通过对居高位者表达

---

① 关于哲学家缺少历史感，参见《论道德的谱系》I.§§1-2；《偶像的黄昏》"哲学中的'理性'"§1。关于历史，参见本书§226关于黑格尔的讨论。

② 关于主人道德与奴隶道德，参见《超善恶》§260。关于评价性的表达，参见《论道德的谱系》I.4。

嫉妒和怨恨,寄生在主人道德之上。因为奴隶道德鄙视和禁止高位者的那种攻击性,它就表达了低位者的偏好,并且把它们的偏好装扮成好像可以得到客观证成的。①

在尼采看来,这种针对高位者表达出来的怨恨和复仇的欲望特别在犹太人那里表现出来。犹太人宣称高位者的成就毫无价值。低位者说服自己,他们的方式应该得到正当的赞赏,而高位者的方式应该得到正当的指责。低位者通过"经过人工改造的理想"(manufactured ideals)构造了一种反转的人类卓越的观念。②

现代道德视域就来自犹太教和基督教的奴隶道德。假如奴隶道德真的是由救赎有罪之人的上帝颁布的,而这个上帝会因为谦卑、怜悯、自我牺牲的爱而高兴,并且将永恒的幸福作为奖赏赐给他们,那么奴隶道德确实是合理的。这种对奴隶道德的神话式的确认依然影响着现代社会,现代性的原则倡导无私、怜悯、民主、平等、女性的权利。现代道德中的平等主义和普遍性体现了基督教的视域,而这种基督教视域又来自低位者的怨恨。平等主义的道德会自我繁殖,因为接受了这种观念的社会产生出越来越多的居于低位的不健康的人们,他们被构成奴隶道德基础的情感支配着。③

因此,现代道德是一种"符号语言"和"症候学"(symptomatology)。它向我们揭示了一些事实,但是这些并非它意在揭示的。道德判断是关于地位和怨恨的符号和症候。我们接受道德,不是因为我们把握到了关于对与错的真理,而是因为道德视域一度诉诸低位者,他们表达了反对高位者的怨恨。道德甚至限制了那些并不分享低位者怨恨的人,因为低位者的态度如今已经变成了广泛传播和顽固不化的。

---

① 关于低位者的视域,参见《论道德的谱系》I.10-11。
② 关于道德与犹太人的态度,参见《论道德的谱系》I.7。关于经过人工改造的理想,参见《论道德的谱系》I.13-14。
③ 关于现代道德,参见《超善恶》202,309。关于平等主义的视域,参见《论道德的谱系》I.16。

233. 我们为什么要反对道德

我们可能会质疑尼采关于道德发展的历史论述是否可信。但是如果我们接受了这个论述，会得出什么结论呢？他的谱系学不仅表明，道德的来源质疑了道德所宣称的真理，而且表明道德在当下的影响并不可取。道德的代价包括为了满足道德要求牺牲掉的活动和品格特征。道德并不鼓励人们发展那些本该得到鼓励的品格和人格特征。

尼采尤其反对现代道德中民主和平等主义的倾向。道德，尤其是像康德解释的那样，主张每个人平等的道德价值，因此把每个人都看作享有相同的权利。这种观点让我们反对根据人的成就或价值来给他们划分等级。因此道德视域给道德上的好意赋予了至高的价值，认为道德上的成功对每个人都是平等开放的，因此忽略了那些并不对所有人都开放的成功形式。那些在令人窒息的道德氛围中长大的人最关心的是避免他们自己和他人的痛苦。他们嫉妒任何在其他人类成就中表现卓著的人。

如果所有人都臣服于这种压力，那么在有价值的非道德行动中的成就就会衰落。假如米开朗基罗在现代道德的民主氛围中被培养长大，他不会想要做一个杰出的画家或者雕塑家。他可能是一个循规蹈矩的人，避免任何痛苦的劳作。任何惊人的成就都会让他受到那些在现代道德中成长起来的人们的嫉妒和怀疑。

对道德的这些恶劣后果的认识，会反驳休谟的看法，他主张我们一旦看到道德从何而来就会认为道德很有吸引力。在尼采看来，一旦我们认识了道德态度的代价，我们就会想要降低它们的影响。

234. 我们应当反对道德吗？

如果这是尼采关于道德的看法，那么他描述了一种仅仅与道德的价值相联系的片面视域可能带来的副作用。道德狂热分子（fanatic）可能会形成这样的视域，道德狂热主义可能会从尼采描述的那种作为奴隶道德基础的倾向中产生出来。

但是道德是否要求这种狂热和片面的联系呢？要表明确实如此，我们可能需要提到巴特勒和康德的观点，即道德理由相对于其他理由是至高无上的。我们可能推论说，既然道德价值比任何其他东西都更重要，我们就总是应当偏爱道德价值胜过其他价值。每当米开朗基罗要在画西斯廷教堂的天顶和在厨房帮厨之间进行选择，他都应当选择后者。如果道德价值在这个意义上至高无上，我们就总是会根据道德标准，而非任何其他标准，去评价人，道德预期总是会排挤所有其他东西。

然而，我们并不需要认为道德的至高性要求这种狂热的依附。康德主张，理性的存在者本身是目的，因此是追求其他目的至高的限制条件。道德原则给出了一些限制，只有在这些限制内，追求其他目的才是合理的。它们禁止那些会妨碍把人看作理性行动者加以尊重的追求。这种道德观念并不意味着我们必然总是要关心道德，而排除任何其他目的。①

道德给我们施加了一些要求，这些要求限制了对其他目的的追求，但是我们依然可以合法地关心其他事情，有时候我们合法地追求它们而非道德。道德会给我们施加限制的观点并不意味着它的要求无限高，或者它总是会排挤其他价值。道德允许我们把金牌颁给胜利者而不是失败者，即便失败者在道德上比胜利者更好。但是它会禁止我们把金牌颁发给胜利者同时杀死失败者。

此外，尼采对不同人类卓越和成就的赞赏，解释了我们为什么需要道德来给其他追求设置恰当的限制（就像康德认为的那样）。可欲的

---

① 关于康德论目的本身，参见本书§§207-208。

人类特征有很大差别,同一个人不可能培养所有这些。如果我们看重艺术的创造性、冒险的和创新的思考,我们就不可能期待在同一个人身上可以发展出全部的理智和情感能力。

如果我们认识到这些不同类型的成就,哪个应当在我们对待他人时占有优先性呢?如果非道德卓越中的任何一个维度占据了绝对的优先性,在某个社会中对于那种卓越的培养就会威胁到在那个方面不够好的所有人。价值的不同维度必然会为了那个至高地位彼此竞争。它们怎么可能都得到鼓励,从而哪一个都不居于主导地位呢?

无偏和平等主义的道德尝试回答这个问题。如果人类才华的发展要求自由,那么我们就需要一些道德理由去保护自由。康德式道德里面的平等主义维度并非敌视人类成就,反而对这些成就的自由发展必不可少。① 培养(尼采心目中)"高位的"人类特征和成就不仅允许,而且要求我们接受道德。平等主义的态度要求道德不去禁止人们想要在非道德领域实现卓越的欲求,也不会反对我们敬仰在这些方面有所成就的人们。如果有人认为道德排除了所有这些态度,他就是误解了平等在康德式道德中的位置。

235. 主观主义与自我否定

对康德式道德的这种辩护对尼采谱系学的真理性做出了让步,它论证的是不管道德的历史起源如何,它都是值得追求的。但是这个辩护把握到谱系学的要点了吗?(我们可能会论证)对道德视域的历史研究表明,这些视域中的每一个都是具体的历史和社会条件,以及具体的社会群体的欲求、冲动和理想的产物。尝试表明道德系统是理性的和可证成的,就切断了道德与给予道德生命的具体目标和冲动之间

---

① 关于自由发展,参见本书 §251 关于密尔和 §§288-289 关于罗尔斯的讨论。

的联系，因此必然失败。

尼采想要用关于复数道德的研究取代对单数道德的研究，因为有很多种道德视域，而没有唯一真正的视域可以把握道德的真正要求。不同道德中的每一种都是某种欲求对客观现实的投射。比如，奴隶道德反映了低位者的情感，它无权宣称自己把握了道德真理。在不同社会、不同类型的人们之中产生的其他道德视域也是如此。①

因此，尼采从不同的道德系统得出了它们都不为真的结论。② 这种形式的论证值得怀疑。存在差异这个简单的事实并不能表明任何道德系统都不可能为真。假如从存在差异到不为真的论证是可靠的，它可以应用到范围很大的信念上，而不仅仅是道德，因为（就像古代怀疑论者指出的）人们在很多主题上的信念都彼此不同。如果我们想要在道德领域从差异性推论出错误，而不在其他领域做这样的推论，我们就需要表明道德信念上的错误是对差异性的最合理解释。但是我们很难表明这一点。

具体而言，如果尼采从道德视域的差异性出发进行论证是可靠的，那么他偏爱的所谓高位者的卓越和成就，也不过就是他的情感、欲求和环境的症候。这样一来，他就没有理由因为奴隶道德客观上的糟糕后果攻击奴隶道德。他只能因为奴隶道德不符合他的偏好而攻击它。道德上的虚无主义和评价性的视域可能会破坏他的其他论证。

---

① 关于道德是欲求的投射，参见《权力意志》560。关于差异性，参见本书§§55-56。关于主观主义，参见本书§277。
② 或者他倾向于怀疑论的结论，也就是我们不可能知道或者不可能以可证成的方式认为它们中的任何一个是真的。

第二十章

功利主义：密尔与西季威克

236. 早期与晚期功利主义者

  18世纪的情感主义者和理性主义者就功利主义展开了论辩。哈奇森和休谟反对巴特勒和普莱斯，认为行动或者规则之所以是正当的，是因为它们给那些受到这些行动和规则影响的人的快乐和痛苦总量造成了某些后果。功利主义是一种最大化的学说，因为它旨在实现最大的好，而不管它在不同个体之间如何分配。它也是一个快乐主义的学说，因为要最大化的好是快乐。在19世纪，对功利主义最强有力的辩护来自密尔和西季威克。他们宣称自己阐发和修正了边沁提出和辩护的那种功利主义。就像苏格拉底的后继者在如何捍卫苏格拉底的主要学说上有不同的看法，密尔和西季威克在边沁的观点如果想要得到辩护需要做出多大修正这一点上，也存在分歧。①

  边沁将功利主义伦理学看作法律和社会改革方案的基础。他的很多功利主义前人都是保守主义的功利主义者，他们将功利原则当作证成常识性道德规则的终极原则。然而，边沁用这个原则作为检验去揭示社会实践、规则、法律中的缺陷。他将关于对错的功利主义标准应用到具体的法律上，质疑它们是否真的促进了法律影响到的人们的总福利。他主张，19世纪早期英国的很多法律无法通过这个检验。这些

---

① 关于苏格拉底的后继者，参见本书§23。后来的功利主义并不都是快乐主义，参见本书§252。

法律来自一些习俗，它们可能曾经有用，但是现在已经没用了，它们可能来自某些阶层和利益集团根深蒂固的特权，而不是来自对政治的理性反思，只有这些理性反思才能产生最好的后果。①

边沁不是第一个想要去改革社会制度和实践的现代道德哲学家，②但他是第一个将具体的改革与道德理论规定的目标联系起来的人。他回应了英国和其他工业社会政策中产生的某些问题。工业的发展和对劳动力的需要造成了从乡村到城市的大规模人口流动。毫无制约地扩大生产导致了低工资、周期性失业、童工、恶劣的居住条件、健康问题、传染病的流行。个人和群体都在做着看起来对他们最好的行动，而这些行动的总体效果却导致了意料之外的恶劣后果。没有人想要让工业和城市的发展压低工资、缩短预期寿命、传播疾病。但是当这些后果影响到了每个人，就需要集体行动去应对它们。功利主义者认为社会应该被有意识地组织起来去实现最大的功利。边沁和密尔对立法、组织、社会政策给出了建议。他们的计划对英国议会中的激进派有一定的影响。③

边沁的功利主义表达了对现实的批判态度，这种态度最终导致了美国和法国的革命。我们看到了普莱斯、卢梭和康德用他们关于权利、自由、道德、实践理性的不同理论，为革命辩护。然而边沁反对这些哲学理论，赞成对康德所谓的"启蒙"持保守主义的批判态度。伯克攻击普莱斯和卢梭的理性主义，称之为号召革命的"法国哲人"

---

① 关于边沁的伦理学，参见边沁：《道德与立法原理导论》。关于密尔如何讨论边沁与他的前人，参见密尔：《边沁》87。
② 关于普莱斯论社会和财政政策，参见 D. O. Thomas, *The Honest Mind: The Thought and Word of Prichard Price*, Oxford: Oxford University Press, 1977, chs. 7, 11, 12。
③ 关于功利主义的影响，参见 E. Halévy, *The Growth of Philosophic Radicalism*, London: Faber and Gwyer, 1928, esp. Part 2, ch. 6; Part 3, ch. 3; Sabine, *A History of Political Thought*, chs. 31-32。更谨慎的观点参见 D. O. Thomas, *The Philosophical Radicals*, Oxford: Oxford University Press, 1979。

的邪恶观点。与此类似，边沁反对自然权利的理性主义学说，这种学说认为仅仅因为人类这个身份，他们就有了某些自然权利。伯克指责普莱斯的"形而上学权利"。与此类似，边沁在说到法国革命派颁布的人权宣言时，把自然权利的学说斥为"一派胡言"和"恐怖主义的语言"。①

在边沁看来，我们可以不靠"一派胡言"去证成道德与政治改革。他将哈奇森和休谟的功利主义与18世纪法国君主论的批评者爱尔维修（Helvétius）的心理与政治观点联系起来，边沁认为爱尔维修避免了卢梭在哲学上的过度。爱尔维修回到了霍布斯的心理快乐主义（无视哈奇森、休谟和巴特勒的批评），并将它与某种"联系学说"（doctrine of association）结合起来。②根据这种学说，我们形成某种道德视域是因为我们得到训练将自己更大的快乐与他人的快乐联系起来。这种结合始于奖励与惩罚，但是可以在没有任何外在强迫的情况下持续下去，我们可以在经过训练之后完全因为他人的快乐而感到快乐。因此，社会改革只需要我们去训练每个人将自己最大的快乐与最大多数人的最大快乐联系起来。③

因此，边沁接受了普莱斯的改革倾向，但是宣称从一种经验主义者可以接受的关于对错的论述出发推论出他的计划。对错的标准并不是一个道德理由可以直接通达的抽象原则，而是人类趋乐避苦的经验事实。因为快乐是好的，痛苦是坏的，正确的行动就是把快乐相对于痛苦的净值最大化。这个标准允许我们决定某个具体的行动、规则和

---

① 关于革命，参见本书§196。关于普莱斯的"形而上学权利"的批判，参见伯克的《法国革命论》（*Reflections on the Revolution in France* [1790], ed. L. G. Mitchell, Oxford: Oxford University Press, 1993）。
② 关于"联系"，参见 D. Hartley, *Observations on Man* (= R §§646-654)。
③ 关于"最大多数"，参见爱尔维修：《论心灵》（*Essays on the Mind*）, Essays III, ch. 16 (= S 427-429)。

制度是不是正确。

边沁的立场导致了一些问题：（1）关于快乐与痛苦的事实如何告诉我们行动的对错？（2）我们是否有理由认为正确的行动就是将快乐最大化的行动？（3）将快乐最大化的检验是否给了我们有用的标准去决定行动和制度是否正确？

237. 不同种类的功利主义：保守的、进步的与激进的

边沁和密尔踏入了关于功利主义在道德和社会政策上到底意味着什么的论辩。要理解他们的贡献，我们可以将他们的功利主义与他们反对的保守主义的和激进主义的功利主义版本进行对比。

很多18世纪的哲学家从功利主义的论证中得出了保守主义的结论。[①] 休谟主张现有的社会制度（比如财产制度）是正确的，因为它们促进功利。与此相似，斯密主张个人的利己行为，无需任何明显的社会规范，就能促进功利。伯克反对普莱斯通过权利而非好坏的后果去证成革命，认为这样的证成会破坏社会和公共利益。这些功利主义的论证捍卫了习俗道德和现存的社会秩序。

然而，根据激进的功利主义观点，功利主义道德与常识大不相同，因此功利主义者必然经常会用常识认为错误，甚至震惊的方式行动。高德温（Godwin）的《政治正义研究》主张，功利原则要求每个人严格关注自己的行动对于整体幸福的全部效果。所有的德性都从属于功利原则，有德性的人都是直接功利主义者，每个行动都由明确的、唯一的对功利的关切推动。因此正义不可能给功利施加道德上合法的限制，正义的法律不可能妨碍对功利的追求。每个道德义务都由

[①] 保守的功利主义者包括休谟（参见本书§168的讨论）；帕雷（W. Paley）：《道德和政治哲学原理》（*Principles of Moral and Political Philosophy*），ch. 6（参见 R §854）。

功利驱动。①

在这种直接功利主义的基础上，高德温论证，一个人应当救助对人类做出巨大贡献的人，而不是自己、父母或者孩子。一个人亏欠他人什么并不产生任何义务，因为亏欠仅仅表明他人过去做了什么。这样看来，一个曾经对人类做出巨大贡献的人，我们也可以期待他在未来继续给人类带来巨大的福祉，过去的巨大贡献只有当它们可以给出证据表明未来依然如此时才是相关的。普莱斯对功利主义提出的那些让人难以接受的推论，如果是由功利原则而来的，我们就只能接受下来。② 高德温认为功利主义在道德和政治领域会带来激进的、革命性的后果。

与保守的和激进的功利主义不同，边沁和密尔捍卫功利主义的策略是表明这个学说在道德和政治上带有进步性。③ 比如，他们认为，功利原则支持减少世袭权力与特权、扩大个人权利、保护弱势群体福利和利益的社会和政治改革。

因此，不同的功利主义者会主张保守的、激进的和进步的功利主义版本。他们之间的分歧或许向我们表明，功利主义并不能帮助我们达到道德或政治上的确定结论。或许功利最大化的观念太模糊、不够具体，因而可以转向任何你想要的方向。

密尔和西季威克反对这个结论。在他们看来，功利主义的道德理论是道德、政治和社会理论中进步观的基础，它确定无疑地排除了保守和激进的回应。他们试图表明边沁为什么是正确的。道德和社会不

---

① 关于道德要求直接功利主义，参见高德温：《政治正义研究》(*Inquiry concerning Political Justice* [1793, 2nd ed., 1796, 3rd ed., 1798], 3 vols., ed. F. E. L. Priestly, Toronto: University of Toronto Press, 1946) II.5, p. 159。关于直接功利主义与间接功利主义，参见本书§168。关于功利是唯一的正义标准，参见《政治正义研究》II.2, p. 129; VII.8, pp. 403-404。

② 关于功利主义的意涵，参见本书§189关于普莱斯的讨论。

③ 关于功利主义作为一种进步性的学说，参见 D. O. Brink, *Mill's Progressive Principles*, Oxford: Oxford University Press, 2013, ch. 1。

用像激进主义者认为的那样彻底推倒重建;也不像保守主义者认为的那样无需改变。功利主义向我们表明变革的正确方式。

238. 道德理论与经验论证

我们或许要反对说,在具体的社会和政治改革中指望某种道德理论注定是徒劳无益的。我们可能会说,道德原则是普遍的和抽象的,它们不能在各种历史和社会的复杂情况中指引我们决定某个具体的政治或社会改革是否必要。

密尔和西季威克同意,只靠道德理论本身是不够的。在他们看来,我们既需要正确的道德理论,也需要社会、经济、历史、政治现实的经验知识。但是功利主义向我们表明需要去问哪些经验性的问题。功利主义者认为,当我们正确地回答了这些问题,就会看到功利主义支持进步的结论,而非保守的或者激进的结论。

出于这个理由,这些功利主义者将道德哲学当作更大的社会理论的基础,这个更大的理论包括了政治经济学(或者经济学)、社会心理学和社会学。功利主义的社会和政治意涵可以得到检验,但是需要这些社会科学给我们提供关于如何将功利最大化的可靠信息。密尔的目标从他主要的经济学著作的标题《政治经济学原理,包括它在社会哲学中的一些应用》就能看出来。他强调不同经济政策的功利主义效果,因此一个坚定的功利主义者会认识到需要某些类型的经济改革。这个更大的社会理论帮助我们解释了密尔和西季威克为什么认为功利主义既是真实的道德理论,也是我们取得真正的社会和政治进步所需要的理论。

讨论功利主义的论证,可以帮助我们决定,密尔和西季威克的那种进步主义和带有改革性质的功利主义,是不是在保守主义和激进主义之间合理稳定的第三种选择。在一些方面,西季威克澄清了密尔的观点；在另一些方面，西季威克比密尔更接近边沁。有时候在看过西季威克那种更加边沁式的立场产生的问题之后，我们可以更好地理解密尔那种有更多限定的功利主义版本的优点。①

239. 论证功利主义的不同策略

密尔和西季威克利用两种类型的论证来捍卫边沁的功利主义：辩证法式的和公理式的。

辩证法式的论证始于我们直觉性的道德判断。功利主义者主张，这些直觉判断中的一些反映了功利主义的看法。即便没有意识到功利主义的原则，我们还是悄然接受了它，因为我们关注功利的考量。就像西季威克说的，常识是"无意识的功利主义"。正常来讲，我们可以用一般的道德原则去发现功利原则的意涵。

其他的直觉判断表面看起来反对功利主义的结论，但是如果仔细考察，它们并不会给功利主义制造严重的困难。它们有些基于并不那么明显的功利后果；有些基于对功利的错误预设，因此原则上不会与功利主义发生冲突；还有一些并不是基于功利，但是一旦考虑它们对我们更加根本的道德信念所具有的破坏性效果，我们就会自信地反对它们。

这些对直觉道德判断的不同进路对功利主义做出了辩证法式的辩护。虽然对直觉判断的肤浅描述可能显示它们与功利主义理论矛盾，

---

① 关于政治经济学，参见密尔：《政治经济学原理》V.8-11，他讨论了政府干预和不干预带来的好与坏的效果。关于《政治经济学原理》的简短论述，参见 W. E. S. Thomas, *Mill*, Oxford: Oxford University Press, 1985, ch. 4; D. Satz, "Nineteenth Century Political Economy," in *Cambridge History of Philosophy in the Nineteenth Century*, eds., A. W. Wood and S. S. Hahn, Cambridge: Cambridge University Press, 2012, ch. 22, esp. pp. 688-690。关于西季威克如何看待伦理学及其与政治学的关系，参见 R. Crisp, *The Cosmos of Duty: Henry Sidgwick's Method of Ethics*, Oxford: Oxford University Press, 2015, ch. 1。

但是冲突的表象可能最终被证明是具有误导性的,只要我们考虑功利主义者可能会用什么样的策略去加以回应。只要看到功利原则可以通过日常道德信念得到证成,我们就可以用它来纠正一些初始信念。在西季威克看来,功利主义将(他心目中的)"常识"系统化了。①

密尔和西季威克给出了这个辩证法式的论证,从而克服了我们在18世纪理性主义者(特别是巴特勒、里德和普莱斯)那里看到的对功利主义的反对。他们认为,理性主义者诉诸直觉去反对功利主义,但是只要用我们刚才提到的那些功利主义策略去考察那些反对,就会发现它们并不是决定性的。在密尔和西季威克看来,功利主义的批评者仅仅满足于论证我们经常不考虑功利,但是他们并没有表明功利无法解释我们的直觉判断。

然而,功利主义者并没有仅仅局限于给出辩证法式的论证。普莱斯认为,功利主义者对于理性直觉(也就是无法得到进一步推论证成的、关于基本原则的知识)的依赖一点都不比他少,他认可非功利主义直觉的理由一点都不逊于功利主义者认可功利主义直觉的理由。②密尔和西季威克反对普莱斯,认为功利原则可以用康德式的从"公理"而来的论证加以确证,所谓的"公理"就是对任何理性行动者都必然如此的、根本性的理性原则。这个公理性的论证要从康德主义的原则推论出康德反对的结论。它不依靠常识道德,也就不必然与常识道德一致。如果这种论证可行,那么功利主义者就不需要将自己局限在那些可以通过辩证法由常识证成的道德变革。

要理解对功利主义的辩护可以有多强,我们就需要考虑辩证法式的和公理式的策略。

---

① 关于辩证法的论证,参见本书§37关于亚里士多德和§286关于罗尔斯的讨论;关于系统化,参见西季威克:《伦理学方法》77。
② 关于直觉判断与直觉,参见本书§190关于普莱斯的讨论。

240. 功利主义需要次级原则

密尔从功利主义的恶名开始辩证法式的论证,而这个恶名来自人们的误解。有些批评者注意到,边沁询问不同的实践和制度如何促进整体的幸福。他们由此推论,功利主义者在面对每一个实践问题时,都要问某种行动带来的最好后果。高德温接受了这种极端的功利主义观点,因此反对常识道德。①

密尔认为,功利主义者可以给出更好的回答。他们并不试图在做任何事情之前搞清楚最好的后果是什么,他们依靠"次级原则",这些原则是次于功利原则的。它们包括了我们熟悉的规则,比如守信、帮助有困难的邻居、关爱陌生人。因为次级原则比功利原则更容易应用,它们向我们表明如何在具体的情况下将功利最大化。我们需要它们,因为在每一个情境下试图计算出最大的功利是非常愚蠢的。我们通常没有时间去详细计算后果,也不知道一个行动的后果有哪些,或者它们是否会影响功利。我们需要一些次级原则去指引行动。②

很多次级原则来自日常道德,它们体现了前人的经验。通常的道德规则和原则可以作为次级原则,因为它们挑选出了会带来良好后果的行动。我们通常认为,一个道德上正确的行动给某人带来某种好的结果,我们很难把一个没有给任何人带来好处,却伤害了所有人的行动说成是好的。我们都会认为正确的行动应当产生某些好的结果,这个熟悉的看法支持了功利主义的说法,即常识道德给出了次级原则去促进功利。

---

① 关于对功利主义的误解,参见密尔:《功利主义》1.6(引用依据章和段落编号);本书§237关于高德温的讨论。
② 关于次级原则,参见《功利主义》2.24。

241. 功利原则将次级原则系统化

如果次级原则是行动的指引,功利原则的作用又是什么呢?密尔的回答是,我们需要首要的原则,因为次级原则之间可能会发生冲突。我们需要一个"共同的裁判"去解决这些冲突,功利原则就是最好的裁判。①

比如,我们通过考虑每个选择的后果来解决在公平和仁慈之间的冲突。除非诉诸后果,否则我们就不可能解决这样的冲突。② 如果我们用一个原则去反对另一个,就需要解释为什么在这种情况下仁慈优于公平。为了回答这个问题,我们就需要一个比仁慈和公平更加普遍的原则。这个时候我们就需要功利原则。

比如,我们可能会认为,在某些情况下为了帮助他人违反诺言是正确的,如果我的诺言关于一个相对而言微不足道的小事,而带来的好处却非常巨大(比如我违反了和某人吃午饭的诺言,救了另一个人的命)。我们心照不宣地认为,好后果的净值决定了我们应当做什么。功利主义者就是这样思考的,但是更加明确和系统。

功利主义确证了一些熟悉的规则,因为我们可以诉诸它们带来的良好后果来解释承诺、尊重他人的财产等规则的意义。每当我们限制规则的范围,或者通过后果为违反它们辩护,我们就表明了我们关心功利。乍看起来,常识接受了一些没有例外的普遍规则,但事实上,我们通过它们的后果限制了这些规则的应用(比如关于撒谎和违反诺言)。

即便常识的准则并不总是与功利最大化的行动一致,功利主义者依然可以为它们辩护。或许毫无例外地遵守常识中的准则是最好的,

---

① 关于功利作为裁判员,参见《功利主义》2.25。关于与罗斯的对比,参见本书§285。
② 关于冲突,参见本书§190关于普莱斯的讨论。

因为制造例外可能导致比遵守准则更坏的结果（即便每个例外看起来都显然是为了最好的后果）。我们或许可以计算出我们多么频繁地走过草坪，就会毁掉上面的草，但是计算这个非常困难且意义不大，遵循简单的不践踏草坪的规则可能更好。通常闯红灯可能是安全的，但是让人们自行决定却是危险的，因此最好是有红灯停的规则。功利主义者可以基于功利主义的理由去捍卫常识中的规则。

然而在一些情况下，常识规则会让我们失望，因为在具体的情况下它们给不出确定的回答。在这些情况下，功利原则就有了进一步的作用。我们关于说真话、信守承诺的规则是有例外的，但是我们很难列出所有的例外情况。功利主义者告诉我们，我们需要在打破规则会带来功利最大化的时候接受例外。

因此，如果我们仔细地、经过反思去考虑通常道德信念的基础，我们显然应当接受功利原则。

242. 一些次级规则似乎反对功利主义

这个用辩证法式的策略支持功利主义的论证部分有效。一些道德规则看起来是受到限制的，恰当的限制有时候确实来自好与坏的后果。一些规则比另一些更重要，如果我们遵循一个规则，就可能会违反另一个，因此有时候我们需要寻找最好的后果。

但是为功利主义辩护的下一步就有比较大的质疑空间了。对后果的诉求并不一定是功利主义式的。功利主义要把快乐超过痛苦的净值最大化，但并不是所有的后果都关乎快乐与痛苦之间的权衡。虽然我们考虑了不同道德规则和原则的相对重要性，可能依然会怀疑快乐与痛苦是不是我们考虑的全部。

我们可能还会质疑，将好的结果最大化是不是我们的首要原则（也就是基本原则，任何次级原则都从它衍生而来）。假如它是首要原则，它就在任何情况下都超过了所有的考量。但是有时候常识道德似乎依赖非后果主义的推理。比如说一些分配方式，以及某些种类和程度的惩罚，不用诉诸功利就可以判定是正义或不义的。

如果功利是唯一重要的东西，那么更严重的罪行要比不那么严重的罪行受到更严厉的惩罚看起来就并不显而易见。比如在商店行窃很常见，而谋杀非常罕见。有人可能会提议对商店行窃施以死刑，因为如此严重的惩罚会遏制经常发生的罪行，而且这种罪行只能给偷窃者带来相对而言很小的好处。因为谋杀非常罕见，有人可能会建议对谋杀只做罚款处理。但是即便我们可以表明对商店行窃和谋杀的这些惩罚会带来最好的后果，我们也会拒绝它们，因为谋杀比偷窃更恶劣。如果这是我们的理由，我们就并不仅仅关心最好的后果。如果我们坚持这种在犯罪和惩罚之间的比例，我们看起就是在反对功利主义的计算。①

243. 正义和其他次级原则可以在功利主义的基础上得到辩护

为了回应这些关于功利主义的质疑，密尔详细讨论了一个问题。因为他看到正义似乎与功利主义的推理矛盾，所以他要论证它们实际上并不矛盾。

一些像高德温那样激进的功利主义者可能会宣称，正义要求我们将功利最大化。密尔认为，这种反直觉的回答过于简单了。他像休谟一样承认，正义似乎排除掉了一些对功利的诉求，甚至违背功利。② 正义原则似乎并不是功利主义的次级原则。密尔回应说，对正义道德价值的正确论述确证了道德的功利主义观念。

---

① 关于巴特勒对功利主义和正义的观点，参见本书§185。
② 关于休谟论正义，参见本书§166。

我们认为以相同的方式对待相同的情况、给人应得的东西、不偏私等等是正义的。在密尔看来，我们认为遵守这些规则对道德来讲具有本质性的意义，因此我们想要惩罚那些违反规则的人。我们想要惩罚他们的欲求基于一种道德情感，这种情感认为违反正义伤害了普遍利益。因此我们对正义、公平等等的情感基础是功利主义的。①

密尔对正义的辩护澄清了他关于次级原则的观念。我们可能会认为，他的意思是次级原则是找到能够将功利最大化的具体行为的有用指引。在这种情况下，他会给出一个直接的功利主义辩护，因为他可以将功利原则直接应用到每个具体行动上。但是他根据间接功利主义的理由来捍卫正义。他诉诸接受普遍规则带来的功利，我们是否接受这些规则导致了我们在每个具体的行动中是否可以将功利最大化。②

这些论证支持了密尔对权利的论述。我们认为人们拥有权利似乎与功利主义矛盾，因为密尔也同意权利意味着保护人们免于干预。如果某人拥有某项权利，社会就应当保护它。但是如果对权利的保护依赖每个情况下的功利，我们就破坏了这种保护关系。如果我拥有隐私权，而如果每当侵犯我的隐私可以让功利最大化时我的隐私都会遭到侵犯，那么我的隐私权就只是得到了非常弱的保护。密尔论证，我们应当确保拥有某些自由，即便直接的功利计算经常会违背它们。③

这是一个间接功利主义的理由去忽略具体行动中的功利。功利是在社会中最大化的，在那里人们并不总是在具体的情况下将功利最大

---

① 关于功利主义和正义中的道德，参见《功利主义》5.17。
② 关于直接和间接功利主义，参见本书§§132, 168；Darwall, *Philosophical Ethics*, 127-128。关于将功利检验用于规则，参见《功利主义》5.22（密尔对康德的评论）；J. O. Urmson, "The Interpretation of the Moral Philosophy of J. S. Mill," *Philosophical Quarterly*, vol. 3 (1953), pp. 33-39；R. B. Brandt, *Morality, Utilitarianism, and Rights*, Cambridge: Cambridge University Press, 1992, ch. 7。
③ 关于权利，参见《功利主义》5.25；另参见 R. M. Dworkin, *Taking Rights Seriously*, Cambridge: Harvard University Press, 1977, chs. 6-7。关于自由，参见密尔：《论自由》；本书§290。

化。安全、思想和行动的自由等等带来的好处，表明正义的规则促进功利。对于正义规则的分歧应当诉诸它们对功利的影响得到解决。①

244. 对功利主义正义论述的质疑

如果想要反对密尔的论证，我们可以说某些权利仅仅是因为我们是人就属于我们，不管它们是否促进功利。当康德说人本身是目的，他的意思是仅仅因为是人，他们就配得上因为他们自身之故得到尊重，而不管任何后果。因为人本身都是平等的目的，他们配得上平等的尊重，因此拥有平等的权利。平等的尊重和平等的权利似乎并不依赖对它们促进功利的证明，不管这种促进是直接的还是间接的。②

密尔对此的回应是：功利主义支持平等权利，而无需诉诸任何非功利的原则。功利原则吸收了平等的考虑，根据边沁的准则，每个人只能算一票，没有人可以算作多于一票。因为每个人都算作是平等的，每个人就都拥有平等的权利，接受平等的尊重。③

功利主义的计算预设了某些平等的考虑。在总幸福的计算中，你的幸福总量和我的幸福总量是一样的。如果我们在这个计算中没有考虑某个人的快乐和痛苦，那么我们就没有计算总幸福的最大值。要决定什么是最好的，我们需要加减所涉及的不同人的幸福和不幸，从而找到最大的幸福总量。在密尔看来，这个在计算时对每个人快乐和痛苦的平等考虑，证明了边沁的第一原则体现了幸福上的平等权利。

然而，我们可以质疑这个结论。根据功利原则，只要可以促进所

---

① 关于功利是正义的检验，参见《功利主义》5.26-27。
② 关于权利与人，参见普莱斯：《关于道德原则重要问题的评论》159 以及本书 §189、§§207-208 关于康德和 §291 关于罗尔斯的讨论。关于平等的尊重，参见 Dworkin, *Taking Rights Seriously*, pp. 179-181。
③ 关于每个人都是平等的，参见《功利主义》5.36。

有人的总幸福，就应当剥夺一个人或一些人的幸福。这个对幸福权利的限制违背了某种合理的权利观念。如果人们有平等的权利，一个人就有权享有和他人相同程度的自由。然而，根据密尔的看法，我无权拥有任何程度的幸福，这一点与别人拥有类似程度的幸福是相容的，但仅仅是在让幸福总量最大化的意义上。我可能不得不遭受极度的不幸才能实现其他人的幸福，如果那确实将幸福总量最大化了。

因此，如果平等权利意味着我们可以受到保护，而无须成为某个为了幸福总量牺牲我们的政策的受害者，那么功利主义就反对平等权利。密尔似乎并没有考虑到对用功利主义的方式解释正义的所有反驳（这些反驳来自巴特勒、里德和普莱斯）。这些反驳会让我们怀疑功利主义是不是对道德的正确论述。①

这个质疑引发了另一个问题，针对边沁和密尔都主张的功利主义是进步的、开明的社会政策的基础。边沁认为，如果我们用幸福总量这个后果去判断政策、实践或制度，我们就会反对那些出身好又有钱的人拥有特权，会努力改变处境最差者的状况，保护个人权利和自由。密尔分享边沁的这些信条，因此他试图不诉诸任何"一派胡言"就可以确证个体的权利，而理性主义关于自然权利的讨论都是"一派胡言"。②但是如果密尔对正义的辩护破坏了个人权利，我们可能也会对功利主义的社会政策产生怀疑。

245. 为快乐主义辩护

这些论证表明，功利主义并不能与常识道德完全匹配，因为一些基本的道德信念看起来与功利主义存在冲突。但是这些论证并没有驳

---

① 关于巴特勒、普莱斯、里德论功利与正义，参见本书§§185-190；比较本书§§284-285关于罗斯的讨论。
② 关于"一派胡言"，参见本书§236。

倒功利主义。因为功利主义的目标是最大的幸福和最大的快乐，我们需要讨论相关种类的快乐，以及快乐与幸福的关系。

边沁、密尔和西季威克接受了伊壁鸠鲁和霍布斯主张的那种关于好的快乐主义观念，而不喜欢幸福主义的观念。① 快乐主义和亚里士多德的幸福观念都是对终极好的论述。我们可以争论亚里士多德讨论的幸福是不是现代英语说的"幸福"。② 但是他肯定讨论了终极的好，并宣称好与快乐不同。密尔和西季威克为亚里士多德反对的某种快乐主义版本辩护。西季威克不认为快乐是每个人事实上追求的终极目的，因此他像巴特勒那样反对心理快乐主义。③ 但是他肯定了一个人的好在于自己的快乐，而非亚里士多德和其他人认为的那种构成幸福的客观条件。

这个关于好的论述允许我们对功利主义的正当观念做出更加精确的描述。功利主义把正当定义成将好最大化的东西，而将好定义成快乐和缺少痛苦。因此，正当的行动就是把快乐超过痛苦的净值最大化，把那个行动所能影响到的全部有感觉的存在物都计算在内。④

有了这个更加精确的关于好的观念，我们可能会怀疑通常的道德是不是仅仅为了实现好的一些次级原则的集合，就像快乐主义的功利主义者认为的那样。有些好的结果与某个行动是否正当相关，但是快乐与痛苦就是唯一重要的结果吗？

在回答这个问题时，密尔和西季威克依赖不同版本的快乐主义。西季威克赞成边沁的观点，认为我们仅仅因为一个快乐比另一个快乐在量上更大而选择它。我们仅仅因为快乐的净值而在不同的行动之间进行选择，因此我们只需要考虑快乐的相对数量。密尔同意西季威克

---

① 关于快乐主义，参见本书 §61 关于伊壁鸠鲁和 §128 关于霍布斯的讨论。
② 关于幸福，参见本书 §38 关于亚里士多德的讨论。
③ 关于巴特勒对快乐和欲求的讨论，参见本书 §193。
④ 关于快乐与痛苦的缺失，参见《功利主义》2.2。

的观点，也认为快乐就是好，但是他否认不同快乐之间量上的差别就是唯一重要的考量。

246. 西季威克：快乐主义给出了唯一合理的关于好的论述

在西季威克看来，道德上正当的东西促进某些目的，它允许我们通过经验的探究去解决实践问题。如果目的是最大化的快乐，我们就可以满足这个条件，因为只要回答了哪些行动能够使快乐最大化的经验性问题，我们也就知道了哪些行动是正确的。但是如果我们认为目的是幸福，而幸福在于（比如）适合一个理性行动者自然的行动，那么我们依然要去解决哪些行动符合这个标准的争论。这个争论并不完全是经验性的，因为它依赖对价值的进一步判断（包括关于好与坏、恰当与不恰当的判断）。西季威克的结论是，一种亚里士多德式的关于好的观念并不适合伦理理论。①

这个关于伦理理论的看法支持快乐主义。西季威克主张，好就在于快乐，因此好的东西就它们包含或者促进快乐而言才是好的。快乐显然是一种终极的好。但是当我们考虑其他不同于快乐的表面上的终极的好，我们就会发现它们并非真的与快乐不同。快乐是唯一可以用伦理学方法要求的方式将人类行动"系统化"（这是西季威克的说法）的终极的好。②

从亚里士多德主义的观点看，快乐并不是全部幸福，因为我们可能基于错误的信念最大化了快乐（比如愚人的天堂），或者在那些幼稚的、琐屑的、有害的行动中感受快乐。在这些情况下，快乐的增加可能反而让我们的生活变得更差。③ 西季威克的回答是，愚蠢或虚幻的快

---

① 关于非快乐主义的利己主义是空洞的，参见西季威克：《伦理学方法》91-92。
② 关于快乐主义的系统化作用，参见《伦理学方法》406。
③ 关于快乐与好，参见本书§45关于亚里士多德的讨论。

乐并不包括理性的、有充分信息的快乐主义者会去选择的快乐。当我们考虑当下的快乐，愚蠢的或者虚幻的快乐可能看起来极其快乐，但是如果我们考虑它们在我整个人生中对快乐和痛苦造成的后果，它们就显得不那么有吸引力了。如果我们习惯了愚蠢的快乐，在未来获得其他快乐就会变得更加困难。

247. 反对西季威克：快乐与信念的关系

西季威克的快乐主义要求他不仅主张每种好都是快乐或者是快乐的来源，而且要主张因为它是快乐或者是快乐的来源才是好的。后一个主张会面对质疑。① 我们此前看到，巴特勒认为，每个快乐本质上都有一个对象，而这个对象依赖某种信念。比如我在演奏音乐中感到快乐，我的信念是演奏音乐是好的。如果巴特勒是正确的，那么关于某个东西是好的（或者某些其他有价值的属性）信念就是我在这个东西那里感到快乐的基础。因此，我们反对西季威克，认为快乐并非唯一的好。

西季威克同意有些好是依赖信念的，因此我们的信念会影响我们的快乐与痛苦。② 但是他认为，并非所有的快乐都依赖信念，所有依赖信念的快乐都来自不依赖信念的快乐。因此依赖信念的快乐并不会给快乐主义带来任何困难。

他的这个说法也会受到质疑。如果我们认为某个行动是正确的、友善的、慷慨的，并因此感到快乐，看起来我们关心的是行动的这些特征本身，而不仅仅是快乐。如果我们正确地关心这些特征本身，快乐就不是我们有理由为了它自身之故而关心的东西。

---

① 关于西季威克对巴特勒的看法，参见《伦理学方法》45。
② 关于快乐与信念，参见《伦理学方法》40。

248. 西季威克：基础主义认识论支持快乐主义

西季威克主张快乐主义，不仅因为他认为它本身是合理的，而且因为他认为一种系统化的伦理学理论需要它，从而回答两个问题：(1)我们如何比较不同的非快乐的好的价值；(2)我们如何比较它们与（理解成快乐的）幸福的价值？快乐主义回答这些问题的方式是给出"一个共同标准来比较这些价值与幸福的价值"。快乐就是密尔所说的"共同的裁判"。①

在西季威克看来，采用这个共同的标准比尝试直接比较不同的非快乐的好更加可取。如果我们怀疑针戏（pushpin）和诗歌整体而言哪个更好，只是一般地说运用更广泛的理智和审美能力的活动更好，还不足以解决这个怀疑，因为我们关于针戏和诗歌价值的怀疑可能本身就来自对这个更一般的主张的怀疑。

如果我们问哪个行动产生更多快乐，我们就不需要去问那些关于比较性价值的问题。我们的所有问题都是经验性的。虽然它们也很难回答，但至少不会产生原则性的困难。如果关于好的非快乐主义观念依赖道德或者其他不可能通过非评价性基础（non-evaluative foundation）得到解释的评价性判断，就会产生原则上的困难。

西季威克将快乐看作共同的标准，因为（在他看来）快乐作为基础，比其他评价性的原则有更大的确定性可以得到认识。根据这种基础主义和直觉主义的观念，依赖推理的知识根本上讲依赖某些不能通过推理认识的基础，而无需诉诸任何进一步的证成。关于快乐和好的基本事实，就是无需推理便可认识的，其他道德事实则从这些事实推论而来。②

---

① 关于共同的标准，参见《伦理学方法》405。
② 关于基础主义与直觉主义，参见本书§190。

这个论证可能在两个方面受到质疑：(1) 即便关于好的快乐主义理论有更大的系统性力量，这是足够好的理由让我们接受快乐主义吗？(2) 我们应当接受西季威克关于道德知识的基础主义观念吗？如果我们认为道德知识缺少他认为的结构，那或许给了我们理由去质疑他是否使用了正确的标准。

249. 密尔的定性快乐主义：高级的快乐与低级的快乐在性质上不同

密尔关于福祉的看法似乎给快乐主义制造了困难。他认为，正常人只要不是单纯投入到琐屑的或愚蠢的快乐中——不管它们带来多少快乐，他们的生活都会过得更好。在密尔看来，做一个不满的苏格拉底好过做一个满足的愚人。他的意思是我们的福祉不只是快乐吗？①

密尔论证，这些关于福祉的事实并不会反对快乐主义，因为快乐在性质和数量上都有所不同。每个好的东西就它是好的而言都令人快乐，也因为令人快乐而是好的，但是某些好比另一些好更好，因为它们产生了更高级的快乐，而不是因为它们产生了更大量的快乐。有时候我们在选择两个不同的好时，会问哪一个给了我们更多快乐，比如我们可能会决定花一下午坐在沙滩上而不是公园里。但是有时候我们决定拉一下午小提琴而不是坐在沙滩上。因为快乐在性质上不同，某些快乐因为更高的性质而成为更高的快乐。②

我们可以这样为密尔辩护，我们并不总是因为数量而在不同的快乐之间做出选择。我可能不会从拉小提琴里面得到比坐在沙滩上更大的快乐。我甚至可能认为拉小提琴会给我总量更小的快乐，因为它需

---
① 关于苏格拉底与愚人，参见《功利主义》2.6。
② 关于某些快乐有更高的价值，以及不同快乐之间的性质差异，参见《功利主义》2.4-5。

要痛苦地集中注意力，乏味和令人疲惫地反复纠正错误。"我可以获得多少快乐"的问题可能是不相关的，如果我不是根据它在两个追求之间做出决定。根据密尔的看法，我偏爱拉小提琴的快乐因为快乐的种类和性质不同。

250. 定性的快乐主义可以解释更高的快乐何以更高吗？

快乐主义认为，好东西之所以好，完全在于它们带来快乐，或者由它们带来快乐来解释。但是更高的快乐可能会让我们质疑这种看法。如果我们认为拉小提琴的快乐比坐在沙滩上更高，我们可能会认为，拉小提琴比坐在沙滩上更好。那么更高的快乐之所以更高就是因为它的对象（比如拉小提琴）是更好的。因此，快乐之所以好看起来就来自不同于快乐的东西，而这与快乐主义相反。①

对于这个反驳，密尔可能会做出两个回应：(1) 某个快乐本身更高和更好，并不是因为它的对象更好；(2) 某个更高或更好的快乐是因为对象更好，但是这个对象之所以更好，是因为它是进一步快乐的来源，因此所有的好完全在于它的快乐。

第一个回答会让密尔无法解释更高的快乐为何更高。此外，如果快乐的好并不依赖对象的好，我们可能会奇怪为什么某个快乐的性质是重要的。某个快乐的性质需要解释我们为什么有理由喜欢某些看起来更好，而不是带来更大快乐的行动。密尔告诉我们，我们有理由选择它们是因为它们提供了更高而不是更大的快乐。但是如果快乐的性质并不依赖好，那么这为什么是一个好的理由呢？

第二个回答让密尔陷入两难的境地。什么样的快乐来自好的对象的好呢？如果它是更大的快乐，密尔最终还是要通过快乐的数量来解

---

① 关于快乐的对象，参见本书 §§ 45, 65, 193。

释好，他为什么要在数量之上引入性质就依然不清楚。然而，如果一个对象因为产生性质上更高的快乐从而是好的，那么密尔就依然没有解释更高的性质是什么。

这些反对并没有驳倒密尔关于快乐除了数量之外，在性质和价值上也有所不同的看法。但是它们表明，承认这些差别可能与快乐主义存在矛盾。为了避免这个矛盾，快乐主义者可能会更喜欢西季威克的数量功利主义。但是数量功利主义的学说会面对亚里士多德式的反驳，而这个反驳正是密尔的学说力图回应的。

251. 密尔的整体主义：幸福包括一些自身就值得选择的部分

密尔看到，如果我们认为除了幸福之外的其他事情是因为它们自身之故值得选择，而不仅仅因为是幸福的手段值得选择，我们可能就会质疑快乐主义。对此他的回应是，这个看法与快乐主义是一致的，因为快乐主义并不意味着幸福是唯一值得为了自身之故选择的好。比如，康德认为伦理德性因为自身之故值得选择就是与快乐主义一致的。①

根据密尔的整体主义观念，幸福包括一些因为自身之故值得选择的部分。如果我们为了它们自身之故而欲求不同于幸福的东西，我们就是把它们当作幸福的部分来欲求。②因为这些部分包括德性，功利主义者可以同意那些坚持德性因其自身之故值得选择的非功利主义者。幸福的部分不仅仅是幸福的手段，因为单纯的手段在原因和工具的意义上与目的联系在一起，而目的的部分是整体目的的构成要素。

这个在目的的工具性手段和构成性部分之间的区分，就是亚里士

---

① 关于功利主义者欲求德性作为目的，参见《功利主义》4.4。
② 关于幸福的构成要素，参见《功利主义》4.5。关于人的尊严是幸福的一部分，参见《功利主义》2.6。

多德和阿奎那区分的不同意义上的"为了某个目的"。① 密尔关于快乐性质的学说旨在捍卫快乐主义，反对亚里士多德式的来自愚蠢快乐的论证；密尔关于幸福部分的学说旨在捍卫快乐主义，反对亚里士多德式的来自非工具的好不同于幸福的论证。

如果幸福是一个整体，带有非工具价值的状态和行动是它的部分，并且构成它，那么一个人用一组恰当的行动去实现他的各种能力就是好的。在《论自由》里，密尔主张"最大范围"的人类好，它们"建立在人作为一种进步性的存在（progressive being）的永久旨趣之上"。② 当密尔主张思想的自由和尝试不同生活方式的自由时，他认为人类的好就在于发展和实现人类独有的能力。他的亚里士多德式的人类好的观念，适合幸福有不同部分的学说。当密尔讨论到人类能力的实现时，他支持亚里士多德式的幸福观，认为人在理性行动者特有的行动中实现人的功能就是幸福。③

252. 整体主义与快乐主义一致吗？

幸福的整体主义观念给密尔将幸福等同于快乐带来了质疑，因为我们很难理解德性或者人类的发展像密尔认为的那样是快乐的一部分。④ 德性是一种品格状态，让我们容易做出有德性的行动，但快乐是一种主观感觉。德性可能是快乐的来源，但它并不是快乐的一部分。密尔在幸福上的整体主义支持幸福主义而非快乐主义。

那么在这个问题上，就像在快乐的性质问题上一样，功利主义

---

① 关于亚里士多德式的的幸福观，参见本书 §§39-41，94，100。
② 关于进步性的存在，参见《论自由》1.11。
③ 关于人类能力的发展和表达，参见本书 §§102，123，262；T. Hurka, *Perfectionism*, Oxford: Oxford University Press, 1993。
④ 关于整体的幸福，参见《功利主义》4.5；关于幸福等同于快乐，参见《功利主义》2.2；关于对密尔的批评，参见摩尔：《伦理学原理》ch. 3。

并不明显符合常识。或者是关于快乐和好的直觉信念会驳倒快乐主义，或者是快乐主义比密尔认为的能驳倒更多直觉中的信念。此外，在这些情况下，"直觉的信念"不仅包括密尔同时代人的看法，他试图让功利主义与之协调的观点中也包括了亚里士多德主义。如果他不能将这些观点与功利主义协调起来，他可能就暴露了功利主义的一个弱点。

密尔面对这些困难，因为他承认，快乐是唯一非工具的好这种观点会面对一些合理的反驳。他关于幸福有部分的学说也反对这种观点。但是如果这个学说要与快乐主义相一致，快乐主义就必须把快乐当作唯一非工具的好。因此，西季威克肯定了定量的快乐主义，从而需要面对密尔试图通过诉诸定性的快乐主义和整体主义回答的反驳。为了捍卫快乐主义，我们不得不在这两个版本之间做出选择，但是它们两者都会带来一些困难，从而让我们倾向于另一方。

然而，从快乐主义的这些困难中，我们可能会得出不同的结论。我们或许应该彻底抛弃这种对好的论述，选择更加亚里士多德式的论述，把一些并非快乐的情况（行动、品格）当作值得最大化的好。这个理论把能够最大化好的结果（而不仅仅是快乐的结果）的东西当作正当的。这个非功利主义的后果主义避免了一些针对好与正当的功利主义观念提出的问题，但并不能解决所有问题，或许也会面对进一步的反驳。西季威克认为它作为令人满意的伦理学方法还不够精确。①

---

① 关于非功利主义的后果主义，参见 H. Rashdall, *Theory of Good and Evil*, 2 vols., 2nd ed., Oxford: Oxford University Press, 1924（他称之为"理想功利主义"[ideal utilitarianism]）; D. O. Brink, "Some Forms and Limits of Consequentialism," in D. Copp, ed., *The Oxford Handbook of Ethical Theory*, Oxford: Oxford University Press, 2006, ch. 14; P. Pettit, "Consequentialism," in P. Singer ed., *A Companion to Ethics,* Oxford: Blackwell, 1991, ch. 19; R. Shafer-Landau, *The Fundamentals of Ethics*, 3rd ed., Oxford: Oxford University Press, 2015。

253. 定量快乐主义的社会和政治后果

接受密尔关于更高快乐的学说，让我们更容易理解可以如何辩护密尔在《论自由》里辩护的自由。但是如果只有定量的快乐主义才是合理的快乐主义，这个辩护就失败了。

西季威克认为，定量的快乐主义是任何关于道德正当学说的唯一合理基础，但是并非最好的行动指南。[1] 从整体上接受功利主义学说会让人怀疑常识道德，会误导人们把定量的快乐主义付诸实施。因为我们很难知道哪个行动会让快乐对痛苦的净值最大化，这个关于正当的功利主义学说可能无法告诉我们要做什么。遵循直觉的道德信念，并且鼓励他人也这样做，或许更好。因此，一个掌握充分信息的功利主义者，可能会把功利主义当作一个内传的学说，而不是广而告之地让每个想要把它付诸行动的人都知道。我们之前看到，霍布斯的间接后果主义论证似乎把他引向类似的结论，即他的自利和道德理论必然是内传的，因为霍布斯的理论证成了一些原则，这些原则塑造了一些人的道德视域，霍布斯的理论对于接受了这种道德视域的人来说必须是内传的。与此相似，西季威克看到，从功利主义的角度看，将功利主义当作一种内传的学说可能更好，因为如果那些遵守系统规则的人都是功利主义者，那么功利主义者心目中的良好后果就无法达成。[2]

功利主义应当是一种内传的学说，这个结论并没有驳倒西季威克。虽然功利主义不是好的行动指南，它依然可能是关于道德正当的真实学说，但是内传的观点让西季威克远离边沁和密尔归于功利主义的角色。在他们看来，对这个学说真实性的更广泛知识被付诸实施，就会带来社会政策上的进步和启蒙。西季威克警告说，从正确的功利

---

[1] 关于正当的论述与行动指南的差别，参见 R. Crisp, *Mill on Utilitarianism*, London: Routledge, 1997, pp. 95-125。

[2] 关于内传的功利主义，参见西季威克:《伦理学方法》489；关于霍布斯，参见本书 §134。

主义版本中得出这些结论过于草率了。

254. 公理论证对常识道德给出了替代方案

到目前为止，我们考虑了支持功利主义的辩证法论证，这些论证试图给那些有反思能力但尚未笃信功利主义的人们解释和确证他们的道德信念。[①] 除了这些辩证法的论证之外，西季威克和密尔还通过公理论证来捍卫功利主义，这个论证并不诉诸通常的道德信念。如果我们比较功利主义的最大化要求与我们的道德信念，我们可能很难接受功利主义。但是如果我们认识到实践理性的一些公理，理性就会要求我们接受功利原则。

这些公理是我们通过理性直觉把握到的基本原则，不可能从任何更基本的东西里面推论出来，因为它们是普遍的实践理性的基本原则。在理论理性中，不矛盾律就是定义了我们作为理性思考者和言说者的公理。密尔和西季威克想要找到定义了我们作为理性行动者的类似原则。[②] 只要我们是理性的行动者，公理就是我们或隐或显地接受的基本原则。即便我们尚未接受任何可以辨认的伦理原则，我们毕竟是理性行动者，因此我们接受实践理性的公理。西季威克同意黑格尔和叔本华的判断，认为康德的理性主义把握到了道德的一个重要特征，也同意我们还需要在康德之外做一些补充。他认为，需要补充的就是功利主义。

西季威克认为，康德在他的道德论述有什么规范性含义的问题上犯了错误。康德诉诸理性能动性的必要条件，以此表明理性行动者本身是目的，因此应当依据道德原则得到对待。在康德看来，将人当作

[①] 关于辩证法的论证，参见本书§239。
[②] 关于理性能动性的原则，参见本书§100关于阿奎那和§207关于康德的讨论。

目的尊重的原则与功利主义相反。然而在西季威克看来，康德给出了合理的功利主义的一个要素。只要我们看到明智的行动者试图将他们一生中的快乐最大化，而康德的普遍化要求我们将这个最大化原则无偏地应用到所有人身上，我们就达到了快乐应当在不同人之间最大化这个功利主义的结论。

255. 密尔对功利主义的证明

虽然密尔没有说到公理，他隐含地诉诸它们从而证明功利原则。他观察到，每个人的幸福对他自己而言都是可欲的。他由此推论，普遍的幸福对人们的加总而言也是可欲的。为了支持他的推论，密尔依赖无偏性原则（principle of impartiality）：如果我的幸福对我而言是可欲的，并且其他人的幸福对他而言的可欲性并不少于我的幸福对我而言的可欲性，那么我追求普遍幸福的理由就和我追求自己幸福的理由相同。因为所有其他人都有和我相同的理由追求普遍的幸福，普遍的幸福对于人们的加总而言就是可欲的。

这个无偏性原则对吗？我追求普遍幸福的理由和我追求自己幸福的理由一样吗？我的幸福属于我，但是普遍的幸福并不属于我。这个差别似乎给了我一个理由去追求我自己的幸福而非普遍幸福。之后我们会考虑西季威克对这个反驳的回应。

密尔面对一个进一步的反驳。当他说到"普遍的幸福"时，他指的是最大的总幸福。这是快乐减掉痛苦之后净值的最大化，而范围是所有被这个行动影响的有感觉的存在物。假设我们可以让一些存在物幸福另一些不幸，以此实现比每个存在物同样幸福更大的快乐总量，那么根据密尔的看法，这时我们就应当选择更高的快乐总量。但是如果我们用这种方式理解普遍的幸福，即便每个人的幸福都是好的，也不能由此推论出总幸福的最大化也是好的。

密尔主张，快乐净值的最大化相对于那些要把他们的快乐加总的人来讲是好的，他并没有说这对所有这些人都是最好的。他预设了快乐不管在这些人之间如何分配，都是唯一的好。

这个幸福与快乐的等同，与我们讨论到的整体主义幸福观存在矛盾。根据那种整体主义观点，幸福是一个整体，包括了组成一个人好生活的所有状态和行动。密尔需要这个观念去论证幸福包括了所有理性欲求的对象。这个论证支持他关于我们欲求的全部就是幸福的结论，他也需要这个结论来证明功利主义。

因此这个证明既依赖幸福的快乐主义观念也依赖整体主义观念。然而，这两个观念无法协调一致。

256. 西季威克对功利主义的公理论证

西季威克看到了密尔对功利原则的论证会面对批评。他试图避免这些批评。他依赖实践理性的四条基本原则：

平等对待的康德主义原则（Kantian Principle of Equal Treatment）要求我们平等对待所有人，除非他们在某些道德相关的方面有所不同。

仁爱原则（Principle of Benevolence）主张理性追求的终极目的是每个人的好。

明智原则（Principle of Prudence）主张追求我自己的好是理性的，不要对我人生的不同阶段或部分加以区分。

部分与整体原则（Principle of Parts and Wholes）认为当一个逻辑整体（属）或数量整体有不同的部分，对不同部分的不同对待需要根据一些相关的差别得到证成。

克拉克、普莱斯、里德和康德接受前三个原则中的一个或多个。西季威克论证第四个原则是第三个原则的基础，这四个原则加在一起证明了功利主义。因为一个明智的人试图在他的一生中最大化自己的快乐，因为康德式的普遍化要求我们将这个最大化原则无偏地用在所有人身上，那么结论就是快乐应该在不同人之间最大化。①

部分与整体原则比明智原则更加根本，因为它解释了为什么一个明智的人无偏地对待不同的时间。② 仅仅因为某个利益是短期利益，对它的关心就胜过对长期利益的关心，这是不理性的，就像对星期二的关心胜过对星期三的关心是不理性的。我们接受这个时间上的无偏性因为（在西季威克看来）我们接受了整体与部分原则，并且认为这个原则对我们提出了最大化的要求。我有意识的状态组成了一个整体，我需要一些相关的差别来证成对它们的不平等对待。因为唯一相关的差别就是它们带来的满足的量，我们的目标就应当是在任何整体的有意识状态中将满足的总量最大化。因为接受了这个原则，我们也就接受了时间上的无偏性。

西季威克论证，应用在一个人不同人生阶段的原则也适用于不同人。他们的利益形成了一个拥有部分的整体，因此部分整体原则也可以应用其上，我有理由采取相同的无偏的看法，就像我对自己人生的不同阶段采取无偏的观点。无偏性要求把涉及不同人的好最大化，就像它要求将我自己的好在不同人生阶段最大化一样。因此，对每个人利益的理性态度就是功利主义态度。

257. 无偏性与最大化的关系

西季威克认为整体部分原则是明智的基础，这一点争议很大。他结合了下面两个说法：

---

① 关于平等对待，参见西季威克：《伦理学方法》380，390。关于仁爱，参见《伦理学方法》382，420。关于明智、部分和整体，参见《伦理学方法》380-382。关于克拉克、普莱斯、里德和康德那里体现出的西季威克的原则，参见本书 §§146，187-190，204。

② 在不同时间之间的无偏性，参见《伦理学方法》381。

时间的中立性：单凭幸福在不同时间得到满足不足以成为偏爱一个时间胜过另一个时间的理由，因为以整个人生的好为目标才是理性的。

最大化：时间的中立性是合理的，因为我的理性目标是让一生整体的好最大化。

最大化预设的是，在我的不同状态之间唯一相关的差别就是它们带来的满足的量。

有些时候最大化看起来是合理的。如果收集沙子或者油，我可能想要收集得越多越好，最好的安排看起来就是让我可以收集最多的安排。总量与结构无关。但是总量并不总是与结构无关。比如我们可能关心自己人生是高开低走，还是整体而言很糟糕但是有一些极其幸福的时刻，但很快又会被更多不幸掩盖。我们人生的这些结构性特征不同于其中快乐和痛苦的总量。①

因此我们可能会怀疑，单纯以一生快乐净值的最大化为目标是不是理性的。亚里士多德的幸福观对这种单纯的最大化给出了一个替代的方案，因为他关心一个好的人生的结构。因为西季威克忽略结构，他关于明智的单纯最大化理解就是可疑的。②

258. 从明智到功利主义的论证

在西季威克看来，功利原则是明智原则在人际之间的平行版本，因为人际间的无偏性与明智对于不同时间的无偏性平行。明智的人努力将他们自己的好最大化，因此无偏地对待不同的时间。与此相似，道德上的好人努力让好的总量最大化，而不管那是谁的好。他们对不

---

① 关于福祉在一生中的分配，参见莎士比亚：《李尔王》（*King Lear*）；巴尔扎克：《驴皮记》（*The Wild Ass' Skin*）

② 关于好生活的结构性特征，参见本书§262。

同人之间的差别的关心程度不会超过明智者对不同时间之间差别的关心。

就像在明智的问题上，西季威克的论证有一部分是合理的。[①] 我们可以出于巴特勒和康德的理由同意，明智在不同的时间是无偏的，道德在不同人之间是无偏的。但是我们已经看到，明智为什么并不显然要求最大化。与此相似，在不同人之间的无偏性并不显然要求我们把他们好的总量最大化。在道德领域，不同人之间的分配本身就很重要，重要性一点都不低于明智在不同时间之间的分配。西季威克的最大化论证让功利主义面对普莱斯的反驳，即功利主义处理很多人福祉的方式就像在处理同一个人的福祉。根据普莱斯的看法，功利主义预设了一个人不同时间中福祉最大化的问题，可以直接转换到不同人的福祉上。如果我们认为人本身就是目的，我们就不会采取这种最大化的态度，仅仅把非工具性的价值赋予人的经验（而不是人本身），而不管它们在不同人之间如何分配。[②] 即便我们接受最大化是明智的一个原则，我们也有理由怀疑它是不是道德原则。

因此，我们有理由怀疑功利主义是否可以从实践理性的基本原则中推论出来。西季威克关于无偏性的公理或许是明智和道德中实践理性的基本原则，但是它们并没有清楚地表明最大化快乐是一个由实践理性指引的理性行动者的终极目的。因此它们似乎并没有支持功利主义。

如果对功利主义的这个论证失败了，功利主义者就只能回到辩证法的那些论证上，通过确证大多数日常的道德信念把它们系统化。出于基本原则的论证试图摆脱辩证法论证的局部性特征，不再去探索功利主义与日常道德之间的一致性和不一致性。不管是辩证法的论证还

[①] 关于西季威克的最大化论证，参见《伦理学方法》382。关于明智与道德，参见本书§282。
[②] 关于康德论人之为目的，参见本书§209。关于对西季威克论证的批评，参见罗尔斯:《正义论》§30。

是出于公理的论证都并非无懈可击。①

259. 西季威克：实践理性的二元论

虽然西季威克认为功利主义给出了关于道德的真实理论，他并不是那么确定功利主义的图景就是最合理的人生图景。功利原则采取了"宇宙的观点"，也就是将总体的好最大化这种无偏的视角。但是这可能并非唯一合理的视角。要表明这一点，西季威克引入了行动者相关的理由（agent-relative reasons）。如果安妮是比尔的孩子，那么比尔有理由给安妮买生日礼物。这个理由相对于作为安妮父亲的比尔，并不是每个人都有给安妮买生日礼物的理由，也不是比尔有给每个人的孩子买生日礼物的理由。与此相对，（比如说）我们有无偏的理由去减少痛苦，不管我们是谁，也不管那是谁的痛苦。功利主义原则提供了无偏的理由。

基于在不同种类的理由之间的区分，西季威克认为，利己主义者可能会避免从明智到功利主义的论证。利己主义者可能会彻底坚持行动者相关的理由，主张自己的幸福就是最合理的目的，而不管从某种无偏的观点看那是不是最合理的目的。功利主义的论证是无关的，因为它们只告诉他从无偏的角度讲什么是合理的，而不是对他来讲什么是合理的。②利己主义告诉我们首先追求自己的幸福，功利主义告诉我们首先去追求普遍的幸福。这些指示会要求不相容的行动。

西季威克称这为"实践理性的二元论"。如果两个原则制造了二元论，就意味着二者看起来都是合理的，都不比对方更高，但是却产生了矛盾。每个原则看起来都体现了公理，但是矛盾的结果给了我们

---

① 关于独立于常识捍卫功利主义的更多尝试，参见本书 §§282-283。
② 关于无偏的视角，参见《伦理学方法》420。关于从利己主义角度做出的回应，参见《伦理学方法》420，498。

理由去怀疑两者里面是不是有一方不是公理。之所以会产生这样的怀疑，是因为我们有理由把某个原则当作公理的条件是，我们认为它与其他明显的公理协调一致。①

因为西季威克的论证令人困惑，我们可以区分出一些主要的困惑。

为什么对功利主义的论证会给这种对利己主义的辩护留下空间？ 西季威克认为，对每个人来讲最合理的东西从无偏的视角来看可能是不合理的，因为对我来讲合理的东西依赖纯粹是行动者相关的理由。但是行动者相关的理由似乎并不会以这种方式反对无偏的理由。我有理由给某人 100 欧元，因为我从他那里借了这么多钱，但是你如果没有借钱也就没有相同的理由给他钱。但是这些行动者相关的理由依赖无偏的理由，也就是一个人应当归还他借的东西。这样看来，如果追求我自己的目的就是最合理的，那么这也是无偏地最合理的。如果西季威克证明了功利主义是最合理的，他也就证明了利己主义不是最合理的。他并没有给辩护行动者相关的利己主义留下空间。

为什么利己主义和功利主义看起来不一致？ 如果我们否认行动者相关的理由依赖无偏的理由，我们就可以避免前面的那个论证。但是我们可以对西季威克的二元论提出一个新的反驳。如果对我来讲合理的东西并不是无偏地合理的，功利主义在无偏的意义上最合理这个结论，看起来就没有和利己主义对我来讲是最合理的这一原则矛盾。西季威克尚未表明这里存在二元论。

西季威克认为可以回答二元论的答案是否真的回答了它？ 根据西季威克的看法，我们必须承认，功利主义和利己主义（按照他对这两个词的解释）明显都是公理，并且明显存在不一致，除非我们可以表明它们总是要求相同的行动。如果我们跟随巴特勒和康德，认为在

---

① 关于西季威克的二元论，参见 J. B. Schneewind, *Sidgwick's Ethics and Victorian Moral Philosophy*, Oxford: Oxford University Press, 1977, ch. 13; R. Crisp, *The Cosmos of Duty*, ch. 7。

宇宙的道德秩序中，义务和利益总是一致的，就可能达到这个结果，即认为它们总是要求相同的行动。①但是这个一致性如何能够消除这两个原则之间表面的矛盾呢？它们看起来彼此矛盾，是因为功利主义告诉我们如果我自己的幸福与整体的幸福矛盾，我就应当选择整体的幸福，而利己主义告诉我们，在矛盾的情况下，我们应当选择自己的幸福。如果这两个原则在这个情境下给出了矛盾的建议，那么（在宇宙秩序的假设之下）即便这个情形不会出现，这些建议之间的矛盾也不会更小。我们看起来很难认为，西季威克找到了一个真正明显的矛盾，同时还认为他通过宇宙秩序的假设排除了这个矛盾的表象。

260. 道德与自利的问题

即便西季威克没有找到他所谓的实践理性的二元论，他认为我们面对明智和道德的问题可能依然是正确的，这个问题就是巴特勒认为我们在"冷静的时刻"会问的。②西季威克不满足于其他道德学家对巴特勒的问题给出的答案。

西季威克认为，我们可以通过训练将道德置于自利之上。在密尔看来，我们的合作经验让我们习惯于考虑他人的利益。当我们习惯了合作以及与合作相伴的情感，我们就会获得与他人平等、与他们利益相同的情感。这些经验会让我们考虑什么可以让他人受益，并且让这种考虑成为第二自然，就像我们考虑什么能够让自己受益。在西季威克看来，这在心理上是可能的，但是它不足以回答那些头脑清晰的利己主义者，他们还是会从利己主义的角度问，为什么发展道德情感从

---

① 关于"宇宙中的道德统治"，参见《伦理学方法》508。我们是否应该仅仅因为道德信念的力量而接受它？参见《伦理学方法》509。
② 关于巴特勒论良知与自爱，参见本书§183。

而让我们以反对自我利益的方式行动是合理的。①

西季威克同意巴特勒的看法,理性的自利与良知都是很高的原则。巴特勒论证良知的至高性,但是西季威克认为我们没有办法表明这两个原则中的一个比另一个更高。巴特勒认为这两个原则可以彼此协调,但是西季威克认为它们给了我们矛盾的实践指引。在这一点上,巴特勒赞成亚里士多德的幸福主义,而西季威克反对幸福主义。②

西季威克同意这里存在矛盾,一方面是因为他将明智与道德分开。明智要求我把自己的快乐最大化,但是道德要求我们把整体的幸福最大化。将我一生中的快乐净值最大化的行动,不大可能同时将所有有感觉生物的快乐净值最大化。这个截然的分离依赖西季威克的快乐主义明智观念和他的功利主义道德观念。

然而,对一个人的好的非快乐主义论述,并不排除道德促进一个人自己的好。与此相似,对道德的非功利主义论述也不会要求一个人仅仅为了增加好的总量而做出伤害自己的牺牲。巴特勒主张道德包括了追求自己利益的义务。康德论证道德要求把他人当作目的而不仅仅是手段。巴特勒和康德都没有接受功利主义的道德观。

如果我们接受西季威克的说法,认为道德和自利是矛盾的,他是否表明了利己主义和道德是同等合理的呢?为什么让他人付出严重的代价来追求我自己的利益就是合理的呢?在巴特勒、康德和西季威克看来,我的实践理性将我看作一个在时间上延续的存在,我的利益值得无偏的关切。但是它同时看到他人的利益也值得无偏的关切。一个将自利的明智看作至高原则的利己主义者必须要去解释,与我相似

---

① 关于认同他人的利益,参见密尔:《功利主义》3.9。关于第二自然,参见亚里士多德:《尼各马可伦理学》1152a29-32。关于西季威克对密尔论证的判断,参见《伦理学方法》499注释。

② 关于二元论,参见本书§108(司各脱),§193(巴特勒),§229(黑格尔),§265(格林与布拉德利)。

的他人的利益为什么不如自己的利益重要。从支持利己主义者的角度看，西季威克强调，不同的人是分离的，一个人对自己的关切在根本上不同于对他人的关切。[①] 但是这个不同为什么会让我们看不到他人的利益同样合法地要求我们的关切呢？

---

① 关于对自我的关切与对他人的关切，参见《伦理学方法》497。

第二十一章
超越康德与功利主义道德
——观念论的替代方案：格林与布拉德利

261. 对功利主义的观念论回应

密尔和西季威克对边沁和始于哈奇森的功利主义传统做出了复杂而有力的辩护。在他们的同时代人中，最活跃也最有力的批评者是观念论者格林和布拉德利。西季威克和观念论者展开了一场漫长的争论，了解这场争论可以帮助我们探索道德哲学中功利主义和观念论的一些问题。①

格林和布拉德利都是观念论者，因为他们利用了黑格尔的思想资源。②但是他们也在回应道德哲学领域中自己的英国前辈。此外，格林也反对黑格尔对康德道德哲学的负面看法。在格林看来，对亚里士多德、康德和黑格尔的综合是比功利主义更好的道德理论。

西季威克试图将康德吸收进功利主义的尝试值得与英国观念论进行比较，特别是格林和布拉德利的观念论。与黑格尔不同，格林认为自己是一个康德主义者，他认为，如果我们将康德与亚里士多德的幸

---

① 关于西季威克、格林与布拉德利之间的互相批评，参见西季威克:《格林、斯宾塞与马蒂努的伦理学》(*The Ethics of Green, Spencer, and Martineau*, London: Macmillan, 1902);布拉德利:《西季威克先生的快乐主义》("Mr Sidgwick's Hedonism" [1877], in *Collected Essays*, 2 vols., Oxford: Oxford University Press, 1935, vol. 1, ch. 2);格林:《伦理学前言》(*Prolegomena to Ethics* [1883], ed. D. O. Brink. Oxford: Oxford University Press, 2003)。关于格林与观念论，参见布林克 (Brink) 为格林的《伦理学前言》写的"导言"。

② 这里的"观念论"是指黑格尔的形而上学观点，我在本书中没有试图解释这种观点。

第二十一章　超越康德与功利主义道德——观念论的替代方案:格林与布拉德利

福主义结合起来,我们就能达到类似黑格尔的结论。理性行动者在根本上以自我实现为目标,也就是实现他们的理性能力。因为他们在社会关系和制度中实现这些能力,认为个人实现与社会义务存在冲突的观点建立在误解之上。我们可以问,这些观点是不是把握到了亚里士多德主义传统中的一些洞见。

19世纪道德哲学里这些关于康德的论证,揭示了希腊道德学家在现代道德理论的创新引发的争论中持续在场。在康德与希腊幸福论之间(从某些角度看)尖锐的对立,促使我们去问一些非常合理的问题,比如希腊人试图将人的好与道德联系起来,是否给出了一种对道德的合理辩护,现代道德哲学是不是太过急迫地想要反对这样的证成。

讨论格林和布拉德利不可避免地要重复一些在讨论黑格尔时提到的要点。为了避免过多的重复,我们可以把之前的一些讨论当作给定的,比如黑格尔对于意志的看法,他对康德式道德的批评。①之后的观念论者将黑格尔的意志观念作为起点,反对快乐主义的功利主义背后的道德心理学。②

262. 自我实现

格林和布拉德利认为,一个人的好不在于快乐的最大化,而在于"自我满足"或"自我实现"。西季威克主张,这个关于好的观念太过模糊,没有任何实际用处。而观念论者的回答是:它非常清晰,足以给道德提供基础。③

---

① 关于黑格尔论意志,参见本书§227。
② 本章忽略格林与布拉德利之间的差别。特别是如下这些:(1)格林对康德的看法比布拉德利更正面(而后者更接近黑格尔);(2)格林有兴趣将观念论的道德哲学应用在社会和政治问题上,而布拉德利没有这样的兴趣。因此,本章中勾勒的观念论更接近格林而非布拉德利的观点。
③ 关于自我实现,参见格林:《伦理学前言》§§118-129;西季威克:《伦理学方法》II.7。

一种简单的自我实现观念看起来比较容易理解。当我们想要做一顿饭、爬一座山或者写一本书的时候，我们的目标是某个进一步的结果（比如做好的饭，等等）。但是我们的目标同时也是自己未来的某种状态。我们想要实现那个已经达到这些结果的自我。如果我努力拿到一个牙医的学位，但是我又想要当一个木匠而非牙医，我就有理由改变计划，因为原来的计划并不能构成我想要实现的那个未来自我的合理观念。我指向的目的包括完整的自我的观念，这个自我的目标是可以前后一致和系统地满足的。

　　然而，自我实现的内容不仅是我们的欲求可以得到前后一致的满足。如果我们将自己的欲求压缩到最低水平，我们就可以和谐一致地满足它们，但是我们并不能实现完整的自我。即便我们可以把自己的欲求调整得与牡蛎的欲求相匹配，牡蛎的生活对人来讲也不是合理的理想。假如我们计划过那样的生活，我们就是非理性的，因为我们会忽略自己身上一些有很好理由去实现的东西。假如我们要给其他人一些如何行动的建议，我们不会简单地问什么能够让他们感到满足，我们还想给他们一些机会去发展和完善他们自己的一些方面，如果满足就是唯一的目标，这些方面就可能会被忽略。正确的欲求以自我实现为目标。①

　　这个自我实现的观念对我们理解道德有帮助吗？一个圣人、一个企业家、一个黑帮分子可能都有自己前后一致的人生计划。如果他们实现了这些计划，他们就实现了自我、实现了他们的好吗？道德是不是比不道德或者非道德的人生计划更能够实现自我呢？

　　观念论者认为，假如功利主义或者康德的道德观是正确的，我们

---

① 关于自我实现的观念，参见布拉德利：《伦理学研究》(*Ethical Studies*, 2nd ed., Oxford: Oxford University Press, 1927 [1st ed., 1876]) ch. 2. 布拉德利使用的"自我实现"比格林的"自我满足"更不容易引起误解。参见本书 §251 关于密尔对人类能力发展的讨论。关于福祉与欲求的满足，参见本书 §§38-40（亚里士多德），§102（阿奎那），§123（苏亚雷兹）。

就无法将自我实现与道德联系起来。但是如果我们看到了这些竞争性的道德观中的错误，就可以看到道德如何达到自我实现。

263. 功利主义道德错在哪里？

观念论的自我观念表明功利主义既有吸引力又存在错误。说它有吸引力是因为功利主义诉诸自我的一个真正方面；说它错误是因为它只诉诸这一个方面，忽略了整体的自我。快乐主义的功利主义者将自我仅仅看作对不同对象的欲求的集合，由此发展出满足这些欲求的策略。这种对待自我的态度没有看到自我的满足不仅仅是冲动的满足。自我对于不同冲动的接受程度是不同的，自我的满足部分来自用特定的方式满足不同的冲动。我们关心自己的生活表现了自我的不同方面，而不仅仅关心我们获得了多少快乐。我们也关心自己生活的结构，而这个结构与我们自我的结构密切相关。这就是为什么亚里士多德认为，幸福包括了在形成一个人生活方式的过程中运用实践理性。①

西季威克忽略了好的这种结构性方面，因为他把好等同于快乐的累加。他把实践理性及其在规划人生中的作用仅仅看作实现快乐的工具性手段。密尔不满足于这样单纯工具性地运用理性。在他看来，在运用理性时我们获得更高级的快乐，自由的目标就是发展人类理性的能力。西季威克与观念论者都同意，密尔对理性活动的强调无法与对好的快乐主义论述协调一致。②

就像快乐主义者将一个人自己的好等同于快乐的最大化，而不管快乐在一生中如何分配，快乐主义的功利主义者依赖一种相似的最大化预设，从而表明，道德所要实现的好，就是不同行动者之间快乐的

---

① 关于作为整体的自我，参见布拉德利：《伦理学研究》95。关于快乐主义的错误，参见《伦理学研究》131-132。关于亚里士多德论实践理性在幸福中的作用，参见本书§39。
② 关于西季威克论最大化，参见本书§257。关于密尔论更高的快乐，参见本书§§249-250。

最大化，而不管快乐在不同人之间如何分配。西季威克诉诸对明智而言最大的策略具有合理性与不同人之间具有公平性来论证这个最大化原则。

观念论的批评者主张，功利主义者在道德问题上犯了和在明智上相同的错误。对其他人的理性关切并不要求我们把总体快乐最大化，因为把总体快乐最大化并不必然实现这些行动者之中任何人的好。

264. 康德主义伦理学中的错误和正确要素

根据观念论者的看法，功利主义者和康德主义者犯了相反的错误。功利主义者将自我仅仅看作具体冲动的集合，他们忽略了我们因其自身之故而看重的理性的能动性。然而，康德主义道德只考虑了理性能动性，而没有考虑同样属于理性行动者的欲求和目标。这两种道德观都忽略了自我实现中的本质性要素。

在康德看来，如果我们试图将道德置于幸福之下，并且试图将道德原则还原为假言命令，那么我们就误解了道德。① 这就是康德为什么反对一切道德的目的论观念，不管是古代的幸福论，还是现代道德学家的功利主义。观念论者论证，康德要分离理性和倾向，因为他在自我利益和幸福的特征上同意对手的观点。虽然他接受理性能动性的独特特征，但是他并不认为这些特征决定了理性行动者关于好的观念。在他们看来，康德用理性的自我压制了非理性的自我，用义务压制了自我利益。这个在道德与非道德之间的冲突扭曲了道德的性质。

然而，格林结合了康德与亚里士多德的幸福论。理性行动者在根本上以自我实现为目标，也就是他们理性能力的满足。因为他们在社会关系和制度中实现这些能力，认为个人实现与社会责任之间存在冲

---

① 关于康德论假言命令，参见本书 §§200-202；比较 §229 关于黑格尔的讨论。

突的观点就建立在误解之上。假如康德认识到了我们以完整自我的实现为目标，他就会避免在道德问题上的这个错误。

如果我们形成了要去满足的完整自我的正确观念，我们就有了一个理性的和带有批判性的进路，去结合我们的不同欲求和目标。要去协调的目标就包括了属于我们这些理性行动者的目标，我们认识到自己与其他理性行动者共享某些共同的好。这些目标包括了道德的视域。因此道德与自利并不矛盾，一个健全的道德理论不应该将它们分离开来。

265. 个人实现要求社会道德

关注个人实现并不意味着单纯关注自己的发展。观念论者主张，社会道德对于个人实现具有本质性的意义。我们只有认识到自己的好是非竞争性的、共同的好，才实现了我们自己。这种好是共同的，因为它包括与他人非工具性的关系。[①]

我们正常的发展会让我们形成对他人非工具性的关切。就像我们认识到自己的好不仅仅是满足自己当下的欲求，也发展出一种对自己和他人共同的好的观念。如果没有社会性的连接和关切，我们就不可能实现自我，每个人在成长的过程中形成这样的连接，如果切断了与父母、家庭、朋友的连接，我们就无法形成合理的自我观念。这些与他人之间非常基本的连接帮助我们看到，道德在于"扩展共同的好"的范围。把共同的好扩展到社会和政治机构上会带来（黑格尔意义上的）

---

① 关于自我实现与个体性，参见 K. V. Thomas, *The Ends of Life: Roads to Fulfilment in Early Modern England*, Oxford: Oxford University Press, 2009, ch. 1. 关于非竞争性的好，参见格林:《伦理学前言》§§199-217；关于与他人的关系，参见《伦理学前言》§199。

伦理生活的视域。①

　　根据布拉德利的看法，我们在伦理生活的社会角色中实现非竞争性的共同的好（他称之为"我的位置和义务"[my station and its duties]），这些角色实现了一个人要去实现的个人观念。因为一个人的社会角色包括了道德要求、权利、预期，所以道德形成了要去实现的自我。因此，我们不可能形成由社会塑造的自我的同时，不去接受那些定义了我们的位置和义务的道德视域。②与此相同，不同社会角色的道德维度也决定了承担这些角色的人如何看待自己。拥有某些角色的人，除了工具性的利益之外，也会在某些情况下感到快乐或羞耻，他们把自己看作战士、警官、老师、父母、俱乐部成员，等等。如果一个人把自己看作某种角色的承担者，就会实现伴随它的责任。因此道德包括了位置和义务。

　　因此，与康德的看法不同，我们不应该认为道德必然与自我利益冲突。因为我们着眼的"利益"不仅仅是这个或那个非道德的欲求；相反，我们以自我实现为目标，而那意味着在某些有组织的系统里实现我们的能力。道德关系揭示了新的能力以及新的实现的可能性。道德允许我们用某些方式实现自我，而假如我们用非道德的方式看待目的，这些方式就不能对我们开放。③

　　这些目的的明显例子就是球队、乐团或者家庭。如果我们形成了表达我们社会角色的目标，就可以用新的方式实现自我。与此相似，如果我们用非工具性的方式关心他人，很多为了他们自身之故的行动对我们来讲就变得重要了。比如，有些医生关心他们病人的福祉，而

---

① 关于好的扩展，参见《伦理学前言》§§206-217。关于伦理生活，参见本书§229关于黑格尔的讨论；比较§102关于阿奎那的讨论。
② 关于我的位置和义务，参见布拉德利；《伦理学研究》ch. 5。关于这种道德观的局限，参见《伦理学研究》202-206。
③ 关于道德与自利，参见《伦理学研究》ch. 7。

另一些医生只关心他们自己的收入或者在职业中的位置。对前者而言，他们可能关心病人的福祉而不在意任何其他东西，他们认识到一些可以实现他们自我的东西，而不仅仅是实现他们的手段。

266. 自我实现要求康德主义的道德

我们到目前为止描绘的社会道德包括了与特定关系和社会角色（父母、孩子、救火队员、老师，等等）绑定在一起的义务和权利。我们作为承担这些角色的人，社会道德帮助实现了自我。然而，在康德看来，道德除了这些伴随具体角色的权利和责任之外，还有更多。从道德视角看，我们要把自己看作目的，看作目的王国里平等的成员。康德理解的道德，不仅仅包括我们与特定的他人（朋友、病人、同事，等等）之间的关系，而是在于对普遍意义上的他人的尊重。

为了作为理性行动者实现自己，我们必然会认为自己配得上他人的某种对待，他们也平等地配得上从我们这里得到相同对待。如果我们对自己有正确的观念，就会认为自己配得上他人的某些对待，不是因为我们对他们格外有用或者他们格外仰慕我们，或者享受我们的陪伴，而是因为我们是人。如果这是我们认为自己配得上他们的某种对待的原因，我们就会承认人们彼此之间平等地配得上某些对待。于是我们就接受了康德的原则，将人本身当作目的，而不仅仅当作手段。

因此，康德主义的道德观念，体现在要求把人当作目的来尊重的原则之中，就是正确的作为自我实现的好的观念。我们在好意中实现我们的好，（根据格林对康德的理解）好意指向的是共同的、非竞争性的好。我们扩展的关切让我们将某些共同体的目的看作我们自己的目的，从而在共同体的行动中实现自己。我将共同体的行动看作我自己的行动，从而在共同体的行动中实现远比我作为单个的个体所能实现的多得多的能力。①

根据格林的看法,康德说我作为理性的行动者把自己看作目的,这是一个关于自我实现的说法。当我以某个具体的目的为目标时,我关心的不仅是达到那个结果,而且关心为了我自己达到那个结果,作为实现我整体能力的人生的一部分。我关心的那个自我,不同于欲求的满足,因为欲求的满足对于我的福祉来说可能是不够的。道德视角将理性行动者看作目的。我把自己看作目的,因为我给自己赋予了某种优先性,优先于实现某些特定的目的或欲求。与此相似,我把他人看作目的,因为我也给他们赋予了这种优先性,优先于实现任何人的具体目标或欲求。如果我把人看作目的,我不会允许他们为了其他人的目的而被牺牲。

用这些方式,观念论的伦理学结合了康德的人本身是目的的观念和目的论的道德观,后者把道德既看作实现某个共同的好的手段也看作共同的好的一部分。②观念论的这些论证质疑了西季威克的实践理性二元论,因为它们挑战了他关于利己主义和道德的论述。一方面,明智的行动者并不是以累积自己的快乐为目标,而是以自我实现为目标,因此他们追求的目的在原则上不会排除他人的好。另一方面,道德并不规定牺牲一个人的好去确保好的更大总量,因此道德不会要求功利主义要求的那种极端的自我牺牲。因此,明智和道德不会冲突,而是要求彼此。认为它们之间存在冲突是因为对明智和道德不完全的把握。这个结论让观念论者更接近亚里士多德和阿奎那的幸福论,而非司各脱、巴特勒或西季威克主张的实践理性的分裂。③

---

① 关于共同的好,参见格林:《伦理学研究》§§218-245。
② 关于手段与部分的区分,参见本书§47关于亚里士多德的讨论。
③ 在《格林、斯宾塞与马蒂努的伦理学》中,西季威克认为格林并没有完全逃离二元论。

267. 实践意涵?

即便观念论对功利主义和康德主义道德提出了一种合理的理论替代,它有任何实践作用吗?西季威克论证说,自我实现的概念极其模糊,无法支持任何具体行动。[1] 他认为,在这一点上,观念论不如功利主义。定量的快乐主义者从可以确认的快乐的经验出发,用经验的方式论证哪些行动可以将快乐最大化。但是我们不可能从一种类似的可以确认的自我实现的观念入手。

并不是所有的观念论者都在这一点上同意西季威克的看法。格林和他的追随者主张,观念论的伦理理论是社会和政治改革的基础,可以帮助我们实现共同的和非竞争性的好。在他们看来,开明的改革可以促进每个人的自我实现,而不会将任何人仅仅当作他人自我实现的手段。自我实现比功利主义对最大化快乐的要求为开明的政治行动提供了更加坚实的基础。[2]

我们可以考虑自我实现可能对教育产生的影响来阐明这个观念论的主张。我们或许可以说,恰当的教育是让孩子在长大之后更容易满足自己的欲求,而满足这些欲求可以让他们的快乐最大化。另一种可能性是,不管教育能不能让一个成年人最大化自己的快乐,它都可以让快乐总量最大化。这些是功利主义的证成。然而它们会受到质疑。成年人的欲求一部分是由他们接受的教育带来的目标和视域形成的。假如他们没有接受教育,他们就可能获得截然不同的目标和欲求。我们能知道,满足他们接受或者不接受教育形成的欲求,哪个能带来更

---

[1] 关于西季威克论格林的好与好意,参见《格林、斯宾塞与马蒂努的伦理学》94。

[2] 关于观念论与政治,参见 M. Richter, *The Politics of Conscience*, London: Weidenfeld & Nicolson, 1964。

大的快乐吗？对于将快乐总量最大化，我们也可以提出相同的问题。[1]

显然，我们可以塑造某个人的欲求，让它们很容易满足（如果我们想要让未被满足的欲求数量最小化），或者带来最大的快乐。但是我们可能并没有做出最大的努力去促进他们的福祉。如果孩子长大成人，或者成年人改变自己的欲求，但是依然只拥有幼稚的欲求，我们会认为他们缺少了一些让他们生活得更好的东西。他们缺少了什么，取决于他们可以做什么，而他们可以做什么，反映了他们的自然和能力。这就是我们为什么通过帮助孩子和成年人发展能力，而不仅仅保证他们欲求的满足，来促进他们的福祉。[2]

我们在讨论诉诸自然，特别是理性的自然时，讨论了这种个人好的观念。观念论者关于自我实现的主张就诉诸相同的个人好的观念，也就是实现一个人作为理性行动者的能力。我们的一些特征，比如理性，看起来是基本的，并且是人类共同的。另一些相关的特征可能是某人特有的。我们有时候在某些情况下会认为，某些人特有的能力的发展受到了阻碍或妨碍是错误的。但是对于哪些特有的能力真的很重要我们是有选择的，我们的判断似乎依赖不同的能力如何能够在一个人那里相互适应。根据这种观点，我们实现自己的好，完全是因为我们实现了我们所是的那种东西的好。我们的自然是关于我们的好的真实观念的基础。

西季威克与约翰·格罗特（John Grote）这个功利主义的批评者之间围绕奴隶制展开的争论也产生了类似的问题。他们同意奴隶制是错误的，但是对于为什么错有着很大的分歧。在格罗特看来，功利主义主张奴隶制错误的理由是错误的。决定奴隶制是否正确的是奴隶拥有

---

[1] 格林对于教育重要性的观点让他倾向于强制教育；参见 P. P. Nicholson, *The Political Philosophy of the British Idealists*, Cambridge: Cambridge University Press, 1990, ch. 5。

[2] 关于孩子的快乐，参见亚里士多德：《尼各马可伦理学》1174a1。

人的自然。① 我们应当看到，奴隶拥有人的能力，他们和其他人一样有很好的理由去发展这些能力，我们反对奴隶制是因为它妨碍了这种发展。即便我们无法对自我实现包括哪些要素给出完全一致和穷尽的清单，我们对它们中的一些还是有着足够清晰的理解，可以得到一些实践结论。如果自我实现的合理观念可以用来支持格罗特的反功利主义结论，那么西季威克说那是一个完全空洞和实践上无用的观念就不大可能是正确的。

西季威克可能会说，我们很难给出决定性的论证，表明奴隶制因为妨碍了奴隶的自我实现从而是坏的。比如，要表明对于一个理性的存在者而言，控制自己的生活是自我实现的一个方面，我们需要依赖并非毫无争议的前提，可能需要决定某些伦理学上非常困难的要点。② 然而，这可能不是一个致命的反驳。与其质疑观念论者诉诸的自我实现，我们或许应该质疑西季威克对清晰性和决定性的要求是否合理。

西季威克认为，如果我们可以排除道德原则上的不确定性，只保留经验上的不确定性，我们的理论就会对指导行动更加有用。但是可能并非如此。因为如果道德上的不确定性比经验上的不确定性更容易解决，根据不那么精确的原则行动可能更加容易。比如，如果功利主义反对奴隶制是基于某些可疑的关于快乐的主张，而我们很确定奴隶制的错误在于奴隶也是人，那么不那么精确的非功利主义理论，就给了我们比看起来更精确的功利主义理论更确定的答案，因此这个不那么精确的理论在实践中可能更有用。如果西季威克的标准可能受到质疑，观念论者就无需担心他们的理论是否违背了这个标准。

奴隶制的例子表明，诉诸自我实现有可能得到证成。我们有时候可以看到，某些人受到的对待可能破坏了他们能力的完全发挥，从而

---

① 关于功利主义与奴隶制，参见 J. Grote, *An Examination of the Utilitarian Philosophy*, Cambridge: Deighton Bell, 1870, pp. 319-326；另参见本书 §291 关于罗尔斯的讨论。

② 关于西季威克论个人实现，参见《伦理学方法》III.1.11 和本书 §246。

妨碍了他们完整自我的实现。这样的观点缺少判断快乐与痛苦的经验基础，但是它们并非实践上毫无用处。它们可能既表达了我们的实践判断，又可以指引我们的实践判断，因此不仅能够帮助我们理解现有的社会和政治角色，还能改变这些角色。基于"我的位置和义务"的道德，可能会揭示更好的位置和义务。

第二十二章

元伦理学：客观性及其反对者

268. 实证主义与元伦理学

关于道德的形而上学、认识论和语义学都是元伦理学问题，这些问题在苏亚雷兹、卡德沃斯、哈奇森、休谟、里德以及特别是西季威克那里得到了讨论，但是它们并没有主导这些哲学家对道德的讨论。然而，在20世纪一些哲学家宣称，元伦理学，特别是关于道德判断意义的问题，是关于道德的全部哲学问题。这个主张部分来自关于哲学本质和任务的观点，部分来自对于规范性伦理理论是否可能的具体怀疑。

逻辑经验主义（logic empiricism）也称为"逻辑实证主义"（logical positivism），在20世纪兴起，它要限制道德理论的作用。[1] 实证主义者主张，任何可以接受的关于知识的主张都必须是经验上可验证的。[2] 事实上，他们宣称，只有当句子表达了一些经验上可验证的东西时才有意义。真正的科学理论中的句子（也就是有真假的句子），意义是由可以用来验证它们的经验性检验决定的。如果一个理论中的句子不能被经验证实或证伪，它就不是一个科学理论。这些句子就是没有意义的。[3]

---

[1] 关于逻辑实证主义的简短论述，参见 A. J. Ayer, *Language, Truth, and Logic*, 2nd ed., London: Gollancz, 1946 (1st ed., 1936). 关于这场运动的历史，参见 J. Skorupski, *English-Language Philosophy 1750 to 1945*, Oxford: Oxford University Press, 1993, ch. 5，特别是 pp. 216-217；J. A. Passmore, *A Hundred Years of Philosophy*, 2nd ed., London: Duckworth, 1966, ch. 16。

[2] 关于经验主义，参见本书 §148。

[3] 有些实证主义者区分认知意义（这种意义要求可验证性）和情感或规范意义。

休谟对因果性和外部世界存在性的分析，使得他怀疑关于外部世界的日常或科学主张是否满足经验主义的标准。他的怀疑影响了实证主义者，因为这些怀疑是关于因果法则和关于因果法则的陈述能否得到验证的论辩的基础。实证主义者认为我们很难表明，科学法则如何能够满足经验主义提出的意义标准和可验证性标准。① 尽管如此，20世纪的大多数实证主义者还是认为，逻辑经验主义的标准表明，科学理论为什么是有意义的和可验证的。

实证主义者不仅尝试在经验基础上证成经验科学，也试图将真正的科学与假冒的知识区分开来。② 有三个假冒者需要被揭露出来：教条主义的宗教和神学、政治和历史的意识形态、形而上学理论。关于意义的经验主义标准被认为一举摧毁了基督教、马克思主义和（康德、黑格尔的）观念论。因为这些伪知识包括不可能得到经验验证的句子，所以它们的一些核心断言是无意义的。

如果伦理学属于经验科学，那么我们就需要给伦理词汇一些定义，让我们可以在经验中验证那些伦理主张。哈奇森和休谟看起来给出了恰当种类的定义，因此他们可以主张伦理学在什么意义上是一门经验科学。我们也可以用相同的方式来阐释边沁和密尔。

然而，20世纪大多数实证主义者都反对这种对伦理学的态度。在他们看来，伦理学既不是经验科学，也不是伪科学。他们得到这个结论是因为他们相信我们接下来要讨论的这个摩尔反对伦理自然主义的论证。

---

① 关于意义与可验证性，参见 C. G. Hempel, *Aspects of Scientific Explanation*, New York: Free Press, 1965。
② 关于知识的假冒者，参见休谟：《人类理解研究》XII 和结尾。

269. 摩尔：并非所有伦理概念都有自然主义定义

因为西季威克在1900年去世，而摩尔的《伦理学原理》在1903年出版，我们很容易认为，20世纪标志着伦理学史上一个截然的划分。但是这个截然划分的表象有很大的误导性。摩尔对后世道德哲学的巨大影响主要来自他在元伦理学方面的研究，而这些研究延续了西季威克和18世纪英国道德学家的讨论。他论证了（比如说）普莱斯和西季威克的结论，认为"好"不可能是一个可定义的自然属性。虽然《伦理学原理》比逻辑实证主义的发展要早，但是它与逻辑实证主义共享伦理学与经验科学之间关系的主张。"自然主义"的定义用适合经验验证的方式定义伦理概念。摩尔认为，假如可以这样定义伦理概念，伦理属性就是自然属性，伦理学就完全可以成为自然科学。[1]

摩尔的结论是，伦理学关于非自然事实和属性，因此他接受客观的道德事实。然而，实证主义者否认这种非自然事实的可能性，因此他们认为摩尔隐含地给出了彻底反对道德事实的论证；更普遍地说，反对任何将道德判断当作陈述看待的观点。我们需要问，摩尔或者他的后继者，是否从他的论证中得出了正确的结论。

摩尔论证，对伦理概念的自然主义定义是不可能的，因为一个核心的伦理概念，也就是"好"的概念，根本无法定义，这也就意味着没有关于它的分析真理。[2] 因此，他反对概念上的快乐主义，根据这种看法，"好是快乐"根据定义为真。那些认为"好"可以定义的人都犯了"自然主义谬误"（naturalistic fallacy），[3] 也就是从"所有的F都是G"推论出了F可以用G定义。那些用"快乐"定义"好"的人，混

---

[1] 关于自然主义的定义，参见摩尔：《伦理学原理》62。关于伦理学与自然科学，参见《伦理学原理》91-92。

[2] 关于"好"是不可定义的，参见《伦理学原理》59。

[3] 关于自然主义谬误，参见《伦理学原理》62。

淆了好的属性与拥有好的东西。从（他们认为的事实）"好"和"快乐"可以应用在所有并且相同的事物上，他们推论出"好"可以被定义为"快乐"。①

要表明"好"是不可定义的，摩尔这样论证：

（1）如果"F 是 G"是对 F 的正确定义，那么否认 G 是 F 就是自相矛盾的。

（2）当且仅当我们可以有意义地说 G 不是 F（也就是"G 不是 F"不是没有意义的），G 是不是 F 就是一个"开放问题"（open question）。

（3）如果我们可以有意义地说 G 不是 F，否认 G 是 F 就不是自相矛盾的。

（4）因此，没有任何把 F 定义成 G 的陈述会让 G 是不是 F 成为一个开放问题。

（5）但是，所有定义"好"的尝试，都会制造出开放问题。

（6）因此，"好"是不可定义的。②

前提（1）是合理的，如果我们考虑对概念的定义，并且这些定义给出了能够决定这些词汇含义的分析性真理。前提（2）给出了"开放问题"的含义。如果我们把握了"单身汉"的含义，我们就可以看到，"一个没有结婚的成年男人是单身汉吗"就不是一个开放问题，因为它其实就是"一个没有结婚的成年男人是不是一个没有结婚的成年男人"。任何理解了后一个问题的人都可以看到，说一个没有结婚的成年男人不是一个没有结婚的成年男人是没有意义的。

---

① 关于混淆对 F 的真判断与 F 的定义，参见《伦理学原理》66。虽然自然主义者，也就是那些把"好"定义成某种自然属性（比如快乐）的人，犯了这个错误，但是他们并非所有犯这个错误的人。在摩尔看来，任何试图定义"好"的尝试都犯了同样的错误，都是把关于 F 的真理与 F 的定义混淆了。

② 关于开放问题，参见《伦理学原理》67, 72；本书 §179 关于普莱斯的讨论。没有证据表明摩尔了解普莱斯的论证。

前提（3）在我们前面考虑的情况中看起来也是合理的。假如否认一个没有结婚的成年男人是单身汉不是没有意义的，我们显然就还没有找到对"单身汉"的正确定义。一旦我们认识到"F 是 G"是 F 的正确定义，G 是不是 F 的问题看起来就不再是一个开放问题了。

摩尔主张，人们提出的所有关于"好"的定义都会制造开放问题。比如，"好"不能被定义成我们想要欲求的东西（what we desire to desire），因为"想要欲求这个是好的吗"就像"这是好的吗"一样可以理解。我们可以很好地理解"好"和"欲求"，但是依然不认为"我们想要欲求的东西不是好的"是无意义的。把这个检验用在人们提出的所有"好"的定义上会表明，它们都会制造出开放问题。因此"好"是不可定义的。①

摩尔的第（3）个前提看起来有些可疑，因为有一些自相矛盾的陈述并不明显如此。如果逻辑和数学真理是分析性的真理，那么否认它们就是自相矛盾的，但是这一点并不那么明显，因此它们依然可能产生开放问题。如果我们不知道否认 G 是 F 是自相矛盾的，就可以有意义地问"所有 G 是否都是 F"的问题，因此这个问题依然是开放的。

与此相似，如果"好"可以被正确地定义成"快乐"，否认所有的快乐都是好就是自相矛盾的，但是这一点可能并不是那么明显地自相矛盾。因此，即便把"好"定义成"快乐"是正确的，"所有令人快乐的东西都是好的吗"依然可能是一个开放问题。摩尔诉诸开放问题，并不是对正确定义的良好测试。因此这个测试也没有表明"好"是不可定义的。②

---

① 参见 C. Lewy, "G. E. Moore on the Naturalistic Fallacy," *Proceedings of the British Academy*, vol. 50 (1964), pp. 251-262。

② 关于定义，参见 C. D. Broad, *Five Types of Ethical Theory,* London: Kegan Paul, 1930, pp. 173-174; W. K. Frankena, "The Naturalistic Fallacy," *Mind*, vol. 48 (1939), pp. 464-477; G. E. Moore, "A Reply to My Critics," in *The Philosophy of G. E. Moore*, ed. P. A. Schilpp, Evanston: Northwestern University Press, 1942, pp. 535-677。

270. 非自然主义如何允许道德知识

让我们假设,"好"是不可定义的。这样,通向道德知识的一条道路就被堵死了,如果我们知道 F 的定义,我们就可以从那个定义的知识开始,利用它寻找关于 F 的进一步知识。比如,我们知道了单身汉是没有结婚的成年男人,我们想要知道单身汉是不是比已婚男人有更高的平均收入,我们就知道要去寻找关于未婚的成年男人的证据。但是如果我们不知道这个定义,就不能开始进行研究。与此相似,假如我们知道好可以被定义成快乐,我们就可以问如何让事情更让人快乐,以此来研究如何让事情更好。但是如果摩尔是正确的,我们就没有关于好的这个初步的定义性知识。

那么我们如何能够知道关于好的任何事情呢?摩尔认为,如果我们拥有关于某物的知识,而这个知识又基于其他知识,我们就必须要有某些不依赖其他知识的知识,因此我们必须要从某种基本的直觉开始。快乐主义者可能会主张,虽然好不能被定义成快乐,我们依然有基本的直觉,好就是快乐。这是西季威克的观点。摩尔不接受这个快乐主义的主张,但是他捍卫关于好的不同直觉。[1]

因此,摩尔是一个直觉主义者,因为他虽然否认好可以定义,但依然坚持我们可以知道关于好的真理。他是一个认知主义者(cognitivist)和客观主义者(objectivist),虽然他否认人们提出的所有关于"好"的定义。摩尔的一些后继者接受了这种非自然主义和直觉主义的伦理客观主义。罗斯把这个进路发展得最为完全。[2]

---

[1] 关于西季威克的基础主义,参见本书 §248。
[2] 关于罗斯的直觉主义,参见本书 §284。

271. 对摩尔的实证主义回应：非认知主义

然而，实证主义否认我们可以通过直觉获得关于客观的伦理事实的非经验性知识。如果伦理词汇不可能用经验性的词汇定义，伦理陈述就不可能得到验证，因此它们就没有意义。我们没有理由相信可以通过直觉把握简单的、非自然的属性。

因此实证主义反对摩尔对于道德事实的信念。他们接受了休谟的论证，表明道德判断表面上的事实特征误导了我们，让我们没有认清它们的真实特征。追随休谟，他们依靠两个特征区分道德判断和事实陈述：[①] (1) 道德判断必然影响行动，因此包括激情；(2) 我们不可能从"是"推论出"应当"。

第一个主张表达了内在主义的观点，认为在逻辑上不可能出现做出了一个道德判断，但是不倾向于根据它行动，而逻辑上有可能陈述了一个客观事实但是不会被它推动。休谟由此推论道德判断不可能是关于客观事实的陈述（"事实"或者"在对象中的"事实）。与此相似，休谟否认我们可以从"是"推论出"应当"，因为他认为关于事情应当如何的判断完全是表达赞成的手段。

这个关于道德判断本质上具有实践特征的看法，把我们带回到了苏亚雷兹在说明性的和命令性的法则之间的区分。如果内在主义者是正确的，那么苏亚雷兹就不应该否认道德判断本质上是规定性的，也就不该接受客观的道德事实。[②]

摩尔的批评者依赖这些论证表明，道德判断并不描述事实，因为它的意义不是描述性的。它看起来像是描述道德事实的陈述，显得或

[①] 关于休谟与非认知主义，参见本书 §158；C. L. Stevenson, *Ethics and Language*, New Haven: Yale University Press, 1944, pp. 273-276。关于摩尔与休谟，参见 R. M. Hare, *The Language of Morals*, Oxford: Oxford University Press, 1952, pp. 29-30。

[②] 关于规定性的法则，参见本书 §118-119 关于苏亚雷兹的讨论。

真或假，但是它并不真的是一个陈述，它的某些其他特征让它可以适合它与动机和行动之间的内在联系。这是对道德判断的非认知主义（或者说非描述主义）论述。

根据非认知主义的观点，摩尔证明了(不管他的意图是否如此)"好"不可能用纯粹自然的词汇定义，因为没有自然主义的定义可以把握在道德判断与动机之间的内在联系。虽然摩尔没有看到他的论证其实隐含地依赖内在主义，但是他其实确证了一种非认知主义和反客观主义的立场。①

对摩尔的这个判断是各种版本的非认知主义的基础，从史蒂文森的情绪主义（emotivism）*到黑尔的规定主义（prescriptivism），再到吉巴德（Gibbard）和布莱克伯恩（Blackburn）的表达主义（expressivism）。规定主义者主张道德是命令或者规定。表达主义者认为道德是接受某种规范的态度。根据这些观点，道德判断不可能有真假，因为情绪反应、命令或者接受，可能会有恰当或者不恰当，但是没有真假。②

对摩尔的实证主义反应，特别是史蒂文森、艾耶尔和黑尔，解释了为什么在20世纪上半叶道德哲学的主要关注在元伦理学上，特别是关注非认知主义的论证。这些论证旨在表明，不管它们的语法形式如何，道德判断实际上是情绪的表达，或者指引行动的规定，而不是对事实的陈述。如果它们根本不是对事实的陈述，那么它们是关于世界的陈述（就像之前的理性主义者认为的那样），或者是关于一个人情绪的陈述（像之前的情感主义者认为的那样）的问题就根本不会产生。

---

① 关于休谟与摩尔，参见 Hare, *The Language of Morals*, 171。

* "情绪主义"来自 emotion，这个词之前译为"情感"，并且与 sentiment 不做区分。本章为了区分之前讨论的"情感主义"(sentimentalism)，将 emotion 译为"情绪", emotivism 译为"情绪主义"。——译注

② 关于表达主义，参见 A. Gibbard, *Wise Choices, Apt Feelings*, Cambridge: Harvard University Press, 1990; S. W. Blackburn, *Ruling Passions: A Theory of Practical Reasoning*, Oxford: Oxford University Press, 1998。

272. 事实与价值区分的重要意义

非认知主义成了一个广泛传播并且影响深远的20世纪信念的基础，这个信念就是在事实与价值之间的分离。休谟认为从"是"不能推论出"应当"，可以被看作是确认了这个分离。假如摩尔反对的那种自然主义的定义是可能的，我们就可以从（比如说）关于快乐和痛苦的事实，推论出关于对与错的结论。但是如果没有这样的定义，我们就不可能仅仅从关于事实的陈述得出伦理结论。我们必须要在得出伦理结论之前插入一些伦理性的前提。

因此，从实证主义的观点来看，所有真正的经验科学都依赖事实与价值的划分。如果经济学、心理学以及其他社会科学真的是科学，它们就必须要将自己限定在用经验可以验证的事实上，因此必须要避免价值判断。如果社会科学家论证一些机构或政策是正义或不义的，应该被鼓励或者阻止，（根据非认知主义的看法）我们就可以确定，他们已经放弃了作为社会科学家的职业角色，因为他们已经在讨论价值判断，从而超出了事实。

这种关于伦理学与社会科学之间关系的观点与西季威克和密尔的观点非常不同。在他们看来，伦理学与经验性的社会科学形成了一个完整的论证链条，可以从功利原则一直通达功利最大化的政策。20世纪的实证主义者反对这个关于伦理学与社会科学的整体看法。一个与此相关的历史发展是人们建立起了一些宣称自己体现了科学理论与社会实践统一的政府和社会。苏联在官方上讲是马克思主义和列宁主义的。意大利和德国的统治者一度宣称自己建立在一种不同的社会理论之上。这些左派和右派的对立政权在一件事情上是共同的：它们宣称从关于社会和历史的普遍事实中得出了关于实践的结论。

我们会说，这些社会理论揭示了19世纪伦理和政治理论中一个危险的维度，一方是密尔和西季威克的理论，另一方是他们的观念论对手。不管他们可能会如何厌恶苏联和法西斯宣称将道德和社会理论付诸实施的说法,我们依然可以指控密尔和西季威克采取了将伦理学和社会科学统一起来的态度,这种态度导致了这些结果。

不管我们如何看待这个试图表明19世纪的道德与政治理论给自由民主的社会秩序的敌人打开方便之门的论证,它影响了20世纪的实证主义者,并且鼓励了要将事实与价值分开的信念。这种影响在韦伯(Weber)和波普尔(Popper)那里最为明显,他们认为事实与价值的分离是自由社会秩序的根本支持,是对抗威胁每个机构和思想自由的极权主义国家的至关重要的保护。[1] 从这个角度看,我们可以梳理出一条直线,从对道德事实的信念到黑格尔的"伦理"生活观念,再到马克思、列宁、斯大林。(在韦伯和波普尔看来)要从根源斩断这些错误,我们必须要否认价值判断陈述了事实。波普尔对柏拉图、亚里士多德、黑格尔和马克思的批判,不过是某种传播广泛的信念的强烈表达,这种信念认为,相信客观道德事实的人都是极权主义者,他们想要迫使所有其他人都遵守他们的道德和政治学说。这个信念的推论是,任何想要对抗这些极权主义态度的人都应当拒斥道德事实。[2]

在这些历史环境中,实证主义者有很好的理由欢迎建立在休谟和摩尔之上的非认知主义。非认知主义的结论解释了为什么没有道德事实,为什么寻找任何伦理的科学都是徒劳的。

---

[1] 关于事实与价值的划分,参见韦伯:《社会科学方法论》(*Methodology of the Social Sciences*, ed. E. A. Shils and H. A. Finch, New York: Free Press, 1949), p. 2;波普尔:《开放社会及其敌人》(*The Open Society and Its Enemies*, 2 vols., 5th ed., London: Routledge, 1966 [1st ed., 1945]), vol. I. pp. 64-65 ("事实与决定的二元论"或者"事实与规范的二元论"), p. 67 ("首先由普罗泰戈拉和苏格拉底主张的伦理学的自主性"), vol. II, p. 392 ("事实与标准", "自由主义传统的基础之一")。关于韦伯,参见 F. A. Olafson, *Ethics and Twentieth Century Thought*, Englewood Cliffs: Prentice-Hall, 1973, pp. 54-64。普特南考察了事实与价值分离的基础:H. Putnam, *The Collapse of the Fact/Value Dichotomy*, Cambridge: Harvard University Press, 2002, chs. 1-2。

[2] 关于波普尔对柏拉图和其他人的详细批评,参见《开放社会及其敌人》。

273. 情绪主义者是否误解了道德判断的含义？

根据情绪主义者的看法，我关于 x 是好的判断表达了我喜欢 x 的情绪，以此说服你拥有相同的情绪。这种道德判断的"传染性"（contagion）首先影响了其他人而非自己喜欢某种行动的倾向。①

道德判断可以在很多语境下被用于这个目的，情绪主义者就依赖这个明显的事实。我们通常都会认为，当人们说一个行动是好的或者坏的，他们在表达某种情绪，并且说服我们分享这种情绪。假如我们发现，他们并不真的喜欢这个行动或者并不是想让我们喜欢它，我们会怀疑他们是否真诚。根据这些情况，情绪主义者得出结论，认为道德判断的含义就是它们所带有的情绪特征。

情绪主义的批评者则论证说，对道德判断的情绪性和说服性使用并不决定它们的含义。② 我们可以考虑一下命令和建议。虽然我们经常使用它们来影响他人，但是我们有时候发出指令或建议并不是为了说服的目的。比如，军官可能会命令他的部队不要逃跑，即便他们知道他们根本没有希望影响任何人不逃跑，甚至希望自己的士兵逃跑。他们关于能否胜利的前景的信念或希望，并不会决定他们实际上如何下达命令。命令就是告诉某人做某事，而不管他是否试图让他们这样做。③

在意义与命令式的通常使用之间的差别表明，情绪主义者为什么误解了道德判断。就像我们可以发出一个命令，而并不试图影响任何

---

① 关于情绪主义，参见 Ayer, *Language, Truth, and Logic*, ch. 6；关于道德判断与动机，参见 C. L. Stevenson, *Facts and Values: Studies in Ethical Analysis*, New Haven: Yale University Press, 1963。关于"传染"，参见 Stevenson, *Ethics and Language*, p. 22。
② 关于对情绪主义的反驳，参见 Hare, *The Language of Morals*, pp. 13-15。
③ 关于命令式与说服的尝试，参见 Hare, *Sorting Out Ethics*, Oxford: Oxford University Press, 1997, pp. 109-110。

人，我们也可以告诉某些人不应当加入一个朋友组织的骗局，即便我们知道我们毫无希望影响他们。①

这个论证表明，我们可以如何反对情绪主义，而偏爱规定主义，同时接受非认知主义关于道德判断的实践特征的主张，以及事实与价值之间的划分。根据规定主义者的看法，关于某人应当做什么的判断本质上是实践性的，因为它的本质功能是建议或规定某个行动。它的含义是规定性的，但是我们不需要用它影响任何人的行为，就像我们不需要利用命令来影响行为。道德判断本质上讲就是规定性的。

274. 规定主义者是否也误解了道德判断的含义？

规定主义是否给出了一种可辩护的非认知主义，可以避免情绪主义的错误呢？它对情绪主义的反驳也可以被用来质疑它自己。就像规定主义者说的，道德判断可以用来命令或建议，但是很多事实判断也可以这样使用。如果我问你是否建议我抄小道穿过下一片战场，你可能会告诉我，那里有很多地雷，我很可能会死在那里。你通过给出纯粹事实性的陈述给了我建议。

对于道德判断我们为什么不能也这样说呢？你可能用"你应当远离那片区域"或者"你应当交税"来给我建议，或者告诉我该做什么。但是这并不意味着包含了"应当"的判断的部分含义是命令或建议。我或许认为你应当遵守诺言，即便我同时认为你不会遵守诺言，我建议或者命令你遵守诺言是没有意义的。我不想规定你遵守诺言，但即便如此，我依然同意你应当遵守诺言，违反诺言是错误的。这是对"应当"和其他道德词汇纯粹描述性的分析。

---

① 关于黑尔与对非认知主义的批评，参见 W. D. Ross, *Foundations of Ethics*, Oxford: Oxford University Press, 1939, pp. 32-40；Hare, *Sorting Out Ethics*, p. 113。

因此，规定主义看起来并不是对情绪主义的合理替代方案。假如我们接受了反对情绪主义的论证，看起来我们也应当接受这个反对规定主义的论证。

规定主义者反对这个对"应当"做出描述性分析的论证。他们同意，我们可能会说"你应当遵守诺言，但是我不是告诉你去遵守诺言，而且我不在乎你是否遵守诺言"。这个时候，"应当"的意思是"根据习俗你应当"。但是这个含义与我们在一个真正的规定中使用"应当"的含义不同。[1] 与"应当"相伴的这种单纯习俗的含义解释了它为什么缺少通常的指导行动的特征。

这个对"应当"的描述性分析的回应，质疑了比起情绪主义我们是否更应该接受规定主义。因为如果"应当"在非建议性的语境中有不同的含义，那么一个情绪主义者就可以论证它在非情绪的语境中有不同的含义。这样，规定主义看起来并不比情绪主义更好。

但是不管是哪种情况，非认知主义关于"应当"含义的说法都是可疑的。假设我说"你真的应当做这件事，不管习俗认为如何，但是我并不认为你会听我的，我也不是在建议你做这件事"。这么说似乎完全可以理解，看起来也是用通常的含义在做出一个道德判断。但是我明确取消了这个说法在其他语境下具有的那种规定性力量（在"但是"之后）。

非认知主义者可能回答说，这个判断是不可理解的，是自相矛盾的，因为它误解了"应当"的含义。虽然我们可能会认为它有意义，但它其实并不真的有意义。支持道德判断与动机之间具有内在关系的论证（情绪主义或规定主义）非常强大，要求我们反对一切宣称是描述性的道德判断，要把这种判断看作"不明显的自相矛盾"。

---

[1] 关于非规定性的"应当"，参见 Hare, *The Language of Morals*, p. 171。

275. 非认知主义是否存在不一致？

然而这个回答似乎与非认知主义对摩尔的赞同存在矛盾。根据摩尔的看法，如果关于 G 是不是 F 存在开放问题，那么否认 G 是 F 就不是自相矛盾的。摩尔主张，所有用自然主义方式定义"好"的尝试都是失败的，因为它们都会引入开放问题。非认知主义者同意他的看法。但是对道德判断的描述性分析似乎提出了一个开放问题，因为"你应当做但是我并不建议你做"看起来是有意义的。非认知主义者的回应是这么说没有意义，因为它是不明显的自相矛盾。承认不明显的自相矛盾就是反对摩尔诉诸的开放问题。

非认知主义者如何解决他们立场中的这个不一致呢？摩尔对开放问题的使用会面临一些反驳，因为它没有考虑到不明显的自相矛盾。如果非认知主义者同意对摩尔论证的这个反驳，它们就不再能够诉诸摩尔的开放问题论证来支持非认知主义了。然而，如果他们坚持摩尔本身就很可疑的开放问题论证，他们就不能表明没有前后一致的非描述性道德判断。

因此，非认知主义者不可能既依赖摩尔的论证又反对纯粹描述性的道德判断。但是如果他们想要通过放弃摩尔的论证，或者允许纯粹描述性的道德判断重获一致性，他们都很难让我们看到为什么要接受非认知主义。

276. 虚无主义论证：道德属性并不适合科学的世界观

如果我们没有好的理由接受非认知主义，我们就有理由认为道德判断是事实判断。关于对错好坏等等的判断看起来关乎行动、人、实践等等，而并不仅仅关乎说话者或者法官。道德判断看起来或真或假,因为它们描述或者没有描述客观的道德事实。①

但是即便道德判断看起来有客观的真假,我们依然可能会怀疑它们是否真的可能如此。这些所谓的道德事实如何可以适合这个由经验科学描绘的事实世界呢?如果它们不适合这个世界,它们看起来就不是真的事实。如果我们得出了这个结论,我们就会认为道德判断都是错误的,我们就会成为道德虚无主义者。②

这个关于道德事实和属性是否适合科学世界观的问题,在普芬多夫那里就提出了。③如果科学就是物理学,那么它并不包括任何明显的关于道德事实的讨论。我们很难看到好坏对错以及其他道德属性如何可以成为告诉我们关于现实本质的科学理论的一部分。在这方面,就像麦基(Mackie)说的那样,道德事实和属性是"怪异的"(queer)。如果物理学没有给道德事实保留位置,我们就不能通过诉诸信念的真假来解释我们对道德事实的信念。我们需要解释我们为什么形成了这个信念,虽然它是假的。我们可能会诉诸关于演化的假设去解释为什么对道德事实的信念对我们的祖先有用,因此虽然错误但是却得以长久保存。④

这些反对道德属性实在性的论证会面对一些质疑。物理学没有提到道德属性,这一点并不能让道德属性变得不真实,因为物理学并没有提到我们的理论和实践所需要的全部属性和概念。比如,它们没有提到历史、心理、社会、经济的事实,但是这些都是客观的事实,如

---

① 关于主观主义,参见本书 §§157, 181。
② 关于道德事实的困难,参见 J. L. Mackie, *Ethics: Inventing Right and Wrong*, Harmondsworth: Penguin, 1977, p. 41。我们或许会说道德判断缺少真值,而不是说它们是错误,并且说它们类似关于虚构人物的判断,以此来避免简单的虚无主义。参见 N. Hussain, "Error Theory and Fictionalism," in Skorupski, ed., *The Routledge Companion to Ethics*, ch. 28。
③ 关于普芬多夫与科学观,参见本书 §137。
④ 关于麦基的怪异性论证,参见 Mackie, *Ethics*, pp. 38-42。关于来自演化论的论证,参见 P. Singer, *The Expanding Circle: Ethics, Evolution, and Moral Progress*, 2nd ed., Princeton: Princeton University Press, 2011。

果不理解它们我们就无法理解这个世界。物理和化学并不讨论医学事实，但是关于健康和疾病的事实无疑是由物理和化学事实决定的。与此相似，虽然物理学提到的事实没有包括（比如）历史事实，它们也决定着历史事实，而且历史事实也由物理事实构成。如果道德事实和历史事实在相同的意义上是怪异的（物理学也没有讨论它们，但是它们由物理事实构成），那么就像存在关于历史、社会等等的事实，也同样存在道德事实。[①]

此外，一些历史和社会事实可能是道德事实。比如，某些政权的不正义性让它们更不稳定。如果这种事实解释了某些历史事件和进程，那么就存在道德事实。

277. 分歧和相对性是否排除了客观性？

另一种更具体的反对客观道德事实的论证，诉诸不同社会和文化中截然不同的道德信念。就像品味和举止在不同社会中差别巨大，道德判断也有很大的差别。我们并不认为同时使用刀叉吃饭就是客观上错误的，也不认为只用叉子是客观上正确的，因为在不同的地方有不同的做法。道德判断看起来也表现出了相似的差异性。然而，科学判断展现了逐渐的趋同和共识。科学上的共识来自科学判断描述的这个客观的世界。道德上缺少共识似乎表明，没有客观的道德事实。[②]

这个在科学共识与道德差别之间的对照太过简单了。在科学史上也有很多顽固的分歧。有些人认为地球是平的，或者认为占星术可以预测未来，或者吸烟并不导致肺癌，或者人类行动在气候变化中并不

[①] 关于构成（constitution），参见 R. Boyd, "Materialism without Reductionism: What Physicalism does not Entail," in *Readings in Philosophical Psychology,* vol. 1, ed. N. Block and J. A. Fodor, Cambridge: Harvard University Press, 1980, pp. 67-106。

[②] 关于来自差异性的论证，参见本书 §§55-56, 182, 235。支持相对主义的论证，参见 N. L. Sturgeon, "Relativism," in Skorupski, ed., *The Routledge Companion to Ethics*。

扮演重要的因果角色。在20世纪的某些时候，在德国、苏联、南非，关于种族和遗传的特定生物学理论支持了特定的道德和政治观点。

这些是真正的科学分歧吗？它们看起来似乎建立在某种意识形态之上，而这种意识形态又反映了某个主导性的种族或阶级的利益。这些方面真正的专家不会再严肃地对待它们。不带任何偏见地审视相关证据，也会让我们拒绝这些偏离的观点。如果是这样，这些例子就没有给科学会达成共识这一点制造任何困难，因为还是有科学描述的客观事实。

与此相似，很多道德分歧也是来自导致科学分歧的扭曲的影响。如果是这样，它们就无法质疑存在客观的道德事实。此外，我们有时候也会看到道德判断中逐渐形成的共识。在18世纪以后，越来越多的人同意，奴隶制在道德上是不可接受的，不同种族的人不该仅仅因为种族上的差异就拥有法律上的不同权利。

如果认为道德分歧比科学分歧更棘手，我们可能是受到了一种过于简单的关于科学探究和进步的观点的影响。我们并非通过朴素的观察和普遍化达到科学知识。我们也需要从真的或者合理的理论或者假设出发（比如，我们的工具如何工作以及我们何时可以信赖它们）。与此相似，在伦理学里，我们也需要从一些合理的判断开始，这些判断让我们成为可靠的探究者。在进行研究和解释证据时依赖恰当的背景假设并不会损害科学研究的客观性。同样，这也不会表明道德探究无法发现客观的道德事实。[①]

要评估伦理学史上的趋同和进步，我们需要考虑不同社会的道德制度和实践。道德实践上的差异并不必然证明道德信念上的差异。因为不同的外部环境可以证成不同的实践、不同种类的道德品格和道德训练。

---

① 关于道德分歧，参见 Mackie, *Ethics*, p. 36; A. Gewirth, "Positive 'Ethics' and Normative 'Science'," *Philosophical Review*, vol. 69 (1960), pp. 311-330。关于可靠的探究者，参见本书 §286。

道德理论的历史，也可以帮助我们确定趋同和分歧的程度。比如，我们看到，认为古代和中世纪道德学家关心的理由对现代道德学家来讲是陌生的，这种看法大体上是错误的。考虑不同道德理论背后的论证和预设表明，分歧的领域其实比表面看来的要小。比如，如果我们比较关于亚里士多德、康德、黑格尔的立场最可辩护的表达形式，与他们自己对这些立场的表达，我们会发现，我们的分歧比他们自己认为的要小。这样看来，可理解的阐释、同情的理解和理性的批评会彼此影响，一个准确的批判性的历史可以支持某种关于道德和道德判断本质的观点。对伦理学的研究可能会向我们揭示，之前没有预料到的共识的程度。

278. 道德客观性为何重要？

我们看到，将实证主义与非自然主义结合，就会支持在事实与价值之间的截然划分。接受这个划分与相信道德的客观性（也就是存在不依赖我们信念、欲求或共识的道德事实）无法相容。我们看到，虚无主义、怀疑主义、相对主义对于客观性的反驳都会面临一些质疑。如果我们有很好的理由相信道德事实，我们就有很好的理由反对在事实与价值之间的划分。

我之所以要强调反对道德客观性的论证存在弱点，一个理由是，道德判断和道德论证给了我们偏爱客观性的初步理由。如果我们认识到关于这个世界的客观事实，我们就有理由像普莱斯论证的那样，在其中认识到一些道德事实。[1] 我们认为道德判断是可以修正的，并不认为如

---

[1] 关于普莱斯论道德事实，参见本书 §§181-182。关于道德事实，参见 R. Boyd, "How to Be a Moral Realist," in G. Sayre-McCord, ed., *Essays on Moral Realism*, Ithaca: Cornell University Press, 1988, ch. 9； N. L. Sturgeon, "Moral Explanations," in *Essays on Moral Realism*, ch. 10； D. O. Brink, *Moral Realism and the Foundations of Ethics*, Cambridge: Cambridge University Press, 1989。

果每个人偏好一种道德判断,这就能让这个判断为真。我们期待我们的道德判断符合事实,我们试图确定它们是不是实际上符合事实。如果我们不认为存在道德事实,就不会用这种方式看待我们的道德判断,因此我们需要很强的论证去表明,我们这样看待道德判断是错误的。

要理解道德中的客观性为何重要,我们可以将它与物理世界的客观性进行比较。我们相信外部对象存在,这解释了我们为什么拥有我们所拥有的经验。如果我们不相信外部对象存在,就不会用现在的方式去理解我们的经验及其原因。这就是我们为什么认为,如果我们走到门后面就可以看到我们从正面看到的那个门把手的背面。我们对于能够看到什么的预期是由这个门的客观特征支持的,不管有没有人看到它。与此相似,如果存在客观的道德属性,我们主观上的关切就可能是正确的。[①]这样,偷窃实际上是错误的,就保证了我们关于不应当偷窃的信念。

我们有理由认为,道德属性和道德事实是不是客观的非常重要。我们有不同的理由严肃看待一个行动,如果这个行动本身,而不是我们对它做出反应的方式,是有关它的合理道德判断的基础。就像普莱斯说的那样,我们认为一个行动本身的特征使它或对或错,只有当行动的属性有所不同,它的对错才会有所不同。我们如何看它并不决定它的对错。[②]

解决道德争论表面上的困难似乎给客观主义提出了质疑,但实际上可能支持了客观主义。我们并不认为道德争论仅仅反映态度上的分歧。我们认为,可以改进我们的道德观点,不是仅仅通过反思我们现在的偏好,而是根据我们认为道德上正确的东西改变我们的偏好。此

[①] 关于客观的支持,参见 Mackie, *Ethics*, p. 22; Hare, "Ontology in Ethics," in *Morality and Objectivity*, ed. T. Honderich, London: Routledge, 1985, ch. 3。

[②] 普莱斯论客观性,参见本书 §§178-179。关于客观性的问题,参见 P. Railton, "Realism and its Alternatives," in Skorupski, ed., *The Routledge Companion to Ethics*, ch. 26。

外，我们还认为，应当准备好考察我们的道德观念，并且根据反思改变它们，就像我们在其他理性探究中所做的那样。如果道德探究是寻找客观事实，把这种态度带入道德就是合理的。

对客观性的信念可能不仅影响我们关于自己的道德关切建立在什么基础上，还影响我们形成的关切。如果我们认为受到客观事实的指引，我们预期自己态度发展和改变的方式就会不同于认为自己的关切完全是主观的。比如，我们可能会试图找到相关的事实，并且根据我们认为自己发现了什么去修正之后的关切。

然而，如果没有可以发现的客观事实，我们为什么要用对待客观探究的态度去面对道德探究呢？比如，我们为什么要比较不同的道德观或者道德理论，然后去考察我们对它们的不同看法呢？我们为什么不去说服自己其他观点都是错误的，从而确证我们之前的道德信念呢？反客观主义者的观点很难解释，对待道德的这种自我确证的观点错在哪里。[①]

279. 回到摩尔：道德概念可以定义吗？

我们已经考虑了各种不同的方式去理解道德判断、道德事实、道德属性相对于用物理学描绘的客观世界处于何种位置。自然主义的定义会让伦理学陈述成为直接可验证的，并且对于实证主义者来讲从经验上可接受的。但是很多实证主义者认为，摩尔证明了伦理属性不能用自然主义的方式定义。非认知主义者认为，道德判断不能在经验上得到验证，因为它们根本就不是陈述。虚无主义者认为，因为道德判断不适合用物理学描述的世界，它们就没有描述客观事实。

如果这些对道德判断的看法都是可以质疑的，那么我们或许可以

[①] 关于客观主义蕴含着什么，参见 N. L. Sturgeon, "What Difference does it Make whether Moral Realism is True?," *Southern Journal of Philosophy*, vol. 24, Suppl. (1986), pp. 115-141。

尝试用另一种方式看待摩尔的问题。他的论证对定义和可定义性提出了一个难题。我们定义概念，有时候给出的是相关词汇的含义，比如所谓的"名义定义"（nominal definition）。但是在一些"真实定义"（real definition）中，我们也可以用相关词汇的所指来定义某些属性。[①] 使得某个东西成为水的属性是 H_2O，但是 H_2O 这个表达式并没有给我们"水"这个词的含义。某人可能把握了这个词的含义，也认出了水的例子，而并不知道任何关于氢和氧的知识，但是如果他们不知道这个化学知识，他们就不能把握水到底是什么。

伦理学里一些关于定义的问题是关于真实定义的。当苏格拉底问"什么是勇敢"、亚里士多德问"什么是幸福"时，他们并不是在问这些词汇是什么意思。他们是在问相关的属性。与此相似，当功利主义者问出苏格拉底式的问题"什么让一个正当的行动正当"，答案给出的是一个行动正当的解释或根据，而不是"正当"这个词的含义。摩尔提出的开放问题与这类定义无关。[②]

这个区分澄清了摩尔的一些问题。首先，能否给出"好"和相关词汇正确的名义定义？"相关的"词汇引入了一些属性，它们是价值判断中那些实质性的对象。非价值概念是那些可以不涉及好、正当、应当、可敬、恰当以及其他价值概念就得到解释的概念。[③] 对评价性词汇给出还原性的名义定义（也就是不包含评价性词汇的定义）的尝试必然失败，不是因为它们引起了开放问题，而是因为它们对反例开

---

① 关于定义，参见本书 §§15，27，179。
② 关于概念与属性，参见本书 §284 关于罗斯的讨论；H. Putnan, "On Properties," in *Mathematics, Matter, and Method: Philosophical Papers*, vol. 1, Cambridge: Cambridge University Press, 1975, ch. 19. 关于这是对摩尔的回应吗，参见 Brink, *Moral Realism and the Foundations of Ethics*, ch. 6; Darwall, *Philosophical Ethics*, pp. 34-38. 功利主义者边沁和密尔在这个问题上并不是很清楚。
③ 罗斯提到"宣称不用其他伦理词汇定义一个伦理词汇的定义"（*Foundations of Ethics*, p. 6），或者无需使用"特有的"伦理词汇的定义（p. 42）。

放。就像柏拉图说的，归还债务、遵守诺言、说实话等等，在一些情况下是正义的，在另一些情况下不是，因此正义不可能完全用这些非评价性的概念定义。①

然而，从这里并不能得出道德概念是不可定义的。比如，我们可以通过理解好、应当、正当、责任、理由这些词汇之间的关系来解释好或者正当。摩尔的主张看起来既合理又不合理，如果我们局限在还原性的定义上它就是合理的，如果想要排除任何种类的定义就是不合理的。如果我们把握了评价性概念之间的联系，即便没有用非评价性词汇定义它们中的任何一个，我们还是定义了它们，因为我们理解了它们在道德判断和道德论证中的作用。

280. 道德属性可以被定义吗？

我们很难理解道德概念如何可以被用非道德概念还原性地定义，我们也很难理解如何将评价性的属性完全还原到非评价性的属性上。我们可以把水这个属性还原成 H_2O 这个属性，因为所有的水的反事实属性和解释性属性也是 H_2O 的属性（比如，某人死于喝下有毒的水就是死于喝下有毒的 H_2O）。但并非所有具体事件的确认，都允许属于该事件的属性被还原成另一个属性。比如，我签署一张支票用于交房租就是我在一张纸上画出一个 L 型的线条，但是我并不是因为在一张纸上画了 L 型的线条而付了房租。我付了房租是因为我在一张支票的正确位置上做了合法的签名。因此，签署支票不能被还原成在一张纸上画了一个线条，虽然那就是我签署支票的方式。②

---

① 关于柏拉图论定义，参见本书 §27。
② 关于还原和解释，参见本书 §178 关于普莱斯的讨论；Fodor, "Special Sciences," *Synthese*, vol. 28 (1974), pp. 77-115, in *Philosophy of Science*, ed. R. Boyd, P. Gasper, and J. D. Trout. Cambridge: MIT Press, 1991。

与此相似，尝试将评价性属性还原为非评价性属性看起来也会面对反例。简单的快乐主义理论会将好定义为快乐，简单的功利主义理论将正当定义为好的最大化（根据简单的快乐主义对好的论述）。我们都可以找到反例。

然而，反例并不是决定性的。要决定一个关于道德属性的真实定义（比如刚刚提到的快乐主义和功利主义的定义），我们需要考虑这个定义所属的道德理论。要考察一个道德理论，我们需要比较这个理论与我们关于应当做什么、有理由做什么等等问题初步的道德判断。初步的判断是"直觉性的"，因为它们不是基于任何明显的理论。我们必须要将不同的定义与我们的直觉性判断进行比较。我们寻找的是一个能够适合我们整体的直觉性判断的普遍论述（即便它无法适应每一个直觉性判断）。

功利主义者和康德主义者可能会同意某个关于正当的概念，但是依然无法对使得事情正当的属性达成一致。他们同意在"正当""好"和"应当"之间存在本质性的联系，但是无法对解释这些本质联系的属性达成共识。如果我们在真实定义中考虑摩尔关于定义的主张，我们的回答就不会像名义定义那么泾渭分明。对道德属性还原性或非还原性的论述，不可能仅仅基于表面上的开放问题或某些具体的反例而被合理地接受或反对。与大多数受到摩尔或实证主义影响的20世纪道德哲学家的观点相反，此前道德哲学家的方法和论证并没有被表明是错误的。

找到关于道德属性的论述是建构性的道德探究的任务。这个建构性的探究正是罗斯和罗尔斯追求的目标，我们会在下一章讨论他们。他们都沿着西季威克及其后继者开创的论证道路继续探索。虽然他们从21世纪元伦理学里学到了很多东西，但是他们并没有像那些受到实证主义影响的哲学家那样得出否定性的结论。

第二十三章
功利主义及其批评者：一些进一步的问题

281. 元伦理学与规范伦理学

在 20 世纪的前三分之二，规范伦理学一直不如元伦理学显赫。那时人们对非认知主义持有广泛的同情，同时对建构性的哲学论证能否得出道德结论持有广泛的实证主义怀疑，这两者都对规范伦理学提出了质疑。如果我们相信经验科学是我们可以用理论解释事实的唯一领域，那么我们就会被驯化，从而不相信存在能够被道德理论解释的道德事实。但是如果道德哲学家说自己解释的不是道德事实，而是道德信念，那么他们还能给心理学家和人类学家的理论增加什么东西呢？从非认知主义的角度看，规范伦理学不可能是对正当性到底何在的探究，它必然是在探究那些倾向于激发我们的道德反应和态度的属性。

20 世纪早期研究规范伦理学的很多哲学家都反对作为非认知主义基础的实证主义。但是一些非认知主义者和元伦理学的怀疑者也捍卫特定的规范性道德理论。[①] 他们试图解释，他们的规范学说如何能够与他们的元伦理学学说相适应。当怀疑实证主义的倾向变得更加广泛之后，对系统道德理论的兴趣也随之复兴。最近对功利主义最详细的辩护是帕菲特（Parfit）的《论重要之事》（*On What Matters*），它就建立在客观主义的元伦理学之上。

---

① 比如刘易斯和黑尔就既主张非认知主义又主张功利主义。

282. 刘易斯：从无偏性角度辩护功利主义

根据西季威克的看法，功利主义是个人内部的明智在人际间的平行版本。明智和功利主义的仁爱都接受最大化的视域，因为这就是实践理性的视域。西季威克的一些 20 世纪的后继者捍卫这种观点，但是并不依赖他的出发点——所谓的实践理性的公理。他们诉诸道德态度形成过程中同情的角色。①

刘易斯论证，明智的人认识到，未来与现在和过去同样真实。与此相似，道德的人也认识到，其他人和他们的思想状态，与他自己和自己的思想状态同样真实。因为我们根据自己经验的强度行动，以及我们认识到他人和我们自己同样真实，我们也应当根据他们经验的强度行动。为了做到这一点，我们的行动就应该好像是用同样的强度经历他们的经验。②

我们如何可以想象自己用相同的强度经历他人的经验呢？刘易斯认为，如果我想象自己按顺序经历所有其他人的生活，或者把他们的全部经验当作我此生的经验，都是错误的。因为在这两种情况下，我都改变了他们经验的关系属性（将它们与我的其他经验联系起来），因此我可能改变了这些经验的强度和价值。为了避免想象的这种扭曲作用，刘易斯认为，我需要想象自己同时过着好几个互不联系的生活，每一个都是我的生活。

如果我们遵循这个建议，就会接受功利原则，把总体的快乐最大化。刘易斯同意西季威克的观点，也认为康德将人本身当作目的的原则要求我们接受功利原则。我们把人当作目的就是想象他们经验的强

---

① 关于同情，参见本书 §§154-155。
② 关于想象他人的情感，参见 C. I. Lewis, *The Ground and Nature of the Right*, New York: Columbia University Press, 1955, p. 91; Lewis, *An Analysis of Knowledge and Valuation*, La Salle: Open Court, 1946, p. 545。关于他人平等的现实性，参见本书 §224 关于叔本华的讨论。

度。如果这个想象表明我偷窃的结果是我快乐的增加，并且我增加的快乐大于另一个人的痛苦，但是小于所有其他人由此而来的痛苦，我想象所有这些人的痛苦就会给我理由不去偷盗。

如果我们遵循刘易斯的建议，并且准确地想象 A 和 B 的欲求，那么只要 B 的欲求更强烈，或者如果 B 的欲求得不到满足他会感到更大的痛苦，我们就可以得出结论说 B 的欲求可以压倒 A 的目标和利益，不管 B 的欲求有多么愚蠢。如果我们怀疑这是不是合理的结果，我们就可以合理地怀疑刘易斯的原则是不是表达了对其他理性行动者的尊重。

283. 黑尔：功利主义可以从偏好中推论出来

黑尔为功利主义辩护的方式是引入同情性的想象（sympathetic imagination），用它来把握他人的快乐和痛苦。普通人有一种通常程度的明智，可以考虑他们对自己的某个目标关心到什么程度。[①] 他们还同意对他们来讲正当的东西对其他处在相同环境中的人也是正当的（可普遍化）。因此，如果他们认识到，假如他们成为自己主张的行动的受害者，不会喜欢那个结果，那么他们就不再认为自己应当那样做了。用黑尔的话说，他们就不会规定自己做那个行动了。反思他们在想象的情境中的想象的偏好，会改变他们现在做什么的实际偏好，从而改变他们的规定。

我们可以把"如果有人对你这样做你会怎么想"这个简单的问题扩展到更加复杂的情况下。假设我在考虑是否要偷玛丽的钱包，钱包里装着她这个礼拜给孩子买食物的钱。如果我想象自己花着她的钱

[①] 黑尔在《自由与理性》(*Freedom and Reason*, Oxford: Oxford University Press, 1963) 和《道德思考》(*Moral Thinking*, Oxford: Oxford University Press, 1981) 中讨论了利益与理想；在《道德思考》pp. 99-106 讨论了明智。

所能获得的快乐，之后我又想象假如自己是玛丽以及她的孩子会遭受什么样的痛苦，想象完所有这些场景之后，我就会认识到（我们可以这样假设），他们四个人遭受的痛苦大于我获得的快乐。如果我再现（represent）这些快乐和痛苦，我会更偏好（整体上）产生较小痛苦的情境，也就是我不去偷钱包的情境。① 于是我会得出结论：我不应当偷钱包，并且（用黑尔的话说）规定自己不去偷钱包。

让我们暂时同意黑尔的看法，想象自己处在所有这些情境之中的结果是我形成了不去偷钱包的偏好，也就是不去偷钱包的倾向。但是这种偏好并不必然是一个规定。我可能认为，根据这个倾向行动是不理性的，因为我有更好的理由偷钱包。我有不偷钱包的倾向这个事实并不能表明我有决定性的理由不去偷钱包。

我们可能会增加另一个原则来支持黑尔，那个原则就是我不应当认为自己的快乐和痛苦比其他人的快乐和痛苦更重要。这个原则把我们引回到刘易斯从无偏性推论出功利主义的论证。但是如果黑尔的论证需要刘易斯论证的帮助，那么针对刘易斯论证的怀疑就同样适用于黑尔。

西季威克、刘易斯和黑尔都认为，康德的定言命令如果按照正确的方式理解，可以支持功利原则。这个观点也支持了帕菲特对西季威克试图调和康德和功利主义的辩护。他们对康德的理解与黑格尔和叔本华有一个共同点，那就是他们都把定言命令看作普遍法则，它是完全形式化和空洞的，除非我们补充一些康德没有给出的内容。根据一些功利主义的康德主义者，我们需要补充的就是快乐和痛苦。当我们无偏地考虑快乐和痛苦，根据康德的原则，我们就会认为功利原则是至高的道德原则。②

---

① 关于再现偏好，参见黑尔：《道德思考》p. 109。关于完整的再现，参见《道德思考》p. 99。
② 关于康德与功利主义，参见本书 §292。关于西季威克的康德式论证，参见本书 §256。

我们关于刘易斯和黑尔的结论与对功利主义更广泛的评价相关。我们已经看到，密尔和西季威克试图从依赖公理的论证出发来证明功利原则，因此他们不依赖常识中的道德信念。[1] 刘易斯和黑尔也尝试避免依赖常识道德。如果这个策略能够成功，那么功利主义者就名正言顺地超越了常识道德，支持一种有着独立的理性支持的原则。但是如果没有找到相关的原则，功利主义者就不得不依赖西季威克的辩证法策略，从直觉的道德判断开始论证。要回顾这些论证，我们可以转向罗斯对功利主义的讨论。

284. 罗斯：功利不是正当性的根据

摩尔在规范伦理学里面是一个功利主义者，在这个领域，他开启了另一个关于功利主义是否为真的争论，这个争论也复活了18世纪的一些论证。罗斯捍卫一种在终极道德原则上的直觉主义和多元主义立场，发展了一种接近普莱斯和里德的观点。

在罗斯看来，摩尔的论证驳倒了对正当概念的功利主义论述，但是它们并没有驳倒对于正当这个性质的功利主义论述，罗斯称之为"使其正当的属性"（the right-making property）或者"正当性的根据"（the ground of rightness）。[2] 要解释功利主义关于正当性的根据在什么意义上是错误的，罗斯复兴了巴特勒和普莱斯的一些论证。像普莱斯一样，他接受了多元主义的直觉主义，反对单一的至高原则，更喜欢复数的"德性的名目"（这是普莱斯的说法）。[3]

---

[1] 关于公理，参见本书§254。

[2] 因此罗斯部分（不是全部）认可在概念和属性之间的差别，就像本书§279说的那样（虽然他本人并不是这样表述的）。

[3] 普莱斯论德性的名目，参见本书§190。关于罗斯的导论，参见 Shafer-Landau, *Fundamentals of Ethics*, ch. 16；关于罗斯之前和之后的直觉主义，参见 P. Stratton-Lake, "Rational Intuitionism," in Crisp, ed., *The Oxford Handbook of the History of Ethics*, ch. 16。

罗斯考虑了两个对正当性构成质疑的案例：(1) 比如说我应当信守承诺，并且没有与此冲突的责任；(2) 我面对"良知的案例"，看起来我应当信守承诺，但同时我又应当做一些妨碍我信守承诺的事情。①

要理解这两个案例引发的问题，罗斯引入了义务的两个方面：(a) 有一些道德理由让我信守承诺时，我就有表面义务（prima facie duty）要去信守承诺；(b) 我有一个"没有借口的义务"（duty sans phrase）或者"严格意义上的义务"（duty proper）去做有最好理由的事情。这就是我有主导性义务（overriding duty）去做的事情。②

罗斯认为，我们认为自己有不依赖功利的表面义务。根据密尔和西季威克的看法，我们不加反思地认为，信守承诺是促进功利的。然而在罗斯看来，我们并不必然想到功利。我们认为做出一个承诺就给了我理由去遵守它，因为我对某个具体的人做了承诺，因为我和他们过去的关系使得我亏欠他们一些东西。

表面义务的这个非功利特征解释了为什么我如果违反了一个表面义务，有时候确实在某些方面犯了严重的错误，即便那是考虑了所有因素之后正确的事情（也就是我的主导性义务）。即便违背一个承诺是正当的，我们依然欠他人一个道歉或者补偿。假如表面义务仅仅是对什么可能让功利最大化的评估，那么它就没有这样的特征。因为有一些表面义务独立于功利，功利就不是唯一与行动整体的正当性相关的东西。假设约翰对将要死去的朋友萨拉承诺，在萨拉死后照顾她的儿子萨姆。但是约翰的妻子乔安又身患重病，需要他的全职照顾。约翰找到了另外一个人去照顾萨姆。或许约翰做了整体上正确的事情。但

---

① 关于承诺，参见罗斯：《正当与好》（*The Right and the Good*, Oxford: Oxford University Press, 1930）17-18。

② 关于表面义务（罗斯也注意到了这个表达可能具有误导性），参见罗斯：《正当与好》19-20；《伦理学基础》（*Foundations of Ethics*, Oxford: Oxford University Press, 1939）84-85。

是，他违背了对萨拉的承诺，那与对他实际上对待萨姆的方式不同，即便他决定根据更大的理由去照顾乔安是正当的。

我们可能依然会为主导性义务的功利主义论述辩护。履行诸如信守承诺这样的表面义务，并不总是我的主导性义务；我们必须要看到来自其他表面义务的例外情况。① 根据功利主义的看法，将功利最大化的行动就是我们的主导性义务。

罗斯的回应是，只靠功利并不能证成违背承诺。② 假如只有功利是重要的，我们就会在一些本不该违背承诺的情况下违背承诺。比如，我承诺用你银行账户里的钱帮你付账单，但是我偷偷从你账户里把钱给了慈善组织。即便我的偷窃能够增加功利，那也不该成为我的义务。对于所有认为功利决定了我们主导性义务的人，"我们都有理由怀疑他没有反思过什么是承诺"。③

因此，在罗斯看来，常识并不像密尔和西季威克认为的那样是"无意识的功利主义"。密尔把常识规则说成是"次级准则"，需要功利原则作为"共同的裁判"。与此相似，西季威克对功利主义的辩证法式辩护建立在应用常识规则会出现冲突之上。④ 罗斯同意，常识规则并不总是给出明确的实践指导。但是他否认功利原则总是正确的共同裁判。有时候非功利的考量比功利更加重要。

间接功利主义者可能会认为罗斯的论证有利于他们。他们可能会回应说，如果我们对责任持有罗斯这种非功利主义的观点，后果可能好过接受直接功利主义的观点。西季威克考虑到了这种可能性，他曾主张功利主义者可能并不希望大多数人都是功利主义者。⑤ 但是这种间

---

① 关于例外，参见《伦理学基础》113。
② 关于没有功利的正当也是可以理解的，参见《正当与好》34-35。
③ 关于功利与承诺，参见《正当与好》38-40。
④ 关于密尔的次级准则（或原则），参见本书§§240-241。
⑤ 关于内传的功利主义（esoteric utilitarianism），参见本书§253。

接功利主义本身就值得怀疑。遵守非功利主义道德的后果可能是最好的，这一点看起来不大合理。而像罗斯那样认为道德与功利最大化会趋同看起来也很随意。

285. 罗斯：多元的直觉主义

罗斯反对功利主义，因为他认为我们的直觉信念不仅告诉我们某些行动是正当的，而且告诉我们它们为什么正当。承诺体现了某些道德原则和要求的两个非功利主义特征：（1）它们关乎具体的人，因此反映了"义务高度个人化的特征"；（2）它们是回溯性的，道德对我们提出的要求取决于之前发生了什么，而不是我们预期会发生什么。①

罗斯同意巴特勒对功利主义的反驳，这些反驳也建立在非功利性责任的这两个特征之上。像巴特勒一样，罗斯也反对功利主义关于没有责任建立在具体的人之上的观点。从功利主义的观点看，我对我朋友、家人、帮助过我的人，或者伤害过我的人的责任，都是让普遍的福祉最大化的工具。②

如果功利并不是考虑所有因素之后使得行动正当的唯一东西，当表面义务发生冲突时我们如何决定做什么呢？罗斯重新肯定了普莱斯在终极道德原则上的多元主义。他否认任何原则先于其他原则。西季威克称这种观点为"直觉主义"。要决定此时此地遵守哪个原则，我们依赖直觉，也就是我们前面提到的"直觉的信念"，罗斯有时候称之为"感知"（perception）。他的多元主义否认西季威克要把我们的道德信念"系统化"的抱负。在罗斯看来，功利主义者忽略了不能纳入他们过于

---

① 关于罗斯如何看待功利主义解释，参见《伦理学基础》69；另参见本书§242。关于义务是个人性的，参见《正当与好》22。

② 关于罗斯对巴特勒的讨论，参见《伦理学基础》78-79。罗斯复兴了里德和普莱斯对功利主义正义观的一些反驳，关于这一点，参见本书§§185-188。

简单化的系统的那些考量的道德分量。[1]

罗斯的多元主义也并不是毫无系统。我们已经看到，他强调某些义务的个人性和回溯性特征。如果我们更好地理解这一点，是不是可以找到一种更系统的论述，从而将罗斯承认的正当的不同根据统一起来呢？这个问题可以帮助我们理解罗尔斯如何寻求对功利主义的系统化替代方案。

286. 罗尔斯：经过思考的判断是道德理论的恰当起点

罗斯对功利主义的回应也引发了另一个版本的康德主义回应。罗尔斯的《正义论》标志着康德式的规范伦理学在20世纪的复兴。他对西季威克主张的康德主义原则可以用来为功利主义辩护（帕菲特复兴了这种观点）做出了详细的反驳。罗尔斯主张，康德认为他的道德哲学进路支持了独特的非功利主义基本原则，这一点是正确的。与康德不同，罗尔斯试图找到一些可以在康德主义基础上得到辩护的社会和政治原则。

罗尔斯同情对罗斯的批评，即他的多元主义无法令人满意甚至有些非理性。说有时候正义胜过了功利，有时候功利胜过了正义，这看起来很不充分。我们是不是需要某些道德的一般原则去支持我们的不同答案？罗尔斯认为，我们可以找到对罗斯多元主义的系统性替代方案，同时无需接受功利主义。

从亚里士多德和他的后继者那里，我们已经熟悉了罗尔斯的辩证法。道德哲学试图把握和解释我们经过考虑的道德判断。这些是经过反思和比较之后，在探究之初看起来最合理的规则、道德的一般特

---

[1] 关于西季威克论直觉主义，参见本书§239。关于感知，参见《正当与好》42（他引用了亚里士多德的观点）。

征、关于具体案例的判断。反思和比较努力让我们的判断建立在对恰当情境的充分经验、对替代方案的考虑,以及免于偏狭、偏见或自利。对于外在现实的可靠观察者,我们也会期待相同的品质。①

道德理论的目标可以通过和语言学进行比较加以解释。语言学家从一个母语使用者对某个句子是否合乎语法的直觉开始,然后从直觉性的分辨中形成一些规则。有时候他们反对某个规则,如果这个规则会在一些具体案例中带来与我们的语法感觉相冲突的结果。但是有时候,他们也会决定某个规则得到了很好的确认,与其他规则能够很好匹配,等等,因此最好是认为某个说法是不合语法的,即便它表面看来并非如此。当这个在我们的初步判断和临时原则之间的双向比较得出了结论,我们就得到了反思平衡。②

与此相似,道德理论也尝试描述我们的道德能力。它们始于我们关于道德问题经过考虑的判断,寻找一个可以带我们走向反思平衡的理论。罗尔斯的正义理论,特别是他形成的正义原则,意在得到一个经过恰当反思和比较之后的反思平衡。

287. 社会契约背后的原初状态

罗尔斯对反思平衡的追求解释了他为什么既强调功利主义的系统性特征又强调需要一个系统性的替代方案。他对正义的替代性论述是系统性的,因为关于正义的道德论证不能局限在直觉性的对功利主义的反驳上。它们是描述符合正义要求的社会的基本结构的起点。一旦我们理解了正义对社会基本结构意味着什么,我们就看到了罗尔斯的

---

① 关于辩证法的论证,参见本书§§37, 239。关于合格的道德法官,参见罗尔斯:《论文集》(*Collected Papers*, ed. S. Freeman, Cambridge: Harvard University Press, 1999)3-5;另参见本书§§227-228。
② 关于道德理论和语言学,参见罗尔斯:《正义论》41。关于反思平衡,参见《正义论》42。

理论"给民主社会建构了最恰当的道德基础"。他关于正义的观点支持了对社会结构和机构的合理限制。①

罗尔斯并没有直接将功利原则与人们关于正义经过考虑的判断进行比较。他是从"作为公平的正义"开始的,这个观念"表达了人们的观念,正义原则是人们在一个公平的初始状态下认同的东西"。②这个对认同的诉求描绘了一个社会契约,这个契约构成了统治社会和国家权力的基本原则的基础。

不同的理论诉诸不同种类的社会契约,因为它们用不同的方式理解达成共识的初始条件。霍布斯诉诸人们在自然状态下达成的共识,从而表明国家对理性的、自利的个体来讲是有利的。然而,卢梭则对国家的合法性有不同的要求,当理性的个体放弃他们单纯的私利,并且同意了那些使他们每个人都和之前一样自由的法律,只有当这些理性的个体完全一致地接受了某个国家,这个国家才是合法的。罗尔斯尝试表达卢梭式的行动者做出选择的条件。只有当我们可以确定选择正义原则的公平条件时,作为公平的正义才给了我们实践上有用的关于正义的论述。这些条件对应着之前的各种契约论里面的自然状态。③

要确定公平的条件,罗尔斯寻找达成正义原则时可能存在的不公平的来源。如果你和我要达成某种共识,但是我比你知道更多相关的事实,或者我利用了你过于疲惫没有仔细考虑你答应的事情意味着什么,在这些情况下,你可以合法地抗议由此得出的共识。但是如果没有这些条件,你就不能合法地抗议,你也就没有理由不遵守它。④

罗尔斯描述的"原初状态"就是一系列公平的条件,在这些条件

---

① 关于功利主义与罗尔斯的系统化目标,参见《正义论》xvii-xviii。
② 关于作为公平的正义,参见《正义论》11。
③ 关于契约论传统,参见《正义论》xviii, 10, 14;《政治自由主义》285-288;另参见本书§§130, 145, 196, 230。
④ 关于避免不公平,参见《正义论》17。关于合法的抗议,参见 T. M. Scanlon, *What We Owe to Each Other*, Cambridge: Harvard University Press, 1998, ch. 5。

下我们对正义原则达成共识。我们的任务是对社会的基本结构达成共识,这里包括了给不同人分配角色、责任、好处、负担的机制。我们选择的原则是正义的,当且仅当它们是在排除了所有不公平的来源的原初状态下达成的共识。要确定恰当的原初状态,我们就要问哪些信息和欲求与有关社会基本结构的道德决定相关。之后我们设计出一个人工的情境,在其中人们有相关的信息和欲求,从而保证他们可以考虑那些正确的事情。

对于社会契约立约方的描述并不着眼于现实性。这些想象中的人体现了公平的要求。他们缺少会促使他们为了自己的利益不公平地行动所需要的知识和动机。在现实生活中,我们不应当尝试变成原初状态中的人们,但是我们应当尝试忽略那些从原初状态里排除掉的考虑,因此我们可以达到他们达到的结论。来自原初状态的论证并不要求很多人达成契约。哪怕只有一个从原初状态出发进行正确推理的人,也可以达到正义原则。[1]

288. 原初状态的特征

原初状态要求无知之幕遮蔽关于一个人自己和他在社会中位置的信息。它还要求这个人对于好有部分的无知。没有人知道他自己关于好的观念,但是每个人都会确认一些基本的好(primary goods),不管一个人想要其他什么东西,他都应该合理地想要这些基本的好。基本的好包括自由追求我的好,这种追求所需要的物质资源,认为我所追求的好值得追求的自尊。我需要知道,不同的人有不同的关于好的观念,并且这些观念中的很多都要求一定的物质资源。[2]

---

[1] 关于定义了原初状态的条件,参见《正义论》22-23。

[2] 关于好的薄理论(thin theory),参见《正义论》348。关于基本的社会性的好,参见《正义论》54,79,123-124。罗尔斯所说的"自尊"(self-respect)或许用 self-esteem 表达更好。

这个无知之幕会导致行动者规避风险。他们不知道不同的分配方案的相对概率，不知道这些方案会对不同人的福祉产生什么样的影响，也不知道各自对于好的观念。因此他们相对不关心承担更大风险所能获得的额外的好（因为他们不知道自己关于好的观念是否会给这些额外的好赋予很高的价值）。他们宁可满足于基本的好，而不是冒着有更大损失的风险去争取更大的收益。①

这些行动者是自足的利己主义者，他们不为了他人本身去关心他人的利益。这里没有仁爱的位置，因为道德中仁爱的恰当位置需要通过原初状态才能得到理解。②

289. 在原初状态中两个正义原则会被选出

在这样描述的原初状态之中，人们会选择如下两个原则：

平等自由的最大化（maximum equal liberty）：即便我不喜欢他人的品味和追求，至少我不是一定要符合它们。我需要保证有机会追求自己理解的好，只要我允许他人有同样的机会。

差别原则（the difference principle）：不平等必须要保证每个人的利益，包括那些状况最差者的利益。③ 即便是那些不能从经济发展中直接受益的人也能从这些发展中间接受益，因为他们知道这样能让他们的生活比在简单的平等状态下更好（比如，只有所有人都从更好的医疗保险中受益，医生才能获得高收入）。④ 正义原则并不要求他们仅仅为

---

① 关于无知之幕和风险规避之间的联系存在争议，参见罗尔斯：《政治自由主义》226。关于风险规避，参见本书§66 关于伊壁鸠鲁和§134 关于霍布斯的讨论。
② 关于排除仁爱，参见《正义论》121-122，128-129。
③ 关于这两个原则的更完整表述，参见《正义论》§§11-13。
④ 假设有一个社会，90%的人比生活在这两个原则之下过得更好，但是另外 10%的人是奴隶，生活非常糟糕。假如我不是风险规避型的，我可能会说："就我所知，我有 90%的机会生活得比生活在这两个原则下更好，因此我应当偏爱那个系统。"

了他人的利益接受对自己的伤害。

因为这是两个基本原则，而它们都没有以功利的最大化为目标，原初状态下的人们就不需要选择功利主义的正义原则。但是因为原初状态体现了公平的要求，也就是选择正义原则的正确始点，从原初状态出发的论证就表明了正义的真正原则不是功利主义的。

290. 功利主义可以接纳两个原则

罗尔斯的论证低估了功利主义吗？间接功利主义可能会接受罗尔斯对两个原则的全部论证，并且同意这些是非功利主义的原则，但是他们可能还是会论证功利原则解释和证成了这两个原则。接受功利主义作为正当的论述，并不要求我们考虑此时如何把功利最大化，事实上还会经常要求我们不要去想功利的问题。就像密尔说的，如果依赖非功利主义的次级原则，我们可能反而能够更好地促进功利。[1]

罗尔斯的两个原则看起来像是合适的次级原则。它们保证个人的自由不会被平等自由之外的要求侵犯，个人得到保护，免于受到各种形式的不平等的伤害，这些不平等仅仅为了造福他人而伤害他们。这些保证促进了社会的自信、安全、稳定，因此促进了功利。因此，功利主义会支持这些原则。

对这两个正义原则的间接功利主义辩护指出了接受这些非功利主义原则会有好的后果，这些好的后果促进了功利。但是从这里并不能得出好的后果就是促进功利的后果。如果我们按照西季威克的普遍主义的快乐主义来定义功利，这一点就可以看得很清楚。即便我们把功利定义成欲求的满足，或者某种客观的好的清单，我们依然很难理解

---

[1] 关于密尔论次级原则，参见本书 §§240-241。关于正义，参见本书 §243。

为什么接受了这两个原则就可以让功利最大化。①

291. 正义、道德与功利

假设功利主义者同意，罗尔斯的正义原则不能通过间接功利主义的论证来得到解释。在罗斯看来，这就意味着他们同意有一些并不建立在功利之上的表面义务。但是，如果功利超越正义，这些让步依然允许对功利主义的辩护。我们依然可以坚持功利原则是首要原则。②

罗尔斯反对这个功利主义观点，因为他的两个原则先于其他关于实践和政策的考虑。它们的在先性建立在原初状态之上，而原初状态体现了作为公平的正义。来自作为公平的正义的论证和来自原初状态的论证表明，我们有系统的理由（这些理由来自作为公平的正义的首要性）反对用功利主义的方式解释我们经过考虑的判断。

罗尔斯在"功利主义的噩梦"这个普莱斯曾经用来反对功利主义的论证里，讨论了这个反对功利主义的策略。③ 我们可以这样想象这些噩梦：功利主义者必然会接受一切道德上可憎的情况，只要它们看起来可以将功利最大化。如果奴隶制可以将功利最大化，功利主义者就会接受奴隶制；如果取下四个健康的普通人的器官去挽救一个杰出的科学家或者一个爆火的娱乐明星可以让功利最大化，功利主义者也会接受这种方案。

功利主义者认为，这些反事实的噩梦毫无意义，因为它们只是描述了我们没有理由认为存在现实性的逻辑可能性。但是罗尔斯并非仅

---

① 关于功利，参见 R. B. Brandt, *Facts, Values, and Morality*, Cambridge: Cambridge University Press, 1996, ch 2.

② 关于功利主义的反驳，参见 J. Feinberg, "Rawls and Intuitionism," in N. Daniels, ed., *Reading Rawls*, Oxford: Blackwell, 1975, ch. 5.

③ 关于功利主义蕴含的结论，参见本书 §189 关于普莱斯的讨论。

仅依赖逻辑上的可能性。他说，对于功利主义者来讲，关于奴隶制是对是错的决定性问题在于它是否可以让功利最大化。然而我们并不把这当作决定性的问题，因为我们并不需要问这个关于功利的问题来决定奴隶制是不是错的。①

这个论证重复了罗斯反对功利原则是道德上的至高原则的论证。罗斯认为，功利主义者把错误的事情看作是相关的或者决定性的考虑。假如他们是正确的，那么我们在知道某个规则最大化了功利之前，都不应当为任何具体的道德规则辩护。但是我们可以看到，对于功利主义者来说决定性的计算并不是道德上决定性的。罗斯利用了巴特勒在道德观的效果和它对我们来讲重要的方面之间的区分。巴特勒基于那个区分反对功利主义。②

在这一点上，罗尔斯依赖罗斯多元主义的直觉主义去反对功利主义。罗斯的论证是直觉主义的，因为它建立在我们的直觉判断之上，罗尔斯描述的论证是我们经过考虑的判断。罗尔斯反对功利原则首要性的主要论证建立在确定什么样的理由对于决定某个行动或政策在道德上正确是相关的或者不相关的。罗尔斯特别依赖在一些情况下功利主义的理由并不相关的判断。

因此，罗斯和罗尔斯提出的反驳是相关的，因为他们论证了我们经过考虑的判断会反对功利主义，而倾向于个人化和回溯性的观点，这种观点不仅关乎正义也关乎整体而言的正当。

292. 作为公平的正义的康德主义阐释

如果罗尔斯依赖罗斯的直觉主义反对功利主义，我们可能无法满

---

① 关于与功利主义的比较，参见《正义论》§26。关于奴隶制，参见本书§267。
② 关于巴特勒如何看待道德中什么重要，参见本书§185。

意。功利主义给出了一个清晰的原则,这个原则对理性来讲有一定的吸引力。如果它与作为公平的正义冲突,如果我们经过考虑的判断给了公平胜过功利的优先性,那么我们可能还是会问,为什么应当给公平这么大的权重?

在罗尔斯看来,我们赋予公平的权重并不仅仅是直觉上的,而是表达了康德的一个基本洞见。与康德式的功利主义者不同,[①]反功利主义的康德主义者论证说,定言命令规定了要把理性行动者本身当作目的对待,而这种对待本身就排除了功利主义的最大化态度。在19世纪,格林捍卫这种反功利主义的对康德的阐释。[②]20世纪从这个反功利主义角度发展康德主义原则的道德学家包括罗尔斯、斯坎伦(Scanlon)和科斯嘉(Korsgaard)。[③]

作为公平的正义体现了康德主义原则,因为人们在原初状态下接受的原则是对于所有理性存在者来讲的普遍法则。无知之幕阐释了原初状态和定言命令之间的联系。[④]每个人都有且只有相关的信息和动机,相同的无知之幕保证了我不会接受任何你在相同条件下不会接受的原则。[⑤]假如我们不是在相同的无知之幕之下,我可能会因为你的无知占便宜,从而促进我的利益伤害你的利益。如果我们要反对这种不公平,我们就会认为人有着相同的权利,因此他们的需要和利益也配得上相同的关切和相同的对待,而与任何进一步追求的社会

[①] 关于康德式的功利主义者,参见本书§§256, 283。关于晚近调和两者的尝试,参见 Parfit, *On What Matters*, vol. 1, ch. 16。参见 Scheffler, "Introduction", in Parfit, *On What Matters*。关于从康德角度的反驳,参见 B. Herman, "A Mismatch of Methods," in Parfit, *On What Matters*, vol. II, pp. 81-115。

[②] 关于格林对康德的讨论,参见本书§264。

[③] 关于对康德的非功利主义观点,参见 C. M. Korsgaard, *Creating the Kingdom of Ends*, Cambridge: Cambridge University Press, 1996; Scanlon, *What We Owe to Each Other*。

[④] 关于普遍法则,参见本书§204。关于康德和无知之幕,参见《正义论》118n。

[⑤] 这个论证也依赖理性的预设。

目标无关。①

与此相似，作为公平的正义也把握了康德的人性公式。人们在原初状态下接受的原则保护了个人利益。如果我们认为自己拥有独立于任何他人目标的价值，我们就会接受这些原则。这种态度在康德关于人本身就是目的观点中得到了表达。原初状态下的最初条件就包括了人们有相同的权利，保护他们不会仅仅因为要促进其他人的利益或者总体利益而受到伤害。②

293. 康德主义的阐释表明了什么？

在罗尔斯和康德之间的联系表明他们彼此支持，彼此解释。

康德表明必然有定言命令，它们必然用他描述的方式得到表达，这些论证可以支持罗尔斯关于原初状态的建构。这个建构来自关于公平的判断，这个判断并不明显依赖任何独特的康德式主张。但是它的内容明确了可以被所有理性行动者当作普遍法则的准则的条件，这个准则也将所有的理性行动者本身当作目的。如果罗尔斯是正确的，那么康德的立场就是合理的，部分原因在于这个立场依赖一些基本的经过考虑的关于公平的判断。

如果我们接受了人性公式，我们就把自己和他人看作目的，不能被简单当作促进他人利益的手段。如果原初状态符合这个公式，罗尔斯就给了它实践上的内容。它要求对自己和他人的尊重，也保护独特个体的权利。

---

① 罗尔斯依赖这样的权利，德沃金解释了这一点：R. M. Dworkin, "The Original Position," in *Reading Rawls*, ch. 2. 参见罗尔斯：《论文集》400n. 关于权利，参见本书§189（普莱斯），§209（康德），§§243-244（密尔）。罗尔斯关于个人分离性的讨论，参见《正义论》§30。

② 关于将他人当作目的，参见《正义论》156-157。关于功利主义与康德的人性公式，参见本书§§207-209，258。

这些论证表明，为什么很难把康德和功利主义协调起来。西季威克和他的追随者认为，功利原则给出了仅凭康德主义原则无法给出的道德内容。根据罗尔斯的看法，考察康德主义原则会表明，西季威克给出了错误的道德内容。如果我们把康德主义原则与关于正义和公平的经过考虑的判断联系起来，就会给康德主义原则赋予正确的内容。因此，康德主义的立场就给出了对功利主义的合理替代方案。

参考文献

Ackrill, J. L., "Aristotle on eudaimonia," in *Essays on Plato and Aristotle*. Oxford: Oxford University Press, 1997, ch. 11. From *Proceedings of the British Academy* 60 (1974), 339–59.

Adams, M. M., "Ockham on will, nature, and morality," in *The Cambridge Companion to Ockham*, ed. P. V. Spade. Cambridge: Cambridge University Press, 1999, ch. 11.

Alexander of Aphrodisias, *De Fato*, ed. R. W. Sharples. London: Duckworth, 1983.

Algra, K., Barnes, J., Mansfeld, J., and Schofield, M., eds., *The Cambridge History of Hellenistic Philosophy*. Cambridge: Cambridge University Press, 1999.

Ambrose, *Letters*, tr. M. M. Beyenka. Washington: Catholic University of America Press, 1954.

Annas, J., *An Introduction to Plato's Republic*. Oxford: Oxford University Press, 1981.

Annas, J., *The Morality of Happiness*. Oxford: Oxford University Press, 1993.

Aquinas, *De Malo*, tr. R. Regan, ed. B. Davies. Oxford: Oxford University Press, 2001.

Aquinas, *De Veritate*, tr. R. W. Mulligan et al. Chicago: Regnery, 1954.

Aquinas, *Expositio et Lectura super Epistulas Pauli Apostoli*, 8th ed., 2 vols., ed. R. Cai. Turin: Marietti, 1953.

Aquinas, *in 2 Cor. and in Rom*. See Expositio et Lectura above.

Aquinas, *in Decem Libros Ethicorum Aristotelis ad Nicomachum Expositio*, tr. C. L. Litzinger. Chicago: Regnery, 1964.

Aquinas, Scriptum super Sententiis, 4 vols., ed. P. Mandonnet and M. F. Moos. Paris: Lethellieux, 1929-1947.

Aquinas, *Summa contra Gentiles*, 4 vols., tr. A. C. Pegis et al. New York: Doubleday, 1955.

Aquinas, *Summa Theologiae*, 5 vols., tr. English Dominican Fathers. New York: Benziger, 1948 (orig. pub. 1920).

Aristotle, *Complete Works*, 2 vols., ed. J. Barnes. Princeton: Princeton University Press, 1984.

Aristotle, *Nicomachean Ethics*, 3rd ed., tr. T. H. Irwin. Indianapolis: Hackett, 2019.

Aristotle, *Nicomachean Ethics*, tr. W. D. Ross, ed. L. Brown. Oxford: Oxford University Press, 2009.

Audi, R., ed., *The Cambridge Dictionary of Philosophy*, 3rd ed. Cambridge: Cambridge University Press, 2015.

Augustine, in *Nicene and Post-Nicene Fathers*, First Series, vols. 1-8, ed. P. Schaff. Edinburgh: T&T Clark, 1886-1888. （包括下面引用的奥古斯丁的著作）

Augustine, *Contra Iulianum*.

Augustine, *De Civitate Dei*.

Augustine, *De Libero Arbitrio*.

Augustine, *Epistulae*.

Augustine, *Expositio 84 Propositionum ex Epistula ad Romanos*.

Aulus Gellius, *Noctes Atticae*. Loeb.

Ayer, A. J., *Language, Truth, and Logic*, 2nd ed. London: Gollancz, 1946 (1st edn., 1936).

Balguy, J., *The Foundation of Moral Goodness*, Part 1 (1st ed., 1728) and Part 2 (1st ed., 1729), in *A Collection of Tracts Moral and Theological*. London: Pemberton, 1734.

Balzac, H. de, *The Wild Ass's Skin*, tr. H. J. Hunt. Harmondsworth: Penguin, 1977.

Beck, L. W., *Early German Philosophy*. Cambridge, MA: Harvard University Press, 1969.

Bentham, J., *An Introduction to the Principles of Morals and Legislation*, ed. J. H. Burns and H. L. A. Hart. London: Athlone Press, 1970.

Bentham, J., *Anarchical Fallacies*, in Works, ed. J. Bowring (Edinburgh: Tait, 1838-1843), ii 489-534.

Bett, R., "Ancient Scepticism," in Crisp, ed., *Oxford History of the History of Ethics*, ch. 6.

Bible. *The Holy Bible*, New Revised Standard Version. Oxford: Oxford University

Press, 1989.

Blackburn, S. W., *Ruling Passions: A Theory of Practical Reasoning*. Oxford: Oxford University Press, 1998.

Boler, J., "The inclination for justice," in Pasnau and Van Dyke, Cambridge History of Medieval Philosophy, i, ch. 35.

Bowle, J. W., *Hobbes and His Critics: A Study in Eighteenth-Century Constitutionalism*. London: Cape, 1951.

Boyd, R., "How to be a moral realist," in Sayre-McCord, ed., *Essays on Moral Realism*, ch. 9.

Boyd, R., "Materialism without reductionism: what physicalism does not entail," in *Readings in Philosophical Psychology*, vol. 1, ed. N. Block and J. A. Fodor. Cambridge, MA: Harvard University Press, 1980, 67-106.

Boys-Stones, G., and Rowe, C. J., eds., *The Circle of Socrates*. Indianapolis: Hackett, 2013.

Bradley, F. H., *Ethical Studies*, 2nd ed. Oxford: Oxford University Press, 1927 (1st ed., 1876).

Bradley, F. H., "Mr Sidgwick's hedonism," in *Collected Essays*, 2 vols. Oxford: Oxford University Press, 1935, vol. 1, ch. 2 (orig. pub. 1877).

Brandt, R. B., *Facts, Values, and Morality*. Cambridge: Cambridge University Press, 1996.

Brandt, R. B., *Morality, Utilitarianism, and Rights*. Cambridge: Cambridge University Press, 1992.

Brennan, T. R., *The Stoic Life*. Oxford: Oxford University Press, 2005.

Brink, D. O., *Mill's Progressive Principles*. Oxford: Oxford University Press, 2013.

Brink, D. O., *Moral Realism and the Foundations of Ethics*. Cambridge: Cambridge University Press,1989.

Brink, D. O., "Some forms and limits of consequentialism," in Copp, ed., *Oxford Handbook of Ethical Theroy*, ch. 14.

Broad, C. D., *Five Types of Ethical Theory*. London: Kegan Paul, 1930.

Broadie, S. W., *Ethics with Aristotle*. Oxford: Oxford University Press, 1991.

Burke, E., *Reflections on the Revolution in France*, ed. L. G. Mitchell. Oxford: Oxford University Press, 1993 (orig. pub. 1790).

Burns, J. H., ed., *Cambridge History of Mediaeval Political Thought*. Cambridge: Cambridge University Press, 1988.

Burns, J. H., and Goldie, M., eds., *Cambridge History of Political Thought 1450-1700*. Cambridge: Cambridge University Press, 1991.

Burnyeat, M., and Frede, M., eds., *The Original Sceptics: A Controversy*. Indianapolis: Hackett, 1997.

Butler, J., *Fifteen Sermons and Other Writings on Ethics*, ed. D. McNaughton. Oxford: Oxford University Press, 2017.

Butler, J., *The Works of Bishop Butler*, 2 vols., ed. J. H. Bernard. London: Macmillan, 1900.

Cameron, A. M., *The Mediterranean World in Late Antiquity*, 2nd ed. London: Routledge, 2012.

Cicero, *De Fato*. Loeb.

Cicero, *De Finibus Bonorum et Malorum*. = *On Moral Ends*, tr. R. Woolf. Cambridge: Cambridge University Press, 2001.

Cicero, *De Legibus*. Loeb.

Cicero, *De Officiis*. Loeb.

Cicero, *De Republica*. Loeb.

Cicero, *Paradoxa Stoicorum*. Loeb.

Cicero, *Tusulanae Disputationes*. Loeb.

Clark, G. N. et. al. ed., *New Cambridge Modern History*, 14 vols., Cambridge: Cambridge University Press, 1957-1979.

Clarke, S., *The Works of Samuel Clarke*, 4 vols., ed. B. Hoadly. London: Knapton, 1738 (repr. Bristol: Thoemmes, 2002). Selections in R.

Cobban, A., *Rousseau and the Modern State*, 2nd ed. London: Allen & Unwin, 1964.

Collingwood, R. G., *An Essay on Metaphysics*. Oxford: Oxford University Press, 1940.

Copp, D., ed., *The Oxford Handbook of Ethical Theory*. OUP, 2006.

Crisp, R., *Mill on Utilitarianism*. London: Routledge, 1997.

Crisp, R., *The Cosmos of Duty: Henry Sidgwick's Methods of Ethics*. Oxford: Oxford University Press, 2015.

Crisp, R., ed., *The Oxford Handbook of the History of Ethics*. Oxford: Oxford University Press, 2013.

Crusius: see S 568-585.

Cudworth, R., *A Treatise concerning Eternal and Immutable Morality*, with a *Treatise of Freewill*, ed. S. Hutton. Cambridge: Cambridge University Press, 1996. Selections in R.

Cumberland, R., *De Legibus Naturae*: see R.

Daniels, N., ed., *Reading Rawls*. Oxford: Blackwell, 1975.

Darwall, S. L., *Philosophical Ethics*. Boulder, CO: Westview, 1998.

Darwall, S. L., *The British Moralists and the Internal "Ought."* Cambridge: Cambridge University Press, 1995.

Diogenes Laertius, *Vitae Philosophorum*. Loeb.

Dworkin, R. M., *Taking Rights Seriously*. Cambridge, MA: Harvard University Press, 1977.

Dworkin, R. M, "The original position," in Daniels, ed., *Reaing Rawls*, ch. 2. Repr. as 'Justice and rights' in Taking Right Seriously, ch. 6.

Epictetus, *Discourses and Enchiridion*. Loeb.

Epicurus, *Epicuro: Opere*, 2nd edn., ed. G. Arrighetti. Turin: Einaudi, 1973. Selections in Inwood and Gerson, eds., *Hellenistic Philosophy: Introductory Readings* and in Long and Sedley eds., *Hellenistic Philosophers*.

Erler, M., and Schofield, M., "Epicurean ethics," in Algra et al., eds., *The Cambridge History of Hellenistic Philosophy*, ch. 20.

Feinberg, J., 'Rawls and intuitionism', in Daniels, ed., *Readibg Rawls*, ch. 5.

Finnis, J. M., *Aquinas: Moral, Political, and Legal Theory*. Oxford: Oxford University Press, 1998.

Finnis, J. M., *Natural Law and Natural Rights*. Oxford: Oxford University Press, 1980.

Fodor, "Special sciences," *Synthese* 28 (1974), 77-115, in *Philosophy of Science*, ed. R. Boyd, P. Gasper, and J. D. Trout. Cambridge, MA: MIT Press, 1991.

Frankena, W. K., *Ethics*, 2nd ed. Englewood Cliffs, NJ: Prentice-Hall, 1973.

Frankena, W. K., "The naturalistic fallacy," *Mind* 48 (1939), 464-477.

Galen, *De Placitis Hippocratis et Platonis*. Selections in Long and Sedley eds., *Hellenistic Philosophers*.

Gauthier, D. P., "David Hume: contractarian," in *Moral Dealing*, ch. 3. From *Philosophical Review* 88 (1979), 3-38.

Gauthier, D. P., *Moral Dealing: Contract, Ethics, and Reason*. Ithaca: Cornell University Press, 1990.

Gauthier, D. P., "Morality and advantage," *Philosophical Review* 76 (1967), 460-475.

Gauthier, D. P., *Morals by Agreement*. Oxford: Oxford University Press, 1986.

Gauthier, D. P., "Three against justice: the foole, the sensible knave, and the Lydian shepherd," in *Moral Dealing*, ch. 6. From *Midwest Studies in Philosophy* 7 (1982), 11-29.

Geuss, R., *Morality, Culture, and History*. Cambridge: Cambridge University Press, 1999.

Geuss, R., "Post-Kantianism," in Crisp, ed., *The Oxford History of the History of Ethics*, ch. 23.

Gewirth, A., "Positive 'ethics' and normative 'science'," *Philosophical Review* 69 (1960), 311-330.

Giannantoni, G., ed., *Socratis et Socraticorum Reliquiae*, 4 vols. Naples: Bibliopolis, 1990.

Gibbard, A., *Wise Choices, Apt Feelings*. Cambridge, MA: Harvard University Press, 1990.

Gill, M. B., *The British Moralists on Human Nature and the Birth of Secular Ethics*. Cambridge: Cambridge University Press, 2006.

Godwin, W., *Enquiry concerning Political Justice*, 3 vols., ed. F. E. L. Priestly. Toronto: University of Toronto Press, 1946 (orig. pub. London, 1793, 2nd ed., 1796, 3rd ed., 1798).

Goldie, M., "Hobbes's opponents," in Burns and Goldie, eds., The Cambridge History of Political *Theory 1450-1700*, ch. 20.

Golob, S., and Timmermann, J., eds., *The Cambridge History of Moral Philosophy*. Cambridge: Cambridge University Press, 2017.

Green, T. H., *Complete Works*, 5 vols., ed. P. Nicholson. Bristol: Thoemmes, 1997.

Green, T. H., *Lectures on Political Obligation and Other Writings*, ed. P. Harris and J. Morrow. Cambridge: Cambridge University Press,1986. Also in *Complete Works*, vol. 2.

Green, T. H., "Liberal legislation and freedom of contract," in *Lectures on Political Obligation and Other Writings*. Also in *Complete Works*, vol. 3.

Green, T. H., *Prolegomena to Ethics*, ed. D. O. Brink. Oxford: Oxford University Press, 2003 (orig. Oxford: Oxford University Press, 1883. Repr. In *Complete Works*, vol. 4).

Grote, J., *An Examination of the Utilitarian Philosophy*. Cambridge: Deighton Bell, 1870.

Grotius, H., *De iure belli et pacis*, 3 vols., tr. W. Whewell. Cambridge: Cambridge University Press, 1853 (orig. pub. 1625).

Haakonssen, K., "Early modern natural law," in Skorupski, ed., *Routledge Companion to Ethics*, ch. 7.

Halévy, E., *The Growth of Philosophic Radicalism*. London: Faber and Gwyer, 1928.

Hamilton, B., *Political Thought in Sixteenth-Century Spain*. Oxford: Oxford University Press, 1963.

Hampton, J., *Hobbes and the Social Contract Tradition*. Cambridge: Cambridge University Press, 1986.

Hankins, J., "Humanism, scholasticism, and Renaissance philosophy," in T*he Cambridge Companion to Renaissance Philosophy*, ed. J. Hankins. Cambridge: Cambridge University Press, 2007, ch. 3.

Hardie, W. F. R., *Aristotle's Ethical Theory*, 2nd ed. Oxford: Oxford University Press, 1980.

Hare, R. M., *Freedom and Reason*. Oxford: Oxford University Press, 1963.

Hare, R. M., *Moral Thinking*. Oxford: Oxford University Press, 1981.

Hare, R. M., "Ontology in ethics," in *Morality and Objectivity*, ed. T. Honderich. London: Routledge, 1985, ch. 3.

Hare, R. M., *Sorting Out Ethics*. Oxford: Oxford University Press, 1997.

Hare, R. M., *The Language of Morals*. Oxford: Oxford University Press, 1952.

Hart, H. L. A., *Punishment and Responsibility*. Oxford: Oxford University Press, 1968.

Hart, H. L. A., *The Concept of Law*. Oxford: Oxford University Press, 1961.

Hartley, D., *Observations on Man*, Part 1. Selections in R.

Hegel, G. W. F., *Lectures on the History of Philosophy*, 3 vols., tr. E. S. Haldane and F. H. Simson. London: Routledge, 1892.

Hegel, G. W. F., *Logic*, 3rd ed., tr. W. Wallace. Oxford: Oxford University Press, 1975 (1st ed., 1873).

Hegel, G. W. F., *Phenomenology of Spirit*, tr. A. V. Miller. Oxford: Oxford University Press, 1977.

Hegel, G. W. F., *Philosophy of Right*, tr. H. B. Nisbet, ed. A. W. Wood. Cambridge: Cambridge University Press, 1991.

Helvétius, C. A., *On the Mind*. Selections in S v. 2.

Hempel, C. G., *Aspects of Scientific Explanation*. New York: Free Press, 1965.

Herman, B., "A mismatch of methods," in Parfit, *On What Matters*, ii 83-115.

Hill, T. E., "Servility and self-respect," *Monist* 57 (1973), 87-104.

Hobbes, T., *De Cive* (Latin and English), 2 vols., ed. H. Warrender. Oxford: Oxford University Press, 1983 (orig. pub. Latin 1642; English 1651).

Hobbes, T., *Leviathan*, ed. E. M. Curley. Indianapolis: Hackett, 1994 (orig. pub. London, 1651).

Hobbes, T., *The Elements of Law: Human Nature and De Corpore Politico*, ed. J. C. A. Gaskin. OUP, 1994.

Höffe, O., "Kantian ethics," in Crisp, ed., *The Oxford Handbook of the History of Ethics*, ch. 22.

Hoffmann, T., "Intellectualism and voluntarism," in Pasnau, ed., *The Cambridge*

History of Medieval Philosophy, i, ch. 30.

Horace, *Odes*, Loeb.

Hornblower, S., *The Greek World 479-323 BC*, 4th edn. London: Routledge, 2011.

Hume, D., *A Treatise of Human Nature*, ed. D. F. Norton and M. J. Norton. Oxford: Oxford University Press, 2000.

Hume, D., *Inquiry concerning Human Understanding*, ed. T. L. Beauchamp. Oxford: Oxford University Press, 1999.

Hume, D., *Inquiry concerning the Principles of Morals*, ed. T. L. Beauchamp. Oxford: Oxford University Press, 1998.

Hume, D., "The sceptic," in *Essays, Moral, Political, and Literary*. Oxford: Oxford University Press, 1903, Essay 18.

Hurka, T., *Perfectionism*. Oxford: Oxford University Press, 1993.

Hussain, N., "Error theory and fictionalism," in Skorupski, ed., *Routledge Companion to Ethics*, ch. 28.

Hutcheson, F., *A System of Moral Philosophy*, 2 vols. Glasgow: Foulis, 1755.

Hutcheson, F., *An Inquiry into Moral Good and Evil*, in *Inquiry into the Original of our Ideas of Beauty and Virtue*, ed. W. Leidhold. Indianapolis: Liberty Fund, 2004.

Hutcheson, F., *Illustrations on the Moral Sense*, ed. B. Peach. Cambridge, MA: Harvard University Press, 1971.

Inwood, B., and Donini, P., "Stoic ethics," in Algra et al., eds., *The Cambridge History of Hellenistic Philosophy*, ch. 21.

Inwood, B., and Gerson, L. P., eds., *Hellenistic Philosophy: Introductory Readings*, 2nd ed. Indianapolis: Hackett, 1997.

Kant, I., G = *Grundlegung zur Metaphysik der Sitten* = *Groundwork of the Metaphysics of Morals*, in Kant, *Practical Philosophy*.

Kant, I., *Groundwork of the Metaphysics of Morals*, ed. T. E. Hill and A. Zweig. Oxford: Oxford University Press, 2002.

Kant, I., *KpV* = *Kritik der praktischen Vernunft* = *Critique of Practical Reason*, in Kant, *Practical Philosophy*.

Kant, I., *KrV* = *Kritik der reinen Vernunft* = *Critique of Pure Reason*, tr. P. Guyer and A. Wood. Cambridge: Cambridge University Press, 1997.

Kant, I., *KU = Kritik der Urteilskraft = Critique of the Power of Judgment*, tr. P. Guyer and E. Matthews. Cambridge: Cambridge University Press, 2000.

Kant, I., *MdS = Metaphysik der Sitten = Metaphysics of Morals*, in Kant, *Practical Philosophy*.

Kant, I., *Practical Philosophy*, tr. M. J. Gregor. Cambridge: Cambridge University Press, 1996.

Kant, I., *Religion and Rational Theology*, tr. A. W. Wood and G. di Giovanni. Cambridge: Cambridge University Press, 1996.

Kavka, G. S., *Hobbesian Moral and Political Theory*. Princeton: Princeton University Press, 1986.

Klosko, G., ed., *The Oxford Handbook of the History of Political Philosophy*. Cambridge: Cambridge University Press, 2011.

Korsgaard, C. M., *Creating the Kingdom of Ends*. Cambridge: Cambridge University Press, 1996.

Korsgaard, C. M., *The Sources of Normativity*. Cambridge: Cambridge University Press, 1996.

Kraut, R., "Two conceptions of happiness," *Philosophical Review* 88 (1979), 167–97.

Lactantius, *Divinae Institutiones*, in *The Ante-Nicene Fathers*, vol. 7, ed. A. Roberts and J. Donaldson. Edinburgh: T&T Clark, 1886.

Leibniz, G. W.: see S 313-330.

Lewis, C. I., *An Analysis of Knowledge and Valuation*. La Salle, IL: Open Court, 1946.

Lewis, C. I., *The Ground and Nature of the Right*. New York: Columbia University Press, 1955.

Lewy, C., "G. E. Moore on the naturalistic fallacy," *Proceedings of the British Academy* 50 (1964), 251-262.

Locke, J., *An Essay concerning Human Understanding*, ed. P. H. Nidditch. Oxford: Oxford University Press, 1975.

Locke, J., "Second Treatise of Government," in *Two Treatises of Government*, ed. P. Laslett. Cambridge: Cambridge University Press, 1960.

Long, A. A., "The Socratic legacy," in Algra et al., eds., *The Cambridge History of Hellenistic Philosophy*, ch. 19.

Long, A. A., and Sedley, D. N., *The Hellenistic Philosophers*, 2 vols. Cambridge: Cambridge University Press, 1987.

Lucretius, *De Rerum Natura*. Loeb.

Lunn-Rockliffe, S., "Early Christian political philosophy," in Klosko, ed., *The Oxford Handbook of the History of Political Philosophy*, ch. 9.

Luscombe, D. E., *Mediaeval Thought*. Oxford: Oxford University Press, 1997.

McCluskey, C., 'Thomism', in Crisp, ed., *The Oxford History of the History of Ethics*, ch. 8.

Macintyre, A. C., *A Short History of Ethics*. London: Routledge, 1966.

Mackie, J. L., *Ethics: Inventing Right and Wrong*. Harmondsworth: Penguin, 1977.

Mackie, J. L., *Hume's Moral Theory*. London: Routledge, 1980.

Malcolm, N., "Hobbes and Spinoza," in Burns and Goldie, eds., *The Cambridge History of Political Theory 1450-1700*, ch. 18.

Mandeville, B., *The Fable of the Bees*, ed. F. B. Kaye. Oxford: Oxford University Press, 1924.

Marenbon, J., "The emergence of mediaeval Latin philosophy," in Pasnau, ed, *The Cambridge History of Medieval Philosophy*, ch. 2.

Markus, R. A., "Introduction: The West," in Burns, ed., *The Cambridge History of Medieval Political Thought*, ch. 5.

Marrone, S. P., "The rise of the universities," in Pasnau, *The Cambridge History of Medieval Philosophy*, ch. 4.

Meyer, S. S., *Ancient Ethics*. London: Routledge, 2008.

Mill, J. S., "Bentham", in *Collected Works*, vol. x.

Mill, J. S., *Collected Works*, 33 vols., gen. ed. J. M. Robson. Toronto: University of Toronto Press, 1963-1991.

Mill, J. S., "Nature", in *Collected Works*, vol. x.

Mill, J. S., *On Liberty*, in *Collected Works*, vol. xviii.

Mill, J. S., *Principles of Political Economy*, with *Some of their Applications to Social*

Philosophy, in *Collected Works*, vol. ii-iii.

Mill, J. S., *Utilitarianism*, in *Collected Works*, vol. x.

Mintz, S. I., *The Hunting of Leviathan*. Cambridge: Cambridge University Press, 1962.

Moore, A. W., *The Evolution of Modern Metaphysics*. Cambridge: Cambridge University Press, 2012.

Moore, G. E., "A reply to my critics," in *The Philosophy of G. E. Moore*, ed. P. A. Schilpp. Evanston, IL: Northwestern University Press, 1942), 535-677.

Moore, G. E., *Principia Ethica*, 2nd edn., ed. T. W. Baldwin. Cambridge: Cambridge University Press, 1993 (1st ed., 1903).

Nagel, T., *The Possibility of Altruism*. Oxford: Oxford University Press, 1970.

Neuhouser, F. W., *Foundations of Hegel's Social Theory*. Cambridge, MA: Harvard University Press, 2000.

Nicholson, P. P., *The Political Philosophy of the British Idealists*. Cambridge: Cambridge University Press, 1990.

Nietzsche, F., *Beyond Good and Evil*, tr. W. Kaufmann. New York: Vintage, 1966.

Nietzsche, F., *On the Genealogy of Morals and Ecce Homo*, tr. W. Kaufmann. New York: Vintage, 1969.

Nietzsche, F., *The Portable Nietzsche*, tr. W. Kaufmann. New York: Viking, 1954.

Nietzsche, F., *Twilight of the Idols*, tr. W. Kaufmann, in *The Portable Nietzsche*, 463-564.

Nietzsche, F., *The Will To Power*, tr. W. Kaufmann and R. J. Hollingdale, New York: Vintage, 1968.

Norman, R., *The Moral Philosophers*, 2nd edn. OUP, 1998.

Ockham, W., *Opera Theologica et Philosophica*, 17 vols. St. Bonaventure: Franciscan Institute, 1974-1988.

Olafson, F. A., *Ethics and Twentieth Century Thought*. Englewood Cliffs, NJ: Prentice-Hall, 1973.

Olafson, F. A., *Principles and Persons: An Ethical Interpretation of Existentialism*. Baltimore: Johns Hopkins University Press, 1967.

Pagden, A., "The school of Salamanca," in Klosko, ed., *The Oxford Handbook of the*

History of Political Philosophy, ch. 15.

Paley, W., *Principles of Moral and Political Philosophy*. Selections in R.

Parfit, D. A., *On What Matters*, 3 vols., Oxford: Oxford University Press, 2011-2017.

Parfit, D. A., *Reasons and Persons*. Oxford: Oxford University Press, 1984.

Pasnau, R., and Van Dyke, C., eds., *The Cambridge History of Mediaeval Philosophy*, 2 vols., 2nd ed. Cambridge: Cambridge University Press, 2014.

Passmore, J. A., *A Hundred Years of Philosophy*, 2nd ed. London: Duckworth, 1966.

Pettit, P., "Consequentialism," in Singer, ed., *A Companion to Ethics*, ch. 19.

Phillips, D. K., *Sidgwickian Ethics*. Oxford: Oxford University Press, 2011.

Philo, *Abraham*, in *Works*, vol. 6. Loeb.

Plato, *Collected Works*, ed. J. M. Cooper. Indianapolis: Hackett, 1997.

Plutarch, *De Communibus Notitiis, De Stoicorum Repugnantiis*, in *Moralia,* vol. 13. Loeb.

Popper, K. R., *The Logic of Scientific Discovery*. London: Hutchinson, 1968 (1st German ed., 1934).

Popper, K. R., *The Open Society and its Enemies*, 2 vols., 5th ed. London: Routledge, 1966 (1st ed., 1945).

Price, R., *A Review of the Principal Questions in Morals*, ed. D. D. Raphael. Oxford: Oxford University Press, 1974 (orig. 3rd ed., 1787; 1st ed., 1758).

Prinz, J. J, *The Emotional Construction of Morals*. Oxford: Oxford University Press, 2007.

Pufendorf, S., *De iure naturae et gentium*, tr. C. H. Oldfather and W. A. Oldfather. Oxford: Oxford University Press, 1934.

Putnam, H., "On properties," in *Mathematics, Matter, and Method: Philosophical Papers*, Volume 1. Cambridge: Cambridge University Press, 1975, ch. 19.

Putnam, H., *The Collapse of the Fact/Value Dichotomy*. Cambridge, MA: Harvard University Press, 2002.

R = Raphael, D. D., ed., *British Moralists, 1650-1800*, 2 vols. Oxford: Oxford University Press, 1969.

Railton, P., "Realism and its alternatives," in Skorupski, ed., *Routledge Companioin to*

Ethics, ch. 26.

Rashdall, H., *Theory of Good and Evil,* 2 vols., 2nd ed. Oxford: Oxford University Press, 1924 (1st ed., 1907).

Rawls, J., *A Theory of Justice*, 2nd ed. Cambridge, MA: Harvard University Press, 1999 (1st ed., 1971).

Rawls, J., *Collected Papers*, ed. S. Freeman. Cambridge, MA: Harvard University Press, 1999.

Rawls, J., *Lectures on the History of Moral Philosophy*. Cambridge, MA: Harvard University Press, 2000.

Rawls, J., *Political Liberalism*, 2nd ed. New York: Columbia University Press, 1996 (1st ed., 1993).

Reath, "Kant's moral philosophy," in Crisp, ed., *The Oxford Handbook of the History of Ethics*, ch. 21.

Reid, T., *Essays on the Active Powers*, ed. K. Haakonssen and J. A. Harris. Edinburgh: Edinburgh University Press, 2010 (orig. 1788). Selections in R.

Richter, M., *The Politics of Conscience*. London: Weidenfeld & Nicolson, 1964.

Ross, W. D., *Foundations of Ethics*. Oxford: Oxford University Press, 1939.

Ross, W. D., *The Right and the Good*. Oxford: Oxford University Press, 1930.

Rousseau, J.-J., *The Social Contract*, ed. R. Grimsley. Oxford: Oxford University Press, 1972 (orig. pub. 1762).

Ryan, A., *On Politics*, 2 vols. New York: Liveright, 2012.

S = Schneewind, J. B., ed., *Moral Philosophy from Montaigne to Kant*.

Sabine, G. H., *A History of Political Theory*, 3rd ed. New York: Holt, Rinehart, & Winston, 1961.

Satz, D., "Nineteenth century political economy," in *The Cambridge History of Philosophy in the Nineteenth Century*, ed. A. W. Wood and S. S. Hahn. Cambridge: Cambridge University Press, 2012, ch. 22.

Sayre-McCord, G., ed., *Essays on Moral Realism*. Ithaca: Cornell University Press, 1988.

Scanlon, T. M., *What We Owe to Each Other*. Cambridge, MA: Harvard University

Press, 1998.

Scheffler, "Introduction" to Parfit, *On What Matters*.

Schneewind, J. B., ed., *Moral Philosophy from Montaigne to Kant*, 2nd ed. Cambridge: Cambridge University Press, 2003.

Schneewind, J. B., *Sidgwick's Ethics and Victorian Moral Philosophy*. Oxford: Oxford University Press, 1977.

Schneewind, J. B., *The Invention of Autonomy*. Cambridge: Cambridge University Press, 1997.

Schopenhauer, A., *On the Basis of Morality*, tr. E. F. J. Payne. Indianapolis: Bobbs-Merrill, 1965.

Schopenhauer, A., *The Will as World and Representation*, 2 vols., tr. E. F. J. Payne. New York: Dover, 1966.

Scotus, Duns, *Duns Scotus on the Will and Morality*, tr. A. B. Wolter. Washington: Catholic University of America Press, 1986.

Scotus, Duns, *Opera Omnia*, ed. C. Balic. Civitas Vaticana: Typis Polyglottis Vaticanis, 1950-. Scotus, Duns, *Opera Omnia*, 12 vols., ed. L. Wadding. Lyons: Durand, 1639 (Repr. Hildesheim: Olms, 1968).

Scotus, Duns, *Selected Writings on Ethics*, tr. T. Williams. Oxford: Oxford University Press, 2017.

Selby-Bigge, L. A., ed., *British Moralists*, 2 vols. Oxford: Oxford University Press, 1897.

Seneca, *Epistulae Morales*. Loeb.

Sextus Empiricus, *Adversus Mathematicos* = *Against the Logicians*, tr. R. Bett. Cambridge: Cambridge University Press, 2005.

Sextus Empiricus, *Pyrrhoneae Hypotyposes* = *Outlines of Scepticism*, tr. J. Annas and J. Barnes. Cambridge: Cambridge University Press, 1994.

Shafer-Landau, R., *The Fundamentals of Ethics*, 3rd ed. Oxford: Oxford University Press, 2015.

Shaftesbury, Earl of, *Characteristics of Men, Manners, Opinions, Times*, ed. L. E. Klein. Cambridge: Cambridge University Press, 1999.

Shakespeare, W., *Richard III*; *Hamlet*; *King Lear*.

Shaw, G. B., *Saint Joan*. London: Constable, 1924.

Sidgwick, H., *Outlines of the History of Ethics*, 3rd ed. London: Macmillan, 1892.

Sidgwick, H., Review of Bradley, *Ethical Studies*, *Mind* 1 (1876), 545-549.

Sidgwick, H., *The Ethics of Green, Spencer, and Martineau*. London: Macmillan, 1902.

Sidgwick, H., *The Methods of Ethics*, 7th ed. London: Macmillan, 1907.

Singer, P., ed., *A Companion to Ethics*. Oxford: Blackwell, 1991.

Singer, P., *The Expanding Circle: Ethics, Evolution, and Moral Progress*, 2nd ed. Princeton, NJ: Princeton University Press, 2011.

Skinner, Q., *Visions of Politics*, 3 vols. Cambridge: Cambridge University Press, 2002.

Skorupski, J., *English-Language Philosophy 1750 to 1945*. Oxford: Oxford University Press, 1993.

Skorupski, J., ed., *Routledge Companion to Ethics*. London: Routledge, 2010.

Smith, A., *An Inquiry into the Nature and Causes of the Wealth of Nations*, ed. E. Cannan. London: Methuen, 1925 (1st ed. orig. pub. 1776).

Smith, A., *The Theory of Moral Sentiments*, 6th ed., ed. D. D. Raphael and A. L. Macfie. Oxford: Oxford University Press, 1976 (first pub. 1790; 1st ed., 1759).

Smith, M., *The Moral Problem*. Oxford: Blackwell, 1994.

Stevenson, C. L., *Ethics and Language*. New Haven: Yale University Press, 1944.

Stevenson, C. L., *Facts and Values: Studies in Ethical Analysis*. New Haven: Yale University Press, 1963.

Stratton-Lake, P., "Rational intuitionism," in Crisp, ed., *The Oxford History of the History of Ethics*, ch. 16.

Strawson, P. F., "Social morality and individual ideal," *Philosophy* 36 (1961), 1-17.

Sturgeon, N. L., "Moral explanations," in Sayre-McCord, ed., *Essays on Moral Realism*, ch. 10.

Sturgeon, N. L., "Relativism," in Skorupski, ed., *Routledge Companion to Ethics*.

Sturgeon, N. L., "What difference does it make whether moral realism is true?" *Southern Journal of Philosophy* 24 Suppl. (1986), 115-141.

Suarez, F., *De Legibus*, in Selections from *Three Works*, 2 vols., tr. G. L. Williams et al. Oxford: Oxford University Press, 1944.

Taylor, C., *Hegel and the Modern State*. Cambridge: Cambridge University Press, 1979.

Taylor, C., *Sources of the Self.* Cambridge, MA: Harvard University Press, 1989.

Taylor, C. C. W., *Socrates*. Oxford: Oxford University Press, 2000.

Thomas, D. O., *The Honest Mind: The Thought and Work of Richard Price*. Oxford: Oxford University Press, 1977.

Thomas, K. V., *The Ends of Life: Roads to Fulfilment in Early Modern England*. Oxford: Oxford University Press, 2009.

Thomas, W. E. S., *Mill*. Oxford: Oxford University Press, 1985.

Thomas, W. E. S., *The Philosophical Radicals*. Oxford: Oxford University Press, 1979.

Thucydides, *Historiae*. Loeb.

Tuck, R., "Grotius and Selden," in Burns and Goldie, eds., *The Cambridge History of Political Thought 1450-1700*, ch. 17.

Tuck, R., "The 'modern' theory of natural law," in *The Languages of Political Theory in Early-Modern Europe*, ed. A. Pagden. Cambridge: Cambridge University Press, 1987, ch. 5.

Urmson, J. O., "The interpretation of the moral philosophy of J. S. Mill," *Philosophical Quarterly* 3 (1953), 33-39.

Van Caenegem, R., "Government, law, and society," in Burns, ed., *The Cambridge History of Medieval Political Though*, ch. 9.

Virgil, *Aeneid*. Loeb.

Vlastos, G., *Socrates: Ironist and Moral Philosopher*. Ithaca: Cornell University Press, 1991.

Walbank, F. W., *The Hellenistic World*, rev. ed. London: Collins, 1992.

Weber, M., *Methodology of the Social Sciences*, ed. E. A. Shils and H. A. Finch. New York: Free Press, 1949.

Whatmore, R., "Enlightenment political philosophy," in Klosko, ed., *The Oxford*

Handbook of the History of Political Philosophy, ch. 18.

White, N. P., "Plato's ethics," in Crisp, ed., *The Oxford Handbook of the History of Ethics*, ch. 2.

Williams, T., "The Franciscans," in Crisp, ed., *The Oxford Handbook of the History of Ethics*, ch. 9.

Wolff, C.: see S 331-350.

Wood, A. W., *Hegel's Ethical Thought*. Cambridge: Cambridge University Press, 1990.

索 引

(数字为小节号，且经过筛选)

a priori 先验 200-202, 220, 222

absolute power 绝对权力；参见 power 权力

Academy 学园 55

action 行动；参见 practical reason 实践理性

actuality 现实性 39, 226

agent-relative reasons 行动者相关的理由 259

Albertus Magnus (1206?-1280) 大阿尔伯特 89

Alexander of Aphrodisias (c200) 阿弗洛狄西阿斯的亚历山大 77, 80

Ambrose (?340-397) 安布罗斯 87

amoralists 非道德主义者 156

ancient ethics 古代伦理学 6-8, 10, 88, 90, 118, 165, 172, 229, 231

Antisthenes (?445-?365 BC) 安提斯梯尼 23, 25

appearance 表象；参见 assent 认同

appearances v. things in themselves 表象与物自体；参见 Kant 康德

appropriate actions 恰当的行动；参见 Stoics 斯多亚学派

Aquinas, Thomas (1225-1274) 托马斯·阿奎那

    charity 爱 104

common good 公共的好 101

deliberation 思虑 106

eudaemonism 幸福论 230, 266

external goods 外在的好 94

free will (liberum arbitrium) 自由意志 95

freedom and responsibility 自由与责任 95, 103

friendship 友爱 101

God freedom 上帝的自由 103, 112

God, return to 回归上帝 103

grace 恩典 103

happiness and knowledge of God 幸福与关于上帝的知识 94

happiness and virtue 幸福与德性 94, 107

happiness imperfect and perfect 不完美的幸福与完美的幸福 94, 104

happiness ultimate good 幸福与终极的好 93

incontinence 不自制 95, 106

intellectualism 理智主义 110

justice, and common good 正义与公共的好 101

law 法 98-99

love 爱 101

means to ends 实现目的的手段 251

moral philosophy and theology 道德哲学与神学 91

morality and self-interest 道德与自利 7
natural law 自然法 98-100, 110
nature 自然 94, 100, 102-103
passions 激情 95-96
practical reason 实践理性 97, 150-151
prudence 明智 97, 100
reason and desire 理性与欲求 8
reason and grace 理性与神恩 91
reason and morality 理性与道德 197, 210
reason and responsibility 理性与责任 95
self and others 自我与他人 102
sin and grace 罪与神恩 96, 103
virtues 德性 96, 100-101
virtues, theological 神学德性 104
will and election 意志与决定 95
will and freedom 意志与自由 106, 227
will and passions 意志与激情 92, 175, 213
will and ultimate good 意志与终极的好 93

Arcesilaus (315-240 BC) Sceptical head of Academy 阿凯西劳斯，柏拉图学院的怀疑派领袖 55

aretê 德性；参见 virtue 德性 14

Arginusae 阿吉努塞 12, 16

Aristippus (?435-?366 BC) 阿里斯提普 23-24

Aristotle (384-322 BC)
　bravery 勇敢 44
　capacities, fulfilment 能力的实现 50
　character 品格 43
　definitions 定义 36, 279
　deliberation 思虑 43

desire 欲求 43-44
dialectical argument 辩证法的论证 37, 239, 286
election 选择 47
eudaemonism 幸福论 230, 245, 252, 266
eudaimonia 幸福 257
external goods 外在的好 94
fine (*kalon*) 高贵 48-49
friendship 友爱 51, 66, 75, 101
function 功能 52, 56
good 好 6, 123
habituation 习惯化 42
happiness 幸福 195
happiness, adaptive conception 适应性的幸福观念 22
happiness and contemplation 幸福与沉思 52
happiness and external conditions 幸福与外在的好 41
happiness and friendship 幸福与友爱 51
happiness and function Mill 幸福与功能，密尔 39, 251
happiness and pleasure 幸福与快乐 40, 60, 65-66, 246
happiness and virtue 幸福与德性 42, 50
happiness and complete good 幸福与完整的好 38
happiness and practical reason 幸福与实践理性 263
happiness and subjective conception 幸福与主观性的观念 40
happiness and ultimate good 幸福与终极的好 38

索 引　457

happiness v tranquility 幸福与平静 57, 65
incontinence 不自制 46, 95, 106
justice 正义 49-51
mean state, virtue Aristotle 中道状态，亚里士多德的德性 44
means to ends 实现目的的手段 251
morality 道德 7, 49, 197, 203, 217, 229, 260
nature 自然 9, 125, 210
objectivity 客观性 9, 56
ought 应当 48-49
pleasure 快乐 45, 65, 247, 250
practical reason 实践理性 50
prudence 明智 47
reason and action 理性与行动 38, 150
reason and desire 理性与欲求 8, 175
reason and human nature 理性与人的自然 39
Reformation 宗教改革 113
responsibility 责任 77, 95
Sceptics 怀疑论者 9, 56
Solon 梭伦 41
soul 灵魂 39
teleology 目的论 76
temperance 节制 44
virtue 德性 96
virtue and character 德性与品格 42, 47-48
virtue and election 德性与选择 47
virtue and function 德性与功能 39, 50, 100
virtue and happiness 德性与幸福 14, 36, 41, 50, 68

virtue and knowledge 德性与知识 36
virtue and morality 德性与道德 49
virtue and practical reason 德性与实践理性 42
virtue and prudence 德性与明智 47
virtue and the fine 德性与高贵 48
virtue as a mean 德性作为中道 44
virtue v. continence 德性与自制 46
voluntary 自愿性 77
wish 想望 43
arrogance 傲慢 84
assent, appearance, and action (Stoics, Sceptics) 认可表象与行动（斯多亚学派与怀疑派）58, 74, 80
association Bentham 边沁的联想 236
atomic swerve 原子的偏斜 78
Augustine (354-430) 奥古斯丁
　ancient and mediaeval 古代与中世纪 10
　grace and justification 恩典与证成 86
　morality 道德 7, 87
　natural law 自然法 82, 98
　Reformation 宗教改革 113
　sin 罪 84-85
　two cities 两座城邦 87
　virtue 德性 84, 104
Augustus (Roman Emperor 27BC-14 AD) 奥古斯都 53
Authority 权威；参见 Butler 巴特勒
autonomy 自律；参见 Kant 康德
axiom 公理；参见 Sidgwick 西季威克
Ayer, A.J., (1910-1989) 艾耶尔 271

Balguy, John (1686-1748) 约翰·伯尔盖

162, 181
Barbeyrac, Jean (1674-1744) 让·巴贝拉克 117
beauty, secondary quality 作为次级性质的美 154
belief 信念 58-59, 193, 247
benevolence 仁爱
 conscience 良知 184, 194
 justice 正义 147, 165, 167
 moral sense 道德感 159, 164
 nature 自然 153
 utilitarianism 功利主义 184-185, 256, 282
 virtues 德性 165
Bentham, Jeremy (1748-1832) 边沁
 empirical science and ethics 经验科学与伦理学 236, 268
 enlightenment 启蒙 236
 equality 平等 244
 hedonism 快乐主义 236, 245
 progressive utilitarian 进步的功利主义者 236-237, 244
 rights 权利 236
Berkeley, George (1685-1753) 贝克莱 148
Blackburn, Simon (1944-) 西蒙·布莱克伯恩 271
Bradley, F. H. (1846-1924) 布拉德利
 ethical life 伦理生活 265
 good subjective conceptions 好的主观性观念 6
 morality and self-interest 道德与自利 265
 self 自我 263-264
 self-realization 自我实现 262, 267

stations and their duties morality 道德的位置及其义务 265
utilitarians and Kantians 功利主义者与康德主义者 264
bravery 勇敢 14-15, 17-19, 21, 24, 27, 29-31, 44-45, 56, 67, 69, 71, 74, 107, 168
Burke, Edmund (1729-1797) 艾德蒙·伯克 236-237
Butler, Joseph (1692-1752) 约瑟夫·巴特勒
 authority v strength 权威与力量 43, 174, 176
 benevolence 仁爱 184, 194
 conscience and benevolence 良知与仁爱 184-185, 194
 conscience and impartiality 良知与无偏性 146, 183, 184
 conscience and nature 良知与自然 195
 conscience and obligation 良知与责任 131
 conscience and self-love 良知与自爱 183, 194-195, 217
 conscience, supremacy 良知的至高性 183, 192, 260
 dualism of practical reason 实践理性的二元论 195, 259
 happiness 幸福 185
 hedonism 快乐主义 193
 justice 正义 185
 law to ourselves 我们自己的法律 214
 morality 道德 7, 191-192, 194, 234, 260, 266
 nature 自然 172-173

passions 激情 175

pleasure 快乐 193, 247

practical reason 实践理性 176, 260

reason and desire 理性与欲求 8, 174, 227

self-love 自爱 175, 194-195, 201, 214

superior principles 更高的原则 174-175, 183, 192, 194, 195, 214

utilitarianism 功利主义 184-185, 236, 285, 291

Callicles 卡里克勒斯 21, 24, 62, 64, 124

Calvin, John (1509-1564) 约翰·加尔文 113-114, 116

Cambridge Platonists 剑桥柏拉图主义者 127, 140

capacities 能力

 and freedom 能力与自由 80, 95, 106, 109, 214

 and self-realization 能力与自我实现 39, 50-51, 102, 104, 226, 251, 261, 263-267

Carneades (214-129/8 BC) 卡内阿德斯 75, 124

categorical v hypothetical imperative 定言命令与假言命令；参见 Kant 康德

character 品格；参见 virtue 德性

charity 爱；参见 love 爱

Christian, Christianity 基督教 105, 113-114, 140

 aims of morality 道德目标 86-87

 Hellenistic philosophy 希腊化哲学 54

 grace, justification 恩典的证成 86, 103

 letter and spirit 字句与精神 83

 love of God and neighbour 爱上帝与爱邻人 81

 sin 罪 84-85

 slave morality 奴隶道德 232

 universal love 普遍的爱 83

 virtues 德性 104

Chrysippus (?279-206? BC) 克吕西普 68

Cicero (106-43 BC) 西塞罗 53, 89

civil war 内战 12, 127, 129, 135, 140

considered judgments 经过考虑的判断 291, 293

Clarke, Samuel (1675-1729) 萨缪尔·克拉克

 axioms 公理 256

 benevolence 仁爱 147

 fitness 适合 145, 164

 intuition 直觉 145

 justice 正义 145-147, 166

 moral facts 道德事实 145

 rights 权利 145

 state of nature 自然状态 144

Cleanthes (?330-230? BC) Stoic 斯多亚学派的克里安特斯 68

coextensive 共外延；参见 definition 定义

colours 颜色 154, 181

command 命令 99, 122, 131, 142, 158, 179, 271, 273

 另参见 prescriptivism 规定主义

commands, divine 神圣命令；参见 God 上帝

Commandments, Ten 十诫 9, 100

common good 共同的好

 fine 高贵 48-49

 justice 正义 34, 101, 139

 self-realization 自我实现 265-266

utilitarianism 功利主义 163
virtue 德性 50
common sense 常识 237, 239-241, 245, 252, 254, 283-284
commonwealth 国家 129-130
compassion 同情 224-225
compatibilism 融贯论；参见 responsibility 责任
components v means 构成要素与手段；参见 deliberation 思虑
concept 概念；参见 definition 定义
conciliation 协调 69, 125
conscience 良知；参见 Butler 巴特勒
consequentialism 后果主义 132, 134；另参见 utilitarianism 功利主义
contemplation 沉思 34, 52, 94
continence 自制 46
convention 习俗 9, 27, 56, 166
Copernicus, Nicolaus (1473-1543) 尼古拉·哥白尼 115
critique, criticism 批判；参见 Kant 康德
Croesus 克洛伊索斯 38, 41
Counter-Reformation 反宗教改革 116
Cudworth, Ralph (1617-1688) 拉尔夫·卡德沃斯
　divine commands 神圣命令 142-143, 179
　moral properties 道德属性 27, 174
　moral sense 道德感 162
　mutability 可变性 181
　Platonism 柏拉图主义 140
　voluntaristm 意志论 142
Cumberland, Richard (1632-1716) 理查德·康博兰 136, 141

Cynics 犬儒学派 14, 23, 25-26, 30, 68, 71
Cyrenaics 居勒尼学派 6, 14, 23, 26, 60-61, 64

definition 定义
　concepts and properties, nominal and real 概念与属性，名义的与真正的定义 15, 27, 36, 179, 279-280, 284
　naturalistic 自然主义的 269
　open question 开放问题 269
　reductive 还原性的 279
deliberation 思虑 43, 47, 95, 106
deontological theories 义务论理论 5
Descartes, René (1596-1650) 勒内·笛卡尔 10, 116-117, 148
desire 欲求
　authority and strength 权威与力量 174, 176
　good 好的欲求 129
　rational v non-rational 理性的与不理性的欲求 28-29, 34, 42-44, 46-47, 74, 92, 150, 152, 175, 213, 227
　self-realization 自我实现 262
determinism 决定论 77-79, 106, 213；另参见 responsibility 责任
dialectical argument 辩证法的论证 37, 239-240, 254, 258, 283-284, 286
Diogenes (?412-323 BC) 第欧根尼 23, 25
divine commands 神圣命令；参见 God 上帝
Dominic (1170-1221), Dominicans 多明我，多明我会修士 89, 105
dualism of practical reason 实践理性的二

元论 7, 195, 259, 266
duty, duties 义务 7, 25, 50, 75, 138-139, 146, 183, 185, 190, 202, 229, 264-266, 284
economics 经济学 1, 168, 238
Edward VI (king 1547-1553) 爱德华六世 116

egoism 利己主义
 benevolence 仁爱 288
 dualism of practical reason 实践理性的二元论 259
 hedonism 快乐主义 141
 indirect 间接的 132, 134, 188
 justice 正义 167
 moral realism 道德实在论 141
 moral sense 道德感 153
 morality 道德 132, 134, 218, 220, 223
 volutarism 意志主义 141
election 选择 43, 47, 95-96
Elizabeth I (queen 1588-1603) 伊丽莎白一世 116
emotions 情绪 149, 155, 203, 220, 231；另参见 passions 激情
emotivism 情绪主义 271, 273-274
empirical knowledge and moral theory 经验知识与道德知识 238, 248, 267-269, 271, 277
empiricism 经验主义 148, 197, 236, 268
ends in themselves 目的本身；参见 Kant 康德
ends and means 目的与手段；参见 means 手段
enlightenment 启蒙 196-197, 236

Epictetus (c.55-c.135) 爱比克泰德 75
Epicurus (341-270 BC), Epicureans 伊壁鸠鲁，伊壁鸠鲁学派
 atomism 原子论 54
 future 未来 61-62
 determinism 决定论 77-78
 friendship 友爱 66
 justice 正义 66
 morality 道德 7
 pleasure and happiness 快乐与幸福 14, 60-65, 245
 senses 感觉 61
 tranquillity 平静 62-63, 65
 virtues 德性 66-67
epistemology 认识论 27, 54, 56, 117, 145, 148, 197-198, 248, 268
equality 平等 232-234, 244, 256, 289, 290
equipollence 均等 55-56
esoteric morality 内传的道德 134
ethical life 伦理生活 229, 265
ethics 伦理学；参见 morality 道德
eudaemonism 幸福论 60, 107, 217, 221, 230, 252, 260-261, 264, 266
Euthyphro《欧叙弗伦》；参见 Plato 柏拉图
evaluative concepts, properties, judgments 评价性概念、属性、判断 27-28, 232, 247, 279-280
exciting reasons 激发性理由；参见 reasons 理由
expressivism 表达主义 271
externalism (moral judgments and motivation) v. internalism （道德判断与动机的）外

在主义与内在主义 156

facts, moral 道德事实 9, 90, 145, 157, 188, 231, 269, 271-272, 276, 278, 281
facts and values 事实与道德 272, 278
fairness 公平 206, 209, 287, 292, 293
faith 信仰 86, 104, 219
feelings 感觉；参见 passions 激情
fine (kalon) 高贵 17, 27-28, 48-49, 56, 66, 69, 163；另参见 honestum, fitness 适合 145, 164
fool 愚人 134, 169
forms 理念 27
Formula of Humanity 人性公式；参见 Kant 康德
foundationalism 基础主义；参见 epistemology 认识论
Francis of Assisi (1181/2-1226), Franciscans 阿西西的方济各，方济各会修士 89, 105
freedom 自由 197, 211, 272, 289；另参见 responsibility 责任，Kant (autonomy) 康德（自律）
free will 自由意志；参见 responsibility 责任
French Revolution 法国大革命 1, 196, 236
friendship 友爱 51, 66, 75, 101
function, human 人的功能 39, 50, 52, 56, 100, 251
future 未来 34, 61, 62, 166, 175
Galileo (1564-1642) 伽利略 115
genealogy of morality 道德的谱系 232
general happiness 普遍的幸福 255

general rules 普遍规则 47
Gibbard, Allan (1942-) 阿兰·吉巴德 271
Glaucon and Adeimantus 格劳孔与阿德曼图斯；参见 Plato 柏拉图
Glorious Revolution (of 1668) 1688 年光荣革命 166
God 上帝
  benevolence 仁爱 184
  charity 爱 104
  commands 命令 16, 82, 111-112, 120-121, 125, 139, 142
  egoistic morality 利己主义道德 141, 153, 218
  freedom 自由 9, 103, 110-112, 121
  goodness 好 112
  grace 恩典 86, 103
  highest good, Kant 康德的最高的好 219
  justice 正义 121
  knowledge of Aquinas 对阿奎那的认识 94
  legislator 立法者 9
  love for 爱上帝 107-108
  morality 道德 112, 143, 181, 218-219, 259
  natural law 自然法；参见 natural law 自然法
  power 权能 111-112
  rational being 理性的存在 75
  return to 回归上帝 103
Godwin, William (1756-1836) 威廉·高德温 237, 240, 243
Golden Rule 金规则 206
good 好
  common 共同的；参见 common good

共同的好

- conceptions 各种观念 6
- definition 定义 269
- desire 欲求 127
- function 功能 56
- highest good 最高的好 217-219
- indifferents 中性物 71-72
- nature 自然 31, 102, 138, 267
- pleasure 快乐；参见幸福、快乐
- primary goods 基本的好 288
- right 正当 5, 123, 139
- self and others 自己与他人 7, 32, 34, 51, 102
- self-realization 自我实现；参见 self-realization 自我实现
- subjective v. objective conceptions 主观的与客观的好的观念 6, 40, 123
- good will 好意；参加 Kant 康德
- grace 恩典 86, 96

Green, T.H. (1836-1882) 格林
- common good 共同的好 266
- ethical life 伦理生活 265
- good subjective v objective conceptions 主观与客观的好的观念 6
- Kantian 康德式的 261
- pleasure 快乐 263
- respect for persons 对人的尊重 266
- self, rational v non-rational 理性的与非理性的自我 264
- self-interest 自利 265
- self-realization 自我实现 262-267
- social morality 社会道德 265
- utilitarianism 功利主义 264, 292

Grosseteste, Robert (1175-1253) 罗伯特·格罗塞特斯特 89

Grote John (1813-1866) 约翰·格罗特 267

Grotius, Hugo (1583-1645) 雨果·格劳修斯
- modern moral philosophy 现代道德哲学 117
- natural law 自然法 125
- scepticism 怀疑论 124-125
- social nature 社会性的自然 125, 127, 139, 141
- Thirty Years War 三十年战争 124
- voluntarism 意志主义 136
- war and peace 战争与和平 124, 125

Gyges' Ring 古格斯的指环；参见 Plato 柏拉图

habituation 习惯化；参见 Aristotle 亚里士多德

Hamlet 哈姆雷特 171

happiness 幸福
- adaptive conception 适应性概念 22, 25
- complete good 完整的好 38
- components 构成要素 30
- contemplation 沉思 52
- desire for 对幸福的欲求 43
- *eudaimonia* 幸福 14, 195, 257
- external conditions 外在条件 18, 41, 94
- free will 自由意志 104
- friendship 友爱 51, 90
- function 功能 39, 52, 251
- hypothetical imperative 假言命令；参见 Kant 康德

imperfect and perfect 不完满的与完满的 94
indifferents 中性物 72-73
justice 正义 30, 33-34, 108
knowledge of God 对上帝的知识 94
maximizing 最大化 255, 257
morality 道德 107, 221
natural and supernatural 自然与非自然的幸福 104
parts 幸福的部分 47, 251
pleasure 快乐 14, 19, 24, 40, 60-61, 65, 236, 246, 250-252, 254-255, 263
deliberation 思虑 47
Solon 梭伦 38, 41
subjective conception 主观的观念 40
tranquility 平静 57
ultimate good 终极的好 14, 38, 61, 93, 100, 101, 129
virtue 德性；参见 virtue 德性
Hare, R. M., (1919-2002) prescriptivism 黑尔，规定主义 271, 273-274, 283
Hedonism 快乐主义；参见 pleasure 快乐
Hegel, Georg Wilhelm Friedrich (1770-1831) 格奥尔格·威廉·弗里德里希·黑格尔
ancient ethics 古代伦理学 229
social contract 社会契约 230
criticism of 对黑格尔的批评 272
egoism 利己主义 218
Ethical 伦理的 229, 265
morality 道德 226
freedom 自由 228
idealism 观念论 261

moral criticism 道德批判 230
morality 道德 203, 205, 229-230
rational desire 理性的欲求 227
will 意志 227
Hellenistic 希腊化的 53-54
Helvétius, Claude Adrien (1715-1771) 克劳德·阿德里安·爱尔维修 236
Henry VIII (king 1509-1547) 亨利八世 116
Herodotus (?484-?425 BC) 希罗多德 38, 41, 56
Heteronomous 他律；参见 Kant 康德
highest good 最高的好；参见 Kant 康德
history of ethics 伦理学史 2-3, 10, 231, 277
Hobbes, Thomas (1588-1679) 托马斯·霍布斯
civil war 内战 127
commonwealth 国家 130, 211
consequentialism 后果主义 132, 134
egoism 利己主义 141, 153, 167
fool 愚人 134, 169
good 好 127
morality 道德 127, 131, 133-134, 136, 145, 179
natural law 自然法 117, 129, 134
nature 自然 127, 173
obligation 责任 131
passions 激情 130
pleasure 快乐 193
power and authority 力量与权威 174
practical reason 实践理性 130, 132, 150
reason and morality 理性与道德 129
reason and passions 理性与激情 175
right rights 自然权利 129, 144-145

Scholastics 经院哲学家 115, 128

social contract 社会契约 130, 166, 196-197, 230, 287

sovereign 主权 130

state of nature 自然法 129-130, 144

Thucydides 修昔底德 127

ultimate good 终极的好 127, 245

utilitarianism 功利主义 253

virtues 德性 132-133

voluntarism 意志主义 117, 135-136, 140, 142

will 意志 128

Homer 荷马 232

honestum 正当 69, 118, 125, 163；另参见 fine 高贵

Horace (65 BC-AD 8) 75

human nature 人的自然（本性）；参见 nature 自然

Humanity, Formula of 人性公式；参见 Kant 康德

Hume, David (1711-1776) and Hutcheson, Francis (1694-1746) 休谟与哈奇森

benevolence 仁爱 153, 165, 184

conscience 良知 171

correction of moral judgments 对道德判断的修正 181

definition 定义 179, 268

egoism 利己主义 153, 167, 188

empiricism 经验主义 197

happiness 幸福 195

impartial observer 无偏的观察者 159-160

internalism 内在主义 156-157, 159, 161, 271

justice 正义 166-167, 187

knave 无赖 169, 171, 192

moral facts 道德事实 157, 178, 231, 271

moral judgments 道德判断 155, 158, 191

moral sense, moral sentiment 道德感，道德情感 141, 153-155, 159, 162-168, 170-171, 177, 179, 181, 203, 243

mutability 可变性 181

nature 自然 153, 172

non-cognitivism 非认知主义 271-272

obligation 责任 155, 157-158, 181

ought from is 区分是与应当 158, 161, 180

passion 激情 152, 158, 166

practical reason 实践理性 8, 52, 150-152, 176

prudence 明智 176

reasons, exciting v. justifying 激发性（动机性）理由与证成性（规范性）理由 138, 150, 157, 174

secondary qualities 次要性质 154, 162, 177

subjectivism 主观主义 9, 158, 182

sympathy 同情 159, 165, 167, 170, 191, 202, 282-283

utilitarianism 功利主义 163-164, 168, 186, 188, 236-237, 243

virtues 德性 165, 186

voluntarism 意志主义 148, 162, 181

will 意志 128

hypothetical imperative 假言命令；参见 Kant 康德

ideal city 理想城邦 34, 75
ideal observer 理想的观察者 160-161, 225
idealism 观念论 261
imagination 想象 282-283
impartiality 无偏性
 conscience 良知 146, 183, 185
 fairness 公平 206
 morality 道德 108
 justice 正义 243
 maximization 最大化 257-258
 moral sense 道德感 139, 159, 164
 morality 道德 139, 163, 221
 reason 理性 108
 time 时间 256, 260
 utilitarianism 功利主义 160, 164, 189, 255, 259, 282
imperative 命令；参见 command 命令
imperative, hypothetical v. categorical 假言命令与定言命令；参见 Kant 康德
incompatibilism 非兼容论；参见 responsibility 责任
incontinence, weakness of will 不自制 20, 28, 46, 95, 103, 106
indeterminism 非决定论；参见 responsibility 责任
indifferents 中性物 71-74
indirect utilitarianism 间接功利主义；参见 utilitarianism 功利主义
intellectualism 理智主义；参见 will 意志
internalism (moral judgments and motivation) （道德判断与动机的）内在主义 155-157, 159, 161, 271
intuition, intuitive, intuitionism 直觉、直觉的、直觉主义 47, 145, 190, 197, 199, 239, 248, 252-254, 270-271, 280, 284-285, 291
is and ought 是与应当；参见 ought 应当

James VI (of Scotland 1567-1625) and I (of England 1603-1625) （苏格拉的）詹姆斯六世与（英格兰的）詹姆斯一世 121
Jesuits 耶稣会士 105
Jewish law, Judaism 犹太律法，犹太主义 54, 81-82, 232
justice 正义
 basic structure of society 社会的基本结构 287
 benevolence 仁爱 147, 165, 167
 bravery 勇敢 21
 city and soul 城邦与灵魂 31
 common good 公共利益 34, 101
 equality 平等 289
 fairness 公平 287, 292
 fool 愚人 134
 freedom 自由 109
 friendship 友爱 51, 101
 God 上帝 112, 121
 grace and justification 恩典与证成 103
 happiness 幸福 30, 33-34, 108
 impartiality 无偏性 108, 146, 221
 moral sense 道德感 166
 nature 自然 139
 reason 理性 33-34
 respect for persons 对人的尊重 210
 self and others 自我与他人 30, 32, 34, 49-50

social contract 社会契约 166

society, Epicurus 伊壁鸠鲁的社会 66

utilitarianism 功利主义 147, 167-168, 186-187, 237, 243, 244, 290, 291

justification 证成；参见 grace 恩典

justification of morality 对道德的证成；参见 morality 道德

justifying reasons 证成性理由；参见 reasons 理由

Kant, Immanuel (1724-1804) 伊曼纽尔·康德

    appearances v. things in themselves 表象与物自体 213

    autonomy v. heteronomy 自律与他律 196, 211, 214-215

    categorical imperative, formulations 定言命令的表述 201, 204-208, 210-214, 216, 222, 292

    duty 义务 202

    ends in themselves 目的本身 207-208, 244, 292-293

    eudaemonism 幸福论 217

    freedom will 意志自由 196-197, 211-214, 227-228

    French Revolution 法国大革命 196

    God 上帝 219, 259

    Golden Rule 金规则 206

    good will 好意 202, 218

    happiness 幸福 217

    highest good 最高的好 217-219

    humanity 人性；参见 persons 人

    hypothetical v. categorical imperatives 假言命令与定言命令 48-49, 139, 201-204, 207, 214, 217

    kingdom of ends (realm of end) 目的王国 216, 219, 266

    moral sentiments 道德情感 203

    moral worth 道德价值 202-203, 221, 224

    persons, respect for 对人的尊重 207-211, 215-216, 234, 244, 258, 266, 282

    rational agency 理性的能动性 197, 207

    reason 理性 203, 205, 214-215, 217

    reasons 理由 200, 202-203, 206, 210, 214, 219

    self-interest 自利 230

    self-realization 自我实现 264

    universal law 普遍法则 205, 216, 222

    utilitarianism 功利主义 197-198, 254, 256, 261, 283, 286

    will 意志 197, 205-206, 211, 213-214, 216

kingdom of ends 目的王国；参见 Kant 康德

knave, sensible 聪明的无赖；参见 Hume 休谟

knowledge 知识；参见 epistemology 认识论

knowledge and virtue 知识与德性；参见 virtue 德性

Korsgaard Christine (1952-) 克里斯汀·科斯嘉 292

Lactantius (?250-?325) 拉克唐修 98, 125

law 法、法律、法则

    freedom 自由 196

    God 上帝 9, 112, 119

morality moral law 道德，道德法则 82-84, 98, 122, 138, 173, 179, 216-219
obligation 责任 131, 142
prescriptive v. indicative 规定性的与说明性的 118, 122, 138, 271
reason 理性 99
to oneself 对自己的法律 82, 214
universal 普遍法则 204
will 意志 197
另参见 natural law 自然法
Lazy Argument 懒惰论证 79
Leibniz, G.W. (1646-1716) 莱布尼茨 116, 148, 196-197
Lenin, V. I. (1870-1924) 列宁 272
Lewis, C. I. (1883-1954) 刘易斯 282-283
liberum arbitrium 自由意志 95
Locke, John (1632-1704) 约翰·洛克 115, 145, 166, 197
logical empiricism 逻辑经验主义 268
love 爱
  benevolence 仁爱 147
  charity 爱 104
  universal 普遍的爱 83
  God and neighbor 爱上帝与爱邻人 81
  God 上帝 107-108, 111
  intellectual 理智的爱 101
  rational desire 理性欲求 34
Lucretius (?95-?44 BC) 卢克莱修 53
Luther, Martin (1483-1546) 马丁·路德 113

Mackie, J. L. (1917-1981) 麦基 276
Malebranche, Nicolas (1638-1715) 尼古拉·马勒布朗士 148

Mandeville, Bernard (1670-1733) 伯纳德·曼德维尔 153, 170
Marcus Aurelius (121-80) 马可·奥勒留 75
Marx, Karl (1818-1883) 卡尔·马克思 1, 272
Mary I (queen 1553-1558) 玛丽一世 116
Mary II (queen 1689-1694) 玛丽二世 166
master morality 主人道德 232
maximization 最大化
  fairness 公平 292
  good 好 1
  happiness 幸福 257
  impartiality 无偏性 257-258
  morality 道德 163
  practical reason 实践理性 282
  utilitarian 功利主义 256-258
mean 中道; 参见 Aristotle 亚里士多德
meaning 意义 27, 268-169, 273-274, 279; 另参见 definition 定义
means, and ends 手段与目的 47, 97, 251
mediaeval 中世纪 88, 113, 116-117
meta-ethics 元伦理学 4, 9, 27, 56, 122, 163, 268-269, 281
Mill, John Stuart (1806-1873) 约翰·斯图尔特·密尔
  axioms 公理 239, 254, 283
  dialectical argument 辩证法的论证 239
  economics 经济学 238
  empirical argument 经验论的论证 238, 268
  equality 平等 244
  happiness 幸福 251, 255, 263
  justice 正义 243-244

means to ends 实现目的的手段 251

pleasure, quantity and quality 快乐的量与质 236, 245, 249-250, 252, 255

progressive utilitarian 进步性的功利主义者 237

rights 正当 244

secondary principles, maxims 次级的原则、准则 240-243, 245, 284, 290

modern philosophy 现代哲学 11, 108, 113, 116-117

Moore, G. E. (1873-1958) 摩尔

concepts v properties 概念与属性 284

definition 定义 279

intuitionism 直觉主义 270

moral facts 道德事实 269-271

naturalism 自然主义 269

non-cognitivism 非认知主义 271-272, 275

open questions 开放问题 269

moral 道德的；参见 facts 事实, knowledge 知识, law 法律, natural law 自然法, objective 客观的, obligation 责任, philosophy 哲学, properties 属性, reasons 理性, right 正当, rules 规则, sceptics 怀疑论者

moral judgments 道德判断

correction 修正 181

impartial observer 无偏的观察者 160

imperatives 命令的 158, 273-274

internalism 内在主义 156, 159, 161

meaning 意义 273

nihilism 虚无主义 276

obligations 责任 155, 158

passions 激情 158

reason 理性 191

moral sense, sentiments 道德感, 道德情感；参见 Hume and Hutcheson 休谟与哈奇森

morality 道德

benevolence 仁爱 147, 184

compassion 怜悯 225

consequentialism 后果主义 132

convention 习俗 27

criticisms 批判 231

emotions 情绪 149

equality 平等 232-233

esoteric 内传的 134, 253

freedom 自由 211-212

God 上帝 82, 112, 121, 218-19, 259

happiness 幸福 50, 107, 217, 221, 226

highest good 最高的好 217

ideal observer 理想的观察者 225

impartiality 无偏性 108, 163

imperative conception 命令的观念 122

justice 正义 221, 291

justification 证成 35, 50, 107, 134, 149, 170-171, 192, 194-195, 218-219, 259, 266

law 法律 9, 122, 138, 142, 179

master and slave 主人与奴隶 232

mutability 可变性 183

nature 自然 99, 118, 120, 123, 125, 131, 139, 153, 172, 192

nihilism 虚无主义 235

normative 规范性 107, 122

objective 客观的 141-142, 146, 278

origins 起源 232

resentment 怨恨 232

secondary qualities 次级性质；参见 Hume and Hutcheson 休谟与哈奇森

self-interest 自利 12, 35, 127, 130, 134, 136, 139, 169, 220, 223, 229, 230, 259, 260, 265

self-preservation 自我保全 129

self-realization 自我实现 262, 266

sin 罪 84

state of nature 自然状态 129, 144

stations and their duties 位置及其义务 265

supremacy 至高性 7, 107-108, 183, 192, 195, 234, 259-260, 266

universal 普遍的 185, 199

utilitarianism 功利主义 185, 189, 194, 260, 266

war 战争 1, 12, 124, 126-127, 187, 219

motivating (exciting) reasons 动机性理由；参见 reasons 理由

mutability 可变性；参见 variation 变化

natural law 自然法

  God 上帝 98, 110-111, 121

  morality 道德 99, 120, 173

  naturalist v. voluntarist conceptions 自然主义与意志主义的观念 27, 90, 99, 110-111, 117-120, 135-142, 148, 162

  obligation 责任 119, 131

  positive law 实定法 100

  prudence 明智 100

  self-preservation 自我保存 129, 134

social life 社会生活 100

virtues 德性 90, 100-101

war 战争 124

nature, natural 自然、自然的

  benevolence 仁爱 153

  conscience 良知 192

  function 功能 56

  God 上帝 142

  good, goodness 好 31, 102

  happiness 幸福 94

  indifferents 中性物 72

  morality 道德 120, 123, 125, 127, 131, 137, 139, 153, 192

  objectivity 客观性 56, 122, 141-142

  prudence 明智 172

  reason 理性 35, 39

  self-interest 自利 127, 139, 172, 175, 194

  self-realization 自我实现 267

  senses of 'natural' "自然"的不同含义 173

  social 社会的 75, 125-126, 139

  virtue 德性 50, 100, 103, 210

naturalism v. voluntarism (natural law, morality) 自然主义与意志主义（自然法、道德）；参见 natural law 自然法

naturalistic fallacy 自然主义谬误 269

Newton, Isaac (1642-1726) 艾萨克·牛顿 115

Nietzsche, Friedrich (1844-1900) 弗里德里希·尼采

  emotions 情感 231

  equality 平等 232-233

genealogy 谱系学 232, 235

history 历史 231

impartiality 无偏性 234

master and slave 主人与奴隶 232

moral facts 道德事实 231

nihilism 虚无主义 235

objectivity 客观性 231

resentment 怨恨 170, 232

respect 尊重 234

variation 变化 235

nihilism 虚无主义 182, 235, 276, 278-279

nominalism 唯名论 141

non-cognitivism 非认知主义 271-275, 281

nonsense on stilts 一派胡言 236, 244

normative 规范性的 107, 122

normative ethics 规范伦理学；参见 meta-ethics 元伦理学

objective, objectivism v. subjective, subjectivism 客观的和客观主义与主观的和主观主义 6, 9, 27, 56, 90, 120, 122, 137, 141-142, 154, 157-158, 162, 177-178, 181-182, 219, 231, 271, 276, 278, 281

obligation 责任

conscience 良知 131

law 法律 119, 122, 131, 142

moral 道德的 49, 157-158, 181

motivation 动机 155

Ockham, William of (1287?-1347) 奥卡姆的威廉

freedom 自由 106, 112

God 上帝 111-112

incontinence 不自制 106

morality 道德 112, 121

natural law 自然法 110-111

virtue 德性 111

will 意志 106

open questions 开放问题 179, 269, 275

Original Position 原初状态；参见 Rawls 罗尔斯

ought 应当

categorical v hypothetical 定言的与假言的 48-49；另参见 Kant 康德

common good 共同的好 49

from is 与是的区分 158, 161, 180, 271-272

obligation 责任 158, 181；另参见 obligation 责任

passions 激情 158

prescriptive 规定性的 274

virtues 德性 48

Panaetius (185-110 BC) 帕奈提乌斯 75

Parfit, Derek (1942-2017) 德里克·帕菲特 281, 283, 286

passions 激情

assent 认可 74

benevolence 仁爱 184

calm v. violent 平静的与激烈的 152, 166

elections 决定 96

incontinence 不自制 95

indifferents 中性物 74

moral judgments 道德判断 155

ought 应当 158

reason 理性 151, 175-176, 194

sin 罪 96

state of nature 自然状态 130
　　virtue 德性 74
　　will 意志 92, 95, 96, 128, 183
Paul of Tarsus (?5-64?) 保罗 82, 86, 98, 173
peace 和平 12, 87, 104, 124, 131, 133-134, 187
Pelagius (?360-420?) 佩拉纠 86, 113
perception 感觉 47, 159；另参见 moral sense 道德感
persons, personality 人，人格；参见 Kant 康德
Petrus Hibernus (?1200-1260?) 皮特鲁斯·希博努斯 89
philosophy, moral 道德哲学 91, 108, 231, 254
Plato (428-347 BC) 柏拉图
　　bravery 勇敢 29
　　cosmos 宇宙 76
　　definition 定义 27, 36, 179
　　desires 欲求 34
　　Euthyphro problem 欧叙弗伦问题 9, 27, 112, 142, 162
　　forms 理念 27
　　future 未来 34
　　Glaucon and Adeimantus 格劳孔与阿德曼图斯 30, 50, 75, 134, 169, 195
　　good 好 31
　　Gyges' ring 古格斯的指环 30, 124
　　happiness 幸福 33, 52, 57
　　ideal city 理想城邦 34
　　incontinence 不自制 28, 46
　　justice 正义 29-30, 32, 34, 51
　　knowledge 知识 36

morality 道德 7, 9, 35, 102, 229
nature 自然 9, 35
philosophers 哲学家 34
pleasure 快乐 60, 66
reason 理性 33-34
reason and desire 理性与欲求 28, 175
scepticism 怀疑主义 9
soul 灵魂 28, 31, 34
teleology 目的论 76
temperance 节制 29
Thrasymachus 特拉叙马库斯 30, 49-51, 108
virtue 德性 28-29, 42
virtue and happiness 德性与幸福 14, 29-33, 36, 41, 68, 70
wisdom 智慧 29
pleasure 快乐
　　belief 信念 193, 247
　　desire 欲求 263
　　good 好 6, 23-25, 61, 65, 269
　　happiness 幸福；参见 happiness 幸福
　　maximum 最大化 236, 242
　　moral sense 道德感 159
　　object 对象 45, 65, 193, 247
　　prudence 明智 260
　　psychological hedonism 心理快乐主义 193, 236
　　quantity v. quality 质与量 19, 24, 40, 61-63, 236, 245-250, 253, 263
　　static v. kinetic 静态的与动态的 62, 64
　　virtues 德性 66-67
pluralism 多元主义 190-191, 284-286, 291
Popper, K. R. (1902-1994) 波普尔 272

positive law 实定法 100

positivism 实证主义 142, 268-269, 271-272, 278, 281

prima facie duties 表面义务 284

practical reason 实践理性；参见 reason 理性

preferences 偏好
 and moral principles 与道德原则 200-203, 205
 and prescriptions 与规定 283

prescriptive law 规定性的法则；参见 law 法律

prescriptivism 规定主义 271, 274, 283

Price, Richard (1723-1791) 理查德·普莱斯
 definitions 定义 179
 French Revolution 法国大革命 236
 intuitionism 直觉主义 190, 239, 284-285
 justice 正义 244, 291
 meta-ethics 元伦理学 269
 moral conflicts 道德冲突 190
 moral judgment 道德判断 177, 191
 objectivity 客观性 182
 obligation 责任 181
 open questions 开放问题 179, 269
 ought from is 区分是与应当 180
 respect for persons 对人的尊重 209
 rights 权利 189, 197, 237
 secondary qualities 次级的性质 177
 utilitarianism 功利主义 188-189, 258
 virtue, heads of 德性的名目 190
 voluntarism 意志主义 181

primary goods 基本的好；参见 Rawls 罗尔斯

property 属性；参见 definition 定义

Protagoras (?490-420? BC) 普罗泰戈拉 9, 15, 27, 55, 182

Prudence 明智
 deliberation 思虑 47
 egoism 利己主义 259
 impartiality 无偏性 257-258
 means and ends 手段与目的 47
 morality 道德 260, 266
 natural law 自然法 100
 nature 自然 172
 perception 感觉 47
 reason 理性 166, 176, 201, 256, 260
 time 时间 256
 universal and particular 普遍与具体 97
 utilitarianism 功利主义 260, 282-283
 virtue 德性 47, 97

Pufendorf, Samuel (1632-1688) 普芬多夫
 divine commands 神圣命令 136, 138, 143
 imperatives 命令 158
 law 法律 138
 morality v. self-interest 道德与自利 136, 139
 natural law 自然法 117
 naturalism 自然主义 117, 138
 objectivity 客观性 276
 reasons 理由 139
 voluntarism 意志主义 136-138, 141

qualitative hedonism 定性的快乐主义；参见 pleasure 快乐

rational 理性的；参见 reason 理性

rational agency 理性能动性；参见 reason 理性
rationalism, rationalists 理性主义，理性主义者 9, 138, 148-149, 197, 209, 254
Rawls, John (1921-2002) 约翰·罗尔斯
  basic structure 基本结构 287
  benevolence 仁爱 288
  categorical imperatives 定言命令 293
  dialectical method 辩证法的方法 286
  fairness 公平 287, 292
  freedom equality 平等自由 289
  intuitionism 直觉主义 286, 291
  justice 正义 289, 291
  Original Position 原初状态 287, 292-293
  primary goods 基本的好 288
  reflective equilibrium 反思平衡 286
  rights 权利 292
  social contract 社会契约 287
  universal laws 普遍法则 292
  utilitarianism 功利主义 286, 290, 292
realism 实在论 141；另参见 objective
reason, practical reason, rational action 理性，实践理性，理性行动 59
  assent 认同 80
  desire 欲求 4, 8, 28, 34, 43, 92, 102, 128, 150-152, 174-176, 227
  dualism 二元论 159, 195, 259, 263, 266
  emotions 情绪 149
  freedom 自由 95, 211
  function 功能 52
  good 好 31
  grace 恩典 91
  happiness 幸福 38, 251, 263

highest good 最高的好 217-219
impartiality 无偏性 108
incontinence 不自制 20
justice 正义 33-34
law 法律 99
maximizing 最大化 282
means and ends 手段与目的 52, 97, 150-151, 176
morality 道德 197, 202-203, 210, 215, 222, 226
natural law 自然法 100, 111
nature 自然 35, 39, 91, 120
passion 激情 148, 151, 166, 175-176
responsibility 责任 95, 213
self 自我 264
self-interest 自利 108
self-preservation 自我保全 132
self-realization 自我实现 264-266
soul 灵魂 39, 42
state of nature 自然状态 129-130
time 时间 260
utilitarianism 功利主义 197, 239, 256
virtue 德性 42, 47, 111, 120
reasons 理由
  agent-relative v. agent-neutral 行动者相关与行动者中立 259
  moral 道德的 107, 200-203, 221, 234
  normative (justifying) v. motivating (exciting) 规范的（证成性的）与动机性的（激发性的）92-93, 122, 129, 138, 150-151, 155, 157, 174, 234
reduction, reductive 还原，还原的；参见 definition 定义

reflective equilibrium 反思平衡；参见 Rawls 罗尔斯
Reformation 宗教改革 113, 116
Reid, Thomas (1710-1796) 托马斯·里德
 intuitionism 直觉主义 284
 justice 正义 186-187, 244
 moral facts 道德事实 178
 moral judgment 道德判断 191
 moral sense 道德感 177
 objectivity 客观性 178
 reason and desire 理性与欲求 176
 utilitarianism 功利主义 256
 virtue 德性 186
relativity 相对性；参见 variation 变化
Renaissance 文艺复兴 114
resentment 怨恨 170, 232
respect 尊重；参见 Kant 康德
responsibility, freedom, free will 责任，自由，自由意志
 alternatives 不同的方案 106
 assent 认可 80
 autonomy 自律 216
 compatibilism, incompatibilsm, determinism, indeterminism 兼容论（相容论）、非兼容论、决定论、非决定论 77-80, 95, 213
 God 上帝 103, 110-112, 121
 grace and free will 恩典与自由意志 86
 happiness and free will 幸福与自由意志 106, 108
 indifference 中立 106
 justice 正义 109
 liberum arbitrium 自由意志 95
 love of God 对上帝的爱 108
 morality 道德 199, 228
 negative freedom 消极自由 214
 passions 激情 95
 positive freedom 积极自由 214
 practical v transcendental freedom 实践与超验的自由 213
 reason 理性 95, 211
 sin 罪 85, 103
 virtue 德性 96
 voluntary 自愿 77, 128
 will 意愿；参见 will 意愿
revolutions, American, French 美国与法国革命 196, 236
right 权利
 concept v property 概念与属性 284
 pleasure 快乐 236, 253
 fitness 适合 164
 God 上帝 112, 121
 honestum, kalon 适合，高贵 48, 120, 125
 intrinsic 内在的 120
 good 好 5
 natural 自然；参见 natural law 自然法
 nature 自然 122-123, 129, 139
 utilitarianism 功利主义 242
rights 诸权利
 equal 平等的 244, 292
 justice 正义 101, 166
 legislation 立法 142
 natural 自然的 144, 166, 189, 196, 236, 244
 social contract 社会契约 145
 utilitarianism 功利主义 189, 236-237, 243
risk 风险 66, 134, 288

Romans 罗马人 53, 75, 88

Ross, William David (1877-1971) 威廉·大卫·罗斯

  common-sense rules 常识规则 284

  definition 定义 284

  deontology 义务论 5

  duty 义务 284

  intuitionism 直觉主义 271, 284-286, 291

  justice 正义 291

  utilitarianism 功利主义 284-285, 291

Rousseau Jean-Jacques (1712-1778) 让－雅克·卢梭 196-197, 211, 216, 236, 287

rules 规则 30, 47, 62, 66, 82, 99-100, 112, 124, 127, 129-130, 132-134, 166-168, 179, 184, 187, 189, 200, 204, 228, 236, 240-243, 257, 284, 286

Scanlon, T. M. (1940-) 蒂姆·斯坎伦 291

Sceptics, scepticism 怀疑主义者，怀疑主义、怀疑派

  action 行动 58-59

  appearance and belief 表象与信念 58

  happiness 幸福 57

  meta-ethics 元伦理学 56

  morality 道德 27, 124

  nature 自然 125-126

  objectivity 客观性 9

  relativity 相对性 9

  suspension of judgment 悬置判断 55

  tranquillity 平静 55, 57

  variation 差异 55-56

Scholastics, Scholasticism 经院主义者，经院主义 1, 105, 115, 117, 125, 128, 140, 142, 183

Schopenhauer, Arthur (1788-1860) 阿图尔·叔本华

  compassion 同情 225

  egoism 利己主义 218, 220, 223

  eudaemonism 幸福论 221

  God 神 218

  ideal observer 理想观察者 225

  justice 正义 221

  moral worth 道德价值 203, 224

  reason in morality 道德中的理性 203, 222, 226

  universal law 普遍法则 205

Scientific Revolution 科学革命 115

Scotus, John Duns (?1266-1308) 约翰·邓·司各脱

  dualism 二元论 266

  freedom 自由 106, 108

  God and morality 神与道德 112, 121

  God, freedom 神的自由 110-112

  happiness 幸福 106-107

  incontinence 不自制 106

  justice 正义 108-109

  morality and self-interest 道德与自利 107, 195

  natural law 自然法 110

  reason 理性 108

  will 意愿 106, 109

secondary maxims, principles 次级准则、原则；参见 Mill 密尔

secondary qualities 次级性质；参见 Hutcheson 哈奇森

self-interest 自利

benevolence 仁爱 153, 184, 194
conscience 良知 175, 195
morality 道德 50, 102, 107, 136, 139, 192-195, 220-221, 229, 260, 265-266
nature 自然 69, 194
rational 理性的 108, 175, 183, 201, 264
self-realization 自我实现 230, 265
state of nature 自然状态 130

self-love 自爱；参见 Butler, self-interest 巴特勒，自利

self-preservation 自我保全 129, 132, 134

self-realization 自我实现
capacities 能力 50
common good 共同的好 265-266
desires 欲求 262
Ethical life（黑格尔的）"伦理"生活 229
good 好 251, 262
morality 道德 227, 266
nature 自然 267
pleasure 快乐 267
reason 理性 261, 264
self-interest 自利 230, 265
slavery 奴隶制 267

Seneca (?4 BC-65 AD) 塞涅卡 53

sense 感觉；参见 moral sense 道德感

sentimentalism 情感主义；参见 Hume and Hutcheson 休谟与哈奇森

Sextus Empiricus (?160-210?) 塞克斯都·恩比里科 55

Shaftesbury, Earl of (Anthony Ashley, 1671-1713) 沙夫茨伯里伯爵 141, 145, 153, 177

Sidgwick, Henry (1837-1900) 亨利·西季威克
axioms 公理 239, 254, 256, 258-259, 283
categorical imperative 定言命令 283
common sense 常识 239
dialectical argument 辩证法论证 239, 254
dualism of practical reason 实践理性的二元论 7, 195, 259-260, 266
duties 义务 284
egoism 利己主义 259
empirical argument 经验论证 246, 267, 272
esoteric morality 内传的道德 253
eudaemonism 幸福论 252
foundationalism 基础主义 248
God 神 259
good 好 236, 245, 263
happiness 幸福 246, 263
impartiality 无偏 256-257, 282
intuitionism 直觉主义 239, 256-258, 285
morality v self-interest 道德与自利 260
pleasure and belief 快乐与信念 247
pleasure, quantity and quality 快乐的量与质 245, 250, 253
practical reason 实践理性 260
progressive utilitarianism 进步主义的功利主义 237, 253
prudence 明智 258, 260
rationalism 理性主义 254
reasons, agent-relative 行动者相对的理由 259
secondary principles 次级准则 284
self-realization 自我实现 262, 267

treating persons as ends 将人当作目的 282

utilitarianism 功利主义 261

sin 罪 84-85, 96, 103, 120

slave morality 奴隶道德 232

slavery 奴隶制 267

Smith, Adam (1723-1790) 亚当·斯密 1, 162, 164, 168, 237

social contract 社会契约 130, 145, 196-197, 230, 287

social science 社会科学 1, 238, 272

Socrates (469-399 BC) 苏格拉底

    bravery 勇敢 15, 17

    definition 定义 15, 36, 279

    divine commands 神圣命令 16

    examinations 考察 15

    forms 形式 27

    happiness 幸福 22, 25, 41, 60

    how one ought to live 一个人应当如何生活 3, 13, 49

    incontinence 不自制 28, 46, 106

    justice 正义 16, 30, 34

    pleasure 快乐 19, 21, 24, 60

    reason and desire 理性与欲求 19-20, 28, 34

    temperance 节制 15

    virtue 德性 13, 17, 28-29, 36, 46

    virtue and happiness 德性与幸福 14, 18, 22, 29-30, 36, 68, 70

Solon 梭伦 38, 41

soul 灵魂 13, 28, 31, 34, 39, 175

Spinoza, Baruch (1632-1677) 巴鲁赫·斯宾诺莎 148

Stalin, J. V. (1878-1953) 斯大林 272

state of character 品格状态；参见 Aristotle 亚里士多德

state of nature 自然状态；参见 Hobbes 霍布斯

Stevenson, C. L. (1908-1979) 史蒂文斯 271

Stoics, Stoicism 斯多亚主义者，斯多亚主义、斯多亚学派

    appearance and assent 表象与认可 58, 74, 80

    conciliation (oikeiôsis) 协调 125

    cosmos 宇宙 76

    desires 欲求 74

    determinism 决定论 77-79

    duties 义务 75

    friendship 友爱 75

    God 神 75-76

    good 好 71

    happiness 幸福 68, 70, 72-73, 84

    indifferents 中性物 72-74

    Lazy Argument 懒惰论证 79

    natural law 自然法 75, 98, 125

    nature 自然 9, 69, 72, 75

    passions 激情 74

    providence 神意 79

    responsibility 责任 77-80, 95

    right and good 正当与好 70

    Roman Empire 罗马帝国 75

    social theory 社会理论 75

    teleology 目的论 54, 76

    virtue 德性 14, 68-70, 74

Suarez, Francisco (1548-1617) 弗兰西斯科·苏亚雷兹

God legislative will 神的立法意志 120-121, 138

justice 正义 139

law indicative v. prescriptive 说明性的法则与规定性的法则 118, 122, 138, 271

middle way 中间道路 118-120

morality, intrinsic 内在道德 120, 125

natural law 自然法 119

naturalism v. voluntarism 自然主义与意志主义 117, 120

nature 自然 120, 123, 125, 127, 141

objectivity 客观性 122

obligation 责任 119, 131

sin 罪 120

sociality 社会性 139

will 意志 119

subjective 主观的；参见 objective 客观的

suicide 自杀 73

superior principles 更高的原则；参见 Butler 巴特勒

suspension of judgment 悬置判断；参见 Sceptics 怀疑论者

sympathy 同情；参见 Hume and Hutcheson 休谟与哈奇森

teleology 目的论 76

temperance 节制 15, 29, 44

Theodosius, (Roman Emperor 379-395) 特奥多西乌斯（罗马皇帝）87

theology 神学；参见 God 上帝

Thirty Tyrants (Athens) （雅典的）三十僭主 12, 16

Thirty Years War 三十年战争 124

Thrasymachus 特拉叙马库斯；参见 Plato 柏拉图

Thucydides (?460-400 BC) 修昔底德 12, 30, 124, 127

time 时间；参见 prudence 明智

tranquillity 平静 55, 57, 62-63

Trent, Council of 特伦托大公会议 113

ultimate good 终极的好；参见 happiness 幸福

universal law 普遍法则；参见 Kant 康德

universals 普遍物 141

utilitarianism 功利主义

axiomatic v dialectical argument 公理式的与辨证法式的论证 239, 256, 258, 283

benevolence 仁爱 184

categorical imperative 定言命令 283

common sense 常识 245, 284

conscience 良知 185

consequentialism 后果主义 242

conservative, progressive, radical 保守的、进步的与激进的 236-237, 243-234, 253

direct and indirect 直接的与间接的 132, 167-168, 184, 188, 237, 243, 253, 284, 290

duties 义务 284

egoism 利己主义 259

esoteric 内传的 134, 253

God 上帝 184

Impartiality 无偏 160, 164, 189, 255, 257, 259, 282

Intuitions 直觉 239

justice 正义 147, 187, 237, 243-244, 289-291

maximization 最大化 256, 258

moral sense 道德感 163-164

persons 人 209, 244, 258, 282

pleasure 快乐 236, 263

prudence 明智 256, 260

rationalism 理智主义 254

rights 权利 189

secondary principles 次级原则 240-242

self-realization 自我实现 264, 267

sentimentalism 情感主义 163, 168

slavery 奴隶制 267

social reform 社会改革 236

social science 社会科学 238

sympathy 同情 283

variation 变化（差别、差异、变化、不同）9, 27, 55-56, 183-184, 202, 225, 235, 276-277

vice 恶性；参见 virtue 德性

violent passion 暴力的激情；参见 Hume 休谟

Virgil (70-19 BC) 维吉尔 75

virtue 德性

    acquired v infused 人为获得的与上帝注入的 104

    aretê 德性 13-14

    artificial v. natural 人为的与自然的 165-166

    benevolence 仁爱 165

    cardinal 主要的 29, 42

    character 品格 4, 42-43, 48, 97

    common good 共同的好 50, 101

    divine commands 神圣命令 111

fine 高贵 49

free will 自由意志 96

friendship 友爱 75

function 功能 39, 50

happiness 幸福 13-14, 18, 22, 25, 29-30, 36, 41-32, 50, 68, 70, 84, 94, 96

heads 名头 190, 284

justice 正义 49

knowledge 知识 28

mean state 中道状态 44

means and ends 手段与目的 47

moral obligation 道德责任 49

natural law 自然法 90, 99-101

nature 自然 94, 100, 103

passion 激情 74

pleasure 快乐 45, 66-67, 252

practical reason 实践理性 42

prudence 明智 47

reason 理性 29, 111、

reciprocity 互惠性 29, 47

theological 神学的 104

utilitarianism 功利主义 163, 184

will 意志 96

voluntarism v intellectualism (on will) 意志主义与理智主义（论意志）；参见 will 意志

voluntarism v naturalism (natural law, morality) 意志主义与自然主义（自然法，道德）；参见 natural law 自然法

voluntary 自愿；参见 responsibility 责任

war 战争；参见 morality 道德

weakness of will 意志软弱；参见 incontinence

不自制

Weber, Max (1864-1920) 马克斯·韦伯 272

will 意志，意愿
- affections 情感 108
- autonomy 自律 211, 214, 216
- capacity for opposites 相反的能力 109
- deliberation 思虑 95
- freedom 自由 9, 95, 106, 128, 211, 227-228
- God 神 9
- Impartial 无偏的 108
- Incontinence 不自制 95
- morality 道德 138, 197, 227-228
- obligation 责任 119
- passion 激情 92, 95, 128, 175, 183

reason 理性 92, 128, 150, 197, 228

responsibility 责任 213

sin 罪 85

ultimate good 终极的好 93

undetermined 不被决定的 106

voluntarism v. intellectualism 意志主义与理智主义 106, 110-112, 117, 121-122, 135-138, 140, 162, 181

William III (king 1689-1702) 威廉二世（国王）166

Wisdom Plato 柏拉图论智慧 29

wish 想望；参见 Aristotle 亚里士多德

Zeno (?334-262? BC) 芝诺 53, 75

译后记

2021 年下半年，我被"赶鸭子上架"式地安排了在 2022 年春季学期开设《西方伦理思想史》的专业课，虽然此前看过一些这方面的书（特别是西季威克的《伦理学史纲》和麦金泰尔的《伦理学简史》），也开过一些西方伦理学原著的课程，但是要在一个学期的时间里，既简略又不失深度地给学生讲清西方伦理学 2500 多年的发展历程，还是一件让人望而生畏的事情。特别是当我看到特伦斯·埃尔文开始写撰写他的《伦理学的发展》（*Development of Ethics*, Oxford, 2007-2009）时本想写一部对标《逻辑学的发展》（*Development of Logic*, Oxford, 1962）的一卷本著作，结果却写成了一部将近 3000 页，大开本、密排版、三卷本的鸿篇巨制！由此可见，想要完整地呈现西方伦理思想的历史是多么困难的一件事情。

就在我犯难的时候，惊喜地发现正是在 2021 年，埃尔文在之前鸿篇巨制的基础上出版了一卷本的 *Ethics Through History: An Introduction*（字面意思可以是"通过历史了解伦理学"，或者"穿越历史的伦理学"）。我迅速翻了一遍，之后又找其他一些伦理思想史的著作略作比对之后，确信这本书是我能找到的最好的《西方伦理思想史》课程教材，同时也向北大出版社推荐了这本书，做好了一边上课一边翻译的准备。

在上课使用和翻译的过程中，这本书一次次雄辩地向我证明，它确实以我能想象的最简明扼要的方式，非常成功地实现了标题中的双关——既让读者"通过历史了解伦理学",又让伦理学"穿越历史"。

这本书的篇幅不到《伦理学的发展》的1/10。埃尔文将290页的全书分成了293个小节（每一节平均只有一页），每一节的内容都高度浓缩,却从来不失晓畅,读起来非常有成就感和收获感。同时,埃尔文又在节与节之间建立了非常紧密的联系,因此虽然章节众多,却从不会让人有割裂破碎的感觉。

埃尔文是希腊哲学研究的专家,之后逐渐将研究拓展到整个西方伦理思想史。他有着很强的历史感,可以准确地把握每位伦理思想家的问题意识,与前人和同时代人的关系。本书全面覆盖了30多位历史上著名的伦理学家和学派,几乎没有遗漏任何重要的人物,并且极好地呈现了不同伦理学家和学派之间的传承与对话,真正做到了让读者"通过历史了解伦理学"。

与此同时,埃尔文又是一位善于进行哲学分析的哲学史家,他从不会满足于简单地介绍每一位伦理思想家,更不会堆砌大量的引文,而是围绕每位思想家的核心问题,敏锐地重构他们的论证,并且进行适度的批判性讨论。他的这种讨论方式,让这些伦理思想家不局限于他们所处的历史语境,而是与今天人们关心的问题、进行的争论发生了直接的联系。因此这本书让伦理学得以"穿越历史"。

埃尔文还在另一个意义上让伦理学"穿越历史"。这本书的一个突出特点在于强调西方伦理思想的连续性而非断裂性。我们通常的哲学史叙事习惯于找到一些标志性的人物和时间节点,由此将哲学史划分为古代、中世纪、现代、当代,或者好像很自然地讨论"古今之争""启蒙时代",但是埃尔文想要告诉我们,至少就伦理思想而言,历史上的连续性远胜于断裂性。很多看似现代甚至当代的伦理学问题（比如道德实在论这样的元伦理学问题）在古典和中世纪早已有了相当深入的讨论。伦理思想家们对于幸福、德性、义务、理性、情感、道德的来源等问题的讨论深深植根于人类的生活经验和共同的思维方式,甚至都是在回答苏格拉底提出的"我们应当如何生活？"这个根本性的伦理学问题。（在这个意义上，将本书纳入"本原·希腊思想丛书"也并无不当之处。）

  本书的翻译和校订断断续续经历了三年多的时间，也就是我三次开设《西方伦理思想史》课程的时间。第一次开课时大致完成了译文的草稿，后两次开课又做了比较全面的修订和校对。感谢这次"赶鸭子上架"的经历让我得以开始翻译埃尔文的这本出色著作，感谢每一位选课的同学"迫使我"反复推敲打磨译稿，也感谢编辑王晨玉一如既往的耐心和鼓励！

2025 年 5 月 12 日
于中国人民大学